可控源电磁法
储层流体预测原理与应用

胡文宝　沈金松　严良俊　著

科学出版社

北京

内 容 简 介

本书首先从储层岩石和流体的物理特性出发，重点分析含不同流体储层电磁响应特征，建立储层岩石物理参数的评价模型，阐述应用可控源电磁法进行储层流体识别的原理方法；其次以电磁信息为主导，通过多元信息融合建模和多参数联合反演，实现对储层电性参数的高分辨率反演成像；最后介绍可控源电磁法在油气勘探阶段中进行储层流体识别、在注采开发油藏中进行注采动态监测和剩余油圈定的应用实例。

本书可供电磁勘探等相关领域研究人员阅读参考，也可供地球物理相关专业研究生参考使用。

图书在版编目（CIP）数据

可控源电磁法储层流体预测原理与应用/胡文宝，沈金松，严良俊著.—北京：科学出版社，2022.3
ISBN 978-7-03-071594-4

Ⅰ.① 可⋯　Ⅱ.① 胡⋯　②沈⋯　③严⋯　Ⅲ.① 储集层流体流动-电磁法勘探-研究　Ⅳ.① TE312

中国版本图书馆 CIP 数据核字（2022）第 029916 号

责任编辑：杜　权/责任校对：邹慧卿
责任印制：彭　超/封面设计：苏　波

科学出版社 出版
北京东黄城根北街 16 号
邮政编码：100717
http://www.sciencep.com

武汉精一佳印刷有限公司印刷
科学出版社发行　各地新华书店经销
*
开本：787×1092　1/16
2022 年 3 月第一　版　印张：18 1/4
2022 年 3 月第一次印刷　字数：440 000
定价：258.00 元
（如有印装质量问题，我社负责调换）

前　　言

石油资源是保障国家经济建设和社会可持续发展的重要战略资源。随着我国经济的持续高速发展，油气资源的供求矛盾日益突出。自 1993 年我国成为石油净进口国以来，油气进口量逐年增加，2006 年我国的石油进口依存度超过国际石油安全警戒线（>40%），目前，我国的石油对外依存度已超过 70%，据国内外几大权威能源研究机构分析预测，在未来很长的一段时期内，我国的石油消费量将持续增长，而石油产量的增长空间有限，进口需求将不断增加，这将严重影响国家能源安全。

我国的油气地质资源总量比较丰富，到目前为止，已探明的常规油气资源量大约为地质资源量的 30%。总体上看，我国的油气资源探明率偏低，勘探成熟度处于早中期阶段。从另一个角度讲，说明我国仍具有资源潜力，具有勘探开发的发展空间。在油田开发方面，我国的复杂油藏开采技术总体上处于世界先进水平。尽管如此，我国已开发油田的平均采收率低于 35%，大量的剩余油因油藏非均质性和品质低而滞留于地下难以开采。也就是说，在已进行开发的可采资源中，剩余可采储量依然相当可观。

将石油预测资源量有效地转化为探明储量和可采储量，是确保油气资源增储上产的战略任务。我国剩余油气资源赋存的地表和地下条件恶劣、资源品质总体较差，勘探开发的难度很大。提升石油资源探明率和采收率的关键之一在于提高油气藏的探测精度，尤其需要提高地球物理探测技术的精度。针对深埋非均质油气藏地球物理成像、油气储层预测和流体识别三大技术难题，国家重点基础研究发展计划（973 计划）先后于 2007年和 2013 年支持了"非均质油气藏地球物理探测的基础研究"（2007CB209600）和"深层油气藏地球物理探测的基础研究"（2013CB228600）两个项目持续十余年的研究。在教育部和中国石油天然气股份有限公司的大力支持下，项目首席科学家王尚旭教授带领研究团队，以实现油气预测储量向油气探明储量和可采储量高效转化为总目标，面向我国油气产能起支撑作用的非均质砂岩油气藏和具有巨大勘探潜能的深层油气藏，紧密围绕深地复杂储层"地球物理响应、波场传播过程与高精度成像、多元地球物理场信息融合与评价"的科学问题攻坚克难，初步建立深层非均质油气藏地球物理探测理论，在理论突破的基础上，直接带动一批相关联的地球物理技术产出，提高构造成像、储层预测与流体识别等方面的技术水平，显著提高了我国地球物理探测技术的自主创新能力。

油气藏作为地史上碳氢循环产生的一种特殊流体在多孔岩层中的大规模聚集，其物理性质和化学性质与其所赋存的含有原生地层水的岩层之间存在明显差异，这种差异将在地球物理波场响应中有所反映。如何从海量的深层地球物理数据中准确地解译与油气储层构造特性有关的信息，并且能以简洁和定量的形式描述和评价储层的物理特性及识别储层孔隙中所含流体的特性，是一项十分庞大的多学科、多领域的系统工程，涉及地球物理学、地质学、油藏工程学及相关的计算数学、信息科学和人工智能等多学科的研究内容。为此，在上述两个 973 计划项目中分别设置了"地球物理场的信息融合模型"和"深部油气储层综合地球物理探测与评价方法"两个课题，由长江大学和中国石油大学（北京）组成的电磁法研究团队紧密围绕项目确立的"建立深部复杂油气藏地球物理探测理论、催生新一代油气藏地球物理勘探技术"的总目标，以中国石油大学（北京）油气资源与探测国家重点实验室、长江大学油气资源与勘探技术教育部重点实验室和中国石油天然气股份有限公司物探重点实验室为基地，以地球电磁学的理论及在资源勘查中的应用研究为特色，重点解决不同地球物理场、不同观测方式信息的对接和融合，提高深部储层电阻率成像的分辨率和精度；充分发挥电磁资料对储层中含油和水的分辨优势，提升综合应用地球物理信息进行深部储层评价和流体识别的能力。在深部复杂油气藏电磁探测与评价的基础理论、可控源电磁深地探测的方法理论与技术实现、新方法的试验与应用等方面开展了系列研究，取得多项具有自主知识产权的创新性成果，形成和完善电磁法流体识别的理论方法、通过系列技术的突破实现具有深探测和高分辨能力的可控源电磁勘探新方法，应用试验达到预期效果。主要创新性成果如下。

（1）在应用电磁法进行流体识别的理论方面，以双电层模型为理论基础，深入研究储层岩石含不同流体时电磁响应的低频频散机理，除常用的实电阻率参数外，引入与流体性质密切相关的复电阻率参数；通过大量的岩石物性参数实验室测试与分析，建立储层岩石复电阻率参数与物性参数和孔隙流体性质的关系模型，为应用电磁资料进行储层流体识别提供理论依据和定量解释模型，解决长期备受争议的电磁法储层流体识别的机理问题，降低解释的多解性，提高储层流体识别的可信度。

（2）在电磁资料的处理与解释方面，研究和实现大尺度含地形模型、各向异性模型、复电阻率模型的频率域和时间域电磁响应的快速正反演算法；在此基础上，通过多元地球物理信息融合建模，在电磁数据的反演中利用地震信息进行结构相似性约束、应用测井和岩石物理信息进行参数约束，获得储层复电阻率参数的高分辨率图像，解决常规电磁资料应用中的勘探深度与分辨率的矛盾，实现电磁资料用于储层评价的技术突破。

（3）在勘探新方法方面，针对深部油气储层埋深大、地层异常信息弱、油区工业干扰强的特殊问题，提出具有自主知识产权的大功率脉冲源时间域电磁阵列方法，自主研发硬件和软件系统；该系统的核心技术获得多项国际专利、中国发明专利和软件著作权保护。该系统采用大功率脉冲源发射，长偏移距接收，探测深度可达 10 km；采用编码发射，抗干扰和弱信号辨识能力强；通过反演能同时提取电阻率和极化率参数用于流体识别。

（4）在方法应用方面，首次成功进行深部储层的流体识别试验和页岩储层的水力压裂动态监测试验。在油田强干扰环境下进行大功率脉冲源时间域电磁阵列方法的野外资料采集，获得高信噪比观测数据；利用地震和测井信息的约束反演，首次得到深部储层高分辨的电阻率和极化率图像，极化率异常直接指示了储层的含油性，与研究区已知的含油储层分布信息吻合，证明综合应用复电阻率参数进行深部储层的流体识别结果是可信的。在页岩储层的压裂过程中应用大功率脉冲源时间域电磁阵列观测进行动态监测试验，通过对四维观测资料的处理获取的储层电阻率变化的图像，解释压裂液走向与空间展布，评价的压裂造缝效果得到了微地震监测资料的验证。

可控源电磁法用于储层流体识别的应用试验表明，应用复电阻率参数进行储层流体识别是可行的；大功率脉冲源时间域电磁阵列方法具有勘探深度深、电性层分辨率高、能提取油水识别参数等优点，适用于深部储层的流体识别及注采油藏和储层压裂的动态监测。经进一步的试验和完善后，该成果可对已勘探发现的有利储集构造进行含油气性预测或评价，以提高勘探阶段油气井的钻探成功率，可用于开发油藏的剩余油藏圈定和注采动态监测，以降低生产成本，提高采收率，并有望在多种深地资源的勘探与开发中推广应用。

除 973 计划项目外，本书还得到了国家自然科学基金科学仪器基础研究专项"井中瞬变电磁大功率脉冲源研究"（40727001），国家自然科学基金面上项目"伪随机扩频脉冲在地球介质中的传播特性研究"（40774073）、"基于各向异性介质的张量源瞬变电磁测深方法理论与应用基础研究"（40774074）、"移动双极电偶源瞬变电磁成像方法与应用基础研究"（41274082）、"基于 GPU 的可控源电磁三维各向异性储层参数反演"（41274115），以及中国石油天然气股份有限公司科学研究与技术开发项目"四维电磁技术及其在油藏监测中的应用研究"（05A10201）、"可控源电磁法流体识别技术"（07A10303）和中国石油化工集团技术开发项目"剩余油检测的电磁阵列新方法实验研究"（JP07004）等项目的资助。

全书共 9 章，其中第 1～3 章和第 6 章由胡文宝执笔，第 4～5 章由严良俊执笔，第 7～8 章由沈金松执笔，第 9 章由胡文宝、沈金松和严良俊共同执笔，全书由胡文宝统稿。参加本书相关研究工作的人员还有长江大学的陈清礼、唐新功、桂志先、苏朱刘、向葵、谢兴兵、张翔、胡家华、王军民、毛玉蓉、徐振平、罗明璋、蒋涛、胡华、周磊、Isacc Kwasi Frimpong、徐菲、胡少兵，以及中国石油大学（北京）的张福莱、赵建国、李兰兰、贾时成、高晓萍、吴玉生等。

本书内容是十余年来课题组全体成员在项目首席的带领下，在各相关单位的大力支持下不懈努力、协同攻关的成果。此外，刘光鼎院士、滕吉文院士、贾承造院士、彭苏萍院士、高锐院士、陈晓非院士，罗治斌、李幼铭、秦孟兆、刘雯林、赵化昆、钱荣均和刘洪等专家教授在项目立项、研究方向及计划进展等方面给予了宝贵的支持、关心和指导。塔里木油田、大港油田、新疆油田、辽河油田和江汉油田等有关部门和人员在本书研究和试验工作中的资料收集、样品采集、野外方法试验等方面给予了无私的支持和协助。中国石油天然气股份有限公司物探重点实验室对本团队的研究工作给予了长期的资助。值此书付梓之际，衷心感谢各相关部门、各有关企事业单位和各位专家的关心、支持和指导。

谨以此书献给找油追梦人。限于作者水平，书中不足之处在所难免，恳请广大读者不吝赐教。

作　者

2021 年 10 月 28 日于武汉

目　　录

第1章　绪　　论

1.1　基本术语定义

对油气藏而言，储层是指具有一定储集空间（孔隙和缝洞），能够聚集油、气、水等流体的岩层。储层评价的任务就是对储层的质量和特性进行定性和定量的评估，需要应用多种技术和方法对储层进行系统全面的测试与分析，确定储层的岩性、物性、电性和含油（气）性及其相互关系，预测有利储集层段的空间分布及变化，定量评价储层的产能，为油藏的勘探开发提供依据。根据研究的范围和研究阶段的不同，储层评价又可划分为单井储层评价、区域储层评价和开发储层评价。由于在不同阶段可用于储层评价的信息不尽相同，所以在评价方法与技术上会有差异，但总体上储层评价的任务和目标是一致的。

油气勘探所感兴趣的储层通常为储层流体油、气和水相饱和，它们分别以不同的体积比单独或共同存在于储层的微小孔隙中。定义储层中饱和的油、气、水各相的体积占储层孔隙总体积的百分比分别为含油饱和度 S_o、含气饱和度 S_g 和含水饱和度 S_w，且满足关系 $S_o + S_g + S_w = 1$。含油饱和度是储层含油气性评价的量化指标。

由于物理特性上的显著差异，储层中含不同流体时对地球物理场的响应会有所不同。通过对地面观测的地球物理勘探资料的精细处理与分析，可以提取这些反映储层中流体特性的微弱信息，进而进行储层流体特性的空间分布预测。在油气行业，由于储层流体预测的核心对象是储层中的油和气，部分学者也将这种流体预测狭义地称为烃类检测。以烃类（油、气）检测或识别为目标的流体预测不仅有物理上的理论依据，实际上也是可行的。譬如，在 20 世纪 60 年代提出并得到发展和应用的亮点技术，就是利用地震反射剖面上振幅相对增强的点（段）来识别含气储层。依据的物理原理是气体与液体（油或水）密度上存在差异，含气储层的地震波速度要远低于含液体的储层和致密岩层（盖层），导致盖层/含气储层界面构成强反射界面。本书介绍的应用可控源电磁方法进行储层流体预测的方法，主要基于含油储层与含水储层在电性特征上的显著差异，通过对地面观测的人工激励的电磁响应资料的分析与处理，综合应用多种地球物理、地质和油藏的相关信息进行高分辨率成像和综合解释来识别含水和含油储层。在无特别说明的情况下，本书所述的流体预测特指储层含油性预测，即重点是识别储层是含油还是含水，并在可能的条件下给出储层含油性的定量评价。

1.2　油气储层流体预测的意义

石油勘探与开发是石油工业连续生产过程中的重要阶段，其主要目的和任务是寻找工业性油气藏，探明和增加后备石油天然气储量，并将探明储量高效地转化成油气产量。

随着经济的持续高速发展，我国的石油消费量将继续增长，而国内的石油产量增长空间有限，在未来很长一段时期内我国油气资源仍将处于短缺状态[1]。尽管我国的油气地质资源总量比较丰富，除约 70%的已知地质资源量外，还有广袤的深海、深地及非常规资源等新的油气领域有待勘探发现，但我国人均资源占有量仅为世界平均水平的 1/10，属于人均资源相对贫乏的国家。此外，剩余油气资源赋存的地表和地下条件恶劣、资源品质总体较差，勘探开发的难度逐步加大。十多年来，虽然通过加大投入，每年新增探明储量 10 亿 t 左右，但我国石油的储采比仍维持在低于世界平均值的水平。要实现探明储量上的突破，必须依赖油气地质的理论创新和勘探新技术和新方法的应用。地球物理探测技术是油气资源勘探的核心技术，面对更高更难的勘探需求，大力发展和应用地球物理勘探新技术，提高油藏勘探的成功率和开发的采收率，是新时期在油气资源有限的条件下实现增储上产的关键保证，对于保障国家的经济建设和社会发展具有重要意义。

在油气藏勘探阶段，地球物理探测技术主要提供有利于油气聚集的构造和储层空间展布的信息。我国油气勘探历程表明，物探技术的每一次新突破、新进展，都带动一批新油气田的发现，并由此产生新的储量增长高峰[2]。20 世纪 50 年代，依靠重磁勘探技术和光点地震勘探技术发现了大庆油田，使我国甩掉了贫油帽子；60~70 年代，依靠多次覆盖地震勘探技术发现了胜利油田以及渤海湾油区；90 年代以来，通过山地三维地震勘探技术攻关，解决了复杂山地地震数据采集和高陡构造地震成像难题，发现了克拉 2 气田，其成为"西气东输"的源头。随着勘探程度的提高，勘探对象已经由简单构造油气藏向高陡构造等复杂构造油气藏转变，由常规储层油气藏向碳酸盐岩缝洞体等复杂储层油气藏转变，由构造油气藏向岩性地层油气藏转变，由中浅层油气藏向深层－超深层油气藏转变，由常规油气向非常规油气转变[3]。这种由构造勘探至储层评价的转型对地球物理勘探方法提出了更高的技术要求。为了适应这种转型的需要，20 世纪 80 年代以来，油气勘探地球物理逐步发展和形成了以高分辨率地震勘探方法为主，多元地球物理信息综合应用的高分辨率成像、油气储层预测和流体性质识别三大类技术系列。高分辨率成像技术主要应用于精细刻画地质体几何形态；油气储层预测技术旨在刻画油气储层的空间展布及其物理性质；流体性质识别技术主要研究储层中流体性质及分布。在提高储层构造探测精度的基础上，实现对储层的含油性进行预测或评价，可对提高油气勘探成功率、降低勘探成本起到决定性作用。

在油田开发方面，通过多年的探索和实践，已研发形成了较为系统的适合我国油藏地质特点的油田开发理论，发展了适用于不同类型复杂油藏开发的主体技术，使我国的油田开发技术总体上处于世界先进水平。尽管如此，目前我国开发油田平均采收率小于35%，大量的剩余油因油藏非均质性和品质低而滞留于地下难以开采。也就是说，在已进行开发的可采资源中，其剩余可采储量依然相当可观。若按现有探明储量估算，每提高 1%采收率，相当于寻找到一个数亿吨级已探明储量的新油田。从这个角度来看，以提高采收率为目标的老区剩余油气资源的精细勘探开发是资源挖潜的最有效途径。提高采收率需要解决的两个关键问题是剩余油检测和三次采油技术。为此，以开发油藏的精细描述、注采动态监测和剩余油检测为目标的油藏地球物理技术应运而生，开发和利用先进的地球物理探测技术对开发油藏的注采动态进行监测，确定油水界面的变化和剩余油分布范围，指导进一步的勘探开发部署和开发方案优化，可降低油田生产成本，提高采收率，实现油气资源的高效能转化，为国家能源安全和经济可持续发展提供资源保障。

1.3 电磁法油气储层流体预测的可行性

目前，人工源反射地震法是油气地球物理勘探中的主导技术。但是不同的地球物理方法具有不同的探测性能，包括所反映的物理量、探测的分辨能力等，仅靠单一的方法很难实现复杂储层的精细描述和流体识别。事实上，不同类型的勘探方法，如重力、重磁、电磁、地震和测井等方法彼此间具有互补性，综合应用并充分挖掘和发挥不同地球物理方法的信息优势，可降低反演问题解的非唯一性程度，提高成像分辨率和储层参数解释的可信度。

由于储层中的水为具有一定矿化度的地层水，从物性参数上看，储层条件下油与水的密度差异相对较小（约20%），而电阻率的差异可达5~6个数量级，介电常数则相差40倍。然而，含油储层的地震波速度随含油饱和度的变化不显著，电阻率值随含油饱和度的变化非常剧烈。常规的人工源地震勘探方法以岩石密度或声波速度差异为基础，在构造勘探中非常成功。为了进行储层流体识别，还发展了四维地震和井间地震成像等技术并进行了试验。这些技术方法应用不仅成本高昂，且由于储层中油与水的流动速度差异不大，反射地震信息对储层中流体的敏感度较弱，由地震资料有效识别或提取储层中的流体信息技术难度较大。由于原油和水在电阻率参数上的显著差异，含不同流体时储层的电性参数变化大，能产生明显的电磁异常，此外，还可通过在注剂中加入高矿化度的导电添加剂，进一步扩大含不同流体时储层的电阻率差异。在地面观测的电磁响应对探测目标的电性差异敏感，含不同流体时储层的电性特征为应用可控源电磁方法进行储层流体识别提供了物理基础。

随着计算机及信息检测与处理技术的发展，以电磁测深为代表的电磁勘探方法不断发展和提高，已成为与常规地震勘探方法互补的技术手段，用于复杂条件下的构造勘探、圈闭含油气性预测和开发油藏的剩余油检测[4]。由于储层电阻率参数与储层孔隙度、孔隙流体性质和饱和度密切相关，且含油储层与含水地层的电阻率差异明显，电阻率是判定与评价储层含油气性的主要参数，井中和地面电法是定量评价储层含油气性最为直接和可靠的方法。

在可控源电磁勘探方法中，瞬变场电磁法（transient electromagnetic method，TEM）具有分辨率高、抗干扰能力强和生产成本低廉等特点，是勘探阶段进行构造的高分辨率成像、有利圈闭的含油气性预测与评价的首选方法。20世纪90年代初以来，国内外同行在电磁信号采集技术、提高资料的信噪比、提高反演成像的精度等方面不懈努力的研究取得了突破性进展，已经初步形成用于含油气性评价的两大电磁勘探技术系列，即可控源电磁法（controlled source electromagnetic method，CSEM）和多通道瞬变电磁法（multichannel transient electromagnetic method，MTEM），已在海洋油气勘探和剩余油检测中得到成功应用[5-6]。CSEM工作于频率域，频带范围有限，但抗干扰能力强，信噪比高；MTEM 是基于电偶极源激发的瞬变电磁多分量观测方法，用于检测油气异常的变化和圈定剩余油边界，取得了良好的效果。

目前，国内电磁勘探通过引进和独立自主的技术开发，形成了具有中国特色的电磁勘探方法与技术，并在石油勘探与开发中崭露头角，取得了令人瞩目的地质效果[4]。20世纪 70 年代，石油地球物理勘探局（Bureau of Geophysical Prospecting，BGP）就与苏联合作开展了建场测深的试验，80 年代与美国合作在国内进行了瞬变电磁勘探试验，随后引进苏联的仪器重点进行时频电磁法的应用，在青海、新疆、华北等油田进行了方法试验，取得了较好的地质效果。根据美国石油咨询委员会的评估报告[7]，目前应用可控源电磁法预测构造的含油气性的技术虽还不成熟，但中长期内最有可能突破且对油气勘探产生巨大影响的核心技术为海上和陆上可控源电磁探测技术，该技术的成功应用将会改变油气勘探的模式，从现在以构造勘探为主转变为重点进行圈闭的岩性和含油气性评价。

长江大学和中国石油大学（北京）在可控源电磁勘探理论、数据处理与反演方法等方面的研究独具特色，开发了相应的仪器和软件，深入研究了多种用于储层电性高分辨率探测的可控源电磁方法，包括地面阵列时间域（长江大学）瞬变电磁法（Yangtze University transient electromagnetic method，YUTEM）、井中瞬变电磁法、井-地电位法等；以电磁资料为主，综合应用地震、测井等资料进行约束反演，提高了对储层电性构造成像的精度；初步建立了电磁响应与储层含油饱和度和复电阻率参数的关系模型，提出的利用储层的复电阻率参数（电阻率和电极化率）共同识别储层的含油性，减少了高阻异常解释的多解性，使储层流体识别的可靠性大大增加。近几年来，先后在准噶尔、辽河、吐哈和大港等油田进行了储层的含油气性评价试验和页岩储层的水力压裂动态监测试验，初步试验的结果显示，电磁资料融合其他地球物理资料进行综合解释可以对已勘探发现的有利储集构造进行含油性预测或评价，可用于注采开发油藏的剩余油藏圈定和注采动态监测。

1.4 油气储层流体预测技术现状

油气储层流体预测是储层评价的重要内容之一，贯穿于油气勘探与开发的全过程。目前，进行储层含油气性评价最主要的方法是单井储层评价，主要应用钻井所获得的信息，包括录井资料、岩心测试分析资料和测井资料，进行储层的物性参数和流体饱和度的定量评价。很显然，对于钻遇层段，这些资料提供的是最直接的定量信息，具有很高的可信度。遗憾的是，单井资料仅能提供"一孔之见"。为了获得储层参数（包括含油气性）在空间上的分布及变化信息，可供选择的方法之一是以有利区域内多口井的信息为基础，综合利用地震勘探提供的构造信息和其他相关的地质信息建立油气藏模型，对储层结构和参数的空间三维分布进行模拟，从而进行区域储层描述。可以看出，这种区域储层描述方法可以给出储层的结构形态和物性参数的空间分布的预测信息，而对储层的含油气性的预测缺乏有效的控制信息，可信度相对较弱。在开发阶段，因为已经拥有对油藏基本清晰的地质认识和丰富资料，所以可以在基本清晰的地质模型框架的约束下，综合利用地质、油藏开发动态数据及地球物理多种探测信息，对油藏进行精细的刻画和横向预测。为了实现开发油藏的动态描述，还可以在油藏上方重新采集高分辨率三维地震资料，利用时移地震资料处理技术比较油藏开发前后的微小差异，预测剩余油藏分布。

1.4.1 测井流体识别

利用测井资料进行储层的含油气性评价是常规测井资料解释的基本任务，也是油气藏评价的基础工作。

基于测井资料的单井储层流体评价着眼于电阻率测井、声波测井等测井曲线对流体性质的响应不同来区分油气、水层[8]。测井的方法种类较多，不同的测井方法在探测深度、对地层敏感响应的物理参数及受测量环境的影响程度各不相同。表 1.1 所示为按物理原理分类的测井储层流体识别方法，表中列出了所用主要测井方法的物理原理、资料及优缺点等[9]。表中根据原理方法及使用资料将测井识别技术分为 4 类，方法的共同特点为：①通过对资料的统计得出不同流体性质的识别标准，样本的代表性和数量会影响最终的结果；②对常规储层识别效果较好；③储层曲线特征值会直接影响识别结果，特别是在流体性质过渡区域；④从原理方法的角度看，主要是利用油、气、水性质的差异进行流体识别，但不同程度地受到环境因素的影响，如岩性、物性等；⑤对于常规测井资料，油气与水的电学性质差异较大，识别效果较好，而油与气的电学性质较为接近，难以区分，油水与气的声学性质差异较大，识别效果较好，而油与水的声学性质较为接近，难以区分；⑥核测井和核磁共振资料代价较高，获取较难，一般作为辅助验证资料。

表 1.1 测井识别储层流体性质的方法及应用特点

方法分类	原理	主要方法	使用资料	优点	缺点
电法为主	根据储层泥浆侵入特性	径向电阻率法	电阻率、岩性、水分析等	原理简单，易于判别	受泥浆侵入影响较大，可能存在低阻环带
	基于阿奇公式等饱和度方程	标准水层法；最小油层电阻率法；视地层水电阻率法		可快速定性识别，消除了孔隙结构和地层水矿化度的影响	基于均质、中高孔渗模型，假设条件比较简单
声波为主	气、水声学性质差异	纵横波速比；泊松比；能量强弱对比	声波速度、幅度	气层响应特征较为明显	探测深度浅，难以识别油层
核测井为主	伽马、中子与地层相互作用	"挖掘"效应；中子伽马值对比	中子孔隙度、密度、C/O能谱等	能够综合划分油气水层，确定含油饱和度	受物性和地层水矿化度影响大
核磁测井	利用H核顺磁性及相互作用	差谱法、移谱法	核磁共振测井资料	受骨架影响小，对束缚流体、可动流体、孔径分布等储层参数较敏感	探测深度浅，骨架受顺磁质影响，孔隙度较小时识别油水难

资料来源：据文献[9]修改

针对一般砂泥岩储层，基于常规测井资料，以电阻率和阿奇（Archie）公式为主，可以相当精确地识别流体性质和进行定量评价。但对于识别复杂储层（复杂岩性、低孔低渗、低阻）的流体，常规测井方法受地层岩性、孔隙结构及侵入等因素的影响，响应特征不够明显，不仅定量评价困难，有时定性识别流体性质也遇到挑战。因此，一方面需要研究发展新的测井解释方法，如建立新的解释模型，包含多种信息或消除复杂储层的影响因素，另一方面，也可以研发和应用新的测井方法，如通过成像测井、核磁测井的资料进行复杂储层流体的定性和定量评价。

1.4.2　地震储层含油气性预测

地震储层含油气性预测（地震烃类检测）是利用地震勘探资料对地下储层的含油气性做出评估的过程，是地震地层学解释、地震储层横向预测和地震油藏描述的一项重要研究内容。

地震烃类检测技术最早出现于 20 世纪 60 年代，主要根据地震剖面上的亮点来识别气藏，后来又出现了暗点、平点等解释技术。80 年代初至今，地震烃类检测技术有了较大的发展，主要通过地震剖面的定性解释，以及利用波阻抗反演等地震属性开展地震储层含油气性检测。地震储层流体预测常用的方法可以归类为：①基于地震属性分析的方法。常用的地震属性有振幅、频率、速度、衰减等，现今提取的地震属性有一百多种，促进了多参数模式识别烃类检测技术的发展。②基于振幅-偏移距（amplitude-versus offset，AVO）分析的方法。相继出现了流体因子（fluid factor），弹性参数组合、弹性波阻抗等烃类定量检测新方法，使地震烃类检测进入一个新的发展阶段。③基于横波信息分析的方法。鉴于地震横波在流体中传播与纵波有不同的特性，通过纵、横波资料联合解释可以达到识别油气的目的。

1. 地震属性分析

地震属性分析技术的发展大致经历了 4 个阶段[10]：①单一属性的提出，例如"亮点"、瞬时属性等，并直接应用于地震解释和储层预测。②多属性提取及应用，如"灰色关联"等聚类分析算法识别地震相，"相干""曲率"等算法识别微断裂等。这些方法的共同点是针对地震波形进行各种处理或计算，在应用中需要结合实际赋予合理的地震、地质意义，这类属性在地震构造解释、储层预测中发挥了重要作用。③叠前地震属性的应用，例如利用 AVO 梯度与截距等属性分析储层含油气性、基于方位各向异性 AVO 属性分析检测裂缝性储层。④基于新算法、新思路的各种属性的应用，如基于像素成像理论的多属性聚类分析技术、基于非线性统计理论的多属性融合技术、基于岩石物理分析的多属性综合分析技术等。这些方法技术的共同点就是体现"非线性统计"和"多属性融合"。理论研究认为：基于非线性统计的方法算法更加稳健、结果更加可靠，基于多属性融合的手段可以综合多元信息从而突出有利目标。目前在实际生产中，叠前地震属性结合叠后"相干"等属性进行分析，仍然是储层及流体预测的重要手段，而基于非线性统计的多属性融合技术是研究热点，也在实际生产中得到应用。

2. AVO 及反演

AVO 的基本含义指振幅随偏移距变化的关系，扩展含义指地震属性随偏移距变化的关系。AVO 技术可以分为 AVO 属性分析和基于 AVO 特征的叠前反演技术。AVO 技术的发展可分为 4 个阶段：①理论研究阶段，主要体现在基于策普里兹（Zoeppritz）方程的近似公式研究；②AVO 正演模拟和基本属性应用阶段，如流体替换正演模拟，"亮点"识别，基于梯度、截距的交会分析识别流体等；③AVO 反演阶段，将 AVO 信息用作地球物理参数反演是 AVO 和反演技术发展的新起点，针对研究数据不同，形成多种 AVO 反演方法和技术，如角度域 AVO 反演技术、基于多波联合 AVO 反演技术预测流体、基于分方位信息的 AVO 反演技术预测裂缝性储层及叠前弹性阻抗反演技术等；④新技术、新方法的研究和初步应用阶段，如基于频谱分析的频散 AVO 反演技术的研究与应用，基于支持向量机的非线性 AVO 反演技术，基于超临界角的球面波 AVO 分析，基于岩石物理参数频率扫描的频率域 AVO 油气检测技术，基于入射角、宽方位或全方位各向异性分析的 AVO 属性分析技术预测含油气性及地层压力等。AVO 及反演技术的应用已经从最初定性的储层预测发展到定性、半定量的流体识别，成为储层预测及流体识别非常重要的技术手段。

3. 基于吸收、衰减的烃类检测

理论研究认为，在排除地层吸收因素后，储层含不同流体时会改变岩石的吸收性能，导致能量衰减变化不同，从而具有不同的地震响应特征。地震烃类检测技术正是利用这种地震响应特征的差异直接或间接地反映储层含油气性。基于吸收、衰减的烃类检测技术可以分为 4 类：①能量的吸收衰减，大部分技术采用的算法原理相同，主要通过吸收系数、衰减因子、对数衰减率及品质因子等参数求取参数变化量，在应用中认为参数变化大的含油气可能性大。②利用地震波在不同频率和频带内能量变化特征来描述储层的含油气性，认为"高频衰减、低频共振"是储层含油气后直接的响应特征。因此，该类技术需要考虑时频转换方法的有效性和频率能量变化响应的有效性。目前该类技术主要应用于反映高频能量衰减属性的求取和振幅能量衰减梯度的估算。③利用叠前参数反演、AVO 技术等反映流体响应特征。AVO 及叠前反演技术在烃类检测中应用的依据是，在有利条件下，某个或多个弹性参数对流体敏感，并且流体不同敏感度不同。AVO 及反演技术在具体应用中，主要通过流体替代的形式构建不同的"流体敏感因子"，直接反演或间接计算流体因子，达到检测油气的目的。④基于岩石物理分析的烃类检测技术，利用实验室测试和数值模拟结果，直接确定储层含油气性影响因素，或者分析得到反映储层含油气性的各种模量或弹性参数。基于岩石物理分析的烃类检测是目前最能真实反映储层含油气特征的技术。

4. 多波多分量技术

多波地震是一项综合利用纵波、横波及转换横波等多种信息进行精细勘探、直接预测油气分布的有效技术。多种反射波信息对比分析大大降低了单纯纵波分析预测的多解性，提高了复杂储层含油气预测精度。多波地震勘探技术兴起于 20 世纪 80 年代，随多波采集、处理、解释技术的不断进步成为油气地震勘探领域的一项主流技术。目前多波技术主要用于储层各向异性分析和直接预测含油气性。多波多分量技术主要利用 3 种信息预测储层的含油气性：①纵、横波速度比差异。研究认为储层含油气，特别是含气时，横波速度变化不大，而纵波速度迅速减小，据此可以定性识别流体，例如判别真假亮点、利用估算的泊松比识别含油气性等。②不同流体或不同方位时 AVO 响应特征的差异，主要用于识别孔隙或裂缝性储层的含油气性。③慢横波反射振幅的变化。研究表明，相比纵波和快横波，慢横波振幅受流体影响更大，会发生更大的衰减和频散。利用慢横波对流体黏度的敏感性，可以识别纵波无法识别的含油气储层。

5. 时移地震技术

时移地震是在油藏开采过程中，通过对同一区块在不同的时间进行两次或多次三维地震观测，应用特殊的时移地震资料处理技术，如差异处理与成像，并结合岩石物理学和油藏工程等信息精细描述储层物性参数。时移地震技术的最大特点是用地震响应随时间的变化来刻画储层中流体特性的变化，进而追踪注采过程中流体前缘的动态变化，或圈定剩余油分布的范围。目前，时移地震技术已成为油藏动态监测的一项核心技术被广泛地应用于海上油气田的开发和生产过程中，但在陆上油田推广面临的主要问题是：①四维地震资料采集的成本过高，经济可行性差；②大多数油田属于陆相沉积，储层薄、纵横向变化剧烈，加上水驱为主的开发方式，短时间内油藏变化造成的地震响应差异微弱，导致油水识别的可信度不高。

1.4.3 电磁法流体识别

众所周知，含油储层与含水储层的电性参数差异巨大，且储层电阻率与储层孔隙度、孔隙流体性质及流体饱和度密切相关。因此，应用电磁方法通过电性参数的异常识别和定量评价深埋储层中的流体性质具有物理原理上的优势。除了常规的直流电阻率参数，储层中不同流体的电极化效应也引起了充分关注，人们一直试图利用储层电性的低频频散特性提升储层流体识别的可信度。

1. 发展概述

早在 1911 年，电法勘探的先驱 Schlumberger 教授在巴黎矿业学院进行实验室岩石物理测量及随后的野外电法探矿过程中就发现，岩石在外电场的作用下具有电极化现象[11]，即向地下供入（或关断）电流时，可观测到测量电极间的电位差随时间缓慢变化的现象。当电流突变时电位差缓慢变化，这意味着地层电阻率随时间有变化，不再是常数。由于受到当时的战乱及经济和技术条件的影响，基于激发极化（induced polarization，IP）原理的勘探方法发展较慢。直到第二次世界大战结束后，激发极化法的方法理论和仪器才得到快速发展，并成为在矿藏（特别是硫化类矿藏）勘探中广泛应用的电磁方法。

在石油勘探方面，1929 年，苏联的研究人员 Dakhnov 等与 Schlumberger 合作在格罗茨尼地区进行的油井 IP 测井中发现，在含油的砂岩中有较高的极化异常[12]，但在随后的几个油层的测井试验中并没有得到证实。1940 年 Peterson[13]和 Potapenko[14]先后申请了多项美国专利，提出了通过测量电解介质的充电和放电电压的差异分离出油藏引起的极化异常，进而实现直接探测油藏。1974 年 Donovan 提出了 IP 找油的微渗逸模型，如图 1.1 所示[15]。其基本假设是，尽管盖层可能很致密，但在油气藏形成后的地质历史中，油气分子可透过致密的盖层向上渗逸至近地表处的还原带。渗逸的有机油气分子在还原条件下可以生成次生黄铁矿颗粒，在浅地表形成富含黄铁矿颗粒的蚀变带，可为地面 IP 方法所探测。Sternberg 和 Oehler[16]报告了大陆石油公司（Conoco）于 1976～1981 年在油气藏微渗逸模型指导下进行的 54 个区块的 IP 找油试验。遗憾的是，总结分析试验结果表明，只有 5 个 IP 异常与已知的油藏完全吻合，有 11 个已知油藏的上方未观察到明显的 IP 异常。结论认为，当地质条件满足时，地表观测得到的 IP 异常与深部油气藏具有一定相关性，但影响因素复杂且是多方面的，实际的油藏并不都能满足微渗逸蚀变条件，因此基于这种假说而进行直接探测油藏的局限性是显而易见的。与国外的研究几乎同步，1982～1986 年中国科学院的张赛珍等[17]在中国的 20 多个油区进行了 IP 找油的方法试验。除在地面进行了 IP 测量外，还通过钻井取样获得了部分地区代表蚀变带的浅层岩样，进行了物性测定和矿物同位素分析。分析结果表明：油气藏上方的浅部地层从氧化带以下都有不同浓度的黄铁矿物分布，富集在孔隙岩石层位；油藏上方的地层中也能见到少量的原生黄铁矿，但比例远小于孔隙地层中的次生黄铁矿；油藏外围的样品中未见黄铁矿物分布。试验结论认为，在已知油田上方测得的 IP 异常是表层黄铁矿化的反映，支持图 1.1 所示的微渗逸蚀变模型。相对而言，张赛珍等[17]在新疆准噶尔盆地的新区勘探中的试验成功率达到了 87%。当然，除了异常位置和范围的差异，也报道了多个有油流无 IP 异常和有 IP 异常而无工业油流的反例。

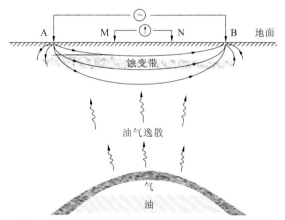

图 1.1　基于微渗逸理论的油藏上方极化异常模型

出于当时仪器探测深部弱信号能力的限制，前述的方法主要着眼于通过探测浅部蚀变带的 IP 异常来间接识别油气藏的存在。因为探测的异常与实际油气藏的对应关系具有不确定性，且受诸多因素（如断裂带、地表环境等）影响，预测效果不明显，甚至有人对其找油机理提出质疑，所以基于微渗逸模型的 IP 找油方法目前尚未被认可和推广。

2. 技术现状

何展翔和王绪本[18]2007 年提出了油气藏电性异常的新模式。除上述因油气分子微渗逸在还原带产生的近地表黄铁矿化异常外，油藏上方微渗逸通道内也因地层富含烃类分子及方解石化而使电阻率和极化率都有所升高。此外，油气藏本身也是一个具有多个双相介质界面的动态平衡系统，这些界面包括气油界面、油水界面及水与岩石和油与岩石形成的固-液界面。双相介质的界面形成有双电层，在自然条件下处于平衡状态。在外加电场的作用下，双电层的电荷移动以平衡外加电场，类似于充电过程。当外加电场关断时，双电层的电荷会向相反的方向移动以恢复平衡状态，类似于放电过程。因此，油藏本身的界面极化效应产生的 IP 异常更具有油气指示意义。而油藏外围的储层中含水，具有相对低的电阻率和极化率。据此，油气藏从立体上看具有"环状三层楼"宏观电性异常模式，利用现有电磁方法勘探深度深、弱信号检测能力强的优势，开展三维高精度电磁法油气综合检测是可行的。

利用现代电磁勘探方法直接探测油藏本身产生的电极化异常，并与常规的电阻率参数一起综合评价储层中的流体性质，可以减少多解性，提高流体识别的可信度，是电磁探测技术进步发展的象征。电磁勘探方法的种类较多，以天然电磁场为场源的大地电磁测深（magnetotelluric sounding，MT）法具有频带宽、勘探深度大、施工成本低、工效高等特点，是深部构造勘探的有效方法之一。20 世纪 90 年代初发展起来的同步阵列大地电磁测深（synchronized array magnetotelluric sounding，SAMT）法，在空间域和时间域密集采样，并通过 GPS 同步实现资料的互参考处理，较好地解决了常规 MT 方法的不足，在提高资料品质和深部构造的成像质量方面取得了突破性进展。可控源电磁方法又可分为频率域方法和时间域方法两大类，根据探测目标的不同可以采用不同的发射源和观测方式。对于油藏探测，一般要求探测深度达到数千米，因此需要采用大功率发射源、长偏移距接收。在陆上这种观测方式的代表性方法是频率域的可控源音频电磁测深（controlled source audio-frequency magnetotellurics，CSAMT）法和时间域的长偏移距瞬变电磁测深法（long-offset transient electromagnetic method，LOTEM），与之对应的海洋电磁方法为可控源电磁法和多通道瞬变电磁法。海洋电磁法的主要特点是可以采用发射-接收阵列偏移距固定的拖曳方式进行扫描测量，或在海底设置固定的接收阵列而拖曳源进行变偏移距的扫描测量，大大增加信息的覆盖程度，提高成像的精度。为了提升储层流体定量评价的能力，也发展了井周、井间和井-地观测方式的电磁方法，以井资料的评价精度，扩展至井周一定范围内，并与地面观测资料对接，通过联合和约束反演提高储层流体横向预测的可信度。

可控源电磁法的主要优点是勘探效率高、成本低、对储层的电性敏感，最大的局限性是电性构造的分辨能力相对较低。无论在陆上还是海上，可控源电磁法地震勘探的构造成像分辨率都是任何电磁方法所不可企及的。但是在地震勘探施工困难或成像困难的地区，可控源电磁法也不失为一种有效的互补勘探手段，这也是油气电磁勘探方法得以发展的驱动力之一。通过海洋电磁法的发展，人们认识到利用电磁法对地震勘探发现的有利油气储集的构造进行含油气评价，可以大大提高钻探的成功率，降低勘探风险。可控源电磁法在储层流体评价方面的应用潜能为该方法的发展注入了新的动力，但也面临着多项技术难题的挑战，主要包括：①如何提高流体预测的可信度，降低多解性；②如何突破分辨率瓶颈，提升储层流体评价的精度。

参 考 文 献

[1] 贾承造, 庞雄奇, 姜福杰. 中国油气资源研究现状与发展方向[J]. 石油科学通报, 2016, 1(1): 2-23.

[2] 刘振武, 撒利明, 张少华, 等. 中国石油物探国际领先技术发展战略研究与思考[J]. 石油科技论坛, 2015, 33(6): 6-16.

[3] 王宗礼, 娄钰, 潘继平. 中国油气资源勘探开发现状与发展前景[J]. 国际石油经济, 2017, 25(3): 1-6.

[4] HE Z X, HU W B, DONG W B. Petroleum electromagnetic prospecting advances and case studies in China[J]. Surveys in Geophysics, 2010, 31(2): 207-224.

[5] ELLINGSRUD S T, EIDESMO S, JOHANSEN M C, et al. Remote sensing of hydrocarbon layers by seabed logging SBL: Results from a cruise offshore Angola[J]. The Leading Edge, 2002, 21: 972-982.

[6] WRIGHT D, ZIOLKOWSKI A, HOBBS B. Hydrocarbon detection and monitoring with a multicomponent transient electromagnetic (MTEM) survey[J]. The Leading Edge, 2002, 21: 852-864.

[7] NPC. Oil and Gas Technology Development [R]. 2007-7-18.

[8] 雍世和, 张超谟. 测井数据处理与综合解释[M]. 东营: 中国石油大学出版社, 2007: 134-139, 533-566.

[9] 杜阳阳, 王燕, 李亚峰, 等. 低孔低渗储层流体性质测录井综合识别方法研究现状与展望[J]. 地球物理学进展, 2018, 33(2): 571-580.

[10] 赵万金, 杨午阳, 赵伟. 地震储层及含油气预测技术应用进展综述[J]. 地球物理学进展, 2014, 29(5): 2337-2346.

[11] SCHLUMBERGER C. Etude sur la prospection electrique du sous-sol[M]. Paris: Gauthier-Villar et Cie, 1920: 70-72.

[12] DAKHNOV V N, LATISHOVA M G, RYAPOLOV V A. Well logging by means of induced polarization (electrolytic logging)[J]. Promislovay Gaeofizika, 1952: 46- 82.

[13] PETERSON G. Method of geophysical prospecting[P]. US 2160324, 1940.

[14] POTAPENKO G. Method of determining the presence of oil[P]. US 2190320, US 2190321, US 2190322, US 2190323, 1940.

[15] DONOVAN T J. Petroleum microseepage at Cement, Oklahoma-evidence and mechnisms[J]. AAPG Bulletin, 1974, 58(3): 429-446.

[16] STERNBERG B K, OEHLER D Z. Induced polarization hydrocarbon surveys: Arkoma Basin case histories, in induced polarization applications and case histories [M]. Tulsa: SEG, 1990.

[17] 张赛珍, 李英贤, 周季平, 等. 激发极化法探测油气田-异常成因及其与油气藏关系探讨[J]. 地球物理学报, 1986, 29(6): 597-612.

[18] 何展翔, 王绪本. 油气藏电性异常模式与电磁法油气检测[J]. 石油地球物理勘探, 2007, 42(1): 102-106.

第 2 章　石油储层流体及岩石电性特征

2.1　电性参数与电磁响应

2.1.1　基本电磁响应方程

在物理世界中，所有的电磁现象都可用经典的麦克斯韦（Maxwell）方程来描述。对于变化的电磁场，可以表示为时间域或频率域的场矢量，时域场与频域场的转换可通过傅里叶变换对实现。本书统一采用国际单位制（SI）和 $e^{i\omega t}$ 时谐因子，并用小写字母的场量符号表示随时间变化的场，用大写字母符号表示频率域的场量。

1. 时间域麦克斯韦方程

在电磁勘探中，在时间域观测的地球电磁响应所满足的麦克斯韦方程组有如下形式[1]：

$$\nabla \times \boldsymbol{e} + \frac{\partial \boldsymbol{b}}{\partial t} = 0 \tag{2.1}$$

$$\nabla \times \boldsymbol{h} - \frac{\partial \boldsymbol{d}}{\partial t} = \boldsymbol{j} \tag{2.2}$$

$$\nabla \cdot \boldsymbol{b} = 0 \tag{2.3}$$

$$\nabla \cdot \boldsymbol{d} = q_e \tag{2.4}$$

式中：$\boldsymbol{e}$ 为电场强度矢量，V/m；$\boldsymbol{h}$ 为磁场强度矢量，A/m；$\boldsymbol{b}$ 为磁感应强度矢量，Wb/m 或 T；$\boldsymbol{d}$ 为电位移矢量，C/m^2；$\boldsymbol{j}$ 为电流密度，A/m^2；q_e 为电荷密度，C/m^3；t 为时间，s。

式（2.1）称为法拉第（Faraday）电磁感应定律，描述随时间变化的磁场可以感生电场；式（2.2）称为安培（Ampère）定律，描述电流产生磁场的事实。式中包含两种电流，其一是欧姆电流或传导电流 $\boldsymbol{j}$，描述载流子在介质中的自由流动；其二是位移电流 $\partial \boldsymbol{d}/\partial t$，它与电荷分离及因此产生的附加反向电场有关。

对式（2.2）取散度，可得电流连续性方程：

$$\nabla \cdot \boldsymbol{j} + \frac{\partial q_e}{\partial t} = 0 \tag{2.5}$$

在电导率 10^{-4} S/m 的均匀大地介质中，自由电荷会在 10^{-6} s 内消散掉。因此，对工作频率低于 10^5 Hz 的电磁勘探方法，可视为 $\partial q_e/\partial t \sim 0$，这时电流连续方程简化为

$$\nabla \cdot \boldsymbol{j} = 0 \tag{2.6}$$

注意式（2.6）仅适用于均匀介质的情况。对于非均匀介质，在不同介质的分界面会有面电荷分布。

2. 本构关系

岩石的电学性质由一组描述场通量与源场和介质参数关系的本构方程定义。对于非

频散媒质，电性参数不随频率变化，则本构方程的基本形式为

$$j = \sigma e \qquad (2.7)$$
$$b = \mu h \qquad (2.8)$$
$$d = \varepsilon e \qquad (2.9)$$

式中：σ 为电导率，S/m；μ 为磁导率，H/m；ε 为介电常数，F/m。它们是描述媒质电学性质的本征参数。式（2.7）也称为欧姆定律的微分形式。

式（2.7）～式（2.9）是时域场的表示形式，对于非频散媒质，频域场的本构方程具有相同的形式。

3. 频率域电磁响应方程

假定式（2.1）～式（2.2）所表示的电磁场是时谐因子为 $e^{i\omega t}$ 的谐变场，若考虑介电常数 ε 和磁导率 μ 均不随时间变化，则可将方程中对时间的导数替换为 $\partial/\partial t = i\omega$，得到频率域麦克斯韦方程：

$$\nabla \times \boldsymbol{E} = -\hat{z}\boldsymbol{H} \qquad (2.10)$$
$$\nabla \times \boldsymbol{H} = \hat{y}\boldsymbol{E} \qquad (2.11)$$

式中：$\hat{z} = -i\omega\mu$ 为阻抗率；$\hat{y} = \sigma + i\omega\varepsilon$ 为导纳率。

对式（2.10）和式（2.11）分别取旋度并做简单替换，可分别得到电场和磁场的波动方程，亦称为亥姆霍兹（Helmholtz）方程：

$$\nabla^2 \boldsymbol{E} + k^2 \boldsymbol{E} = 0 \qquad (2.12)$$
$$\nabla^2 \boldsymbol{H} + k^2 \boldsymbol{H} = 0 \qquad (2.13)$$

式中：k 为复波数，有

$$k^2 = -\hat{z}\hat{y} = \omega^2\mu\varepsilon - i\omega\mu\sigma \qquad (2.14)$$

当频率小于 10^5 Hz 时，大地介质满足准静态近似条件 $\sigma \gg \omega\varepsilon$，此时传导电流远大于位移电流，故位移电流可忽略，则有 $\hat{y} \approx \sigma$，$k^2 \approx -i\omega\mu\sigma$。

2.1.2 复杂条件下电性参数表征

实际的地球介质具有非常复杂的属性，其电性参数都是时间、空间位置、温度、所处压强及电场、磁场强度和频率的函数。但在讨论基本电磁问题时，为了简化分析，可以假定大地介质的各个局部区域的电学参数是线性、均匀和各向同性的，且不随时间、温度和压力改变；而复杂的大地可由这种局部区域拼合而成。对于某些应用，需要考虑地球介质的一些特殊的属性，如层状地层电性参数的各向异性、电极化特性随频率或时间的变化（频散性）及深部岩石圈电性参数受温度和压力的影响等，则可以尽量简化分析的原则取舍。

1. 频散媒质

在地球物理的应用中，所研究的地质体大多呈现出电性参数随频率变化的特性，即岩矿石的电性参数一般都具有频散特性。对于频散介质，频率域场的本构方程为

$$J(\omega) = \sigma(\omega)E(\omega) \tag{2.15}$$
$$B(\omega) = \mu(\omega)H(\omega) \tag{2.16}$$
$$D(\omega) = \varepsilon(\omega)E(\omega) \tag{2.17}$$

式中：ω 为角频率，Hz。频散介质的频率域本征参数是复数形式。

对式（2.15）～式（2.17）进行逆傅里叶变换，可得频散媒质本构方程的时域表达式：
$$j(t) = \sigma(t) * e(t) \tag{2.18}$$
$$b(t) = \mu(t) * h(t) \tag{2.19}$$
$$d(t) = \varepsilon(t) * e(t) \tag{2.20}$$

式中：符号 * 表示褶积。也就是说，对于频散媒质，其各场通量是时域本征参数与对应的各时域场量的褶积。

2. 各向异性媒质

对于均匀各向同性介质，电性参数 σ、μ 和 ε 均为标量形式。然而，结构或成分完全对称的地质介质极为罕见，所以各向同性的矿物和岩石为数甚少。如果介质的电性参数随观测方向的改变而不同，则称这种介质为电各向异性的。若这种非对称性在原子或分子的水平上依然存在，则称为本征各向异性。此外，由各向同性的矿物或岩石单元构成的集合体，其参数的平均值整体上具有各向异性，则称为结构各向异性。任意各向异性参数用张量表示为

$$\boldsymbol{\sigma} = \begin{bmatrix} \sigma_{xx} & \sigma_{xy} & \sigma_{xz} \\ \sigma_{yx} & \sigma_{yy} & \sigma_{yz} \\ \sigma_{zx} & \sigma_{zy} & \sigma_{zz} \end{bmatrix}, \quad \boldsymbol{\mu} = \begin{bmatrix} \mu_{xx} & \mu_{xy} & \mu_{xz} \\ \mu_{yx} & \mu_{yy} & \mu_{yz} \\ \mu_{zx} & \mu_{zy} & \mu_{zz} \end{bmatrix}, \quad \boldsymbol{\varepsilon} = \begin{bmatrix} \varepsilon_{xx} & \varepsilon_{xy} & \varepsilon_{xz} \\ \varepsilon_{yx} & \varepsilon_{yy} & \varepsilon_{yz} \\ \varepsilon_{zx} & \varepsilon_{zy} & \varepsilon_{zz} \end{bmatrix} \tag{2.21}$$

根据式（2.7）～式（2.9），对于非频散媒质，各向异性参数的本构方程变为如下形式：
$$j = \sigma e \tag{2.22}$$
$$b = \mu h \tag{2.23}$$
$$d = \varepsilon e \tag{2.24}$$

式中：$\boldsymbol{\sigma}$、$\boldsymbol{\mu}$ 和 $\boldsymbol{\varepsilon}$ 分别为张量形式的电导率、磁导率和介电常数。也就是说，对于非频散各向异性媒质，其各个场通量是参数张量与各对应场矢量的矢积。

在上述的三个电性参数中，电导率参数的各向异性是地球物理探测中最常涉及的，但也可根据应用条件适当简化。除了式（2.21）表示的任意方向的各向异性，若电导率张量的主轴方向可以旋转为与正交坐标系中的坐标轴方向一致，则称之为正交各向异性，电导率张量可简化为

$$\boldsymbol{\sigma} = \begin{bmatrix} \sigma_{xx} & 0 & 0 \\ 0 & \sigma_{yy} & 0 \\ 0 & 0 & \sigma_{zz} \end{bmatrix} \tag{2.25}$$

即非对角元素均为零。有些岩石或矿物的结构在某一平面上是均匀的，即在三个主轴方向的电导率值中有两个相等，称为旋转各向异性。如对于岩层，一般有水平电导率 σ_h 与垂向电导率 σ_v 不同，则电导率张量可以进一步简化为

$$\boldsymbol{\sigma} = \begin{bmatrix} \sigma_h & 0 & 0 \\ 0 & \sigma_h & 0 \\ 0 & 0 & \sigma_v \end{bmatrix} \tag{2.26}$$

在电磁勘探中，习惯使用电阻率参数表征介质的电性，电阻率是电导率的倒数，即 $\rho = 1/\sigma$，单位为 $\Omega \cdot m$。而对于各向异性介质，电阻率张量是电导率张量的逆。

3. 电极化矢量

根据经典电介质理论，电位移是电子、原子核和极性分子在外电场作用下从中性平衡位置向非中性位置偏移造成的，这种电荷移动称为介电极化。电荷偏移分离的作用结果使得电荷间的库伦力与外电场平衡，电荷分离的程度可用电极化矢量 $\boldsymbol{P}$ 表示：

$$\boldsymbol{P} = (\varepsilon - \varepsilon_0)\boldsymbol{E} \tag{2.27}$$

式中：ε_0 为自由空间的介电常数（$\varepsilon_0 = 8.854\,187\,8 \times 10^{-12}$ F/m），用于描述不极化介质的 $\boldsymbol{D}$ 与 $\boldsymbol{E}$ 的关系。$\boldsymbol{P}$ 具有与 $\boldsymbol{D}$ 相同的量纲，A/m^2。

这样，也可以用相对介电常数 ε_r，即介质的介电常数与自由空间介电常数之比，来表征介质的介电特性：

$$\varepsilon_r = \frac{\varepsilon}{\varepsilon_0} \tag{2.28}$$

式中：ε_r 为 $\geqslant 1$ 的正系数，无量纲。

在实用中，还可将电极化矢量表示为

$$\boldsymbol{P} = \chi_e \varepsilon_0 \boldsymbol{E} \tag{2.29}$$

式中：χ_e 为介电极化系数，无量纲。与式（2.27）比较，可得 $\chi_e = \varepsilon_r - 1$，或 $\varepsilon = \varepsilon_0(1 + \chi_e)$。

4. 磁极化矢量

电荷的运动和旋转产生感应磁场。在外加磁场的作用下，磁性介质中的磁偶极趋向于外磁场的方向排列，产生感应磁化场。定义感应磁矩或感应磁极化矢量 $\boldsymbol{M}$ 为

$$\boldsymbol{M} = \frac{\boldsymbol{B}}{\mu_0} - \boldsymbol{H} \tag{2.30}$$

式中：μ_0 为真空中的磁导率（$\mu_0 = 4\pi \times 10^{-7}$ H/m）。

同样，可以用相对磁导率 μ_r 来表征介质的磁化特性：

$$\mu_r = \frac{\mu}{\mu_0} \tag{2.31}$$

式中：μ_r 为无量纲的正系数，对于无感应磁极化的物质 $\mu_r = 1$，顺磁性的物质 $\mu_r > 1$，逆磁性的物质 $\mu_r < 1$。

也可将感应磁极化矢量表示为

$$\boldsymbol{M} = \chi_m \boldsymbol{H} \tag{2.32}$$

式中：χ_m 为磁极化系数，无量纲。根据式（2.30）可以导出 $\chi_m = \mu_r - 1$，或 $\mu = \mu_0(1 + \chi_m)$。

2.2 油气藏的形成与结构特征

2.2.1 油气藏的形成

石油有机成因理论认为，石油的形成过程始于地下沉积岩石中的动植物有机体，在诸如压力、温度和地质时间尺度的作用下分解而产生"干酪根（Kerogn）"。因此，干酪根即有机质沉积物是生成原油和天然气的主要来源[2]。

石油生成后，受浮力和流体流动控制，碳氢化合物离开烃源岩，通过渗透性地层（储层）向上迁移，直到到达一个有密封盖层的圈闭，在那里形成碳氢化合物的聚集或油气藏。换言之，油气藏中的碳氢化合物一般不起源于它们被发现的地层或圈闭，而是在烃源岩中形成，然后迁移到圈闭形成油气藏。圈闭主要由构造型（背斜、断层和裂缝）和岩性变化（包括地层不整合、生物礁）形成。无论如何，最终被发现的储集油气藏的岩层即为储层。储层通常被相对不透水的盖层岩层所密封，作为屏障，使碳氢化合物被圈在圈闭中，不能继续迁移或渗透到地表。不论是何种油气圈闭类型，油气在圈闭中的聚集实际上是油气组分排驱圈闭储层中原生孔隙水的过程，最终形成油气水的分层，而水则在平面上形成一个围绕油气藏的水环。

2.2.2 油气藏的结构特征

石油储层岩石的孔隙空间可能含有烃类气和水或油和水，分别称为两相气藏或油藏；大多数情况下，它可能同时含有气、油和水，则称为三相油气藏。实际工作中，油藏、气藏或油（气）藏统称为油气藏。虽然从热力学的角度来看，油和水都可以称为液相，但油和水为非混溶溶液，也是储层流体识别要重点区分的液体，因此在本书的讨论中把它们称为两个不同的相，分别为油相和水相。

原则上，如果把气体、油和水放在一个敞开的容器中，重力离析或密度的差异就应该把它们分成不同的层，上面是气体，其下是油，最底部是水。然而，由于储层微小的孔隙空间，毛细管力将抵消部分重力或限制重力离析流体相，导致毛细管力-重力平衡的石油油藏。一个理想化的三相油气藏的分层示意图如图 2.1 所示，显示出由于重力分异形成的由上而下的气、油、水分布特征。天然气相对密度较小，存在于油气藏的顶部，称为气顶（或气帽）。其下为含油储层，气与油之间的接触面为气油界面，如图 2.1 中①所示；实际的气油接触面是一个纵向上有一定厚度的油气过渡段，一般以油气过渡段中含油饱和度为 5%的位置作为油气藏的气油界面。含油储层的下方是含水储层，油与水之间的接触面称为油水界面（或油水接触面），如图 2.1 中②所示；实际的油层与水层也不是截然分开的，也存在有油水过渡段，一般以油水过渡段中开始无可动油的位置作为油水界面。油气水系统是一个多相平衡系统，其油相、油水过渡相和水相三者处于动力学平衡状态。从物理化学作用的角度来说，油水过渡区是该系统中物理化学反应最活跃的区域，油和水的相互排替、各种水解作用、化合物的相互作用等均在此区域内完成，最终处于动态平衡。需要指出的是，由于储层在油气运移聚集之前饱含原生地层水，油藏形成时原生地层水虽然被驱排，但毛细管力抵抗完全重力离析，在油藏的所有区域包括气顶中也会有少量的水。

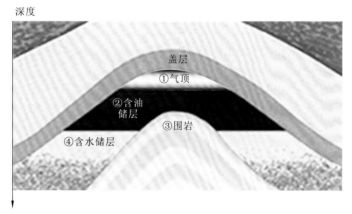

图 2.1　典型三相油气藏结构模式示意图

2.3　储层岩石和流体电学性质

构成地球岩石圈的岩石是由一种或几种矿物和天然玻璃状物质组成的固态集合体，根据成因可分为火成岩、沉积岩和变质岩三大类。

岩石的电阻率参数主要由岩石骨架的造岩矿物、孔隙大小与结构及孔隙中所含流体的性质和含量所决定。在所有的岩石物性参数中，岩石的电阻率是变化范围最大的参数。目前已知的地球介质电阻率的差异可达近 10 个数量级的变化范围，即使是同一种类型的岩石，其电阻率值也可能有几个数量级的差别，图 2.2 给出了不同类型地球介质电阻率值的分布范围。

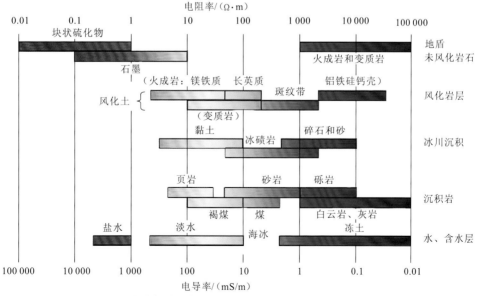

图 2.2　地质介质的电阻率常见值范围（据文献［1］修改）

2.3.1 岩矿石的电学性质

1. 导电性

地球介质中矿物种类繁多,按其电学性质可分为良导体、半导体和绝缘体三大类。良导体的电导率一般≥10^5 S/m,绝缘体的电导率≤10^{-7} S/m,而半导体的电导率介于良导体与绝缘体之间。良导类矿物主要为金属,数量虽少但却具有经济价值。在没有或只有极微弱激发能量的情况下,金属矿物中就存在可参与导电的自由电子,因此具有很高的电导率。另一类重要的工业矿物,常以硫化物或氧化物的形式存在,其电学性质具有半导体特性。它们的电导率可能比较高,但通常低于金属类矿物。这类介质中,传导电流是由受激进入导带的电子的迁移引起的,激发的能量来自热扰动。半导体矿物的导电率受杂质浓度的影响,而杂质浓度的变化可达几个数量级,故半导体类矿物的电导率变化范围也很大。

严格地讲,非金属矿物都是半导体类型,然而不少矿物的电子激活能量非常高,以至于事实上不能产生传导电流,这样的矿物称为绝缘类矿物。大多数硅酸盐矿物、碳酸盐矿物和其他一些常见矿物属于这一类。在绝缘类矿物中,半导体导电机制极弱,电解导电机制起主导作用。晶格的热扰动会使离子离开它们的正常位置,这些离子在外电场存在时就成了传导电流的载体。离子在晶格中间运动,一有机会就会重新复合。

表 2.1 给出了一些常见的岩矿物质及各类水的电阻率。由表中数据可以看出,岩矿石的电阻率变化范围很大,与图 2.2 所示的结果相对应。即使是同一种矿物,受成分、结构及采样和测量环境的影响,测得的结果可能也差异很大,故各相关文献给出的结果也不尽一致。因此表 2.1 列出的值只能给出一个大致范围和相对变化关系的参考。对油气储层而言,构成岩石骨架的造岩矿物主要是硅酸盐类和碳酸盐类矿物,如长石、石英、云母、方解石、角闪石、辉石、橄榄石等,都是高阻性矿物,所以储层岩石骨架可视为绝缘介质。

表 2.1 常见岩矿石及各类水的电阻率

岩矿石/各类水	分子式	电阻率/(Ω·m) 范围	电阻率/(Ω·m) 平均值	岩矿石/各类水	分子式	电阻率/(Ω·m) 范围	电阻率/(Ω·m) 平均值
黄铜矿	$CuFeS_2$	$1.2\times10^{-5}\sim0.3$	4×10^{-3}	角闪石	—	$2\times10^2\sim10^6$	—
黄铁矿	FeS_2	$2.9\times10^{-5}\sim1.5$	3×10^{-1}	云母	—	$9\times10^2\sim10^{14}$	4×10^{11}
铝土矿	$Al_2O_3\times nH_2O$	$2\times10^2\sim6\times10^3$	—	长石	—		4×10^{11}
磁铁矿	Fe_3O_4	$5\times10^{-5}\sim5.7\times10^3$	—	石油	—	$10^9\sim10^{16}$	—
石墨	C	$10^{-6}\sim3\times10^{-4}$	—	无烟煤	—	$10^{-3}\sim2\times10^5$	—
石英	SiO_2	$4\times10^{10}\sim2\times10^{14}$	—	雨水	—	$3\sim10^3$	—
硬石膏	$CaSO_4$	$10^4\sim10^6$	—	地表水	—	$10\sim100$	—
方解石	$CaCO_3$	$5\times10^3\sim5\times10^{12}$	2×10^{12}	地层水	—	$1\sim100$	3
岩盐	NaCl	$30\sim10^{13}$	—	海水	—	$0.2\sim0.5$	0.3
钾盐	KCl	$10^{11}\sim10^{12}$	—	矿化水(3%)	—		0.15
蛇纹石	—	$2\times10^2\sim3\times10^3$	—	矿化水(20%)	—		0.05

资料来源:据文献[3]修改

2. 介电特性

介电位移和极化本质上可归为电子极化、原子极化、分子极化和空间电荷极化。图 2.3 给出了不同极化机理的原理示意图。在外电场的作用下，电子离开相对于原子核的中性位置，引起电子极化 [图 2.3（a）]。电子的荷质比非常大，电子群的移动速度非常快，因此，在整个地球物理频段内电子极化不随频率的变化而改变。

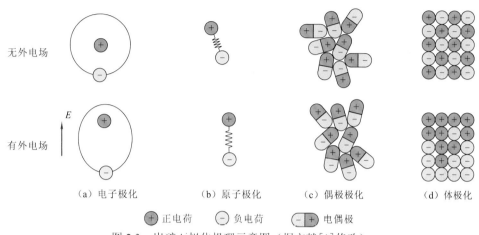

无外电场

有外电场

E

（a）电子极化 （b）原子极化 （c）偶极极化 （d）体极化

⊕ 正电荷 ⊖ 负电荷 ▨ 电偶极

图 2.3 岩矿石极化机理示意图（据文献[1]修改）

在频率较低时，原子极化[图 2.3（b）]具有不可忽视的影响。因为原子核的荷质比非常小，所以原子极化对外电场的响应速度比电子极化的速度慢。尽管如此，重原子的原子极化响应时间仍小于 1 μs，接近光学频段时轻原子的原子极化时间也小于 1 μs。因为晶格间键力的阻碍作用，原子的位移是有限度的，所以原子极化对介电常数的影响不如电子极化那样明显。在射频及其以下频段，原子极化和电子极化同时存在。

如果介质中含有极性分子，或者含有因结构不对称而具有永久偶极矩的分子，可能发生偶极极化[图 2.3（c）]，水和碳氢化合物是岩石中具有偶极分子的物质。对于水分子，两个氢原子所带的平均正电荷的中心位置偏离了位于氧原子核处的平均负电荷中心。当存在外加电场时，原子发生旋转以使其自身与外加电场一致。在旋转过程中有明显的位移电流产生。旋转一旦结束，极化随之出现。旋转的速度主要取决于束缚水分子的力的大小。在液态水中原子旋转的阻力极小，故而高频时仍会发生偶极极化。

介质中含有在外电场作用下可迁移的载流子，则会发生体极化[图 2.3（d）]。如果这种介质是均匀的，这些载流子的迁移将产生传导电流。若像大多数实际介质那样，由于晶格中的缺陷或者晶体性质的变化而使载流子的迁移率各处不同，那么在迁移率发生变化的地方将出现离子的集聚或损耗，这就是产生体极化的原因。因为固体结构中的离子迁移率一般很低，加之相对于原子的尺寸来说迁移率壁垒之间的距离很远，所以体极化速度非常慢。因此，即使频率低于 1 Hz，体极化仍然随频率的降低而增强。

表 2.2 给出了在射频（≥100 kHz）条件下测得的一些常见岩矿石、原油、水、冰的相对介电常数值。从表中可以看出，固态岩矿体的相对介电常数的上限为水的相对介电常数（80），主要在 1~10 变化。对于采用极低频率（<10 kHz）的电磁勘探方法，满足准静态近似条件，即可以忽略介电常数的作用。

表 2.2　常见岩矿石、原油、水、冰的介电常数

名称	相对介电常数	名称	相对介电常数
赤铁矿	25	片麻岩	8.5
方解石	7.8~8.5	砂岩	4.79（干）~12（湿）
重晶石	7~12.2	正长石	4.5~5.8
岩盐	5.6	玄武岩	12
无烟煤	5.6~6.3	黏土	7（干）~43（湿）
石膏	5~11.5	钾盐	4.4~6.2
云母	4.7~9.3	白云石	6.8~8.0
斜长石	5.4~7.1	原油	2.07~2.14
石英	4.2~5	水（20 ℃）	80.36
蛇纹石	6.6	冰	3~4.3

资料来源：据文献[3]修改

3. 磁性

岩矿石的磁性主要由所含铁磁性矿物的类型、含量、颗粒尺寸和结构、温度、压力等因素决定，主要的铁磁性矿物有磁铁矿、磁黄铁矿和钛磁铁矿等。表 2.3 列出了常见铁磁性矿物及岩矿石相对磁导率。注意实际测得的磁导率参数值也在较大范围内变化，表中给出的是最大值。

表 2.3　常见岩矿石的磁导率

岩矿石名称	相对磁导率	岩矿石名称	相对磁导率
磁铁矿	5	橄榄石	1.000 02
磁黄铁矿	2.55	砂岩	1.001 5
钛磁铁矿	1.55	含铁砂岩	1.018
赤铁矿	1.05	砂砾岩	1.006
黄铁矿	1.001 5	页岩	1.007 5
方解石	0.999 987	灰岩	1.001
重晶石	0.999 985	变质岩类	1.08
岩盐	0.999 99	超基性岩类	1.18
石墨	0.999 996	基性岩类	1.1
正长石	0.999 995	中性岩类	1.08
黑云母	1.000 65	过渡岩类	1.02
斜长石	1.000 01	酸性岩类	1.03
石英	0.999 985	碱性岩类	1.008

对于油气勘探的应用来讲，勘探目标主要是沉积岩系。一般说来，沉积岩的造岩矿物主要为石英、长石和方解石等，其磁导率异常很小。因此对于不含铁磁矿物颗粒的普通沉积岩，其磁导率的影响可以忽略，即在计算电磁响应时可设定 $\mu_r=1$。

然而，火成岩系及火成变质岩系可能具有较大的磁化率异常，表 2.3 也给出了不同类型火成岩的相对磁导率参数。由表 2.3 中可见，超基性岩类的磁性最强，基性岩类及中性岩类次之，碱性岩类最弱；磁化率参数的变化范围很大。在沉积盆地的基底构造解释和岩性构造勘探中需要考虑火成岩系的磁性特征。

2.3.2 石油储层流体性质

石油储层流体泛指在地下储层的各种温度和压力条件下存在的烃相和水相，它们共同占据储层岩石的孔隙空间，储层岩石的物理性质主要由储层的岩性（骨架构成）及所含流体的特性和饱和度所决定。定义储层中所饱和的油、气、水各相的体积占储层孔隙总体积的百分比分别为含油饱和度 S_o、含气饱和度 S_g 和含水饱和度 S_w，且满足关系 $S_o+S_g+S_w=1$。含油饱和度是储层含油气性评价的量化指标。表 2.4 给出了典型的石油储层流体油、气、水的物性参数特征值。油、气、水都无磁性；一般情况下油和水的密度（d）和纵波速度差异都比较小，与水的矿化度和油的组分有关；天然气与水的密度和速度在常压下有明显的差异，而地下深处高压下的天然气一般也是液态，因此，随着天然气储层埋深增加这种差异也会减小；油、气、水的电性差异非常明显，其相对介电常数（ε_r）差异最大达到近 40 倍，而电阻率（ρ）的差异更大。几乎所有类型的油的电阻率都很高，属于完全绝缘体。

表 2.4　典型石油储层流体油、气、水的物性参数特征值

项目		$d/$（g/cm³）	$V_p/$（m/s）	ε_r	$\rho/$（Ω·m）
水	蒸馏水	1.00	1 492	81	$2.8×10^5$
	含 10% NaCl	1.073	1 605	79.7	1.03
油	10° API	1.00	1 280	2.2	$>10^9$
	70° API	0.702	1 261	<2.2	—
气	10 ℃时	0.000 773	430（CH₄）	<2	$>10^{11}$

注：API（American Petroleum Institue Gravity）是测量石油液体相对于水的轻重，用于比较石油液体的相对密度

1. 烃类流体

石油与天然气从化学上讲为同一类物质，主要由碳氢化合物和少量非烃类元素（氧、硫、氮）及其化合物构成，其中碳占 80%～88%、氢占 10%～14%。除上述 5 种元素外，还含有其他微量元素，目前已知的有 33 种。石油中的烃类按其结构不同可分为烷烃、环烷烃和芳香烃三类，其化学通式为 C_nH_{2n+2}。烷烃由于其分子量大小不同，存在的形式也不同。常温常压下，C_1～C_4 为气态，是天然气藏的主要成分；C_5～C_{16} 是液态，是液相油藏的主要成分；而 C_{17} 及以上的烷烃是固态，即所谓的石蜡。

液相石油中烃类的相对含量因产出位置不同而差别很大，如轻质油的烃类含量可达 90%以上，但有的重质油的烃类含量可能低至 50%左右。除烃类化合物外，氧、硫、氮等元素则以含氧、含硫、含氮化合物的形态及兼含有氧、硫、氮的胶状和沥青状物质的形态存在于石油中，这些胶质-沥青质具有较高或中等的界面活性，对石油的许多物理性质，如颜色、比重、黏度和界面张力等都有较大的影响。绝大多数原油的相对密度介于 0.80～0.98，但也有个别极端的情况，如伊朗某地原油的相对密度高达 1.016，而美国加利福尼亚州某油田的原油相对密度低至 0.707。

原油中硫（硫化物或单质硫）含量低于 0.5%的称为低硫原油，高于 2.0%的为高硫原油；胶质-沥青质含量低于 8%的称为少胶原油，而高于 25%的为多胶原油；含蜡量低于 1%的称为低蜡原油，高于 2%的为高含蜡原油。地层条件下黏度低于 5 cP（1 cP=10^{-3} Pa·s）的为低黏油，5～20 cP 的为中黏油，20～50 cP 的为高黏油，大于 50 cP 的为稠油。

2. 地层水

由图 2.1 所示的油藏结构特征可知，储层中的油总是与地层水毗连。根据开发阶段和储层中位置不同，储层中所含的水可能是地层的原生水，也可能是开发阶段人工注入的水，不同的油藏水的物理和化学特征也有很大差异。

地层水的电阻率主要由水溶液中离子的数量（矿化度）和离子的迁移率所决定。水的矿化度定义为单位体积内各种离子的总含量，单位为 g/L，也常用 ppm[①]，即重量的百万分数来表示；离子迁移率是指在单位恒定外电场的驱动下离子的运动速度，单位为 m^2/(V·s)。矿化度高则电阻率低，如含 10^2 ppm 氯化钠（NaCl）时水的电阻率为 89.4 Ω·m，随着矿化度增加电阻率迅速降低，含 10^4 ppm 的 NaCl 时水的电阻率为 9.34 Ω·m，含 10^5 ppm 的 NaCl 时电阻率仅为 1.03 Ω·m。

充填于岩石孔隙空间的原生地层水通常是溶有多种盐类的电解液，主要含 1×10^4～35×10^4 ppm 的氯化钠（NaCl），其他离子和离子化合物包括钙（Ca^{2+}）、镁（Mg^{2+}）、硫酸盐（SO_4^{2-}）、碳酸氢盐（HCO_3^-）、碘盐（I^{3-}）和溴化盐（Br^-）等。虽然地层水的矿化度因时因地而不同，但相对的低电阻率特征不变，其电阻率一般为 0.2～10 Ω·m。

表 2.5 列出了实验室条件下（25℃）地下水中常见离子的迁移率。迁移率的大小取决于离子运动时的黏滞摩擦，而黏滞摩擦与压力有关，并在一定程度上与温度有关。在岩石的孔隙结构中，由于骨架矿物表面对水和离子的吸附作用，孔隙水的离子迁移率明显小于自由溶液中的离子迁移率。

表 2.5 实验室条件下（25℃）无限稀释溶液中常见离子的迁移率

离子	迁移率/[$10^{-8}m^2$/（V·s）]	离子	迁移率/[$10^{-8}m^2$/（V·s）]
H^+	36.2	OH^-	20.52
K^+	7.62	NO_3^-	7.40
Li^+	4.01	SO_4^{2-}	8.27
Na^+	5.19	HCO_3^-	4.61
Ba^{2+}	6.59	Cl^-	7.91

① 1 ppm = 10^{-6}

水的另一个重要特点是其电性具有频散性。由于水分子中电子密度的非对称分布，水分子存在永久偶极距，极化效应非常明显。当有外加电场时，偶极分子将旋转至与外加场一致的方向，旋转过程中将有位移电流产生，并伴有电荷的介电位移。所以水在高频时的介电常数和低频时的电阻率都具有频散性。

2.3.3　储层岩石的电阻率特征

一般含油气的储集层的岩性是沉积岩类的砂岩和碳酸盐岩，也有约10%的油气藏发现在页岩裂缝、火成岩和变质岩中。所有的储层岩石都由固体骨架和微孔隙所构成，微孔隙中充满储层流体，这些流体包括烃类气体、石油和水。因此，具有开发价值的油藏，除了有足够的烃含量，储层岩石应具有孔隙度和渗透性两个基本特征，孔隙度表征储集空间的体积，渗透率表征流体在孔隙中的流动能力，不同类型的流体在相同孔隙中的渗透率可能不同。

除了某些黏土矿物，构成储层岩石的固体颗粒（主要为石英、长石和方解石等）为非导体。同样，两个烃类相，即气和油，也是非导体。然而，储层中的水因为含有溶解盐，如氯化钠（NaCl）和氯化钾（KCl）等，具有良导性。水中的电流是通过水中离子的运动而产生的，所以这种传导称为电解传导；水中含的离子浓度越大，则导电性越强。事实上，孔隙水对储层岩石的电性特性影响极强，即使存在极少量的水，也会对岩石的电阻率和介电常数起决定性的作用，所以地中岩石的电阻率值的变化范围也很大。表 2.6 中列出了不同类型岩石直流电阻率值的参考范围。

表 2.6　常见冲积物和岩石的电阻率

类型	名称	电阻率/($\Omega \cdot$m)	类型	名称	电阻率/($\Omega \cdot$m)
冲积物	表层土	$50 \sim 10^2$	火成岩	风化基岩	$10^2 \sim 10^3$
	疏松砂	$5 \times 10^2 \sim 5 \times 10^3$		花岗岩	$6 \times 10^2 \sim 10^5$
	砾石层	$100 \sim 600$		玄武岩	$2 \times 10^2 \sim 10^5$
	黏土	$1 \sim 10^2$		正长岩	$10^2 \sim 10^6$
沉积岩	泥岩	$10^8 \sim 10^2$	变质岩	橄榄岩	3×10^3（湿）$\sim 6.5 \times 10^5$（干）
	页岩	$20^2 \sim 10^3$		板岩（各类）	$6 \times 10^2 \sim 4 \times 10^7$
	砾岩	$2 \times 10^3 \sim 10^4$		石墨片岩	$10^5 \sim 10^2$
	砂岩	$10^2 \sim 8 \times 10^3$		片麻岩	6.8×10^4（湿）$\sim 3 \times 10^6$（干）
	灰岩	$5 \times 10^2 \sim 10^7$		大理岩	10^2（湿）$\sim 2.5 \times 10^8$（干）
	白云岩	$3.5 \times 10^2 \sim 5 \times 10^3$		石英岩（各类）	$10 \sim 2 \times 10^8$

2.3.4　储层岩石电阻率的影响因素

从电性的角度，石油储层岩石可看成是一个三元系统，即岩石骨架、充满流体的孔隙及固-液界面。所以除岩性外，其电阻率还与孔隙度、孔隙的几何形状及连通性、所含流体的性质和饱和度、所处地层的温度和压力等有关。

1. 孔隙度

储层岩石尽管用肉眼看起来很坚实，但用显微镜观察可以揭示岩石中微小孔洞的存在。多数沉积岩的粒径为 0.05～0.25 mm，导致孔隙的平均半径为 20～200 μm。油藏储层岩石中的这些孔隙是油藏流体赋存的空间，与吸有水的海绵相似。储层岩石的孔隙越多，储存石油等流体的能力就越强。孔隙度 ϕ 定义为储层岩石中孔隙体积 V_p 与总体积 V_b 的比值，即

$$\phi = \frac{V_p}{V_b} \tag{2.33}$$

式中：ϕ 无量纲，一般表示为百分数，是最重要的储层岩石物性参数之一。

由沉积岩构成的储层岩石在漫长的地质时期中形成了三种不同类型的孔隙。有些孔隙空间相互连通，构成一个网络；有些与其他空隙相连，但有死角或死胡同，不构成连通网络；由于胶结作用，一些孔隙变得完全孤立或封闭。所以储层岩石有三种基本类型的孔隙：连通孔隙、死端孔隙和封闭孔隙。图 2.4 显示了不同类型孔隙空间的示意图。死端孔隙不一定是流体可自由流通的孔隙，但在油藏开发中通过泄压或气驱仍有可能产出石油。根据这三种不同类型的孔隙，储层岩石的总孔隙包括有效孔隙（连通孔隙+死端孔隙）和无效孔隙（封闭孔隙），则总孔隙度定义为总孔隙体积与岩石总体积之比，有效孔隙度定义为有效孔隙体积与岩石总体积之比。封闭孔隙中的储层流体不可动或不能流出，储层岩石有可能具有很大的总孔隙度，但若缺乏连通性则孔隙中的流体不能产出。所以，从油藏工程的角度来看，有效孔隙度是最重要的，因为它表征了可流动烃类流体的孔隙空间，是产能计算的基本参数。

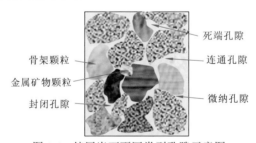

图 2.4 储层岩石不同类型孔隙示意图

影响储层孔隙度的因素很多，包括造岩矿物的颗粒大小、形状、分选性及黏土含量、压实和胶结程度等。理论上讲，孔隙度与颗粒大小无关，与排列方式有关。但自然产生的岩石其颗粒尺寸有大有小，也没有固定的排列方式。所以一般来说，颗粒小、分选性差的岩石孔隙度相对较小，黏土含量、压实和胶结程度高的岩石具有低孔隙度。对于中孔隙度和胶结较差的岩石，总孔隙度近似等于有效孔隙度；然而，对于高度胶结的岩石，总孔隙度和有效的孔隙度之间可能会有显著差异，因为高度胶结可能使部分孔隙完全封闭或隔离。

2. 渗透性

在一定的压差下，岩石允许流体通过的能力称为岩石的渗透性，度量参数为岩石的渗透率 K。岩石的孔隙度表征的是多孔岩石的储集能力，是静态特性参数；渗透率是储层岩石的孔隙中特定流体流动能力的量度，是动态特性参数。岩石的渗透率有绝对渗透率和相对渗透率之分。如果储层岩石为 100%饱和单一流体时的渗透率称为绝对渗透率；含有两种或多种流体的岩石渗流特性用相对渗透率表征。

法国工程师 Darcy 于 1856 年通过流动实验得出了计算多孔介质渗透率的数学表达式，称为达西定律，表示为

$$K = \frac{Q\mu_v L}{A\Delta P} \tag{2.34}$$

式中：K 为岩石的绝对渗透率，m^2；Q 为通过岩柱的流体体积流量，m^3/s；μ_v 为流体的黏度，N·s/m^2；ΔP 为岩柱两端的压力差，N/m^2；A、L 分别为岩柱的截面积和长度。K 的基本单位是 m^2，然而，由于对多孔岩石这些单位都太大，石油工业采用以达西（D）为单位表征的渗透率，以示对先驱者 Darcy 的纪念，$1\,\text{D} = 10^3\,\text{mD} = 9.869 \times 10^{-13}\,\text{m}^2$。

只要岩石和流体之间没有化学反应或不期望的相互作用发生，绝对渗透率表征的仅是多孔岩石的性质，与流动流体的性质无关。因此，岩石的绝对渗透率，或简称为岩石的渗透率，是表征岩石渗流特性的基本参数。

影响储层岩石绝对渗透率的因素很多，包括岩石相关因素如储层岩石的结构层理、孔道连通性和曲折度、孔隙表面特性等，流体相关因素如流体的类型及物理和化学特性等，以及温度和压力等。

一般来说，岩石骨架的颗粒分选性越差、胶结物质含量越多、压实度越高，则岩石的渗透率就越小。虽然可以定性地说高孔隙度的岩石可能具有高的渗透率，但岩石的渗透性与孔隙度之间没有直接或固定的关系，只是孔隙空间连续性的函数。如果将岩石的孔隙分成孔隙空间和喉道两部分，并将喉道等效为 n 个毛细管组成的管束，可以导出

$$K = \frac{\phi r^2}{8\vartheta^2} = \frac{\phi}{2S_v^2} \tag{2.35}$$

式中：r 为喉道或毛细管的半径，m；ϑ 为喉道曲折度；S_v 为孔隙比表面积，$1/\text{m}$。孔隙的比表面积定义为孔隙表面积与孔隙体积之比，即

$$S_v = \frac{S_p}{V_p} \tag{2.36a}$$

式中：S_p 为孔隙的总表面积，m^2；V_p 为孔隙的总体积，m^3。

假定岩石骨架由单一粒径 d_s 的球形颗粒简单排列而成，则可写为

$$S_v = \frac{a}{d_s} \tag{2.36b}$$

式中：a 是依赖于颗粒堆积的常数，如对于立方填料 a 接近 6，最小值接近于 3.297。考虑岩石颗粒粒径分布的随机性，也可以用粒径分布函数表征比表面积，该模型可推广到一般的晶粒尺寸分布：

$$S_v = aE_h \tag{2.36c}$$

式中：$E_h = \dfrac{1}{d_{50}} \mathrm{e}^{\hat{\sigma}^2/2}$ 为粒径倒数的期望，d_{50} 为粒径中值，$\hat{\sigma}$ 为粒径自然对数的标准差。此时 a 不仅取决于颗粒的排列方式也取决于分选性，如对于含泥质的砂岩，a 可以远大于 10。

3. 孔隙流体性质

如 2.3.1 小节所述，岩石的骨架矿物颗粒几乎没有导电性，影响岩石导电能力的最主要因素是岩石的孔隙度及孔隙中所含流体的导电性。如果孔隙中的流体是有一定矿化度的地层水，则具有电解导电特性。溶液有可自由运动的电子和离子参与导电，其电导率可表示为

$$\sigma_e = n_e e \beta \tag{2.37}$$

式中：σ_e 为溶液的电导率，S/m；n_e 为溶液中载流子的个数；e 为载流子携带的电荷量，C 或 A·s；β 为载流子的迁移率，$\mathrm{m}^2/(\mathrm{s}\cdot\mathrm{V})$。

无论是电子导电还是离子导电，都与外加电场作用下带电粒子的运动有关。造岩矿物或孔隙水中的某些金属元素，如铁、铜、黄铁矿、磁铁矿和石墨等，其原子间的共价电子在外电场作用下可自由运动，构成电子传导。电解液中的离子在没有外电场的作用时处于无序的热运动状态，不具有电性；当施加外场时，离子定向有序运动，形成离子导电电流。因为溶液中有阳离子和阴离子，式（2.37）需改写为

$$\sigma_i = e(n^+ \beta_i^+ + n^- \beta_i^-) \tag{2.38}$$

式中：σ_i 为溶液的离子电导率，S/m；n^+、n^- 分别为溶液中正、负离子的个数；e 为离子携带的电荷量，C 或 A·s；β_i^+、β_i^- 分别为正、负离子的迁移率，$\mathrm{m}^2/(\mathrm{s}\cdot\mathrm{V})$。离子的迁移率与温度成正比。

由式（2.38）可知，溶液的电导率与离子的类型、数量（矿化度）和温度成正比。也就是说，地层水的矿化度越高，则溶液中的离子越多，地层温度越高，则导电性越好。通常地表淡水的矿化度约为数百 ppm，海水的平均矿化度为 3.5×10^4 ppm，而实际的地层水为高矿化度特征，可达数十万 ppm，且随地层的埋深增加而增大，所以地层水的电阻率很低，为 10～0.2 Ω·m。

地层水在岩石孔隙中有三种状态：吸附水，在分子的引力作用下吸附在岩石颗粒表面，成薄膜状，很难自由流动，亦称束缚水；毛细管水，存在于毛细管孔隙或裂隙中，只有当外力超过毛细管阻力时才能在孔隙中流动；自由水，存在于超毛细管的孔隙、裂缝或孔洞中，在重力作用下可自由流动。即使是全含油的储层岩石，因有束缚水的存在，也会使得电阻率有所降低。

2.3.5　储层岩石电阻率的定量表征

Archie[4]在 1942 年提出的用岩石的孔隙和流体特性表征储层岩石直流电阻率的经验公式为电阻率测井方法奠定了理论基础，一直以"阿奇公式"或"阿奇定律"著称。其数学表达式为

$$\rho_t = F \rho_w S_w^{-n} \tag{2.39}$$

式中：ρ_t 为地层的电阻率，Ω·m；ρ_w 为孔隙水的电阻率，Ω·m；F 为地层因子；S_w 为地

层的含水饱和度，$0 \leqslant S_w \leqslant 1$；$n$ 为饱和度指数，一般当含水饱和度在合理的范围时，n 的值接近于 2，可以取 $n \approx 2$。

式（2.39）是由具有合理范围孔隙度和含水饱和度的纯水湿砂岩导出的。在实际应用中，需要根据岩石性质，如黏土含量、润湿性、孔隙大小及分布等因素进行修正。

1. 地层因子

岩石电学性质的一个最基本的概念是地层因子 F：

$$F = \frac{\rho_0}{\rho_w} \tag{2.40}$$

式中：ρ_0 为 100%水饱和时（$S_w = 1$）的岩石电阻率，$\Omega \cdot m$；ρ_w 为水的电阻率，$\Omega \cdot m$。

由式（2.40）可知，地层因子显示了地层水全饱和岩石电阻率与地层水电阻率之间的关系。然而，考虑储层岩石孔隙空间的复杂性，式（2.40）所定义的地层因子一般不适用于实际的储层岩石评价。

2. 曲折度

Wyllie 和 Spangler[5]推导出了岩石的地层因子和其他岩性参数的关系，如孔隙度和曲折度。地层因子与孔隙度和曲折度之间的关系可以在简单的孔隙（毛细管）模型的基础上导出：

$$F = \frac{\vartheta}{\phi} \tag{2.41}$$

式中：ϑ 为曲折度，定义为 L_a/L，无量纲，L_a 为孔道的有效长度，L 为岩样长度；ϕ 为孔隙度。

3. 胶结指数

为了描述地层因子与孔隙度之间的关系，在式（2.41）的基础上引入胶结指数 m：

$$F = \frac{\rho_0}{\rho_w} = a\phi^{-m} \tag{2.42}$$

式中：a 为与曲折度相关的岩性系数。

由式（2.42）可以看出，对等式两边取对数则得到 $\lg f$ 与 $\lg \phi$ 的线性方程。如果通过实验室岩心测量得到不同岩样的地层因子值和孔隙度值，绘制 $\lg f$ 与 $\lg \phi$ 的交会图，得到一条直线，其截距和斜率则分别为 a 和 m 的值。一般来说，岩石的压实度越高，则胶结指数越大，常见岩石的胶结指数取值范围为 $1.3 \leqslant m \leqslant 2.3$。

4. 电阻率指数

油藏储层的孔隙空间中总含有含烃类流体（气或油），两者都是不导电的介质。但岩石中总含有一定量的水，这样岩石电阻率是地层水饱和度的函数。对于给定的孔隙度，部分地层水饱和的岩石的电阻率高于当同一岩石 100%饱和地层水时的情况。部分地层水饱和岩石的地层电阻率因子可以表示为

$$\frac{\rho_0}{\rho_t} = \frac{1}{I} = S_w^n \qquad (2.43)$$

式中：$I=\rho_t/\rho_0$ 称为电阻率指数。对于完全水饱和的岩石，$I=1$，而当岩石部分饱和地层水或碳氢化合物时，$I>1$。部分地层水饱和的岩石电阻率 ρ_t 也称为油藏储层的真电阻率。

比较式（2.42）和式（2.43），可以消除 ρ_0，以获得广义的含水饱和度关系：

$$S_w = \left(\frac{\rho_0}{\rho_t}\right)^{1/n} = \left(\frac{F\rho_w}{\rho_t}\right)^{1/n} = \left(\frac{a\rho_w}{\phi^m \rho_t}\right)^{1/n} \text{ 或 } \rho_t = a\rho_w\phi^{-m}S_w^{-n} \qquad (2.44)$$

这样，通过测井资料并经过适当校正得到地层的电阻率 ρ_t 和孔隙度 ϕ，就可根据式（2.44）计算得到地层的含水饱和度 S_w，而地层的含油饱和度 $S_o = 1 - S_w$。

2.3.6 润湿性及对电性特性的影响

1. 岩石润湿性

在由石油、地层水和岩石组成的系统中，其中一个流体相（油相或水相）对储层岩石的固体表面具有更大程度的亲和力，倾向于将岩石表面优先湿润（或涂膜）。液体扩散的倾向可以用附着张力 A_T 表征，它是界面张力的函数，决定了流体-岩石系统的润湿倾向。图 2.5 给出了两非混溶液相（油和水）与岩石表面接触时的附着张力的示意图。附着张力定义为

$$A_T = \sigma_{so} + \sigma_{sw} \qquad (2.45)$$

式中：σ_{so} 为岩相和轻流体相（油）的界面张力；σ_{sw} 为岩相和重流体相（水）的界面张力。

图 2.5　两非混溶液相（油和水）系统与岩石表面接触示意图

液-固表面的接触角度 θ_{ow} 通过密度较大的液相（水）测量。很明显，θ_{ow} 的值为 $0°\sim 180°$。根据定义，接触角 θ_{ow} 的余弦为

$$\cos\theta_{ow} = \frac{\sigma_{so} + \sigma_{sw}}{\sigma_{ow}} \qquad (2.46)$$

式中：σ_{ow} 为轻流体相（油）和重流体相（水）的界面张力。将式（2.45）与式（2.46）合并得

$$A_T = \sigma_{ow}\cos\theta_{ow} \qquad (2.47)$$

油-水界面的表面张力值一般在 25 mN/m，式（2.47）表示的附着张力的大小由接触角决定，从而使接触角成为润湿性的主要量度。由式（2.47）可知，正的附着张力表明高密度液相（水）会优先润湿固体表面，而负的附着张力表明低密度液相（油）具优先润湿倾向。附着张力为零表示两个相（油和水）对固体表面具有相同的润湿性或亲和力。附着张力表示的润湿偏好也可以用接触角表示：$\theta_{ow}=0°$ 表示完全水湿系统；$\theta_{ow}=180°$ 表示油湿系统；$\theta_{ow}=90°$ 表示中性润湿系统，即两个相对于固体表面具有相同的亲和性。

有时，中性润湿系统也称为中间润湿系统。

基于接触角并假设一个恒定的表面张力值，使用一个称为润湿性指数（I_w）的等价参数。对于 0° 和 180° 的接触角，对应的 I_w 为+1.0 和-1.0，分别表示水湿和油湿。对于 90° 的接触角，I_w 的值为 0，表示中性或中间润湿系统。然而，对于图 2.5 所示的系统，这里所描述的润湿性尺度有一定局限，因为是假设的理想固体表面和流体相，没有考虑固体或岩石表面的矿物成分或岩性及液体的化学特性。石油储层存在多种润湿态，主要依赖油藏流体和岩石特征，并与储层的埋深（温度和压力）有关。在孔隙水平上，多孔介质中的润湿性被归类为均质或非均质。均质意味整个岩石表面有均匀润湿倾向，而非均质表明不同的岩石表面区域表现出不同的润湿倾向。强水湿、强油湿和中性润湿系统属于均质类别，而部分和混合润湿系统属于非均质类别。

对于油藏的润湿性，在很大程度上为了简单起见，普遍的假设是，所有或至少大多数的石油油藏是强水湿（$\theta = 0$）的，给定的饱和历史是在油气从烃源岩迁移来之前储层岩石是完全被水饱和的。基本上，对于非常大的尺度，储层岩石总是与水接触，在油气迁移发生之前是完全水饱和的，因此没有理由认为这种原本建立的水湿条件已经改变。但在世界范围内的油藏开发实例中，已证实了非水湿油藏的存在。事实上，一些储层被确定为或完全油湿，也有许多油藏是介于水湿和油湿之间的润湿状态。储层的润湿性明显受油藏油成分的影响，已得到公认的是，油藏油中的表面活性沥青组分的存在和数量是重要的。因此，除其他因素外，储层油润湿性往往归因于储层岩石表面矿物对沥青的吸附。这基本上意味着，油藏润湿性不是一个简单界定的性质和储层的分类，优先润湿性不是离散值函数 （即水湿或油湿），而可以是跨越两个极端之间的连续性函数。

2. 对岩石电阻率的影响

储层岩石的电阻率受润湿性和历史饱和度等重要因素的影响，因为它们控制流体的位置和分布。事实上，润湿性最显著影响的参数是饱和度指数 n，因为它依赖于多孔介质中导电相的分布，这反过来又取决于系统的润湿性。如式（2.39）所示，饱和度指数 n 的不确定性直接影响水饱和度的计算，很显然也影响含油饱和度的计算。

当含水饱和度足够高时，在岩石的造岩颗粒表面会形成连续涂膜，为电流的流动提供了一个连续的路径，饱和度指数基本上独立于系统润湿性。这种类型的薄膜连续性常见于纯的和均匀的水湿系统。在这类系统中，饱和度指数接近 2，当含水饱和度持续降低至束缚水饱和度值，其值都基本保持恒定。对于均匀的油湿系统，当含水饱和度达到一定的最小值时，饱和度指数仍然接近 2 的值。然而，如果含水饱和度由该最小值进一步减小到束缚水饱和度值时，饱和度指数将快速增加。在束缚水饱和度值附近，饱和度指数可高达 9。油湿系统的饱和度指数随含水饱和度的降低而快速增加，是由于系统电阻率的增加所致。电阻率的增加是由于矿化水（非湿润但导电相）的部分被油（润湿但非导电相）阻断和圈隔。盐水被阻断的部分显然不再有助于电流的流动，因为它被非导电的油所包围，最终导致系统的电阻率增加。

2.3.7 泥质对电阻率的影响

存在于储层岩石中的黏土矿物作为独立导体，被称为导电固体。事实上，黏土中的水和水中的离子也充当导电材料。黏土对岩石电阻率的影响取决于岩石中黏土的数量、类型和分布方式。对于纯（无黏土）砂岩，当地层水电阻率变化时，地层因子保持不变，若储层岩石中含有泥质时需要用不同于式（2.40）的方法计算地层因子。

研究表明，泥质砂岩的地层因子随地层水电阻率的降低而增大，当地层水电阻率为 $0.1\ \Omega\cdot m$ 左右时，地层因子趋于恒定。当岩石含有黏土矿物时，可将导电黏土矿物和充水孔隙的导电作用等效为两个电阻并联，即

$$\frac{1}{\rho_{0a}} = \frac{1}{\rho_c} + \frac{1}{\rho_0} \tag{2.48}$$

式中：ρ_{0a} 为当含泥质岩石 100%饱含电阻率为 ρ_w 的地层水时的电阻率；ρ_c 为黏土矿物的电阻率。

将式（2.40）中的 ρ_0 代入，得

$$\frac{1}{\rho_{0a}} = \frac{1}{\rho_c} + \frac{1}{F\rho_w} \tag{2.49}$$

含泥质岩石的视地层因子 F_a 定义为

$$F_a = \frac{\rho_{0a}}{\rho_w} \tag{2.50}$$

式（2.49）可以被重写成用 F_a 表示 ρ_{0a} 的形式：

$$\rho_{0a} = \frac{\rho_w\rho_c}{\rho_w + \rho_c/F} \tag{2.51}$$

$$F_a = \frac{\rho_c}{\rho_w + \rho_c/F} \tag{2.52}$$

由式（2.51）和式（2.52）可知，若地层水的矿化度高，ρ_w 趋于零，则有 $F_a = F$，即当地层水的电阻率很低时，泥质对岩石电阻率的影响可以忽略。

2.4 本 章 小 结

储层岩石的电学参数与储层孔隙度及所含流体的性质相关是应用电磁法进行流体识别的物理基础。本章得到以下结论。

（1）纯的岩石骨架及油气的电阻率很高，可视为绝缘介质；而具有一定矿化度的地层水电阻率很低，所以储层的孔隙度及地层水饱和度是储层电阻率的决定因素。

（2）阿奇公式可以定量表征岩石电阻率与孔隙度和含水饱和度的关系。

（3）储层水的介电特性也与岩石骨架和油气有显著的差异，但介电常数只对高频（$>10^5\,\mathrm{Hz}$）电磁响应影响突出，对地面电磁法所观测的低频电磁响应的影响可以忽略。

（4）实际的储层电性参数具有复杂的非均质性，但对于一般应用，可视储层为由均匀和各向同性的局部区域拼合而成。

（5）储层岩石的润湿性和泥质含量等对储层电阻率有影响。

参 考 文 献

[1] NABIGHIAN M N. 勘查地球物理电磁法: 第一卷: 理论[M].赵经祥, 王艳君, 译. 北京: 地质出版社, 1992.

[2] DANDEKAR A Y. Petroleum reservoir rock and fluid properties[M]. Boca Raton: CRC Press, 2013.

[3] TELFORD W M, GELDART L P, SHERIFF R E. Applied Geophysics[M]. Cambridge: Cambridge University Press, 2001.

[4] ARCHIE G E. The electrical resistivity log as an aid in determining some reservoir characteristics[J]. Transactions AIME, 1942, 146: 54-62.

[5] WYLLIE M R J, SPANGLER M B. Application of electrical resistivity measurements to problem of fluid flow in porous media[J]. Bulletin of the American Association of Petroleum Geologists, 1952, 36: 159.

第3章 岩石电阻率的低频频散特性

3.1 岩石的激发极化现象

第 2 章讨论的岩石的电性参数主要是电阻率、介电常数和磁导率。从勘探地球物理的应用角度来讲，介电常数是高频参数，只有当频率高于 10^6 Hz 时才对观测的电磁响应有明显影响，低频（<10^5 Hz）电磁勘探一般能满足准静态近似条件，即忽略岩石的介电常数异常，对于不以寻找磁性矿体为目标的勘探，均可取相对磁导率为 1。因此，常规电磁勘探所获取的岩石电阻率参数是一个实常数，或称直流电阻率。在实际的测量过程中发现，低频（1 000～0.01 Hz）条件下某些地层或岩石的电阻率随时间（或频率）缓慢变化，这是岩矿石的极化效应的反映，称为低频频散特性。考虑极化效应时的岩石电阻率不再是常数，而是随频率（或时间）变化的函数。在描述电磁场变化的麦克斯韦方程中，反映的就是电导率参数是一个复数，其虚部项与频率有关。因此用复电阻率来描述电阻率随频率变化的特性，物理上反映的是岩石的激发极化特性。

激发极化（IP），本质上是岩石的电导率或电阻率的低频色散，也称为激电效应。在时域上，这种色散表现为外加稳态直流电流中断后岩石中产生的二次电压随时间的衰变。因此，岩石的 IP 效应既可以在时间域也可以在频率域定义和测量，两个方法的基本原理相同，只是在观测波形和测量方式上有所差别。频率域在电流接通时测量电压的幅值和相位，而时间域测量电流关断后电压的衰变。

3.1.1 时域 IP 表征

在实验室的岩石物理测试和野外电法勘探的实测中发现，当在岩样两端或向地中供以如图 3.1（a）所示的方波电流时，观测得到如图 3.1（b）所示的电压波形。在电流接通瞬间，电压突升至 V_p 后缓慢上升（充电），如果时间足够长，电压升至一个稳定的直流电压值 V_m。电流关断后，电压从 V_m 突降至二次电压值 V_s，然后缓慢衰减（放电）至零，是电流上升沿的逆过程。稳定的直流电压 V_m 是一次电压 V_p 与二次电压 V_s 之和。二次电压 V_s 的大小及衰变过程 $V_s(t)$ 是岩石电磁感应和极化效应共同作用的结果，当岩石的电阻率很高时电磁感应效应相对很弱，则定义极化（充电）率 η：

$$\eta = \frac{V_s}{V_m} \tag{3.1}$$

理论上，充电率是一个无量纲的系数。

岩石的极化响应包括介电效应及孔隙流体的离子扩散和与岩石骨架表面的电化学作用，介电极化响应衰减很快，因此晚时（或低频）衰减的极化响应主要是后者的作用。在实际应用中，可以用电流关断后观测电压（或电阻率）随时间的变化 ΔV（或 $\Delta\rho$）来定

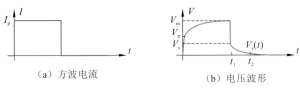

（a）方波电流　　　　　（b）电压波形

图 3.1　时域 IP 观测波形

量表征 IP 响应。如图 3.1（b）所示的时间域观测的电压衰变曲线，可通过在 $t_1 \sim t_2$ 时间段的积分定义岩石的视充电率：

$$\eta_a = \frac{1}{V_m} \int_{t_1}^{t_2} V_s(t) \mathrm{d}t \tag{3.2}$$

这样得到的视充电率的单位是 s 或 ms。也可以用积分时间段对视充电率归一化，得到无量纲的视充电率。

3.1.2　频域 IP 表征

在交变电流激发下观测岩矿石的电场响应，可以获得随频率的变化岩石电阻率。在电法勘探通常所能达到的电流密度条件下，测量的总场电位差 $\Delta V(\omega)$ 与供电电流 $I(\omega)$ 呈线性关系，由此可用观测响应定义随频率变化的视电阻率 $\rho_a(\omega)$：

$$\rho_a(\omega) = K_a \frac{\Delta V(\omega)}{I(\omega)} \tag{3.3}$$

式中：K_a 为测量装置的装置系数。

因为 $\Delta V(\omega)$ 随频率变化，且相对于供电电流有相位移，所以 $\rho_a(\omega)$ 是频率的复变函数，常称为视复电阻率，记为

$$\rho_a^*(\omega) = \rho'(\omega) + \mathrm{i}\rho''(\omega) = |\rho_a^*|\,\mathrm{e}^{\mathrm{i}\varphi} \tag{3.4}$$

式中：$\rho'(\omega)$ 为复电阻率的实部，$\rho''(\omega)$ 为复电阻率的虚部，$\left|\rho_a^*\right| = \sqrt{\rho'^2 + \rho''^2}$ 为复电阻率的模（幅值），$\varphi = \tan^{-1}\left(\dfrac{\rho''}{\rho'}\right)$ 为复电阻率的相位。在本章后面的理论分析中，也常用复电导率（复电阻率的倒数）表征激电效应的频谱特性。

因为极化的建立与衰减过程需要时间，所以不同频率电流激发下测得的岩矿石的电位差或电阻率随频率的变化（色散）本身也是极化效应的反映。如图 3.2（a）所示，两个频率的方波激发电流 I 相等，但观测的电压 $V_1 < V_2$，则可以定义频散因子（或频率效应）：

$$F_d = \frac{V_2 - V_1}{V_1} = \frac{\Delta V_f}{V_1} \tag{3.5}$$

式中：ΔV_f 为不同频率时观测到的电压差。

图 3.2（b）中的虚线所示为观测电压滤波后的正弦波形，其频率与激励电流的方波频率一致，但在相位上与源电流有一定的偏移，偏移量的大小与极化效应密切相关。因极化效应引起的相位偏移定义为

$$\varphi_p = \tan^{-1}\frac{V_i}{V_r} \tag{3.6}$$

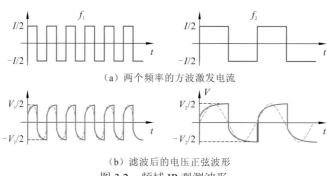

（a）两个频率的方波激发电流

（b）滤波后的电压正弦波形

图 3.2　频域 IP 观测波形

式中：V_i 和 V_r 分别为频率域观测电压的实分量和虚分量；φ_p 为极化相位，rad 或 mrad。在实际应用中，相位对极化效应相对敏感，是表征频谱激发极化（spectral induced polarization，SIP）效应的重要参数。

大地的导电和激电效应通常可足够近似地看成是线性和"时不变"的，在此条件下，借助于拉普拉斯（Laplac）变换可将阶跃电流激发下的时域特性与谐变电流激发下的频域特性联系起来。理论上讲，时间域激发极化法可以提供更多的信息，且受电磁感应的影响较小。但是，晚时的衰减曲线趋于零，信号微弱，易受噪声干扰，导致信噪比低。通过多次观测叠加可以在一定程度上改善信噪比，但会增加采集时间和成本。频率域方法观测时受噪声的影响相对较小，所以需要的源电流可以小很多，但是观测系统和大地的电磁感应耦合效应的影响非常突出。如果不能很好地分离电磁感应效应，可能会导致由观测数据提取的极化参数不可用。

3.2　岩石的激发极化机理

如 2.3.4 小节所指出，岩石的电性主要受由岩石骨架、充满流体的孔隙及固-液界面共同影响，其中固-液界面是岩石低频电频散特性的决定性因素。含流体孔隙岩石的低频激发极化主要可以归结为电化学和动电学两类作用机理。一般说来，电化学作用占主导，但其共同的作用结果更具重要性。

3.2.1　双电层理论基础

理论与实验研究证明，当物体的一个面与液体接触时，在接触面因为物理化学作用而产生电荷吸附和积累，形成两个平行的电荷层，称为双电层（electrical double layer，EDL）。物体可以是固体颗粒、气泡、液滴或孔隙介质。只要界面的比表面积足够大，如具有微米到纳米尺度颗粒或孔隙的胶体或孔隙性介质，都具有明显的界面 EDL 效应。

1. 亥姆霍兹模型

最早的 EDL 模型由 Helmholtz 在 1853 年提出[1]，其基本思想是界面处有相反的电荷等量分布于界面两侧，数学上可用一个与电荷密度无关的等电容表征。图 3.3（a）给出了平面界面的亥姆霍兹双电层结构及参数，其中中间的图为 EDL 电荷分布示意图，上部的图为界面 EDL 的等效电路，下部的图为电解液中的电势分布曲线。

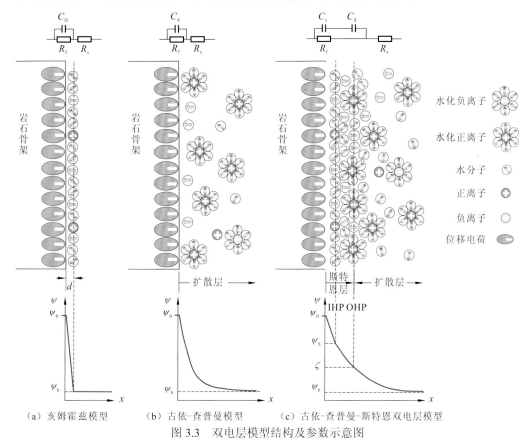

（a）亥姆霍兹模型　　（b）古依-查普曼模型　　（c）古依-查普曼-斯特恩双电层模型

图 3.3　双电层模型结构及参数示意图

等效电路图中，R_f 是界面（法拉第）电阻，R_s 是溶液的电阻，C_H 为亥姆霍兹模型的 EDL 等效电容。对于理想极化界面，$R_f \rightarrow \infty$，即没有电流流过界面，此时等效电路可简化为 C_H 与 R_s 的串联。

亥姆霍兹模型没有考虑溶液中离子的扩散/混合、表面吸附及电极与溶液极矩相互作用的影响，这样 EDL 仅由吸附在界面处的单层电荷构成。数学上，双电层电势的分布由泊松方程给出：

$$\nabla^2 \psi(x) = -\frac{\rho_e(x)}{\varepsilon} \tag{3.7}$$

式中：ρ_e 为电荷密度；ε 为电解液的介电常数；ψ 为双电层电位。对于一维 EDL 系统，式（3.7）可简化为

$$\frac{\mathrm{d}^2 \psi(x)}{\mathrm{d}x^2} = -\frac{\rho_e(x)}{\varepsilon} \tag{3.8}$$

对于如图 3.3（a）所示的亥姆霍兹单（紧密）层，体电荷密度为零。据此可直接解得

$$\psi(x) = \psi_b + \frac{\psi_b - \psi_0}{d}x \quad (0 \leqslant x \leqslant d) \tag{3.9}$$

式中：ψ_0 为物理界面处（$x=0$）的电位，或称界面电位；ψ_b 为当距界面的距离 x 足够远时的电位；d 为界面至电荷中心的距离，可视为亥姆霍兹层的厚度，是分子半径的量级。一般 ψ_b 可以选作整个 EDL 系统电位的参考点，即 $\psi_b=0$，则式（3.9）可进一步表示为

$$\psi(x) = \left(1-\frac{x}{d}\right)\psi_0 \quad (0 \leqslant x \leqslant d) \tag{3.10}$$

界面溶液一侧的剩余电荷 q 可表示为

$$q = \int_0^d \rho_e \mathrm{d}x = -\varepsilon\frac{\mathrm{d}\psi(x)}{\mathrm{d}x} = \frac{\varepsilon}{d}\psi_0 \tag{3.11}$$

由式（3.11）可知，亥姆霍兹双电层的剩余电荷与电解液的介电常数和 EDL 的厚度有关。则有双电层电容 C_H 可表示为

$$C_H = \frac{\partial q}{\partial\psi} = \frac{\varepsilon}{d} \tag{3.12}$$

由式（3.12）可知，该电容为一常数，单位为 F/m^2。事实上，C_H 为单位面积的微分电容，为了简化通称为电容。

2. 古依–查普曼模型

Gouy[2]和 Chapman[3]分别于 1910 年和 1913 年观测到了 EDL 的等效电容不是一个常数，而是与所加电压和离子浓度有关。他们提出的扩散双电层理论认为，靠近电极表面的反离子同时受到静电吸引力和热运动的共同作用，前者使其趋于靠近电极表面，而后者使其趋于均匀分布在溶液中。这两种相互作用平衡后，反离子不是整齐地排列在界面上，而是呈扩散状态分布在溶液中，构成如图 3.3(b)所示的古依-查普曼（Gouy-Chapman，GC）模型。电荷分布服从玻尔兹曼（Boltzmann）分布定律，离子浓度随距离电极表面的距离按指数规律衰减。ρ_e 由式（3.13）给出：

$$\rho_e = \sum_j eN_j z_j \tag{3.13}$$

式中：z_j 为第 j 种离子的原子价；N_j 为第 j 种离子的个数；e 为基本电荷量（1.602×10^{-19} C）。

根据玻尔兹曼分布，可以将 N_j 写成：

$$N_j = N_j^b \mathrm{e}^{-\frac{ez_j\psi}{k_BT}} \tag{3.14}$$

式中：ψ 为相对于参考点的电位差；N_j^b 为离子的体密度；k_B 为玻尔兹曼常数（$1.380\,649\times10^{-23}$ J/K）；T 为热力学温度，K。将式（3.13）和式（3.14）代入式（3.8）得泊松-玻尔兹曼（Poisson-Boltzmann）方程：

$$\frac{\mathrm{d}^2\psi}{\mathrm{d}x^2} = -\frac{e}{\varepsilon}\sum_j N_j^b z_j \mathrm{e}^{-\frac{ez_j\psi}{k_BT}} \tag{3.15}$$

如果溶液中只含有单一 Z 类型的电解质，式（3.15）可简化为

$$\frac{\mathrm{d}^2\psi}{\mathrm{d}x^2} = \frac{2eN^b z}{\varepsilon}\sin h\left(-\frac{ez\psi}{k_BT}\right) \tag{3.16}$$

如果进一步假定电位的变化很小，满足德拜-休克尔（Debye-Hückel）近似条件，即

$$\frac{ez\psi}{k_BT} \ll 1 \tag{3.17}$$

或室温条件下 $\psi \ll 25\ \mathrm{mV}$，则式（3.16）可以写成如下形式：

$$\frac{\mathrm{d}^2\psi}{\mathrm{d}x^2} \approx \kappa^2\psi \tag{3.18}$$

式中：κ 为德拜长度 λ_D 的倒数，满足：

$$\kappa^2 = \frac{2F^2c^b}{\varepsilon RT} = \frac{1}{\lambda_D^2} \tag{3.19}$$

式中：c^b 为溶液中的离子体浓度；$F = 96\ 485.341\ 5$，为法拉第常数；$R = 8.314\ 472$，为气体常数；德拜长度 λ_D 为双电层厚度的测度，即扩散层中的电位 ψ 衰减至 ψ_0 的 $1/e$ 时的距离。由式（3.19）可知，德拜长度与溶液的离子浓度成反比，与温度成正比。水溶液的典型 λ_D 值约为数个纳米。

利用体相中的边界条件，即当 $x=0$ 时 $\psi = \psi_0$，当 x 足够远时 $\psi = 0$，可得满足德拜-休克尔近似条件的解：

$$\psi = \psi_0 \mathrm{e}^{-\kappa x} = \frac{\rho_e}{\varepsilon\kappa^2}\mathrm{e}^{-\kappa x} \tag{3.20}$$

扩散层的电荷 q_d 与体电荷密度 ρ_e 有关，即

$$q_d = \int_d^\infty \rho_e \mathrm{d}x = -\int_d^\infty \varepsilon\frac{\mathrm{d}^2\psi}{\mathrm{d}x^2}\mathrm{d}x = \varepsilon\left[\frac{\mathrm{d}\psi}{\mathrm{d}x}\right]_\infty^d \tag{3.21}$$

由于当 x 足够远时有 $\psi = 0$ 和导数 $\mathrm{d}\psi/\mathrm{d}x = 0$，由方程（3.20）可得

$$q_d = \varepsilon\frac{\mathrm{d}\psi}{\mathrm{d}x}\bigg|_{x=d} = -\varepsilon\kappa\psi_d \tag{3.22}$$

根据定义，扩散层电容 C_d 可以表示为

$$C_d = -\frac{\mathrm{d}q_d}{\mathrm{d}\psi_d} \tag{3.23}$$

取式（3.22）中 ψ_d 的导数，则有

$$C_d = \varepsilon\kappa = \frac{\varepsilon}{\lambda_D} \tag{3.24}$$

在实际应用中，若 $\psi < 80\ \mathrm{mV}$ 时，上述根据德拜-休克尔近似得到的结果仍可用。对于更一般的情况，可由式（3.16）导出泊松-玻尔兹曼方程的非线性解。先将式（3.16）两边乘以 $2(\mathrm{d}\psi/\mathrm{d}x)$，然后对 x 积分，得

$$\int\frac{\mathrm{d}}{\mathrm{d}x}\left(\frac{\mathrm{d}\psi}{\mathrm{d}x}\right)^2\mathrm{d}x = \int\frac{4ezN_ac^b}{\varepsilon}\sinh\left(-\frac{ez\psi}{k_BT}\right)\mathrm{d}\psi \tag{3.25}$$

应用体相中的边界条件，即当 x 足够远时有 $\psi = 0$ 和导数 $\mathrm{d}\psi/\mathrm{d}x = 0$，可以得到 ψ 的一阶微分方程：

$$\frac{\mathrm{d}\psi}{\mathrm{d}x} = -\frac{2\kappa k_BT}{ez}\sinh\left(-\frac{ez\psi}{2k_BT}\right) \tag{3.26}$$

由式（3.20）可得剩余电荷：

$$q_d = \varepsilon\frac{\mathrm{d}\psi}{\mathrm{d}x}\bigg|_{x=d} = -\frac{2\varepsilon\kappa k_BT}{ez}\sinh\left(-\frac{ez\psi_d}{2k_BT}\right) \tag{3.27}$$

则扩散层电容为

$$C_d = -\frac{\mathrm{d}q_\mathrm{d}}{\mathrm{d}\psi_\mathrm{d}} = \varepsilon\kappa\cosh\left(\frac{ez\psi_\mathrm{d}}{2k_\mathrm{B}T}\right) \tag{3.28}$$

3. 古依-查普曼-斯特恩模型

古依-查普曼模型（GC 模型）正确地反映了反离子在溶液中扩散分布情况及电势变化，但没有考虑反离子的吸附作用。对于强充电的双电层，可以在很小的空间距离上与固相达到电荷平衡，所以 GC 模型也不能很好地用于描述电势的分布。1924 年 Stern[4]提出了一种更接近实际的双电层模型，他认为离子是有一定大小的，且离子与固体表面除了静电作用，还有范德瓦耳斯（Van der Waals）力。因此在靠近表面 1～2 个分子层厚的区域内，反离子由于受到强烈的吸引而牢牢地结合在表面，形成紧密的吸附层。所以 Stern 建议将亥姆霍兹模型与 GC 模型合并，将亥姆霍兹模型描述的黏附于界面的离子称之为斯特恩（Stern）层，其他的为 GC 模型描述的扩散层，这样就构成古依-查普曼-斯特恩（Gouy-Chapman-Stern，GCS）双电层模型。图 3.3（c）给出了 GCS 双电层模型的结构，在界面的电解液一侧，第一个面电荷层称为斯特恩层，主要是由电化学作用而紧密吸附在固相表面的离子构成，所以该层也称为紧密层。第二电荷层主要通过库仑（Coulomb）力吸引的离子构成，从电性上它对第一个电荷层具有屏蔽作用；该层与界面具有松散的结合，离子在液体中可以因电吸力和热力而自由运动，称为扩散层。

斯特恩模型也有其局限性，它将所有的离子当作点电荷，假定扩散层中的有效作用是库仑力，假定 EDL 区域的介电常数是不变的。1947 年 Grahame[5]对斯特恩模型进行了进一步修正。他认为尽管到固体界面的路径上通常会有溶剂分子，但有些离子或不带电的个体还是可以穿透斯特恩层。他将直接与电极表面接触的离子称为直接吸附离子。该模型定义了三个区域：内亥姆霍兹面（inner Helmholtz plane，IHP）、外亥姆霍兹面（outer Helmholtz plane，OHP）和扩散层，如图 3.3（c）所示。根据定义，IHP 是界面接触吸附的离子和定向吸引的水分子的中心，OHP 是最靠近界面的溶剂化抗平衡离子的面。OHP 外侧是扩散层，扩散层的离子是可移动的，其分布取决于静电相互作用和热扩散作用的平衡，而 OHP 内侧的离子因受到电荷的强束缚而不能移动。扩散层或至少部分扩散层在切向压力下可以运动，所以 OHP 是斯特恩层与扩散层的分界面，即可动液体与吸附液体的滑移剪切面。

如图 3.3（c）所示的 GCS 双电层模型实际上综合了 Grahame 的改进。图中，ψ_0 是固/液界面的面电位，ψ_S 是斯特恩层界面（IHP）的面电位。IHP 层的电位由 ψ_0 线性下降至 ψ_S，OHP 层连同扩散层，其电位由 ψ_S 随距离呈指数关系下降。ζ 是扩散层界面（OHP）处的面电位，亦称为 ζ 电势。通常 ζ 电势用于描述双电层的荷电程度，其典型值为 25 mV，最大值大约为 100 mV。

在图 3.3（c）所示的 GCS 模型的等效电路中，双电层等效电容 C_dl 可表示成斯特恩层电容 C_S 与扩散层电容 C_d 的串联，即

$$\frac{1}{C_\mathrm{dl}} = \frac{1}{C_\mathrm{S}} + \frac{1}{C_\mathrm{d}} \tag{3.29}$$

斯特恩层具有与前述亥姆霍兹层相似的特性，其电容 C_S 只在很小程度上取决于面电荷密度或电解质浓度，当面电荷密度或电解质浓度很小时，通常可以假设 C_S 为常数。此外，扩散层电容 C_d 与面电荷密度或电解质浓度密切相关，当面电荷密度为零时电容为最

小值，随着面电荷密度或电解质浓度的增加电容呈指数增加。在高电解质浓度的情况下，C_d 会远大于 C_S，所以斯特恩层比扩散层要更重要。因为总电容的大小是由两个串联电容中值小的电容所决定，所以此种情况下 C_{dl} 主要取决于 C_S。而在低面电荷密度和电解质浓度的情况下，扩散层比斯特恩层要更重要，此种情况下 C_{dl} 主要取决于 C_d。

尽管不断有新的观点引入，但综合了 Grahame 改进的 GCS 模型［图 3.3（c）］较为成熟，能较好地用于解释各种动电现象，因此被广泛接受和应用。

3.2.2 岩石的低频极化效应

尽管如 1.4.3 小节中所述，在 20 世纪初期含油储层具有电极化异常的现象就已引起了关注，但基于该现象的勘探应用进展不大，其主要原因归咎于其机理的复杂性和多解性。对于含流体的储层岩石，其低频电极化响应主要源自岩石骨架–水和油–水界面的 EDL 极化及岩石骨架中可能含有的金属矿物颗粒的电极极化、毛细孔道中的薄膜极化等效应的综合贡献。

1. 岩石骨架–地层水界面激发极化效应

岩石骨架与孔隙中流体的界面效应是其储层岩石电极化特性的主导因素。考虑储层岩石一般以砂岩为主，其骨架成分主要为 SiO_2，骨架本身是绝缘介质。但其孔隙中一般充满具有一定矿化度的地下水，故溶液的电阻率很小，所以含地层水的储层岩石孔隙表面可视为理想的极化界面，即在岩石骨架–地层水界面处形成双电层，其极性和强度与溶液的 pH、离子浓度和迁移能力等有关。

在自然条件下，储层岩石的固/液界面双电层及地层水中的离子处于稳定状态，即宏观上呈电中性。图 3.4（a）所示为自然状态下岩石骨架（非金属矿物）颗粒与地层水接触面上的双电层分布，包括有弱或强吸附反离子的斯特恩层（SL）及载流子可移动的扩散层（DL）。瞬时（频率→∞）电导率 σ^∞ 对应于外加电场 E_0 刚刚接通时的电导率，此时，所有的电荷载流子都是可移动的（极化尚未发生）。在外加电场的作用下，颗粒表面双电层的电荷载流子在颗粒一端沿电场方向积累，使得双电层发生形变，产生剩余电荷和电势，如图 3.4（b）所示。

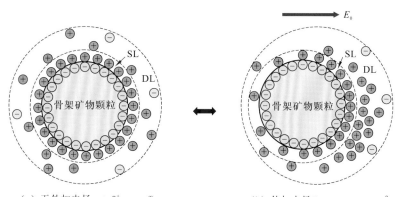

（a）无外加电场，$t=0^+$，$\sigma=\sigma^\infty$ （b）外加电场 E_0，$t=+\infty$，$\sigma=\sigma^0$

图 3.4 岩石颗粒/水界面双电层在有无外加电场作用下的激发极化效应

当外加电场的时间足够长，岩石颗粒完全极化，与液体接触的界面一侧堆积的电荷（抗平衡离子）将对液体中载流子的运动产生阻滞作用。这意味着储层岩石的直流（零频）电导率 σ^0 必然小于瞬时（高频）电导率 σ^∞。因此，由于双电层的极化，岩石的电导率是频散的，即与频率有关。

2. 导电矿物颗粒的激发极化效应

储层岩石中可能含有极少量（或微量）的金属或半金属导电矿物颗粒，如常见的石墨、铁和某些金属硫化物（黄铁矿）微粒。沉积岩中导电颗粒一般呈浸染状分布，在与背景介质中的电解质接触的界面上也会形成类似于如图 3.3 所示的双电层，但极化机制不完全相同。含水孔隙岩石的传导机制是电解的离子主导，而金属矿物的传导机制本质上是电子导电。导电颗粒-电解液界面对电解介质中的离子和导电颗粒内部的电子起着屏障作用，只有发生氧化还原等电化学反应时，才能发生跨越这个界面的电荷迁移。

图 3.5 是导电矿物颗粒的激发极化机理示意图，给定导电矿物颗粒位于电解液中，电解液的电荷载流子是正负离子，导电颗粒的电荷载流子是电子和空穴。在施加外电场前（$t=0^+$），导电粒子与溶液界面形成的双电层处于自然平衡状态，如图 3.5（a）所示。当 $t>0^+$ 时，在外加电场的作用下，电子导体内部的电荷将重新分布：自由电子逆电流方向移向电流流入端，使界面内侧的负电荷相对增多，形成"阴极"；而在电流流出端，呈现相对增多的正电荷（空穴），形成"阳极"。与此同时，在溶液中正、负离子也分别堆积于阴极和阳极的界面外侧，使自然双电层发生变化，产生过电位。

电解液中的正、负离子在导电颗粒-电解质界面附近的运动与在远离界面的体相电解质中的运动不同。如果溶液中的离子和导电颗粒中的传导电子在界面处能互相渗透，电流就能从一个相传递到另一个相。然而，一般电解液中的离子（Na^+ 和 Cl^-）不能穿透金属的晶格结构。在低温和低电场条件下，金属中的电子也无法穿透界面，以自由电荷的形式直接进入电解质介质。如果电解质中的离子和金属中的电子都不能通过界面进入另一介质，则直流不能通过相边界，这相当于界面阻抗无限大的情况，或直流电导率 $\sigma_0 \to 0$。

不过，当电解质与可进行电化学电荷转移反应的活性离子接触时，活性阳离子要从导电颗粒表面获得电子，或者活性负离子释放电子（电子导体获得电子），以实现电荷的传递。在不受干扰的条件下，这些电荷转移机制处于平衡状态，一个方向通过的电荷数量与另一方向相等。然而，当界面受到电场扰动或其他外部影响时会失去平衡，会产生一个穿过金属-电解质界面的净电流密度。

若伴随此种电子传递的电化学反应的速度极快，则电子可以在电子导体和溶液之间畅流，便不会在界面两侧形成异性电荷的堆积。但实际上电极过程的速度有限，穿过电子导体和溶液界面的电子流动受到延缓或阻滞，使得电荷在界面两侧积累，产生过电位。随着通电时间的延续，界面两侧所堆积的异性电荷将逐渐增多，过电位随之增大。过电位的形成和增大，将加速电极过程的进行，直到该过程的速度与外电流相适应，过电位便趋于某一饱和值，不再继续增大。过电位的饱和值与流过界面的电流密度有关，并随电流密度的增加而增大。

当外电流断开后，积累在界面两侧的异性电荷将通过界面本身，电子导体内部和周围溶液放电，使界面上的电荷分布逐渐恢复到正常（自然状态下）的双电层；与此同时，过电位亦随时间而逐渐衰减至消失。

由上述分析可知，在外电场的作用下，导电颗粒-电解液界面的双电层类似于由两个极板组成的电容器[图3.5（b）]，其高频阻抗趋于零（良导体），而低频（直流）阻抗趋于无穷大（绝缘体），表明含有导电矿物的岩石电阻率具有很强的频散性，极化率很大。此外，含导电矿物颗粒岩石的极化率还具有弛豫时间短、可能有明显的非线性和各向异性的特征。

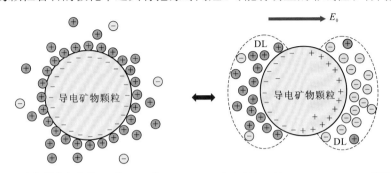

（a）无外加电场，$t=0^+$，$\sigma=\sigma^\infty$　　　　（b）外加电场E_0，$t=+\infty$，$\sigma=\sigma_0=\sigma^{\infty(1-M)}$

图3.5　导电矿物颗粒/水界面在有无外加电场作用下的激发极化效应

3. 微纳孔隙岩石的薄膜极化效应

如图3.3所示的双电层模型是单一的平界面，当d足够大时$\psi_b \to 0$的边界条件始终满足。对于孔隙岩石，需要考虑两个平行相对的固-液界面，只有当这两个荷电界面相距足够远时才能满足上述边界条件。如果这两个界面的距离靠近[图3.6（a）]，则界面的EDL在中心点处互相叠加。当岩石颗粒间的孔隙截面宽度接近于两倍扩散层的厚度（$10^{-6}\sim 10^{-7}$m）时，则整个孔隙都处在离子扩散层内。如图3.6（b）所示，在外电场作用下，由于过剩正离子的吸引，正离子沿电场方向运动较快而负离子则较慢，这样的窄孔隙（毛细管）称为离子分选带或薄膜。这样，正负离子由于在宽窄孔隙中的移动速度（迁移率）不同形成离子浓度沿孔隙变化，产生的浓度梯度将阻碍离子的扩散或迁移，并在窄孔隙两端形成薄膜极化。当外电场切断后，离子分布又重新恢复原来的状态，即形成离子导体的二次场。

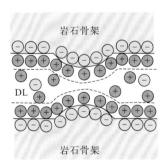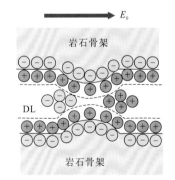

（a）无外加电场，$t=0^+$　　　　　　　（b）外加电场E_0，$t=+\infty$

图3.6　微纳孔隙中水溶液的薄膜极化效应

对于富含黏土类矿物颗粒的岩石，薄膜极化主导其极化响应。一方面，黏土类矿物有较强的阳离子交换容量（cation exchange capacity，CEC），因而颗粒表面双电层发育较好，即单位体积的电荷过剩量大；另一方面，只有像黏土那样细的颗粒（直径$\leqslant 2\times 10^{-6}$m），才能形成足够数量的窄孔隙。故不含黏土的纯砂岩人造岩心基本观测不到激电效应，而在含有细小黏土类矿物颗粒的岩石（如泥质砂岩）中，往往可以观测到明显的激电效应。

在钻遇孔隙性地层时，由于钻井液和地层水的矿化度（离子浓度）差异，也会在井壁（浓度界面）处因离子的扩散吸附和薄膜极化效应而产生自然电位。由于储层岩石（砂岩）与上下围岩（泥岩）的极化响应有差异，所以通过自然电位测井曲线的幅值变化可以识别孔隙性地层并评价地层水的电阻率。

3.2.3 常见岩矿石的激发极化特性

3.2.2 小节介绍了引起岩矿石激发极化效应的三种主要机理。自然存在的岩矿石的激发极化效应实际上是这几种极化机理共同作用的结果，只是不同类型的岩矿石可能由不同的机理主导。图 3.7 给出了根据实验室测试数据统计的一些常见岩矿石的极化率参数范围。

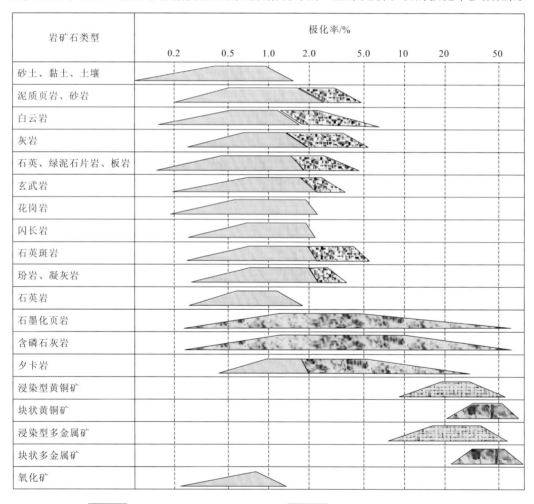

图 3.7 常见岩矿石的极化率

从图 3.7 中可以看出：电子导电类矿石的激电效应的主控因素是矿物颗粒的电极极化，具有最大的极化率，块状导电类矿石的极化率>20%，浸染状导电类矿石的极化率>10%，最高可达 50%以上；而石墨化岩石的极化率参数的分布范围最宽，取决于石墨颗粒的含量。在浸染型矿石或矿化岩石中，导电矿物颗粒散布在整个体积中，微观上每个金属颗粒都能发生面极化效应；而矿体或矿化体中的金属颗粒密度大，宏观上能产生很强的体极化效应。块状矿石是金属矿物颗粒，密度足够大，能达到相互连通时的极限情况。

在其他条件相同时，岩矿石的极化率（η）随电子导电矿物的体积百分含量（V_g）的增加而变大，并大致服从以下实验统计公式：

$$\eta = \frac{\xi V_g^m}{1 + \xi V_g^m} \tag{3.30}$$

式中：在同类岩矿石中，ξ 和 m 为常数；但对于不同结构、构造的岩矿石，ξ 和 m 的变化范围很大（ξ 可从 $n \times 10^{-1} \sim n \times 10^2$ 取值，m 的变化范围为 0.3～3.6）。

岩矿石的结构和构造对极化率的影响主要表现在三方面。其一是电子导电矿物的颗粒度。在电子导电矿物含量保持不变的条件下，导电矿物颗粒越小，极化率越大。这是因为激电效应是一种面极化作用，而导电矿物颗粒越小，极化单元表面积的总量便越大，因而激电效应越强。其二是电子导电矿物的形状和排列方向。当导电矿物颗粒有一定延伸方向并成定向排列时，则沿导电矿物颗粒延伸方向的极化率大于其他方向的极化率，即为各向异性。对于定向排列的细脉状、网脉状或片理、层理结构发育的岩矿石，不同方向的极化率可以相差数倍甚至更大。其三是岩矿石的致密程度。在其他条件相同时，极化率一般是随岩矿石致密程度增高而变大，只有极少数非常致密的岩矿石例外。

对于不含电子导电矿物的无矿化岩石，激电效应主要是固-液界面双电层的面极化反映，极化率值一般很小（<2%）。而当岩石中含有较多泥质或含有浸染状导电矿物颗粒时，因薄膜极化和电极极化效应的综合作用使岩石的极化率有所增加，可达 5%，但与矿化岩石相比也不大。岩石的充、放电速度较矿化岩石快。其中矿物颗粒细小（如由黏土矿物组成）的岩石充、放电速度尤其快，而颗粒较粗（如砂或砂砾组成）的岩石充、放电速度则较慢。岩石激电效应的时间特性对评价激电异常和利用激电法进行流体识别具有实用意义。

3.3 岩石复电阻率模型

3.3.1 含水岩石的复电导率

对于完全水饱和岩石，低频时的复电导率可表示为[6]

$$\sigma^*(\omega) = \frac{1}{F}[\sigma_w + (F-1)\sigma_s^*] \tag{3.31}$$

式中：F 为式（2.40）定义的地层因子；σ_w 为孔隙水的电导率；面电导率 σ_s^* 对应于包覆颗粒表面双电层的电传导。对于 1:1 型的稀溶液，σ_w 可以表示为离子浓度 C_w 及阴离子和阳离子的迁移率（β_w^+ 和 β_w^-）的函数：

$$\sigma_w = 2|Q|C_w\beta_w^{av} \tag{3.32}$$

式中: $\beta_w^{av} = \dfrac{\beta_w^+ + \beta_w^-}{2}$ 为平均迁移率; $|Q|$ 是溶液中离子电荷的绝对值, 等于基本电荷 e (1.602×10^{-19}C) 与 Z 离子化合价的乘积。

1. 面电导率模型

如图 3.4 所示, EDL 极化主要涉及在外加电场的作用下的电迁移和反离子积累, 电迁移主要沿颗粒表面的切线方向进行。单一种类对称电解液中的岩石颗粒, 其面电导率表示为

$$\sigma_s^*(\omega) = \sigma_s^0 + \sigma_s^\infty \left[1 - \int_0^\infty \frac{g(\tau)}{1+i\omega\tau} d\tau \right] \tag{3.33a}$$

$$\int_0^\infty g(\tau) d\tau = 1 \tag{3.33b}$$

式中: $g(\tau)$ 为弛豫时间 τ 的概率分布; σ_s^0 和 σ_s^∞ 分别为低频 (直流) 和高频面电导率。

弛豫时间分布的一种特殊形式是科尔-科尔 (Cole-Cole) 分布, 其概率分布函数为

$$f(\tau) = \frac{1}{2\pi} \frac{\sin[\pi(c-1)]}{\cosh[c\ln(\tau/\tau_0)] - \cos[\pi(c-1)]} \tag{3.34}$$

式中: τ_0 为本征弛豫时间; c 为科尔-科尔指数。此分布对于 $\tau=\tau_0$ 是对称的, 对于 $0.5 \leqslant c \leqslant 1$, 科尔-科尔分布可近似为对数正态分布, 随着 c 减小, 科尔-科尔分布的尾部越来越宽。因此, 科尔-科尔分布可以用来表示与对数正态分布的岩石颗粒尺寸相关的近似频散, c 亦称为频率相关系数。

对应于式 (3.34) 描述的科尔-科尔分布, 得到 EDL 的科尔-科尔复电导率模型为

$$\sigma_s^* = \sigma_s^\infty + \frac{\sigma_s^0 - \sigma_s^\infty}{1+(i\omega\tau_0)^c} \tag{3.35}$$

如果定义岩石颗粒/水溶液界面的本征面极化率 η_0 为

$$\eta_0 = \frac{\sigma_s^\infty - \sigma_s^0}{\sigma_s^\infty} \tag{3.36}$$

则式 (3.35) 可写成

$$\sigma_s^* = \sigma_s^\infty \left[1 - \frac{\eta_0}{1+(i\omega\tau_0)^c} \right] \tag{3.37}$$

在 $c=1$ 的极限情况下, 得到德拜模型:

$$\sigma_s^* = \sigma_s^\infty \left[1 - \frac{\eta_0}{1+i\omega\tau_0} \right] \tag{3.38a}$$

如果分解成实部和虚部, 则分别为

$$\sigma_s'(\omega) = \sigma_s^\infty \left(1 - \frac{\eta_0}{1+\omega^2\tau_0^2} \right) \tag{3.38b}$$

$$\sigma_s''(\omega) = \frac{\sigma_s^\infty \eta_0 \omega\tau_0}{1+\omega^2\tau_0^2} \tag{3.38c}$$

2. 岩石颗粒的面电导率

考虑如图 3.4 所示的球形颗粒浸入水电解质中, 在外电场的作用下产生极化效应的

情况，其中孔隙水（含扩散层）中的离子流动主导对同相电导率（复电导率的实部）的贡献，同时也减小了斯特恩层的弛豫时间；而离子沿斯特恩层的迁移产生的表面极化电流主导对正交分量（复电导率的虚部）的贡献，且随频率变化。扩散层和斯特恩层的剩余面电导可分别表示为矿物/水界面的电化学性质的函数：

$$\Sigma_d = \sum_{j=1}^{N} e z_j B_d^j \Gamma_d^j \qquad (3.39a)$$

$$\Sigma_S = \beta_S |Q| \Gamma_S \qquad (3.39b)$$

式中：Σ_d 为扩散层的剩余面电导；Σ_S 为斯特恩层的剩余面电导；$|Q|$ 为斯特恩层中抗平衡离子电荷的绝对值，等于基本电荷 e（1.602×10^{-19} C）与 Z 离子化合价的乘积；β_S 为斯特恩层中的离子迁移率，$m^2/(s \cdot V)$；Γ_S 为斯特恩层中的表面离子密度（个数/nm^2），即固-液界面单位表面积的离子数；Γ_d^j 为扩散层中第 j 种离子的面密度；B_d^j 为扩散层中第 j 种离子的有效迁移率，$m^2/(s \cdot V)$，可表示为

$$B_d^j = \beta_d^j + \frac{2\varepsilon_w k_B T}{\eta_w e z_j} \cong \beta_w^j + \frac{2\varepsilon_w k_B T}{\eta_w e z_j} \qquad (3.40)$$

式中：B_d^j 为扩散层中第 j 种离子的迁移率；β_w^j 为水中第 j 种离子的迁移率；ε_w 为水的介电常数；η_w 为体积水动态黏度（Pa·s），当 $T = 298$ K 时 $\eta_w = 0.890\,3 \times 10^{-3}$ Pa·s。扩散层中离子的有效迁移率 B_d^j 考虑了电迁移（式中第一项）和电渗析（式中第二项）。因为扩散层离矿物表面很远（数 Å），并且含有大部分反离子，与同离子相比，反离子的电迁移速度略有减慢。假定扩散层中的离子迁移率与在体积水中的离子迁移率相似，即 $\beta_d^j \approx \beta_w^j$，则式（3.40）成立。在 25 ℃时 Na⁺的 $\beta_w = 5.2 \times 10^{-8}$ $m^2/(s \cdot V)$，若取 $\varepsilon_w = 80 \times 8.854 \times 10^{-12}$ F/m，则电渗项为 0.4×10^{-8} $m^2/(s \cdot V)$。这意味着离子在扩散层中的有效迁移率可能略高于相同离子在水中的真实迁移率，但差异不大。

这样，对于颗粒直径为 d 的球形颗粒，式（3.35）表示的面电导率的参数分别为

$$\sigma_s^0 = \frac{4}{d}\Sigma_d \qquad (3.41a)$$

$$\sigma_s^\infty = \frac{4}{d}(\Sigma_S + \Sigma_d) \qquad (3.41b)$$

$$\tau_0 = \frac{d^2}{8D_S} = \frac{|Q|d^2}{8k_B T \beta_S} \qquad (3.41c)$$

式中：d 为岩石颗粒直径；D_S 为斯特恩层中的离子扩散系数。

3. 岩石的面电导率

在实际的应用中，考虑岩石骨架颗粒尺寸的复杂性或随机性，用一个概率分布函数（probability distribution function，PSD）表征岩石颗粒的粒径分布，根据叠加原理计算岩石的宏观面电导率。

假设不同粒径粒子的电化学电导和极化都是并行相加的，即相同尺寸粒子的复电导率响应是由这些粒子所占据的固体的相对体积加权，即

$$\sigma_s^* = \sum_{j=1}^{Q} f(d_j)\sigma_s^*(d_j, \omega) \qquad (3.42a)$$

式中：Q 为离散直径的个数；$f(d_j)$ 为粒径的分布函数，实际上是一个完全依赖于 PSD 的权重系数。归一化 PSD 意味着：

$$\sum_{j=1}^{Q} f(d_j) = 1 \tag{3.42b}$$

这样，岩石宏观面电导率可以写成：

$$\sigma_s^0 = 4\varSigma_d E_h \tag{3.43a}$$

$$\sigma_s^\infty = 4(\varSigma_S + \varSigma_d)E_h \tag{3.43b}$$

$$E_h = \int_0^\infty h(1/d)\mathrm{d}\ln d \tag{3.43c}$$

式中：E_h（m^{-1}）为颗粒直径倒数概率密度函数 $h(1/d)$ 的期望值。

如果岩石颗粒尺寸分布为对数正态分布，即

$$f(d) = \frac{1}{\sqrt{2\pi}\hat{\sigma}}\mathrm{e}^{-\frac{(\ln d - \mu)^2}{2\hat{\sigma}^2}} \tag{3.44}$$

式中：$\hat{\sigma} = \ln\sigma_g$ 和 $\mu = \ln d_{50}$ 分别为粒径标准差和均值的对数；σ_g 为几何标准差；d_{50} 为颗粒尺寸分布的中值。中值 d_{50} 是粒状介质的平均颗粒直径尺寸的测度，而标准差是所给定分布的平均颗粒直径分散性的测度。这样，颗粒尺寸倒数的期望值为

$$E_h = \mathrm{e}^{\frac{\hat{\sigma}^2}{2}-\mu} = \frac{1}{d_{50}}\mathrm{e}^{\frac{\hat{\sigma}^2}{2}} \tag{3.45}$$

这样的颗粒直径分布对应的弛豫时间分布为

$$g(\tau) = \frac{1}{\sqrt{2\pi}(2\hat{\sigma})\tau}\mathrm{e}^{-\frac{\ln(\tau/\tau_0)}{\sqrt{2}(2\hat{\sigma})}} \tag{3.46}$$

注意弛豫时间分布的标准差是 $2\hat{\sigma}$ 而不是 $\hat{\sigma}$。弛豫时间 τ 与斯特恩层中离子的扩散系数 D_s 的关系为

$$\tau = \frac{\vartheta d_{50}^2}{8D_S} = \frac{\vartheta|Q|d_{50}^2}{8k_BT\beta_S} \tag{3.47}$$

式中：$\vartheta = F\phi$ 为岩石孔隙的曲折度，由地层因素与有效孔隙度的乘积定义（参见式（2.41））。

4. 与比表面积的关系

根据式（2.36）的定义，岩石的比表面积（或面孔率）与岩石颗粒粒径倒数的期望值 E_h 成正比，或岩石的比表面积与岩石颗粒粒径成反比。而堆积常数 a 与粒径及分选性有关，粒径越小、分选性越差的岩石 a 值越大。如果取堆积常数 $a=6$，则有

$$\sigma_s^0 = \frac{2}{3}\varSigma_d S_v \tag{3.48a}$$

$$\sigma_s^\infty = \frac{2}{3}(\varSigma_S + \varSigma_d)S_v \tag{3.48b}$$

由式（3.48）可以看出，界面电导率及其虚分量都与比表面积呈线性关系。一般来说，黏土矿物颗粒具有很强的阳离子交换能力，且颗粒粒径小，堆积常数大，所以富含黏土矿物的岩石具有相对大的比表面积，以斯特恩层主导的极化效应显著，但弛豫时间

相对较小。实验测定数据表明，黏土矿物颗粒的表面电荷密度为 $1\sim3$ 个基本电荷/nm^2，如果取平均面电荷密度 $\Gamma_S = 2$ 个基本电荷/nm^2，25 ℃时 Na^+ 在斯特恩层中的离子迁移率 $\beta_S \approx 1.5\times10^{-10}$ m^2/（s·V），若取颗粒直径 $d = 1$ μm，则有黏土矿物的斯特恩层面电导率 $\frac{4}{d}\Sigma_S \approx 1.92\times10^{-4}$ S／m，$\tau_0 \approx 0.032$ s。而对于纯净砂和砂岩，如果取平均面电荷密度 $\Gamma_S = 5$ 个基本电荷/nm^2，25 ℃时 Na^+ 在斯特恩层中的离子迁移率取 $\beta_S(Na^+) = 5.2\times10^{-8}$ m^2/（s·V）。取硅质颗粒直径 $d = 100$ μm，则斯特恩层的面电导率 $\frac{4}{d}\Sigma_S \approx 1.666\times10^{-3}$ S／m，$\tau_0 \approx 0.935$ s。

5. 与矿化度的关系

考虑钠离子在硅质颗粒的斯特恩层中吸附及质子的离解可以表示为

$$>SiOH^0 \rightleftharpoons >SiO^- + H^+ \tag{3.49a}$$

$$>SiOH^0 + Na^+ \rightleftharpoons >SiO^- + Na^+ + H^+ \tag{3.49b}$$

对应的平衡关系为

$$K_{Na} = \frac{\Gamma_{SiONa}^0 [H^+]^0}{\Gamma_{SiOH}^0 [Na^+]^0} \tag{3.50}$$

式中：Γ_i^0 为斯特恩层中第 i 种离子的面密度，$pH = -\lg[H^+]$；$[Na^+] = C_f$ 为孔隙水溶液的盐度，mol/L；在 25 ℃和 pH=6 的条件下，平衡常数 $K_{Na} \approx 5.62\times10^{-3}$，在 pH=6 时，有

$$\Sigma_S = e\beta_S\Gamma_S^0 \frac{K_{Na}C_f}{10^{pH} + K_{Na}C_f} \tag{3.51}$$

式中：斯特恩层的总点密度 Γ_S^0 通常等于 5 个/nm^2，产生的 $e\Gamma_S^0 = 0.8$ Cm^2。斯特恩极化模型表明，由于斯特恩层中的反离子密度随盐度的增加而增加，极化随盐度的增加而增加。

3.3.2 科尔-科尔模型

Pelton 通过对大量岩矿石标本的实验室测量结果的分析表明，由科尔-科尔提出的用于描述介质的复介电特性的弛豫模型也能很好地用于描述岩矿石的复电阻率随频率的变化[7]。对矿化岩石来说，它的基本单元可以简化成图 3.8（a）所示的结构，其等效电路如图 3.8（b）所示。

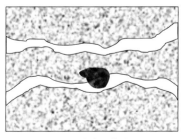

（a）岩矿石单元　　　　　　　　　　（b）等效电路

图 3.8　矿化岩石基本单元结构示意图及等效电路

该结构单元包含被导电矿物颗粒部分堵塞的孔隙通道和未被阻塞的孔隙通道。等效电路图中的 R_1 为未阻塞孔隙通道中溶液的电阻，R_2 为被部分阻塞孔隙通道中溶液的电阻

和导电颗粒的直流电阻之和，复阻抗 Z_c 和 R_3 的并联组合为导电颗粒与溶液界面产生的面极化效应。

考虑固-液界面的极化效应具有电容特性，固表征 EDL 单元的复阻抗 Z_c 可以写成如下形式：

$$Z_c = \frac{1}{(\mathrm{i}\omega C_{\mathrm{dl}})^c} \tag{3.52}$$

式中：C_{dl} 为双电层的电容；c 为频率相关系数。

图 3.7（b）所示的等效电路的复阻抗可以表示为

$$Z(\omega) = Z(0)\left[1 - \eta\left(1 - \frac{1}{1 + (\mathrm{i}\omega\tau)^c}\right)\right] \tag{3.53}$$

式中：

$$Z(0) = \frac{R_1(R_1 + R_2)}{R_1 + R_2 + R_3} \tag{3.54a}$$

是 $\omega \to 0$ 时的阻抗，或称直流阻抗；

$$\eta = \frac{Z(0) - Z(\infty)}{Z(0)} \tag{3.54b}$$

是岩矿石的极化率或充电率；

$$Z(\infty) = \frac{R_1 R_2}{R_1 + R_2} \tag{3.54c}$$

是 $\omega \to \infty$ 时的阻抗，或称高频阻抗；

$$\tau = C_{\mathrm{dl}}\left[\frac{(R_1 + R_2)R_3}{R_1 + R_2 + R_3}\right]^{1/c} \tag{3.54d}$$

为弛豫时间常数。

在实际应用中，可以将阻抗写成电阻率的形式，则科尔-科尔复电阻率模型可表示为

$$\rho(\omega) = \rho_0\left[1 - \eta\left(1 - \frac{1}{1 + (\mathrm{i}\omega\tau)^c}\right)\right] \tag{3.55}$$

式中：ρ_0 为零频（直流）电阻率。

Pelton 的研究工作证明了科尔-科尔模型可用于描述岩石电阻率随频率的变化，为岩石的激电效应研究奠定了基础[7]。值得指出的是，该模型比较简单，真正岩石中的传导机理要复杂得多。然而，这种简单的模型和等效电路几乎可以得到实验室和实际观测到的激电效应频谱的所有基本特征。

实际上，式（3.54b）定义的岩石极化率也可以表示为

$$\eta = \frac{\rho_0 - \rho_\infty}{\rho_0} \tag{3.56a}$$

这与式（3.36）给出的本征面极化率是一致的。如果定义

$$\tau_s = (1 - \eta)^{1/c}\tau \tag{3.56b}$$

则可以将将式（3.55）的科尔-科尔复电阻率模型转换成与式（3.36）相同的复电导率表达形式：

$$\sigma(\omega) = \sigma_\infty\left[1 - \frac{\eta}{1 + (\mathrm{i}\omega\tau_s)^c}\right] \tag{3.57}$$

式中：σ_0和σ_∞分别为零频（直流）和高频电导率，分别是ρ_0和ρ_∞的倒数。注意复电导率模型中的弛豫时间常数τ_s与复电阻率模型中的τ物理意义相同，但数值不同。

由式（3.55）定义的表征岩石复电阻率特性的科尔-科尔模型包含4个参数，分别是直流电阻率ρ_0、极化率η、弛豫时间常数τ和频率相关系数c，其特征如下。

直流电阻率ρ_0，主要反映岩石的本征导电性，与岩性（岩石骨架成分）、孔隙度及孔隙中的流体特性有关。

极化率η，反映岩石宏观极化效应的强度，综合反映固-液界面、导电矿物颗粒及微纳孔道等不同机制极化的共同作用。由式（3.41）可知，$\sigma_\infty - \sigma_0$直接反映了斯特恩层的面极化特性，故采用归一化极化率$\eta_\mathrm{n} = \sigma_\infty \eta = \eta / \rho_\infty$可以更好地表征岩石的极化特性。在实测数据的解释中，复电阻率的虚部或相位也常用于极化特性的评价。

时间常数τ，是完全极化的岩石在外加电场断开后岩石电性恢复到平衡状态的弛豫时间，与矿物颗粒的大小、形状和孔道连通性有关。时间常数的分布范围很宽，对于低频频散特性感兴趣的范围为$10^{-3} \sim 10^3$ s；一般说来，颗粒小、连通性好时，则时间常数偏小。时间常数可以作为孔隙度和渗透率的指示。

频率相关系数c，是反映复电阻率随频率变化程度的参数，主要表征极化矿物颗粒的均匀程度和连通性。一般说来，面极化和均匀颗粒体极化具有较大的频率相关系数，其值为0.5~1.0；而对于矿化程度较高的岩石，内部矿化颗粒往往较不均匀，其值偏小，为0.1~0.6。如果取频率相关系数$c=1$，则式（3.55）退化为德拜弛豫模型。

3.3.3　广义有效介质模型

Zhdanov 于 2008 年基于复合非均匀介质的有效介质理论（effective medium theory，EMT）提出了表征复杂岩层激发极化的广义有效介质理论（generalized effective-medium theory of induced polarization，GEMTIP）[8]。传统 EMT 仅考虑非均质岩石的电磁感应效应，Zhdanov 证明了 EMT 也可以用于地层的极化理论中，建立了既考虑电磁感应也包含激发极化效应的 GEMTIP 模型。该模型提供了统一的非均质、多相结构和岩石极化率的数学模型，比传统的单模导电性模型能更真实地描述复杂岩层的物性（微观结构与物理性质）特征与复电阻率响应的关系，如矿物颗粒尺寸、形状、电导率、极化率、体积分数及弛豫模型的参数等，提供了不同矿物的体积分数和（或）烃类饱和度与观测的电磁场数据之间的联系。

考虑含有球形颗粒的多相复合极化介质模型由体积为 V、电导率为σ_0的均匀背景介质加上填充的球形矿物颗粒构成。假设有 N 种类型的矿物颗粒，其中第 j 类颗粒的半径为a_j、电导率为σ_j、频率域面极化系数为、体积分数为f_j。则 GEMTIP 模型可表示为

$$\sigma(\omega) = \sigma_0 \left[1 + 3 \sum_{j=1}^{N} \left(f_j \frac{\sigma_j - \sigma_0}{2\sigma_0 + \sigma_j + 2k_j^s a_j^{-1} \sigma_0 \sigma_j} \right) \right] \tag{3.58}$$

式中：面极化系数k_j^s可以有不同的形式。由岩石物理的实验数据可知，面极化系数是频率的函数，取经典的通用形式：

$$k_j^s = \alpha_j (\mathrm{i}\omega)^{-c_j} \tag{3.59a}$$

并定义:

$$\eta_j = 3f_j \frac{\sigma_j - \sigma_0}{2\sigma_0 + \sigma_j} = 3f_j \frac{\rho_0 - \rho_j}{2\rho_j + \rho_0} \tag{3.59b}$$

$$\tau_j = \left[\frac{a_j}{2\alpha_j} \frac{(2\sigma_0 + \sigma_j)}{\sigma_0 \sigma_j} \right]^{1/c_j} = \left[\frac{a_j}{2\alpha_j}(2\rho_j + \rho_0) \right]^{1/c_j} \tag{3.59c}$$

则有

$$\sigma(\omega) = \sigma_0 \left\{ 1 + \sum_{j=1}^{N} \eta_j \left[1 - \frac{1}{1 + (\mathrm{i}\omega\tau_j)^{c_j}} \right] \right\} \tag{3.60a}$$

或

$$\rho(\omega) = \rho_0 \left\{ 1 + \sum_{j=1}^{N} \eta_j \left[1 - \frac{1}{1 + (\mathrm{i}\omega\tau_j)^{c_j}} \right] \right\}^{-1} \tag{3.60b}$$

式中: α_j 为经验系数, 可通过实验室岩石物理参数测量确定; τ_j 为第 j 种颗粒的弛豫时间常数; c_j 为第 j 种颗粒的频率相关系数。

如果考虑均匀背景介质中只含有一种类型的极化颗粒的情况, 式 (3.60) 可进一步简化。经过一些代数运算, 可以得到如式 (3.55) 所示的经典复电阻率的科尔-科尔公式。但注意此时有

$$\eta = 3\frac{3f_1(\rho_0 - \rho_1)}{2\rho_1 + \rho_0 + 3f_1(\rho_0 - \rho_1)} \tag{3.61a}$$

$$\tau = \left\{ \frac{a_1}{2\alpha_1}[2\rho_1 + \rho_0 + 3f_1(\rho_0 - \rho_1)] \right\}^{\frac{1}{c}} \tag{3.61b}$$

因此, 经典的科尔-科尔模型是各向同性、多相非均质介质中填充球形包裹体的复电阻率 GEMTIP 模型的一个特例。

3.4 含油储层的极化异常及评价模型

油气勘探中流体识别的任务就是要评价储层中所含流体的性质 (油或水), 高电阻率是测井资料评价含油储层的重要依据之一, 但也有多解性。如 1.3.3 小节中所述, 早在 20 世纪 30 年代, 人们就认识到油气藏可能引起的电极化异常现象, 由于其机理和影响因素的复杂性, 激电效应一直未能发展成为一种探测油藏的有效方法。

由 3.3 节可知, 含水储层本身由于岩石颗粒与流体界面处的双电层而具有激电效应, 本节将重点讨论因油藏的存在可能产生的激电效应的相对增强 (异常)。

3.4.1 油-水界面的双电层

3.3 节所讨论的双电层理论是基于固-液界面展开的, 实际上, 所有非均质的液基系统, 如血液、油漆、墨水、陶瓷和水泥浆等, 都有 EDL 存在。纯净的油和水不能互相渗

透，是两非混溶液体。当油与水接触时，会形成一个明显的分界面。理论上，两种液体之间的界面可以表示为零厚度的数学平面，然而，在分子量级，零厚度的边界实际上不存在。相反，边界是一个 0.1～10 nm 的过渡层，是一个两相组分均可能存在但具有不同于两单独相性质的界面[9]。由于油的高阻特性，水中的电荷转移到油相几乎是不可能的，所以油-水界面也是完全可极化界面。

在两个非混溶电解质溶液之间的界面（interface of two immiscible electrolyte solutions，ITIES）上，双电层电容的两个极板都是液体。Verwey 和 Niessen 首先提出用界面两侧的两个没有相互作用的扩散层描述 ITIES 的双电层，假定两种溶液均为介电常数恒定的无结构介质，用 GC 模型定义双电层中的电位分布。Gavach 等[10]通过在两个非混溶电解液界面之间引入无离子过渡层扩展了费尔韦-奈尔森（Verwey-Niessen）模型。这与经典电化学中的致密层直接类似，斯特恩理论被扩展到 ITIES，最终的模型称为修正后的费尔韦-奈尔森（modified Verwey-Niessen，MVN）模型。

在 MVN 模型中，双电层由两个背靠背的扩散层组成，它们在两个相之间产生一个紧密的内层（图 3.9）。两液相的介电常数分别为 ε_w 和 ε_o 且为常值，紧密层或 IHP 层位于 $-d_o$～$+d_w$，是离子靠近界面最近的面之间的无离子空间。MVN 模型将双电层扩散区域中的离子视为点电荷，忽略其尺寸。在水性电解质溶液中这种近似是合理的，因为无机离子的半径接近 0.1 nm，但非水相中的有机离子通常要大得多，直径约为 1 nm。在 ITIES 中，这种吸附的有机离子的大小通常超过紧密层的厚度，甚至超过浓电解溶液中的扩散层。这就是为什么 ITIES 的双电层理论中必须考虑离子的大小。

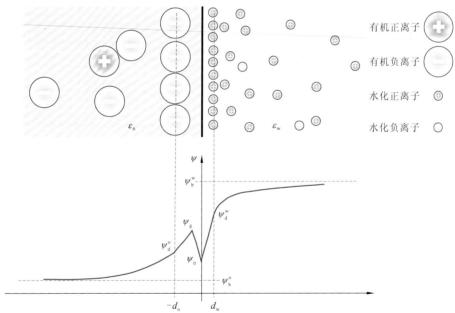

图 3.9　两非混溶溶液界面的双电层结构及电位分布

两非混溶液体界面的电势分布如图 3.9 所示。紧密层中包括一个偶极电位 ψ_g，是图 3.9 中所示界面处的一个窄的区域，ψ_g 的振幅和符号可以不同于总界面电位。界面电位差由电位降的和组成：

$$\phi_o^w \equiv \psi_b^w - \psi_b^o = \phi_d^o - \phi_d^w + \phi_H \tag{3.62}$$

式中：ϕ_o^w 为油-水界面的总电位差；ψ_b^w 为 x 足够远时的水相体电位；ψ_b^o 为 x 足够远时的油相体电位；$\phi_d^o = \psi_b^o - \psi_d^o$ 为油相扩散层边界电位与体电位之差；$\phi_d^w = \psi_b^w - \psi_d^w$ 为水相扩散层边界电位与体电位之差；$\phi_H = \psi_d^o - \psi_d^w$ 为两相紧密层边界电位之差。

由相间的电中性原理知，界面的宏观净电荷为零，即

$$q_d^o + q_H + q_d^w = 0 \tag{3.63}$$

式中：q_d^o、q_d^w 和 q_H 分别为油相扩散层、水相扩散层和紧密层的电荷。

对于 1∶1 的电解质，扩散层的电荷分布仍满足式（3.27）。如果亥姆霍兹层没有电荷，则两个扩散层的电位降具有简单的形式：

$$\varepsilon_o \kappa_o \sinh\left(-\frac{e\phi_d^o}{2k_B T}\right) + \varepsilon_w \kappa_w \sinh\left(-\frac{e\phi_d^w}{2k_B T}\right) = 0 \tag{3.64}$$

两个扩散层电势的关系取决于一个参数：

$$\eta^{o/w} = \frac{\varepsilon_o \kappa_o}{\varepsilon_w \kappa_w} \equiv \sqrt{\frac{\varepsilon_o c_o^b}{\varepsilon_w c_w^b}} \tag{3.65}$$

式中：ε_o 和 ε_w 分别为油相和水相的介电常数；κ_o 和 κ_w 分别为油相和水相中德拜长度的倒数；c_o^b 和 c_w^b 分别为油相和水相的体电解质浓度。若电位降较小，则有

$$\eta^{o/w} \approx -\frac{\phi_d^w}{\phi_d^o} \tag{3.66}$$

在水和有机相之间的接触面，实际上电位降主要在有机相中发生。随着界面电位增加到足够大时，式（3.64）可以有不同的近似形式：

$$\phi_d^w \approx -\phi_d^o - \frac{k_B T}{e} \operatorname{sgn} \phi_d^o \ln(\eta^{w/o}) \tag{3.67}$$

由式（3.65）和式（3.64）可以发现每个扩散层的电位（ϕ_d^w 和 ϕ_d^o）与两个扩散层的电位降（$\phi_o^w - \phi_H$）的关系：

$$\phi_d^o = \frac{k_B T}{e} \ln \frac{\eta^{o/w} + e^{\frac{e(\phi_o^w - \phi_H)}{2k_B T}}}{\eta^{o/w} + e^{-\frac{e(\phi_o^w - \phi_H)}{2k_B T}}} \tag{3.68}$$

$$\phi_d^w = -(\phi_o^w - \phi_H) + \frac{k_B T}{e} \ln \frac{\eta^{o/w} + e^{\frac{e(\phi_o^w - \phi_H)}{2k_B T}}}{\eta^{o/w} + e^{-\frac{e(\phi_o^w - \phi_H)}{2k_B T}}} \tag{3.69}$$

界面附近电势的空间分布与产生剩余表面离子的电解质的浓度有关。在各相中，第 j 种表面剩余离子 Γ_j 可以写成内层剩余离子 Γ_{Hj} 和扩散层剩余离子 Γ_{dj} 之和，即

$$\Gamma_j = \Gamma_{Hj} + \Gamma_{dj} \tag{3.70}$$

每个接触相的电荷为

$$q = \sum_j z_j e \Gamma_j \tag{3.71}$$

对二元系统，扩散层的剩余离子为

$$\varGamma_{dj} = \frac{2c^b}{\kappa}\left(e^{\frac{z_j e\phi_d}{2k_B T}} - 1\right) = \frac{2c_b}{\kappa_w}\left(\sqrt{1 - \frac{q^2}{8\varepsilon c_b k_B T}} + \frac{z_j q}{8\varepsilon c_b k_B T} - 1\right) \quad （3.72）$$

式中：c_b 是体相中的电解质浓度。

界面电容由紧密层电容 C_H 和两个扩散层电容 C_d^w 和 C_d^o 组成。对式（3.71）取关于水相电荷 q^w 的微分，并假定紧密层的电位降 ϕ_H 不依赖于电解液浓度，则有

$$\frac{1}{C_{dl}} = \frac{1}{C_H} + \frac{1}{C_d^w} + \frac{1}{C_d^o} \quad （3.73）$$

扩散层电容与电位和电解质浓度有关：

$$C_d = e\sqrt{\frac{2\varepsilon c_b}{k_B T}}\cos h\left(\frac{e\phi_d}{2k_B T}\right) = \frac{e}{2RT}\sqrt{8\varepsilon c_b k_B T + q^2} \quad （3.74）$$

在两个不相容的电解质之间的界面上，主要电位降发生在不同相的两个扩散层中。在可能忽略法拉第阻抗的电位中，基电解质离子靠近界面的距离由 OHP 的位置定义。在水和有机相的两个 OHP 平面之间构成紧密层，在 IHP 上有溶剂偶极子或特定吸附溶质。这样，跨过紧密层由水和非水化偶极产生的电位降很小。

3.4.2　含油储层的极化异常

含油储层为孔隙性岩层，其孔隙由有效孔隙和微孔隙组成。在油藏形成的过程中，当油气从生油层运移到储集层时，由于油、水、气对岩石的润湿性差异和毛细管力的作用，运移来的油气仅靠重力差异形成的压差不可能把岩石孔隙中的原生水完全驱替出去，会有一定量的水残存于岩石颗粒的接触面、角隅和微细孔隙中。这部分在自然状态下不可流动的水称为残余水或束缚水，相应的评价参数为束缚水饱和度 S_{wi}。砂岩类储层的束缚水饱和度与岩石类型、孔隙度和孔隙结构等有关，其中孔喉直径和泥质含量的影响最显著。

通常所指的束缚水由毛管滞水和薄膜滞水两部分组成。毛管滞水由于自然压差小于毛管力而不能使其中的水移动；但如果外界条件发生改变，由毛管滞水形成的不动水就可能转化为可动水。薄膜滞水是由表面分子力的作用而滞留在亲水岩石孔壁上的残留水，这种表面分子力实际上是岩石骨架矿物颗粒和黏土颗粒表面的 EDL 对反离子的吸附力，可以用 EDL 理论来评价。

岩石颗粒表面润湿性也是影响油、水在岩石孔隙中相对分布状态和流动特性的一个重要因素，不仅直接制约着不同流体的相对渗透能力，也会导致岩石的电性特征发生改变。而岩石的润湿性主要受岩石表面矿物组成、原油的组分、地层水或注入水的离子成分和含量、pH 及温度等因素的影响。这里重点讨论不同润湿性岩石含油时对岩石宏观极化效应的影响规律。

1. 亲水岩石孔隙中连续油相的极化增强

自然运移形成的油藏，油气藏高度范围内储层的大孔径（>0.1 μm）连通孔隙中的可动水几乎全部被油驱替，形成连续的油相占据孔隙。对于亲水的岩石，连续的油相并不

直接与孔壁表面接触，而是被束缚水所间隔，如图 3.10（a）所示。孔壁表面与连续油相之间的束缚水是岩石固体颗粒-水界面与油-水界面这两个双电层共同作用的结果，其中油-水界面的双电层是因为含油而产生的。该束缚水膜的厚度与这两个双电层的厚度之和相当，因为该层中主要是吸附的离子，能自由扩散的离子或水分子已经被排替。这样，孔隙体积中充有两种连续的但互不相溶的流体—油和水。定义水的相对饱和度 $S_w \in [0, 1]$，则油相的相对饱和度为 $S_o = 1 - S_w$。对于亲水性岩石，即使是完全油饱和，含油饱和度也不可能达到 100%。例如，平均孔喉半径中等的砂岩，也有大约 10% 的束缚水饱和度 S_{wi}，且泥质含量越高、平均孔喉半径越小，S_{wi} 越大。

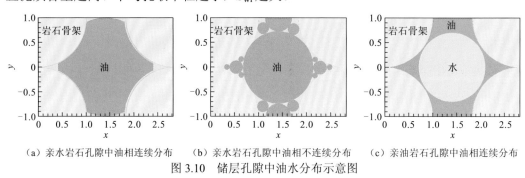

（a）亲水岩石孔隙中油相连续分布　　（b）亲水岩石孔隙中油相不连续分布　　（c）亲油岩石孔隙中油相连续分布

图 3.10　储层孔隙中油水分布示意图

含油储层中，除了极小的微孔隙，油驱替地层水而占据了储层岩石的主要孔隙，岩石的零频电阻率大大增加是显而易见的。而对于极化效应，此时油-水界面双电层与原来岩石骨架表面/孔隙水界面的双电层大致相当，也就是说对应的大孔喉壁的双电层可最大增加近一倍。极化效应的增强可用比表面积的增加来定量评价。图 3.11 给出了根据定义式（3.26）计算的图 3.10 中所示不同含油分布状态时的比表面积增大率随含油饱和度变化的理论计算结果，增大率定义为含油后的比表面积与纯饱含水时的比表面积之比。由图 3.11 中红色曲线可以看出，对于亲水岩石中的连续油相分布，比表面积呈近似线性增加。简单极限情况下，岩石孔隙中的可动水全部被油驱替，比表面积增加到原来的 2 倍。

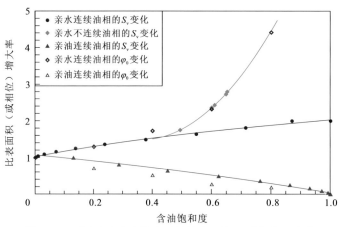

图 3.11　不同油水分布状态时的比表面积（或相位）变化

除了比表面积增加导致 EDL 效应增强，在外加电场的作用下，离子在束缚水膜中的迁移会产生较强的薄膜极化效应。所以，相对于完全水饱和储层岩石，储层含油后极化效应增强主要来自比表面积增大和薄膜极化效应增大这两个方面的贡献。同时，由于自由扩散层的缺失，斯特恩层的极性分子迁移困难，而油-水界面处的斯特恩层为乳胶状，双电层中的离子和分子移动更困难，这会导致极化场的建立和恢复更加困难，体现在复电阻率参数上就是弛豫时间常数要随含油饱和度的增加而增加。

2. 孔隙中非连续油相的极化增强

对于进入开发阶段的油藏，储层被钻开后，在岩石骨架及其孔隙中流体的弹性能量、流体的重力能差异、边水和底水的水动力压能及油藏顶部气体或油藏中溶解气的膨胀能的共同作用下，油气藏中的流体被驱至井中，原来油赋存的孔隙现在被储层水占据，这是油气成藏运移的逆过程。由于油的黏度高于地层水，而自然能量一般情况下较小，这种利用天然能量的一次采油的采收率一般不高。为了提高采收率，在天然能量不足或枯竭的情况下，需要人工补充能量以恢复或保持地层压力进行开采（二次采油），常用的能量补充方式包括顶部注气（气驱）及边部和中间注水（水驱）等。在二次采油接近或达到经济极限的情况下，为了开采剩余油，还可以自地面注入各种驱油介质进行进一步开采（三次采油），注入的驱油介质包括化学驱油剂、溶剂、载热介质及微生物等。

我国大多数油田为陆相沉积，油藏类型复杂，沉积体积较小，天然能量有限，因此绝大多数油田都是早期就采用注采的方式进行开发。无论在何阶段，无论采用何种驱油介质，其终极目的是提高岩石孔隙中油的可动性，包括保持或增加地层压力、降低原油的黏稠度、降低孔壁对原油的吸附力等。所有这些措施都会使储层孔隙中原始的连续油相分布改变为非连续油相分布，同时也可能改变岩石孔壁的润湿性，如由连续的亲油表面转变为不连续的亲油表面。譬如，在注水开采中，由于水相为润湿相，注入的水在大孔道中主要以非活塞方式驱替原油，油相由连续可流动状态逐渐被水相切割、包围，逐渐形成分散孤立的油滴，成为不连续分布的状态。如图 3.10（b）所示，假设这些小油滴为不同粒径的油珠分布于孔隙中，各油珠的外表面与地层水接触的界面也形成双电层，这样，含油储层的整体极化效应会在原来的基础上进一步增强。从比表面积的角度看，与相同体积连续油相分布相比，水中离散油滴的比表面积大幅度增加，图 3.11 中给出的绿色曲线展示了油相非连续分布时比表面积增大的一个计算实例。实际的因油滴造成的比表面积增大是油滴粒径和含油体积（或含油饱和度）的复杂函数，且可能是动态的，会因时（不同开发阶段）、因地（不同油藏或不同驱油方式）而改变，进行定量评价很困难。但定性来看，相同体积的油，油滴粒径越小，油滴数量越多，比表面积增大幅度越大。极限情况下，类比富含泥质微粒（粒径数微米）时的实验分析结果，最大比表面积可增大至一般砂岩的 350 倍左右。

3. 亲油岩石孔隙中连续油相的极化减弱

尽管原始条件下储层岩石的表面润湿性以亲水性为主，但也可能因为岩石颗粒成分（如含绿泥石）、原油富含沥青质或地层温度等因素的影响使储层岩石具有亲油性，使岩石孔道亲水表面不连续或完全油湿。油和岩石骨架均为绝缘介质，由于岩石骨架为油湿性，原油紧密地包裹着岩石骨架的表面，而仅在原油与地层水之间形成具有极化效应的双电层。考虑简单的情况，对于完全油湿性储层岩石中连续分布的油相，原来的部分孔隙空间被原油充填，相应的产生双电层的油-水界面的比表面积减小，极限情况下，含油饱和度达到100%，则比表面积趋近于零，如图3.10（c）所示。图3.11中蓝色的曲线给出了此条件下岩石孔隙比表面积随含油饱和度变化的理论计算结果，从图3.11中可见，当岩石全含水时，孔隙比表面积的增大率为1，随着含油饱和度增加，比表面积增大率按近似线性的关系降为零。对应的岩石复电阻率特性随含油饱和度的变化规律为储层岩石的零频电阻率增大、极化效应减弱、弛豫时间加长。所以，用极化率参数进行流体识别需要考虑岩石的润湿特性。

3.4.3 含烃类岩石的矿化蚀变

除岩石颗粒/液体界面的双电层极化效应外，烃类物质对地层的矿化蚀变作用也可能产生可探测的电性异常。烃类物质在生成、运移和成藏的漫长过程中可能导致烃源岩地层、储集层及储集层上方地层产生化学和矿物学变化。这种变化可能改变不同矿物物种的稳定性，使得某些矿物和元素发生沉淀、溶解或迁移。

1. 烃源岩的黄铁矿异常

烃源岩是指地质历史时期中曾经生成过烃类的岩石，又称生油气母岩。根据油气有机成因理论，古沉积物中分散的有机物质（如低等浮游生物和陆生植物）在还原环境和各种地质营力的作用下，在成岩过程中形成干酪根。烃源岩生油气的过程就是其中的干酪根在温度和压力不断增高的条件下热降解成烃的过程。还原环境有利于沉积物和沉积岩中分散有机质的保存和向油气转化，故一般烃源岩中常见有黄铁矿、菱铁矿等还原环境的指相矿物。

理论研究表明，在黄铁矿形成的过程中有机质发挥着重要的作用，而烃源岩中的黄铁矿标型和含量与其沉积与演化过程中的环境和有机碳含量均密切相关。黄铁矿形成过程中必需的硫化氢需要在缺氧的环境下形成，而有机质正是创造这一环境的必备条件。通过分子扩散、波动和生物扰动从上覆水体到达沉积物中的溶解氧被存在于水体与沉积物界面的耗氧细菌迅速消耗，并将有机质转化为硫化氢，最终使得氧气迅速消失在界面附近。因此可以被细菌溶解的有机质不仅是硫化氢形成的还原剂，也是创造缺氧环境的必要物质，而缺氧环境则会造成有机质含量的明显偏高。由此在沉积物中黄铁矿与有机质之间必然存在一定的联系。实验室岩样测试资料的分析结果表明[11]，黑色页岩样品的黄铁矿含量与总有机碳（total organic carbon，TOC）含量具有正相关性，可用关系模型表征：

$$M_{\text{TOC}} = \alpha M_{\text{pyr}}^{\beta} \tag{3.75}$$

式中：M_{TOC}为TOC的质量分数；M_{pyr}为黄铁矿的质量分数；α和β为预测系数，可由岩样测试数据统计分析得到；α为沉积环境的差异，如根据已有的测试数据分析得到缺氧环境时$\alpha \approx 0.3$、贫氧环境时$\alpha \approx 1.0$；β为黄铁矿含量随TOC的变化率，测试数据表明不同地区、不同地层或不同沉积环境下均有$\beta \approx 0.9$。

据此，烃源岩地层含油相对较高的TOC及黄铁矿，可产生极化效应异常。在垂向运移成藏的油气藏、礁油气藏及页岩油气勘探中，烃源岩极化异常可为复电阻率法所探测。

2. 含油储层和油藏上方可能的矿化蚀变

在油气藏形成后的地质历史中，烃类物质可能对储集岩层本身产生矿化蚀变；也可能由于油气分子透过致密的盖层向上渗逸至近地表，对渗逸通道上不同深度处的岩层形成矿化蚀变。在还原环境中，如果有硫和铁的来源，则可沉淀为黄铁矿。硫的主要来源是石油本身的硫化氢气体、厌氧细菌活动或渗逸到近地表的烃类分子的氧化。铁的来源包括包覆砂岩颗粒的氧化铁、孔隙填充的黏土（如绿泥石）、岩石碎片包裹体及深层大气水等。

储层和渗逸通道中黄铁矿蚀变的发育取决于油的硫含量、沉积序列的地质和地下水地球化学及细菌降解的性质。例如，如果油的硫含量较高，地下水中富含铁，则可在具有足够孔隙度的运移过程中的任何深度沉淀黄铁矿。如果油不含硫，则反应所需的硫必须通过细菌降解得到。由于环境对细菌活动的限制，在这种情况下只有在近地表沉积物中可能会发生黄铁矿沉淀，在浅地表形成富含黄铁矿颗粒的蚀变带。这种近地表矿化蚀变的基本模式为：当向上运移的轻烃达到近地表氧化条件时，好氧烃氧化细菌消耗甲烷（和其他轻烃），减少孔隙水中的氧气；随着厌氧条件的发展，硫酸盐还原菌的活性会导致硫酸根离子的还原和有机碳的氧化，从而产生还原的硫和碳酸氢盐离子；然后，高活性还原硫可以与有效铁结合生成以黄铁矿、白云母、磁铁矿等矿物形式存在的铁硫化物和氧化物。

因为影响因素的复杂性，上述含油储层本身和油藏上方渗逸通道的矿化蚀变并不是必然的，也可能不是唯一的，所以应用电磁方法探测以矿化蚀变的黄铁矿异常为主要目标进而实现油气预测的定性方法有一定局限性。而对于基于面极化异常的储层含油饱和度评价，这种矿化蚀变产生的异常会对定量评价造成干扰，需要进行识别和消除。

3.4.4 含油储层极化异常评价模型

如 3.4.2 小节中所分析，含油储层的极化异常随含油饱和度的增加可能增强或减弱，取决于储层的润湿性。Revil 等[12]在实验室测量了欠压实砂粒（孔隙度 $\phi \approx 0.42$）含不同润湿性油时的复电阻率（电阻率幅值和相位），测量结果如图 3.12 所示。图 3.12（a）和（b）分别为含非润湿油时测得的电阻率幅值（Ω·m）和相位（mrad）随频率变化的曲线；图 3.12（c）和（d）分别为含润湿油时测得的电阻率幅值和相位随频率变化的曲线；图 3.12 中曲线的参数是分数含水饱和度 S_w，对应的含油饱和度 $S_o = 1 - S_w$。非润湿油是一种轻质（非生物降解）北海石油，其质量密度为 898 kg/m³。润湿油取自 Denver 盆地的 Peoria 油田，含有 12%的树脂和 20%的沥青等极性成分；在 15.6℃下其质量密度为 850 kg/m³。在进行非润湿油相的测量时所用的自来水在 20℃下的电导率为 $\sigma_w = (1.40 \pm 0.2) \times 10^{-2}$ S/m，用于润湿油相测量时水的电导率在 20℃时为 $\sigma_w = (0.95 \pm 0.2) \times 10^{-2}$ S/m。

从图 3.12 中可以看出，对于这两种润湿情况，其复电阻率的相位在 1 kHz 以下表现出明显的弛豫，这与电双层的极化有关。含非润湿性油时，电阻率随含油饱和度的增加而增大，服从第二阿奇定律；相位也随油饱和度的增加而增大[图 3.12（b）]。对于含润湿油的情况，电阻率和相位均很小且随油饱和度的增加而减小；电阻率幅值由 $S_w = 1.0$

时的 400 Ω·m 下降到 $S_w=0.2$ 时的 150 Ω·m，相位峰值从完全水饱和（$S_w=1.0$）时的 -3.4 mrad 下降为在 $S_w=0.2$ 时的约-0.5 mrad。由此可见，含不同润湿类型油的岩石电阻率和相位特性完全不同，且油湿情况下的岩石电阻率也不符合第二阿奇定律。

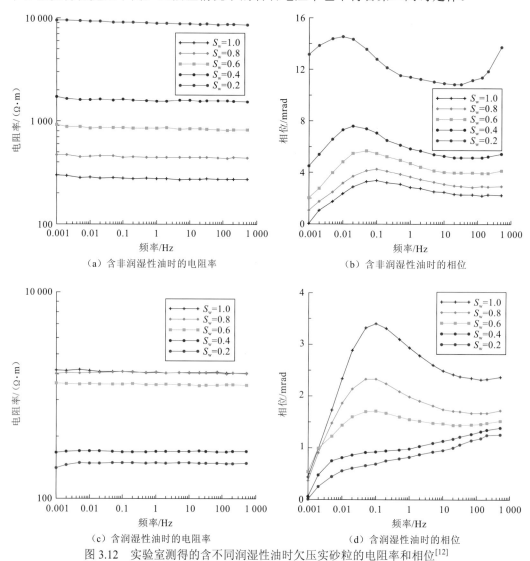

（a）含非润湿性油时的电阻率　　　（b）含非润湿性油时的相位

（c）含润湿性油时的电阻率　　　（d）含润湿性油时的相位

图 3.12　实验室测得的含不同润湿性油时欠压实砂粒的电阻率和相位[12]

为了进一步考察含不同润湿性油时的复电阻率特性，表 3.1 分别列出了含非润湿性油和润湿性油时相位弛豫峰对应的特征频率 f_0 和特征相位 φ_0 及弛豫频率所对应的电阻率值。注意在油湿的情况下，相位峰在低含水饱和度时不太明显。如果用表 3.1 中 $S_w=1.0$ 时的峰值相位去归一化不同润湿条件下不同含油饱和度的特征相位，则可得到相位的增大率。将由表 3.1 中的数据计算出的相位增大率绘于图 3.13 中，其中菱形数据点表示含非润湿性油时的相位增大率，三角形数据点表示含润湿性油时的相位增大率。从图中可以看出，砂粒含非润湿性油时的相位增大率与计算得到的亲水砂岩孔隙中油相不连续分布时的比表面积增大率曲线几乎完全重合；含润湿性油时的相位增大率时随含油饱和度的增加呈减小趋势，与计算得到的油湿砂岩孔隙中油相连续分布时的比表面积增大率曲线的变化趋势完全相同，只在数值上有小的系统性差别。这一结果说明：①含流体孔隙岩石的面极化效应与孔道的比表面积具有正相关性这一结论是正确的；②由比表面积分析得到的关于岩石中所含油的润湿性对极化特性的依存关系是正确的；③比表面积对含流体孔隙岩石的极化特性具有决定性影响；④亲水岩石孔隙中部分饱和含油时，油在孔道中可能以不完全连续分布的状态存在。

表 3.1   含不同润湿性油时欠压实砂粒复电阻率的弛豫特性

含油饱和度	含非润湿性油			含润湿性油		
	特征频率/Hz	特征相位/mrad	弛豫峰对应的电阻率/（Ω·m）	特征频率/Hz	特征相位/mrad	弛豫峰对应的电阻率/（Ω·m）
0.0	0.103	−3.423	279.1	0.106	−3.403	412.3
0.2	0.073	−4.339	449.6	0.070	−2.335	411.3
0.4	0.047	−5.757	853.7	0.048	−1.672	357.7
0.6	0.021	−7.675	1 740.0	0.020	−0.884	166.7
0.8	0.010	−14.525	9 149.2	0.010	−0.545	149.8

资料来源：据文献[12]修改

图 3.13 的数据展示了含不同润湿性油时孔隙岩石的极化特性随含油饱和度变化的理论分析与实验结果的一致性。基于此，建立岩石复电阻率特性与含油饱和度的定量关系。

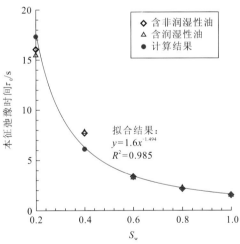

图 3.13   含水饱和度与本征弛豫时间的关系

1. 含油饱和度与本征弛豫时间的关系

由图 3.12（b）和（d）可以看出，相位曲线的弛豫峰随含油饱和度的增加而向低频段偏移，表 3.1 列出了不同含油饱和度时的特征频率值。本征弛豫时间 τ_0 与特征频率 f_0 的关系可表示为

$$\tau_0 = \frac{1}{2\pi f_0} \tag{3.76}$$

也可以说，特征频率向低频段偏移意味着本征弛豫时间随含油水和度的减少而增大。

根据表 3.1 中所列数据，进行适当转换后绘制的含水饱和度 S_w 与本征弛豫时间 τ_0 关系如图 3.13 所示。图中深蓝色菱形数据点为根据表 3.1 中含非润湿性油的数据转换得到，紫色三角形数据点是由表 3.1 中含润湿性油的数据转换而来。可以看出，两组数据非常一致，尽管在低含水饱和度时确定含润湿性油时的峰值频率的精确度可能有较大误差。在所研究的饱和度范围内，拟合曲线给出了 τ_0 随 S_w 呈负指数关系变化，即 S_w^{-p}，且有 $p \approx$ 1.5。这样，综合式（3.41c）和式（3.47），部分水饱和的岩石的本征弛豫时间可表示为

$$\tau_0 = \frac{\vartheta d_{50}^2}{8 D_S S_w^p} = \frac{\vartheta |Q| d_{50}^2}{8 k_B T \beta_S S_w^p} \tag{3.77}$$

式中：$\vartheta = F\phi$ 为岩石孔隙的曲折度；D_S 为斯特恩层中反离子的扩散系数；β_S 为斯特恩层中反离子的迁移率。

为了检验该模型的有效性，用图 3.12 所示测量结果和所用材料的参数，根据式（3.77）计算不同含油饱和度时的 τ_0。根据文献[12]，实验所用欠压实砂粒的 $F=3.9$，$\phi=0.42$，$d_{50}=200\ \mu m$。对于含油岩石，Marinova 等[13]的研究表明，可能由于水分子的特殊结构或离子与烃类分子的特定相互作用会造成油-水界面上的离子吸附，这种吸附可以用羟基离子与界面水分子中氢原子的强偶极子或 OH^- 来解释。羟基离子的吸附而产生负的界面电位似乎是油-水界面的固有性质，而 OH^- 是决定电位的离子。氢离子和氢氧根离子依靠氢键和水分子的翻转传递电荷，所表现的离子迁移率要远大于水溶液中的 Na^+。如果取 25℃时 OH^- 在斯特恩层中的迁移率 $\beta_S=20.5\times10^{-8}\ m^2/(s\cdot V)$，则由式（3.77）计算得到的本征弛豫时间也绘于图 3.13 中（圆点）。由图可见，由式（3.77）计算的 τ_0 随 S_w 变化的关系与测得的结果基本一致，在 $S_w \geq 0.6$ 时数据点完全重合。这一结果表明式（3.77）所表征的关系模型是有效的，但对于不同地区、不同岩石及不同的流体，可能需要根据多种信息选择合理的参数。

2. 含油饱和度与岩石复电阻率的一般关系

在绝大多数情况下，储层岩石具有亲水性。或者说，对于一般关系，主要考虑储层中的油为非润湿相时的情况。根据前面的分析，此时岩石电阻率满足第二阿奇定律。也就是说，对于部分含水的岩石，式（3.31）中的地层因子 F 需变为 F/S_w^n；由于部分含水岩石单位体积的剩余电荷变为 $\bar{Q}_V/S_w$，如果考虑面电导率的贡献服从同样的依赖关系，则根据式（3.31）可表示为[14]

$$\sigma^*(\omega) = \frac{S_w^n}{F}\left[\sigma_w + (F-1)\frac{\sigma_s^*}{S_w}\right] \tag{3.78}$$

式中：S_w 为含水饱和度；n 为饱和度指数，在无其他信息的情况下，可取 $n\approx2$。

由图 3.12 所示测量结果及所用材料的参数，可以得到 $n\approx2.14$。由表 3.2 的数据可以得出弛豫峰所对应的复电导率的虚部为 $1.72\times10^{-5}\ S/m$，根据式（3.38c）可以得到斯特恩层的面电导率 $\Sigma_S=1.72\times10^{-9}\ S$，与理论值 $2.0\times10^{-9}\ S$ 相近。拟合不同含水饱和度与复

电导率虚部的关系曲线得到虚部的饱和度指数为 $S_w^{1.26}$，即 $n-1 \approx 1.26$，这与由实部电导率拟合得到的 $n=2.14$ 也较接近。这说明：①与 σ_w 相比，忽略面电导率对岩石电导率实部的贡献是合理的；②式（3.78）所表征的亲水岩石的复电阻率与含油饱和度的关系模型是有效的，可用于相同条件下实测资料的解释。

3. 含润湿油时含油饱和度与岩石复电阻率的关系探讨

尽管相对少见，但也有油田的油对储层岩石具有润湿倾向。根据图 3.12 所示的 Revil 等[6]的实验室测量结果，含润湿油时的岩石电阻率具有异常特性，这一点也为本节中给出的比表面积理论计算结果所证实，所以这里仍然以文献[6]中提供的数据为依据研究油湿条件下含油饱和度与复电导率的关系模型。

仅考虑完全水湿和完全油湿的情况。根据 2.3.6 小节中的讨论，油-水界面的润湿偏好可以用黏附张力表示，而表面附着张力的大小由液滴在界面的接触角 θ_{ow} 决定，即接触角是润湿性的主要量度。$\theta_{ow}=0°$ 表示完全水湿系统，$\theta_{ow}=180°$ 表示油湿系统，$\theta_{ow}=90°$ 表示中性润湿系统，即两个相对于固体表面具有相同的亲和性。这里使用一个称为润湿性指数（I_w）的等价参数来表征岩石的润湿性：

$$I_w = \cos\theta_{ow} \tag{3.79}$$

即接触角的余弦。对于 $0°$ 和 $180°$ 的接触角，对应的 I_w 分别为 $+1.0$ 和 -1.0，分别表示完全水湿和完全油湿。

由于油湿时岩石的复电阻率随含油饱和度的变化呈反向特性，基于式（3.78）所示的关系，将饱和度指数 n 分解为两部分，即

$$n = q + I_w p \tag{3.80}$$

根据式（3.78）得出考虑润湿性的含油饱和度与复电导率的关系式为

$$\sigma^*(\omega) = \frac{S_w^n}{F}\left[\sigma_w + (F-1)\frac{\sigma_s^*}{S_w^{I_w}}\right] \tag{3.81}$$

注意此时的 n 根据式（3.80）确定。

通过分别拟合图 3.12 所示的实测数据的实部和虚部，得到 $q \approx 0.67$，$p \approx 1.45$。这样，完全水湿情况下，$I_w=+1$，$n \approx 2.12$，$n-I_w \approx 1.12$；对应的拟合值为 $n \approx 2.12$，$n-I_w \approx 1.26$。完全油湿情况下，$I_w=-1$，$n \approx -0.78$，$n-I_w \approx 0.22$；对应的拟合值为 $n \approx -0.77$，$n-I_w \approx 0.4$。这里考虑油湿情况下，虚部电导率的值本身很小，受测量精度的影响较大，所以总体上看，模型的拟合结果是可以接受的，但需要有更多的实验室测量结果验证该模型的有效性。

3.5 本章小结

本章重点讨论了岩石复电阻率的低频频散特性及用于流体识别的可能性。从观测的岩石电性的激发极化现象出发，以固-液界面的双电层理论为基础，深入分析了多种可能导致含水岩石产生激发极化效应的机理，从微观到宏观的尺度导出了用面电导率表征的岩石复电导率表达式，论证了油-水界面的双电层存在，导出了界面过电位的公式，总结

了油-水界面双电层的特点及与固-液界面的差别。基于此，对于含油储层岩石，分析了不同润湿性时油在孔隙中不同分布状态时岩石的宏观极化效应与比表面积的关系，绘制了不同分布状态时比表面积随含油饱和度变化的曲线。最后，应用他人文献中给出的欠压实砂粒不同含油饱和度条件下实验测得的复电阻率曲线，验证了不同润湿性油饱和条件下电阻率幅值和相位随含油饱和度变化的关系，导出了含油砂岩的复电导率和本征弛豫时间随含水饱和度变化的关系模型，可用于不同润湿条件下由复电阻率测量资料进行储层含油饱和度的定量评价。基于本章的分析，得到以下关于含流体岩石复电阻率特性的几点认识和结论。

（1）含多相流体孔隙岩石复电阻率的低频频散效应主要源自固-液和液-液界面的双电层极化弛豫及岩石骨架中可能含有的金属矿物颗粒的电极极化、毛细孔道中的薄膜极化等效应的综合贡献。对于含油储层岩石，岩石骨架-水和油-水界面的面极化效应是主导因素。

（2）孔隙岩石的骨架颗粒-水界面形成的双电层，其极性和强度除与溶液的 pH、离子浓度和迁移能力等有关外，主要受岩石孔隙比表面积（面孔率）的大小控制。比表面积是岩石的孔隙度、孔喉的大小及复杂程度的测度，是双电层极化强弱的主控参数。

（3）固-液界面双电层由扩散层和斯特恩层（紧密层）组成，主导孔隙岩石低频频散特性的是斯特恩层。

（4）岩石颗粒表面润湿性是影响油、水在岩石孔隙中相对分布状态和流动特性的一个重要因素，不仅直接制约着不同流体的相对渗透能力，也导致岩石的电性特征发生改变。而岩石的润湿性主要受岩石表面矿物组成、原油的组分、地层水或注入水的离子成分和含量、pH 及温度等因素的影响。

（5）理论和实验结果表明，对于含油储层岩石，岩石孔壁与所含原油的润湿性倾向决定其与极化效应的变化关系。对于部分油饱和岩石，如果油为非润湿相，储层含油后极化效应增强主要来自比表面积增大的贡献。如果油为润湿相，则油-水界面的比表面积随着含油饱和度的增加而逐渐减小，使得极化效应随含油饱和度的增加而降低。

（6）通过理论计算和实验数据的模拟，建立了用润湿性指数 I_w、含水饱和度 S_w、饱和度指数 n、地层因数 F、地层水电导率 σ_w 和岩石面电导率 σ_s^* 等参数表征的岩石宏观电导率表达式[式（3.81）]，可作为利用复电阻率方法进行储层的含油性评价的定量模型。

（7）储层含油后，复电阻率参数之一的弛豫时间常数随含油饱和度的增加而加大。根据实验室测量数据，建立了以平均岩石颗粒粒径、离子迁移率和含水饱和度为参数的岩石本征弛豫时间 τ_0 表达式[式（3.77）]，可作为复电阻率评价储层含油性的辅助参数。

（8）除岩石颗粒-液体界面的双电层极化效应外，烃类物质对地层的矿化蚀变作用也可能产生可探测的电性异常，但这类蚀变不是必然的，也可能不是唯一的。这些与烃类分子相关的蚀变可作为烃类物质富集的指示，对基于面电导率的含油饱和度定量评价又是一种干扰，需要进行识别和消除。

（9）含水岩石均具有一定的激发极化效应。对于含油储层，特别当油为非润湿相时，岩石的极化效应会大大增强，因此，利用储层的复电阻率观测资料进行储层的含油性评价原理上是完全可行的。如果同时观测油藏上方和油藏外地层的复电阻率，应用油藏的极化异常进行储层流体的定量评价，可以减小或消除如泥质等因素的影响，更具有实用意义。而对于油为润湿相的油藏，由于含油时极化减弱，且异常幅值很小，在此条件下要进行储层的含油性定量评价，实现复电阻率的高精度测量和信息提取，将极具挑战性。

参 考 文 献

[1] HELMHOLTZ H. Uber einige Gesetze der Vertheilung elektrischer Ströme in Körperlischen Leitern mit Anwendung auf die thierisch-elektrischen Versuche[J]. Poggendorffs Annalen, 1853, 29: 222-227.

[2] GOUY L G. Sur la constitution de la charge electrique a la surface d'un electrolyte[J]. J. Phys. (Paris), 1910, 9: 457-468.

[3] CHAPMAN D L. A contribution to the theory of electrocapillarity[J]. The London, Edinburgh, and Dublin Philosophical Magazine and Journal of Science, 1913, 25(148): 475-481.

[4] STERN O. Theory of a double-electric layer with the consideration of the adsorption processes[J]. Electrochemistry, 1924, 30: 508-516.

[5] GRAHAME D C. The electrical double layer and the theory of electrocapillarity[J]. Chemical Reviews, 1947, 41: 441-501.

[6] REVIL A, FLORCH N. Determination of permeability from spectral induced polarization in granular media[J]. Geophysical Journal International, 2010, 181(3): 1480-1498.

[7] PELTON W H. Interpretation of induced polarization and resistivity data[D]. Salt Lake City: University of Utah, 1977.

[8] ZHDANOV M. Generalized effective-medium theory of induced polarization[J]. Geophysics, 2008, 73(5): 197-211.

[9] VOLKOV A G, DEAMER D W, TANELIAN D L, et al. Electrical double layers at the oil/water interface[J]. Progress in Surface Science, 1996, 53(1): 1-131.

[10] GAVACH C, SETA P, D'EPENOUX B. The double layer and ion adsorption at the interface between two non miscible solutions: Part I. interfacial tension measurements for the water-nitrobenzene tetraalkyl ammonium bromide systems[J]. Journal of Electroanalytical Chemistry and Interfacial Electrochemistry 1977: 83-225.

[11] 胡华. 黑色泥页岩中黄铁矿与有机质含量的关系及勘探意义[D]. 武汉: 长江大学, 2017.

[12] REVIL A, SCHMUTZ M, BATZLE M L. Influence of oil wettability upon spectral induced polarization of oil-bearing sands[J]. Geophysics, 2011, 76(5): 31-36.

[13] MARINOVA K G, ALARGOVA R G, DENKOV N D, et al. Charging of oil-water interfaces due to spontaneous adsorption of hydroxyl ions[J]. Langmuir, 1996, 12(8): 2045-2051.

[14] SCHMUTZ M, REVIL A, VAUDELET P, et al. Influence of oil saturation upon spectral induced polarization of oil bearing sands[J]. Geophysical Journal International, 2010, 183: 211-224.

第4章　可控源电磁法基础

4.1　可控源电磁法分类与特点

4.1.1　可控源电磁法分类

可控源电磁法（CSEM）指由人工场源在地球介质中激发电磁场，通过观测其在地中的空间分布与衰变过程以实现对地中电性目标体探测的一类方法。经过数十年的发展，可控源电磁法的方法与技术不断完善，凸显其高效率、高信噪比和高分辨能力的优点，得到了业界广泛的重视和应用。

根据资料处理方法或参数提取的时频特征可将可控源电磁法分为频率域电磁法（frequency domain electromagnetic method，FDEM）和时间域电磁法（time domain electromagnetic method，TDEM）两大类。典型的频率域电磁法有可控源音频电磁测深法（CSAMT）[1]、广域电磁法（wide field electromagnetic method，WFEM）[2]和极低频电磁法（wireless electromagnetic method，WEM）[3]等，时间域电磁法有长偏移距瞬变电磁测深（LOTEM）法[4]、短偏移距瞬变电磁测深（short offset transient electromagnetic method，SOTEM）[5]和多通道瞬变电磁法（MTEM）[6]等。一般地，频率域方法采用谐变电流源激励，通过对观测资料的频谱变换获得地层电性参数的频谱分布，而时间域方法通常采用阶跃脉冲电流激发，在源电流关断后通过观测电磁场随时间的衰变来获取时间域的解释参数，或通过频谱变换由时间域的测量数据获得频率域的参数。

无论时间域还是频率域方法，发射源的激励方式有接地式和感应式两种。接地式的激励源也称为电性源，它通过接地导线将发射电流直接馈入地中，在地中建立的电流场幅值和相位与大地阻抗的空间分布直接相关。此外，发射电流从输出端到接地电极流经供电导线时也会产生交变辐射场，并在地中感生出二次场。因此，电性源方法观测的场是通过接地电极在地中建立的电场和导线辐射产生的感应场叠加在一起的总场。采用电性源的代表性方法有 CSAMT 和 LOTEM 等。感应式激励源也称为磁性源，它将发射电流接入不接地的回线（或线圈）中产生变化的一次场，该源磁场耦合到地中产生感应涡流，而感应涡流又产生感应（二次）磁场，感应场的强弱除与源场强度有关外，主要与地层电导率有关，在地面接收线圈中探测的是源场与感应场之和。采用磁性源的方法主要有中心回线和大回线瞬变电磁法[7]。

根据空间观测位置的不同，还有地面可控源电磁法、航空电磁法、海洋可控源电磁法（marine controlled source electromagnetic method，MCSEM）及井中、井间、井地电磁法之分。

4.1.2 可控源电磁法特点

可控源电磁法以其场源和观测装置形式多样、观测场量多、应用范围广为特色，最主要的特点就是发射源为人工场源，其发射功率、波型及供电耦合方式可根据地质任务的需要灵活调控，从而实现最佳有效勘探。由于时间域电磁法与频率域电磁法在资料采集方式和处理方法方面各有异同，在应用中其适应性与解决不同地质问题的能力也各有所长。理论分析和应用实践表明，时间域电磁法和频率域电磁法的特点可总结如下。

1. 时间域电磁法

（1）观测场量在时间上具有可分解性，测量精度高。时间域电磁法一般是在一次场关断后测量地中二次场的衰变，即从观测方式上实现了一次场与二次场的分离测量。理论上讲，一次场不会影响二次场的测量。这样测得的二次场与理论响应完全对应，受其他影响因素的畸变小，可直接用于地下电性结构的反演或成像，具有最优的分辨率和可信度。

（2）受旁侧影响小，具有高的空间分辨能力。源电流关断后，测点处的二次场响应由测点正下方有限范围内的电性结构主导，受源点处和源与接收点之间的电性异常的影响较小，反演成像的空间分辨率高。

（3）长时段测量，测深能力强。时间域电磁法可实现发射源瞬时关断，以高采样频率（MHz）长时段（数十秒）测量记录二次场衰变，接近于全频段观测。即使采用零偏移距测量，也能实现由浅（数米）至深（数千米）的成像，测深效率高。

（4）可采用与地震资料处理类似的方法对时间域电磁资料进行诸如偏移等成像处理。

（5）除电阻率参数外，由时间域响应还可提取与极化弛豫有关的电性参数，如电极化率和弛豫时间常数等，用于储层的多参数评价。

（6）磁性源时间域方法受高阻表层的影响小，受地形和静态偏移畸变的影响小，资料易于解释。

（7）采用大功率发射，可增强二次场，提高信噪比；采用多次脉冲发射、场的重复测量叠加和空间域拟地震多次覆盖技术，可增强噪声抑制能力，提高观测精度。

（8）阵列为多参数接受，易于实现三维面积勘探或时移动态监测。

（9）大数据集和大尺度复杂模型的三维时间域电磁响应的正演计算耗时长，特别是晚时响应的计算难度大，高精度全三维快速反演算法的性能还有待进一步提升。

2. 频率域电磁法

（1）总场观测，信噪比高。频率域电磁法一般是在发射源供电时同步测量电磁响应，即一次场与二次场叠加的总场。如果场源功率足够大，则测量信号强，信噪比高。但场源的影响严重，难以有效分离二次场进行高精度的资料处理与解释。

（2）分频测量，抗干扰能力强。频域法采用扫频方式观测，除采用大功率发射可以增强信号强度外，还可以根据场源频率进行有效滤波，进一步增强抗干扰能力。

（3）除实电阻率参数外，在频率域更易于引入描述电性频散特性的复电阻率参数以表征地层的极化弛豫特性，包括频谱电极化率、弛豫时间常数和频率相关系数等。

（4）电性源频率域方法受源的近场影响、地形和地表非均匀性的静态偏移畸变影响均较大，资料解释难度大。

（5）大尺度复杂模型的三维频率域电磁响应的正演和反演易于实现，计算精度和速度要远优于时域方法，频率域电磁响应的高精度全三维反演算法已较成熟，已达到实用水平。

在油气储层的评价与流体识别中，要求电磁勘探方法能达到较大（数千米）的勘探深度，且对深部储层的电性参数能有较高的分辨能力，能获取储层的复电阻率参数等。下面将重点介绍几种采用大功率电性源发射的时域和频域电磁勘探方法。

4.2 可控源音频电磁测深

可控源音频电磁测深（CSAMT）是采用接地导线为信号源的大地电磁测深（MT）法，属电性源频率域可控源电磁勘探方法。为了弥补 MT 法在 1 Hz 附近天然场源能量的不足，采用人工电磁源在 0.1~10 kHz 内激发电磁场，观测方式与资料处理方法与常规MT 法相似，故称为可控源音频大地电磁测深法。由于 CSAMT 具有野外数据质量高、重复性好，解释与处理方法简单，解释剖面横向分辨率高，方法不受高阻层屏蔽及工作效率高等优点，该方法在工程勘查、水、地热、矿产及石油等资源的勘查中得到了广泛应用。

4.2.1 均匀大地表面的水平电偶极源

1. 频率域响应

设置坐标系如图 4.1 所示，在均匀半空间地面有一 x 方向的水平电偶极源，其中心坐标为原点 $o(0, 0, 0)$，偶极子长度为 $\mathrm{d}l$，电流强度为 I，依时谐因子 $\mathrm{e}^{\mathrm{i}\omega t}$ 谐变。似稳状态下，在观测点 P 处的电磁场分量表达式分别为

$$E_r = \frac{I\,\mathrm{d}l\cos\theta}{2\pi\sigma r^3}\left[1 + (1+\mathrm{i}kr)\mathrm{e}^{-\mathrm{i}kr}\right] \tag{4.1a}$$

$$E_\theta = \frac{I\,\mathrm{d}l\sin\theta}{2\pi\sigma r^3}\left[2 - (1+\mathrm{i}kr)\mathrm{e}^{-\mathrm{i}kr}\right] \tag{4.1b}$$

$$H_r = \frac{I\,\mathrm{d}l\sin\theta}{2\pi r^2}\left\{3\mathrm{I}_1\left(\frac{\mathrm{i}kr}{2}\right)\mathrm{K}_1\left(\frac{\mathrm{i}kr}{2}\right) + \frac{\mathrm{i}kr}{2}\left[\mathrm{I}_1\left(\frac{\mathrm{i}kr}{2}\right)\mathrm{K}_0\left(\frac{\mathrm{i}kr}{2}\right) - \mathrm{I}_0\left(\frac{\mathrm{i}kr}{2}\right)\mathrm{K}_1\left(\frac{\mathrm{i}kr}{2}\right)\right]\right\} \tag{4.1c}$$

$$H_\theta = -\frac{I\,\mathrm{d}l\cos\theta}{2\pi r^2}\mathrm{I}_1\left(\frac{\mathrm{i}kr}{2}\right)\mathrm{K}_1\left(\frac{\mathrm{i}kr}{2}\right) \tag{4.1d}$$

$$H_z = -\frac{I\mathrm{d}l\sin\theta}{2\pi k^2 r^4}\left[3 - (3+3\mathrm{i}kr - k^2 r^2)\mathrm{e}^{-\mathrm{i}kr}\right] \tag{4.1e}$$

式中：σ 为均匀介质的电导率；$I\mathrm{d}l$ 为偶极源矩；r 为测点 P 的收发距；θ 为测点 P 的方位角；$k \approx \sqrt{-\mathrm{i}\omega\mu\sigma}$ 为介质的波数，是场源频率和介质电导率的函数；I_n 和 K_n 分别为复宗量 n 阶第一类和第二类变形贝塞尔（Bessel）函数。

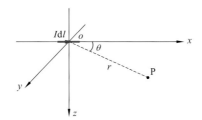

图 4.1 均匀半空间表面上的电偶极源

若测点距源中心的距离 r 很近，远小于趋肤深度 δ，即 $r \ll \delta$，或当 $|kr| \ll 1$ 时，称测点位于偶极源场的"近场区"；反之，若测点距源的距离很远，满足 $|kr| \gg 1$，则称测点位于偶极源场的"远场区"，或波区；介于近场区与远场区之间的区域称为"过渡区"。

2. 近场区近似

在满足 $|kr| \ll 1$ 的条件下，利用指数和复贝塞尔函数的近似性质，由（4.1）式可以得出各场量的近区近似式如下：

$$E_r^L \approx \frac{Idl\cos\theta}{\pi\sigma r^3} \tag{4.2a}$$

$$E_\theta^L \approx \frac{Idl\sin\theta}{2\pi\sigma r^3} \tag{4.2b}$$

$$H_r^L \approx \frac{Idl\sin\theta}{4\pi r^2} \tag{4.2c}$$

$$H_\theta^L \approx -\frac{Idl\cos\theta}{4\pi r^2} \tag{4.2d}$$

$$H_z^L \approx \frac{Idl\sin\theta}{4\pi r^2} \tag{4.2e}$$

式中：各场量的上标 L 表示近区近似场。

此时，利用两正交的水平电磁场的近区近似式可以定义波阻抗为

$$Z^L = \frac{E_\theta^L}{H_r^L} = \frac{2}{\sigma r} \tag{4.3}$$

这样，由观测的近区场量可以获得近场的视电阻率参数：

$$\rho_a^L = \frac{r}{2}Z^L = \frac{r}{2}\frac{E_\theta^L}{H_r^L} \tag{4.4}$$

而由（4.3）式定义的近区阻抗的相位差为 0。

由式（4.2a）～式（4.2d）可以看出，在均匀介质中，电偶源的近区电场的水平分量与介质的电阻率成正比，而与频率无关；磁场的水平分量与电阻率和频率均无关。由于电场和磁场都与频率无关，其比值阻抗 Z 也不是频率的函数，这就说明，一阶近似的近场区电磁场即使经过近区校正，也不可能像远区场那样具备测深的能力，不能通过不同频率的视电阻率的变化来研究地电断面随深度的变化。但与直流电测深法类似，式（4.4）定义的视电阻率是测点偏移距 r 的函数，故通过不同偏移距的视电阻率测量实现电阻率测深也是可能的。

3. 远场区近似

若满足$|kr| \gg 1$的条件，则利用指数和复贝塞尔函数的近似性质可以写出各场量的远区近似式为

$$E_r^E \approx \frac{I \, dl \cos\theta}{2\pi\sigma r^3} \tag{4.5a}$$

$$E_\theta^E \approx \frac{Idl \sin\theta}{\pi\sigma r^3} \tag{4.5b}$$

$$H_r^E \approx \frac{I \, dl \sin\theta}{\pi r^3 \sqrt{\omega\mu_0\sigma}} e^{-i\pi/4} \tag{4.5c}$$

$$H_\theta^E \approx -\frac{I \, dl \cos\theta}{2\pi r^3 \sqrt{\omega\mu_0\sigma}} e^{-i\pi/4} \tag{4.5d}$$

$$H_z^E \approx -\frac{3Idl \sin\theta}{2\pi\omega\mu_0\sigma r^4} e^{-i\pi/2} \tag{4.5e}$$

式中：各场量的上标 E 表示与远区近似场。

由式（4.5a）～式（4.5e）可以看出远区近似场的几个重要性质：其一，在均匀介质中，电偶源远区电场的水平分量与介质的电阻率成正比，而与频率无关，与近场区电场除一个常系数 2 外，没有任何区别；其二，远场近似的磁场水平分量与场源频率和介质的电导率乘积的平方根成反比，且磁场有 45° 的相位滞后；其三，所有场分量均随偏移距按$1/r^3$规律衰减。

与近区场类似，也可利用两正交的水平电磁场的近似式定义波阻抗：

$$Z^E = \frac{E_\theta^E}{H_r^E} = \sqrt{\frac{\omega\mu_0}{\sigma}} e^{-i\pi/4} \tag{4.6}$$

注意：远区场定义的阻抗是复阻抗，对均匀半空间介质有-45°的阻抗相位差，与均匀大地介质中的平面波场的阻抗表达式一致；阻抗的幅值是场源频率和介质电阻率的函数，但与测点的偏移距 r 没有关系。

常规 CSAMT 工作在远区，因而其视电阻率可按远区场电磁响应函数定义。视电阻率既可以用单分量定义，也可以用多分量定义，主要是考虑观测的方便和应用效果。依照 MT 视电阻率的定义，卡尼亚尔（Cagniard）视电阻率定义为

$$\rho_{xy} = 0.2T|Z_{xy}|^2 = 0.2T \left|\frac{E_x}{H_y}\right|^2 \tag{4.7a}$$

或

$$\rho_{yx} = 0.2T|Z_{yx}|^2 = 0.2T \left|\frac{E_y}{H_x}\right|^2 \tag{4.7b}$$

式中：T 为源场的周期，即频率的倒数（$T = 1/f$）。

CSAMT 的相位定义为阻抗的相位差，即

$$\varphi_{xy} = \tan^{-1} \frac{\mathrm{Im}(Z_{xy})}{\mathrm{Re}(Z_{xy})} \tag{4.8a}$$

或

$$\varphi_{yx} = \tan^{-1}\frac{\mathrm{Im}\,(Z_{yx})}{\mathrm{Re}\,(Z_{yx})} \tag{4.8b}$$

仿照 MT 响应的定义，如果构造走向沿 y 方向，则 ρ_{xy} 是横磁（transverse magnetic，TM）极化模式的视电阻率，ρ_{yx} 是横电（transverse electric，TE）极化模式的视电阻率。

而在实际测量中或在资料处理时，一般用发射电流与测点处磁场分量间的相位差：

$$\varphi_a = \varphi_I - \varphi_H \tag{4.8c}$$

4.2.2　层状大地表面水平电偶极源的频率域响应

设均匀层状半空间介质模型如图 4.2 所示，位于地表的电偶极源的频率域电磁响应可表示为

$$E_x = \frac{\mathrm{i}\omega\mu_0 I \mathrm{d}l}{2\pi}\left\{\int_0^\infty \frac{\lambda}{\lambda + \dfrac{u_1}{R_1}}\mathrm{J}_0(\lambda r)\mathrm{d}\lambda + \frac{1}{k_1^2}\frac{\partial}{\partial x}\left[\frac{x}{r}\int_0^\infty\left(\frac{u_1}{R_1^*} - \frac{k_1^2}{\lambda + \dfrac{u_1}{R_1}}\right)\mathrm{J}_1(\lambda r)\mathrm{d}\lambda\right]\right\} \tag{4.9a}$$

$$E_y = \frac{\mathrm{i}\omega\mu_0 I \mathrm{d}l}{2\pi k_1^2}\frac{xy}{r^2}\int_0^\infty\left(\frac{u_1}{R_1^*} - \frac{k_1^2}{\lambda + \dfrac{u_1}{R_1}}\right)\left[\frac{1}{r}\mathrm{J}_1(\lambda r) - \lambda\mathrm{J}_0(\lambda r)\right]\mathrm{d}\lambda \tag{4.9b}$$

$$H_x = \frac{I\mathrm{d}l}{2\pi}\frac{\partial^2}{\partial x\partial y}\int_0^\infty\frac{1}{\lambda + \dfrac{u_1}{R_1}}\mathrm{J}_0(\lambda r)\mathrm{d}\lambda \tag{4.9c}$$

$$H_y = \frac{I\mathrm{d}l}{2\pi}\left[\frac{1}{r}\left(\frac{2x^2}{r^2} - 1\right)\int_0^\infty\frac{\lambda}{\lambda + \dfrac{u_1}{R_1}}\mathrm{J}_1(\lambda r)\mathrm{d}\lambda - \int_0^\infty\left(\frac{\lambda}{\lambda + \dfrac{u_1}{R_1}}\right)\left(\frac{x^2}{r^2}\lambda + \frac{u_1}{R_1}\right)\mathrm{J}_0(\lambda r)\mathrm{d}\lambda\right] \tag{4.9d}$$

$$H_z = \frac{I\mathrm{d}l}{2\pi}\frac{y}{r}\int_0^\infty\frac{\lambda^2}{\lambda + \dfrac{u_1}{R_1}}\mathrm{J}_1(\lambda r)\mathrm{d}\lambda \tag{4.9e}$$

式中：$k_1 \approx \sqrt{-\mathrm{i}\omega\mu_0\sigma_1}$ 为第 1 层介质的复波数；λ 为积分变量；$u_1 = \sqrt{\lambda^2 + k_1^2}$ 为第 1 层介质的等效波数；J_n 为 n 阶贝塞尔函数；R_1 和 R_1^* 为地面处的反射系数，分别由以下递推关系给出：

$$R_1 = \mathrm{cth}\left[u_1 h_1 + \mathrm{arcth}\frac{u_1}{u_2}\mathrm{cth}\left(u_2 h_2 + \cdots + \mathrm{arcth}\frac{u_{N-1}}{u_N}\right)\right] \tag{4.10a}$$

$$R_1^* = \mathrm{cth}\left[u_1 h_1 + \mathrm{arcth}\frac{u_1\rho_1}{u_2\rho_2}\mathrm{cth}\left(u_2 h_2 + \cdots + \mathrm{arcth}\frac{u_{N-1}\rho_{N-1}}{u_N\rho_N}\right)\right] \tag{4.10b}$$

式（4.9）是 CSAMT 响应一维正演计算的基本公式。由于所需计算的频率范围很大，如果对式中贝塞尔函数的积分项直接进行数值积分将非常费时，实际计算中通常采用汉克尔（Hankel）变换的数值滤波算法求解，可以大大节省计算时间。

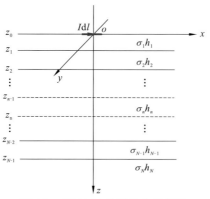

图 4.2　CSAMT 的层状介质模型

以上的电磁响应函数均是基于电偶极源的假设推导的，即接地导线很短，其长度远小于距观测点的距离。然而在大多数勘查地球物理应用情况下，为了增加信号强度通常会尽量加大接地导线的长度。对于不满足电偶极子条件的接地长导线源，可以将其视为多个偶极子，仍用响应公式计算单个偶极子的响应后再进行叠加，即可获得接地长导线源的响应。

4.2.3　野外工作方法与技术

根据所使用的场源数量和独立测量的场分量的数量，CSAMT 可采用张量、矢量和标量三种观测方式。不同观测方式的难易程度不同，解决复杂地质问题的能力和效率也有所不同，需要根据地质任务的复杂程度和工效等因素优选最佳观测方案。

1. 标量 CSAMT

标量 CSAMT 观测方式具有最简单的布设方案，如图 4.3（a）所示。布设一个 x 方向的接地导线源，其长度可为数百米至数千米，视施工地形或接地条件及勘探深度的需求决定；在距源中心约 3δ 以远及与中轴成 $45°$ 线所构成的扇形区域的远区范围内设置测线或测点，测量水平电场 E_x 分量和与其正交的水平磁场 H_y 分量，据此可以得到各测点的卡尼亚尔（Cagniard）视电阻率和相位随频率变化的数据。注意，与 MT 方法相同，磁场测量采用的是磁感应线圈，实际测得的是磁通量变化产生的感应电动势（electromotive force，EMF），在进行阻抗计算时需要考虑磁场强度与 EMF 的关系。

标量方式的 CSAMT 实施布设和测量比较简单，其主要优势在于它的低成本、高工效，如果源极矩足够大，一般布设一个接地导线源就可以覆盖较大的三维测量区域。但该观测方式可能只对简单一维构造或者走向已知的二维构造探测有效，对于构造复杂的地区，探测效果取决于场源和测量方位的选择及资料采集的密度。在复杂地质条件下采用单场源和单测线的标量 CSAMT 测量方式具有错误解释的风险。例如，当偶极方向恰好垂直于断层（TM 方式）时，用标量数据可以很容易地确定线性的陡倾斜断层；可是如果偶极接近于与断层的走向（TE 方式）平行的话，则标量方式的测量数据就难以给出断层的正确解释和定位。因此，对于构造复杂或构造复杂性未知的测区，通常都布设密的测网，以减少缺少多分量数据带来的影响。

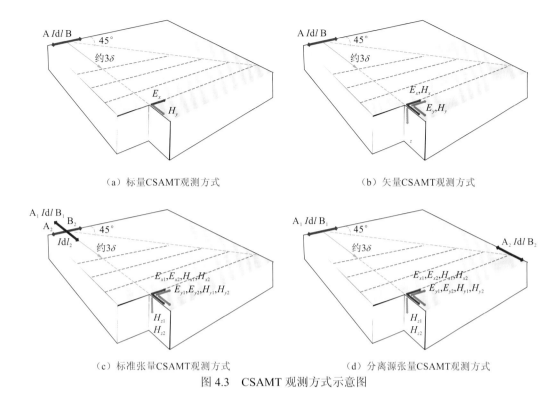

（a）标量CSAMT观测方式　　　　　　　　　　　（b）矢量CSAMT观测方式

（c）标准张量CSAMT观测方式　　　　　　　　　（d）分离源张量CSAMT观测方式

图 4.3　CSAMT 观测方式示意图

除了图 4.3（a）所示标准的标量 CSAMT 观测方案，还有一种更加简化的观测方案被提出并应用。该方案是在各测点观测电场的水平分量 E_x，而仅在部分测点观测水平磁场分量 H_y，在资料处理时利用本点的 E_x 和邻近点的 H_y 计算本点的卡尼亚尔阻抗。这种方法在发射偶极中轴线外 ±15° 的扇形区域内测量，地质情况不复杂时认为磁场变化缓慢，用于普查填图也可以得到令人满意的效果。但要注意到，这种测量结果具有近似性，在不满足磁场缓慢变化条件，或错误地选择磁场测点时，可能使测量结果无意义或误导。因此，除非是在极简单的地质环境中用于普查，在野外应避免使用这种简化的方案。

2. 矢量 CSAMT

矢量方式是最通用或标准的 CSAMT 观测方式，基本布设方案如图 4.3（b）所示。布设一个 x 方向的接地导线源，在距源中心约 3δ 以远及与中轴成 45° 线所构成的扇形区域的远区范围内设置测线或测点，测量两个相互正交的水平电场分量（E_x 和 E_y）和三个相互正交的磁场分量（H_x，H_y 和 H_z）。由于测量都在远区进行，所测得资料可以直接按 MT 资料处理的算法获得阻抗张量元素和倾子矢量元素，并按同样的方式进行成像和解释，包括进行电性主轴分析、极化模式识别、维度分析、畸变影响的识别与校正等，对复杂的二维或三维电性构造也能实现有效探测。

由于仅布设一个接地导线源，每个测点只测量一组 5 分量的电场和磁场，又要能较好地探测复杂地质构造，所以从观测效率和探测能力两个方面考虑，矢量 CSAMT 是一般复杂地质问题的最优解决方案。但在应用中也要注意到，对于单一接地导线源，能满足远场区条件的空间范围是非常有限的，当远场条件不能完全满足或近似满足时，应用 MT 算法求解的阻抗则会带来较大的误差或畸变，给资料解释带来困难。特别是对深部目标的勘探或具有高阻表层覆盖的地区，需要选用较低的信号频率，使最大趋肤深度较大。为了满足远区条件，测点至源的偏移距就必须很大，这会造成测点处的信号弱，易受外界干扰的影响。

3. 张量 CSAMT

如图 4.3（a）和（b）所示，与大地电磁场的场源不同，CSAMT 的接地导线源不是全方位的，只有在满足远场区条件的扇形区域内测得的电磁场分量可以用 MT 的算法求取阻抗元素，并进行资料分析或解释。为了弥补常规 CSAMT 法的不足，Huhges 和 Carlson[8] 提出采用两个源的张量测量方案。张量 CSAMT 法布设两个相互正交的接地导线作为发射源，在同一测点测量两个源分别发射时的 5 个电场和磁场分量（E_{x1}, E_{y1}, H_{x1}, H_{y1}, H_{z1}）和（E_{x2}, E_{y2}, H_{x2}, H_{y2}, H_{z2}）。这样测得的电磁传输函数不仅是测点空间位置也是发射源方位的函数。测点处观测到的电磁场遵从矢量合成原则，即多个源可以根据矢量合成的原则进行叠加，叠加后的源在测点处产生的电磁场响应等于各偶极源分别在该点产生的电磁场响应的矢量和。

张量观测方式的两个源可以布设在同一个点，称为重叠场源方式，如图 4.3（c）所示；也可以布设在不同的位置，称为分离场源方式，如图 4.3（d）所示。采用分离源的方式时，布设发射源 2 时需考虑满足：①与发射源 1 正交；②对同一测点满足远场区条件。

图 4.3（c）所示的张量源为两个接地导线源以正交十字形的方式布设，也可采用不同的方式，如正交 L 形布设和有三个偶极子构成的旋转偶极源等。通过改变不同接地导线源的电流强度和极性，可以获得不同极化方向的源电流矢量。所以，张量 CSAMT 的源因其布设方案不同可能具有复杂多变的辐射样式，如欲采用 MT 的算法获取阻抗张量元素，需要根据测点区域设计源的布设方案，以确保在适宜的远场区范围内。

张量 CSAMT 测量可用于复杂条件下对复杂电性目标的探测，如复杂地表、强烈局部电性异常带、构造走向未知的断裂带、电各向异性等三维电性目标体的勘探。很显然，由于采用至少两个接地导线源，相对于标量和矢量方式，张量 CSAMT 的野外布设和测量的难度大、工效低。如果采用重叠场源的方式，发射天线的布设相对容易，且只需一台电源发射系统，野外生产的效率相对要高一些。此外，由于场源在同一地点，场源附加效应的差别可能较小。如果已知地质走向，则张量场源以平行或垂直地质走向为宜。这样，可以直接提供 TE 和 TM 方式的信息而简化解释。若走向方位未知，则只能视布设条件任意取向。同时，还应当考虑改变场源方向时合成信号强度的变化。如果采用分离天线的方式，则需要在相距较远的另一点布设天线并配备发射系统，增加施工的难度和成本；并且如果两个场源与测点之间的区域的地质情况相差很大，则会产生额外的场源附加效应，导致两组源在同一测点产生的响应大相径庭，给资料的处理和解释造成困难。

4.2.4　观测方案设计

勘探任务确定之后，根据测区条件做好 CSAMT 观测方案的设计，是保证勘探效果的基础工作。在进行观测方案设计之前，需要收集测区的相关资料，包括地形图或测绘资料、区域地质资料、已有的物探资料、岩石物性资料、钻井和测井资料等。如可能，还应对工区进行实地踏勘，了解测区地形、交通、居民和气候等条件，调查测区及周边电磁干扰情况。利用收集到的相关电性资料，初步建立工区的地电模型，根据地形和勘探深度设计源及测线的有关参数，进行正演模拟，分析曲线特征和类型，调整观测参数，以期达到最佳的预测地质效果。根据工区地质条件和勘探任务的要求确定 CSAMT 的观测方案后，在方案设计中需要确定或优化以下参数。

1. 频率范围

目前常用的 CSAMT 观测系统的标准工作频率为 0.1～10 kHz，用个别的专用系统也可以低至 0.015 6（即 1/64）Hz。勘探任务确定之后，需要根据任务要求的勘探深度和工区的平均电阻率确定最低工作频率 f_{min}，即要做到高效率野外测量，又能保证在任何情况下都能满足勘探深度的要求。

由收集到的通过岩样测量、露头小四极测量和测井资料等获得的工区不同地层的电阻率信息，根据地质目标要求的最大勘探深度 D，可以按式（4.11）计算出所要求的最低工作频率 f_{min} 为

$$f_{min} = \rho \left(\frac{356}{D} \right)^2 \tag{4.11}$$

式中：D 为最大勘探深度，m；ρ 为平均电阻率，$\Omega \cdot m$；f_{min} 为最低工作频率，Hz。在实际工作中，如有可能，尽可能测到比 f_{min} 低 1～2 个频点，以确保有效的探测深度。

2. 可测范围

CSAMT 测量中，有限场源的使用对在平面上允许采集数据的范围提出了一些限制。由于采用 MT 算法求取阻抗参数，必须满足测点在远场区范围，该范围主要由 3 个参数限定：①最小收发距 r_{min}，它受到最小频率时的近场区范围限制；②最大收发距 r_{max}，它受到最小可测信号限制；③测点方位角 θ，即测点与源（x）方向的夹角，受导线源电磁信号空间分布特性的影响。

理论研究表明，设 δ 是测量所用最低频率时的趋肤深度，对于 x 方向的接地导线源，CSAMT 的可测范围如图 4.4 所示，其中图 4.4（a）为 E_x/H_y 的可测范围，图 4.4（b）为 E_y/H_x 的可测范围。对于 E_x/H_y 的测量，由图 4.4（a）可以看出：在供电偶极赤道区（垂向测量）E_x 和 H_y 的可测范围为 $r_{min}>4\delta$ 与 $45°<\theta<135°$ 所构成的扇形区域；在轴向区（共轴测量）的可测范围为 $r_{min}>5\delta$ 与 $-30°<\theta<30°$ 所构成的扇形区域；由 $-45°<\theta<-30°$ 和 $30°<\theta<45°$ 所构成的 4 个小锥形区域是 E_x 和 H_y 分量的弱信号带，不宜在该区域测量。对于 E_y/H_x 的测量，由图 4.4（b）可知，可测范围为 $r_{min}>3\delta$ 分别与 $5°<\theta<85°$ 和 $95°<\theta<175°$ 所构成的扇形区域；由 $-5°<\theta<5°$ 和 $85°<\theta<95°$ 所构成的 4 个小锥形区域是 E_y 和 H_x 分量的弱信号区，不宜在该区域测量。

上述 r_{min} 的限定范围是根据远场条件确定的，如果在资料处理中可以对近场区或过渡区的资料进行场源校正，或通过观测的场量能够直接进行含源的反演获取地层的真参数，则建议可在 $r_{min}>0.5\delta$ 的范围内实施测量。过分靠近场源的观测方案也不可取。首先，源的偶极子条件会更严苛；其次，由于早时的源场信号很强而晚时的衰减信号非常弱，对接收装置的动态范围要求更高；最后，探测的深度非常有限，无论是按几何测深还是频率测深的原理，都难以达到较大的探测深度。

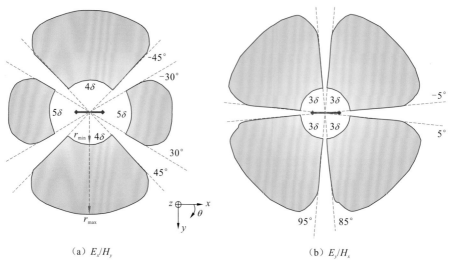

（a）E_x/H_y （b）E_y/H_x

图 4.4 　接地导线源的可测区域示意图

r_{max} 取决于源场强度、测量仪器的灵敏度和测区的噪声强度。在远场区，水平电磁场分量按 $1/r^3$ 规律衰减，在赤道区，根据式（4.5b）有

$$r_{max} = \left(\frac{Idl\rho\sin\theta}{\pi E_{min}} \right)^{1/3} \tag{4.12}$$

式中：E_{min} 为给定噪声环境下最小可测电场强度。考虑平均电阻率为 $10\ \Omega\cdot m$ 的大地介质，如果源偶极的长度为 2 km，供电电流 30 A，测点位于 $\theta=90°$ 的垂线上。设测点处的随机噪声水平为 $10\ \mu V$，一般 CSAMT 接收系统通过叠加和平均能够达到 1∶100 的信噪比，即最小可测信号强度 $E_{min}=0.1\ \mu V$。将以上参数代入式（4.12）可得 $r_{max}=12.4$ km，这是一个非常合理的值。当今的接收装置采用至少 24 位 A/D，理论最小可分辨信号强度可低至 nV 级，所以在发射参数一定的条件下，r_{max} 主要取决于大地平均电阻率和噪声水平。

图 4.4 所示是根据均匀大地表面接地导线源的场分布计算得到的 E_x/H_y 和 E_y/H_x 分别测量时的可测范围，如果同时进行 E_x/H_y 和 E_y/H_x 测量（矢量 CSAMT 方式）或采用多个接地导线源（张量 CSAMT 方式），则可测范围是图 4.4（a）和图 4.4（b）所示方式的组合叠加。其结果是可测范围变成很窄的小扇形，如矢量 CSAMT 方式的可测范围为垂向上 $r_{min}>4\delta$ 与 45°<θ<85° 和 95°<θ<135° 所构成的 4 个小扇形区域；在轴向区的可测范围为 $r_{min}>5\delta$ 与 −30°<θ<−5° 和 5°<θ<30° 所构成的 4 个小扇形区域。由于可测区域被弱信号带被切割成小扇形，在生产设计中去避开这些弱信号带是不切实际的。好在实际的测区比均匀半空间的假设模型要复杂，这样复杂构造条件下导线源的场的散射会弱化弱信号带的界限。

3. 观测方式

如 4.2.3 小节中所述，CSAMT 可以采用多种方式进行观测，主要根据施工条件、地质任务需求及工效成本优选方案。测区地质任务和位置确定以后，根据收集的信息或经过实地踏勘，首先确定测线的位置和方位。理论上，在均匀大地上，对于给定的一个 x 方向的场源，从图 4.4 所示的可测区域看，测量 E_y/H_x 可能具有覆盖范围的优势，

但对 x 方向的导线源，E_y 的信号强度相对较弱，测量偶极子的布设也不方便。所以在野外实际工作中，一般在赤道区测量 E_x/H_y，因为 E_x 与源的方向平行，信号强度大，生产效率高。设计测线方位的原则是测线要尽可能垂直于勘探目标的构造走向；在未知勘探目标的构造走向或勘探目标无明确的走向时，可设计测线的方向垂直于地面构造或地形的走向；在地面或地下均无明显走向参照的情况下，则可按大地坐标系的方向设计。这样设计的测线方向定为 x 方向，单个接地导线源和各测点的电场分量 E_x 的测量布设均按这个方向；对于矢量和张量观测方式，需要增加 y 方向（与 x 方向正交）的测点或源天线的布设。

测线方向（x 方向）确定之后，观测方案设计的重点就是根据地形和交通等条件确定源的布设方案，包括源的位置、源偶极长度及天线个数等。原则上，天线的方位应尽量按 x 方向和 y 方向布设，天线的位置和长度则根据地面条件布设以使测区尽可能落在图 4.4 中的可测扇区内。

4.2.5　CSAMT 数据评价

CSAMT 的数据质量主要取决于场源极矩、发收距和环境噪声水平，由于 CSAMT 的信号较强，一般其观测数据质量远比天然场源的 MT 数据质量要高。CSAMT 测量结果中出现的噪声大多数是非对称性的，或随机的，因此，天电干扰和大地噪声有可能经过叠加平均而被有效消除。任何电场、磁场观测中存在的随机误差可以从 n 次叠加的结果加以估计，每次叠加包含 m 个连续波的平均，并可根据平均值 $\bar{x}$ 来检验每一单个叠加值 x_i 的偏差：

$$\bar{x} = \frac{1}{n}\sum_{i=1}^{n} x_i \tag{4.13a}$$

$$S_x = \sqrt{\frac{1}{n-1}\left(\sum_{i=1}^{n} x_i^2 - n\bar{x}^2\right)} \tag{4.13b}$$

$$V_x = \frac{S_x}{\bar{x}} \times 100\% \tag{4.13c}$$

式中：S_x 为标准偏差；$\bar{x}$ 为观测场量的平均值；V_x 为用百分数表示的偏离系数。

由观测场量获得的卡尼亚尔电阻率参数的误差可由电场 E 和磁场 H 的误差传递得到

$$S_\rho = 2\rho\sqrt{\left(\frac{S_E}{E}\right)^2 + \left(\frac{S_H}{H}\right)^2} \tag{4.14a}$$

相位差的误差为

$$S_\varphi = \sqrt{S_{\varphi_E}^2 + S_{\varphi_H}^2} \tag{4.14b}$$

式中：S_{φ_E} 和 S_{φ_H} 分别为观测的电场 E 和磁场 H 相位的标准误差。式（4.14a）和式（4.14b）假设电场和磁场各自的噪声源是互不相关的。就离噪声源不远的情况而言（例如雷雨放电），这种不相关的假设并不总是成立的，某些噪声可能是高度相关的。在这种情况下，误差需要用相关系数做相应的校正，相关系数的值在 0（完全不相关）到 1（完全相关）的范围内变化。

通常，对某一区域，在合适地评估噪声水平的前提下，确定一个合理的误差水平。在数据采集中，以此控制 CSAMT 数据质量。

4.2.6　提高观测质量的措施

所有需要测量电场分量的电磁勘探方法都受地形和表层电性不均匀的影响，CSAMT 也不例外。理论和实践都证明，山谷和表层低阻区具有高电流密度，相反在山峰和表层高阻区具有低电流密度。前者导致视电阻率升高，后者引起视电阻率降低。因此，在工作设计和测点布置时必须认真考虑地形和表层不均匀的影响，或者在测量时设法避开，或者在测量之后进行校正。如果在测量之后进行校正，在校正之前就必须区分哪些是地形，哪些是表层电性不均匀带来的影响。

场源对 CSAMT 测量结果的影响（主要是近场区和过渡区测量的影响）是十分明显的。在保证信号有一定强度的情况下，应尽量在远区测量。实际工作时如果出现了在过渡区测量情况（特别是高阻区、低频段时），解释过程中也必须进行校正。场源的影响，本质上就是非平面波的影响，因为在近区和过渡区，由人工场源产生的波都不是平面波。除此以外，场源下方或场源与测点之间复杂的地质构造也会导致近区、过渡区甚至远区电磁场的畸变，这种畸变也表现为非平面波。

4.2.7　CSAMT 的资料处理

1. 方向旋转

对于矢量和张量观测方式，若因地形条件的限制，对整个测区而言，有些测点可能未能按设计的 x（或 y）方向布设测量电偶极进行电场测量，这种情况下须对实测场矢量进行方向旋转，以得到与设计方向一致的电场值。

2. 阻抗张量估算

1）标量观测方式的阻抗

对于标量观测方式，由于只观测 E_x 与 H_y 分量，在满足远区场条件下的观测资料可按式（4.15）计算电磁波的阻抗。在任一频点有

$$E_x = Z_{xy}H_y \tag{4.15}$$

2）矢量观测方式的阻抗

对于矢量观测方式，观测相互正交的 4 个电磁场分量 E_x、H_y 和 E_y、H_x，在满足远区场条件下可按式（4.16）计算任一频点的阻抗：

$$\boldsymbol{E}_x = \boldsymbol{Z}_{xy}\boldsymbol{H}_y \tag{4.16a}$$

$$\boldsymbol{E}_y = \boldsymbol{Z}_{yx}\boldsymbol{H}_x \tag{4.16b}$$

3）张量观测方式的阻抗

对于张量观测方式，按式（4.17）以实测电磁场量计算张量阻抗。对任一测点任一

频率有

$$E_{x1} = Z_{xx}H_{x1} + Z_{xy}H_{y1} \tag{4.17a}$$

$$E_{x2} = Z_{xx}H_{x2} + Z_{xy}H_{y2} \tag{4.17b}$$

$$E_{y1} = Z_{yx}H_{x1} + Z_{yy}H_{y1} \tag{4.17c}$$

$$E_{y2} = Z_{yx}H_{x2} + Z_{yy}H_{y2} \tag{4.17d}$$

式中：E_{x1}，E_{y1}，H_{x1} 和 H_{y1} 分别为张量观测方式的第一个源发射时测得的水平电场和磁场分量；E_{x2}，E_{y2}，H_{x2} 和 H_{y2} 分别为张量观测方式的第二个源发射时测得的水平电场和磁场分量。Z_{xx}，Z_{xy}，Z_{yx} 和 Z_{yy} 分别为阻抗张量的 4 个元素。解方程可得张量阻抗的 4 个元素，进而可得视电阻率与相位：

$$\rho_{xy} = 0.2T\,|Z_{xy}|^2 \tag{4.18a}$$

$$\rho_{yx} = 0.2T\,|Z_{yx}|^2 \tag{4.18b}$$

$$\varphi_{xy} = \arctan\left|\frac{\mathrm{Im}\,(Z_{xy})}{\mathrm{Re}\,(Z_{xy})}\right| \tag{4.18c}$$

$$\varphi_{yx} = \arctan\left|\frac{\mathrm{Im}\,(Z_{yx})}{\mathrm{Re}\,(Z_{yx})}\right| \tag{4.18d}$$

在地质构造走向未知或与设计的 y 方向不完全一致时，通过与 MT 资料处理相同的方式对阻抗元素进行旋转，可分别得到与构造电性主轴方位一致和垂直于电性主轴方位的最大和最小阻抗张量元素 $Z_{\max}$ 和 $Z_{\min}$，进而得到主轴方向的视电阻率与相位。利用主轴方向的响应函数，可更好地进行构造的二维和三维的解释。

3. 静校正

与 MT 相似，有些测点的 CSAMT 视电阻率曲线也会受到近地表局部电性异常体的影响而产生静态偏移畸变，典型特征是电阻率曲线发生平移，而相位曲线几乎不受影响。视电阻率曲线的静态偏移是由表层电性不均匀界面的电荷积累造成的，当然深层电性不均匀也会导致视电阻率曲线的移动。然而，由于浅层积累的电荷距测点近，它引起的静位移相对深层而言要明显得多。在二维情况下，静位移主要表现在 ρ_{TM} 曲线上，在三维时，ρ_{TM} 和 ρ_{TE} 都可能发生偏移。对有静态偏移畸变的视电阻率曲线进行校正，即静校正。在 CSAMT 中常用的静校正方法有相位积分法和归一化校正法。

1）相位积分法

CSAMT 和 MT 的视电阻率 ρ_{a} 与相位 φ 之间满足[1]：

$$\varphi = \frac{\pi}{4}\left(1 + \frac{\mathrm{d}\ln\rho_{\mathrm{a}}}{\mathrm{d}\ln\omega}\right) \tag{4.19a}$$

经简单变换后得

$$\rho_{\mathrm{a}} = \rho_{\mathrm{N}}\mathrm{e}^{-\frac{4}{\pi}\int_{f_{\mathrm{H}}}^{f}\left(\varphi - \frac{\pi}{4}\right)\mathrm{d}\ln f} \tag{4.19b}$$

式中：ρ_{N} 为地表的电阻率，可从静位移影响不大地区的测深曲线求取；f_{H} 为测深曲线最高频率，要求当 $f = f_{\mathrm{H}}$ 时，$\varphi = \pi/4$；f 为待求视电阻率 ρ_{a} 处的场频率；φ 为 E 与 H 之间的

相位差, 是 f 的函数。由式（4.19b）计算得到的视电阻率即为校正之后的视电阻率。

2）归一化校正法

归一化校正法首先要求计算测区某些测点上各个频率的平均视电阻率值[7]：

$$\rho_{\text{avg}}^i = \sum_{j=1}^M \frac{\rho_a^j(f_i)}{M} \tag{4.20a}$$

然后求平均视电阻率曲线的几何平均视电阻率值：

$$\rho_{\text{avg}} = \left[\sum_{i=1}^N (\rho_{\text{avg}}^i)^2 \right]^{1/2} \tag{4.20b}$$

式中：$i = 1, 2, \cdots, N$ 为频率序号；$j = 1, 2, \cdots, M$ 为测点序号。求得 ρ_{avg} 后对每一条视电阻率曲线进行归一化校正：

$$\rho_a^c(f_i) = \rho_{\text{avg}} \frac{\rho_a(f_i)}{\rho_{\text{avg}}^i} \tag{4.20c}$$

式中：ρ_a^c 为校正后的视电阻率。

4. 地形影响与校正

地形影响主要指地形起伏大于电磁波的趋肤深度时对 CSAMT 观测数据的影响。在地形复杂的测区，由于垂直山体方向与平行山体方向的电磁场分布不均匀，从而引起 TE（电场平行于构造走向）与 TM（磁场平行于构造走向）极化的两条视电阻率曲线出现差异。当山体不规则时，影响就更复杂。二维地形条件下 TM 和 TE 极化曲线具有不同的畸变特征[9]。对于 TM 方式山脊地形在深部出现假低电阻率异常，而在山谷深部表现高电阻率异常；对于 TE 方式，在山脊处浅部出现假高电阻率异常，在山谷浅部出现低电阻率异常。Redding 和 Jiracek 的模拟结果表明[10]，TM 方式的地形影响比 TE 方式的地形影响要大得多，而且也复杂得多。地形影响特征既表现出电阻率曲线畸变特征，又可能是静态位移特征，或者是二者的综合，而且往往畸变特征又与相对波长的地形的几何尺度有关。Andrieux 和 Weightma 的研究结果表明[11]，当波长远大于地形起伏尺度，或比趋肤深度小时的地形产生的地形影响等效于静态位移。对典型大小的山谷和山脊，TM 异常电阻率可相差一个级次，比 TE 异常峰值约大 4 倍。模拟结果表明，TM 地形异常在中等变化的地形上就可看到，而 TE 异常可能仅仅在急剧变化的地形上才能发现。除了电流分布的畸变，地形与地质变化的复合也可能引起静态位移，这是一种复杂的效应，取决于电阻率分布和排列的几何尺寸。虽然 CSAMT 的地形效应比直流电阻率法要弱，但其影响和改正要复杂得多。

如果在野外数据采集时，设法使电场和磁场探测器布置水平，地形的影响就会大大降低。然而，在某些情况下，这是十分困难的。因此需要对地形对观测数据的影响进行校正，即地形校正。地形校正的前提是：一要知道地形的起伏，二要计算地形对 CSAMT 视电阻率曲线的影响。测区的地形可由地形图或地形测量准确地确定，而地形对 CSAMT 的影响，只能借助于数值模拟计算。目前，较常用的地形影响校正方法是比值法，另外带地形二维反演法也是消除地形影响的有效方法[7]。

1）比值法

在地形可视为二维的情况下，可根据测线的地形起伏设计二维模型，进行含源的CSAMT 响应的二维半正演模拟计算。除地形起伏外，设地层的电阻率为一固定值 ρ_{avg}，计算得到各测点位置的视电阻率 ρ_{am}。二维地形校正比值法就是按以下公式计算得到校正后的视电阻率 ρ_a^c：

$$\rho_a^c = \frac{\rho_{avg}}{\rho_{am}} \rho_a = \frac{\rho_a}{\eta} \qquad (4.21)$$

式中：ρ_a 为由观测资料得到的视电阻率；$\eta = \dfrac{\rho_{am}}{\rho_{avg}}$ 为地形校正因子。这种方法实际上是试图将二维地形的影响消除掉，使得校正后的视电阻率 ρ_a^c 对应地表平坦的响应曲线。成功进行比值法校正的因素取决于对测线上地形起伏模拟的精度及地层平均电阻率的代表性。

2）带地形二维反演法

另一种消除地形影响的有效方法是带地形二维反演法，也可同时进行静偏移校正。具体做法是：根据测线上不同测点处的实际高程按一定比例进行网格剖分，构成符合实际地形的网格模型。在剖分网格时，尽量细分模型的浅部网格，然后结合表层电阻率构成一个带地形的二维地电模型。由该模型出发进行二维半、正反演计算，通过反演修改各网格单元的电阻率值使观测结果 ρ_a 与正演计算结果 ρ_{am} 的拟合误差最小。由于反演的模型结构反映了真实的地形起伏，表层细分网格单元的不同电阻率反映了近地表局部电性异常体，这样正演的响应也就包含有地形和静态偏移的效应。数值仿真和实测数据的应用表明，带地形反演的优化模型的计算响应能很好地匹配观测响应，反演结果反映的地下电性结构基本不受地形的畸变影响。

由于 CSAMT 响应的正演计算比较耗时，带地形的 CSAMT 反演算法的实际应用目前还仅限于二维地电模型。三维带地形反演问题的原理相同，但实现大尺度模型的反演还有技术难度，尚须进一步研究。

5. 场源影响与校正

与采用天然场源的 MT 或 AMT 方法不同，CSAMT 采用人工场源，且源到测点的距离有限，这虽然有高数据质量和高测量效率的优势，但是也引起了复杂的资料处理与解释的问题。这些与场源相关的问题称为场源效应。

CSAMT 的场源效应主要有三种表现形式：①由于测点靠近源天线而产生的非平面波效应；②由于场源下方及场源与测点之间的地质异常而可能产生的场源复印效应；③地质异常体的影响被投射开来，如同场源照射异常体产生的阴影，称为阴影效应。

1）非平面波效应及校正

非平面波效应是测点靠近源天线时视电阻率和相位差的畸变。虽然在 4.2.1 小节中给出了远场区和近场区的响应公式，在 4.2.4 小节中根据远场区条件给出了可测范围，但关于远区和近区仍难于用数值精确定义。根据 4.2.1 小节中的响应公式可以这样约定：远场区是指电场与磁场的水平分量都按 $1/r^3$ 衰减的区域，此时接地导线源的场具有近似的平面波特征，所以在远场区的 CSAMT 观测资料可以用 MT 的资料处理方法获取阻抗

（或卡尼亚尔视电阻率）信息。把电场与磁场完全饱和且磁场按 $1/r^2$ 规律衰减的区域称为近区，近区与远区之间的区域称为过渡区。

图 4.5 给出了均匀大地和层状大地上一个有限的场源对 CSAMT 测得得卡尼亚尔视电阻率 ρ_{xy} 幅值和相位曲线的影响，ρ_{xy} 是根据测得的电场 E_x 和磁场 H_y，由式（4.7a）或式（4.16a）计算得出。曲线的左段（低频段）为近场区，右段（高频段）为远场区，中间段（中频段）为过渡区。由于接地导线源的场仅在远区或波区满足式（4.7a）所示的卡尼亚尔关系，所以两种模型得到的视电阻率曲线在远场区段均随地下真电阻率的变化而变化且趋近于表层地层的电阻率值，相位曲线趋近于 45°。在近区，由于电场与磁场接近饱和，基本不随频率变化，且磁场与电阻率无关，所以随频率降低视电阻率以近似线性（斜率 45°）的关系增大，而相位差趋于零。在过渡带，均匀大地模型的视电阻率曲线由近场曲线的 45° 斜率向远场曲线的 0° 斜率变化，相位曲线由近场区的 0° 向远场区的 45° 变化；而对于层状大地模型，过渡带表现为相当显著的"低谷"，即视电阻率和相位曲线均呈现假的降低。也就是说，在近场区和过渡区，由于不满足波区条件，用卡尼亚尔关系式计算得到的视电阻率与实际地层电阻率的值及变化关系均不对应。

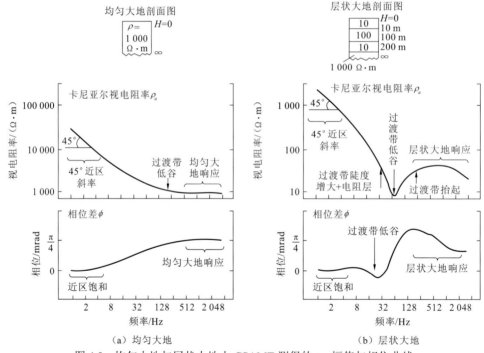

图 4.5 均匀大地与层状大地上 CSAMT 测得的 ρ_{xy} 幅值与相位曲线

地质情况对过渡带低谷的形状有强烈的影响。研究表明，导电层或高阻层都可以使均匀大地上过渡带的平缓低谷变成层状介质上的陡峭低谷，这种影响称为"调谐效应"。图 4.6 给出了一组反映调谐效应的三层大地模型的视电阻率曲线，发射源、接收点及地层参数。图 4.6（a）是收发距 r 改变时三层模型的视电阻率响应。如果将第二层（低阻层）作为目标层，则由图中可以看出，当收发距 $r=2$ km 时，目标层的地层响应与过渡带的低谷假异常混叠在一起，很难识别。随着 r 增加，过渡带低谷向低频端偏移，目标层的响应越来越清晰。图 4.6（b）显示的是收发距 r 固定为 2 km，但改变第一层厚度时的视电阻率曲线。由图中可以看出，当低阻层埋深加大而收发距不够远时过渡带影响的变化。低阻层较浅时，地层响应与过渡带低谷叠加，很难分辨。随着目标层埋深的增加，过渡带低谷和目标层的响应均不明显，这表明有限偏移距对深部地层探测能力的不足。

图 4.6（c）显示的是将收发距 r 固定为 20 km 时不同第一层厚度时的视电阻率曲线。由图中可以看出，当偏移距足够大时，过渡带的低谷异常进一步向低频端偏移，尽管目标层埋深超过 1 km 时也能较好地分辨。图 4.6（d）显示的是当 r 固定为 20 km 时，从 1～100 Ω·m 改变目标层的电阻率时的响应曲线，这种改变相当于目标层与上覆表层的电阻率（100 Ω·m）对比度减小。可以看到，当目标层电阻率变低时，穿透目标层的频率变低，过渡带低谷也向低频端偏移，由于收发距足够大而目标层埋深较浅，总体看均能较好地识别目标层。

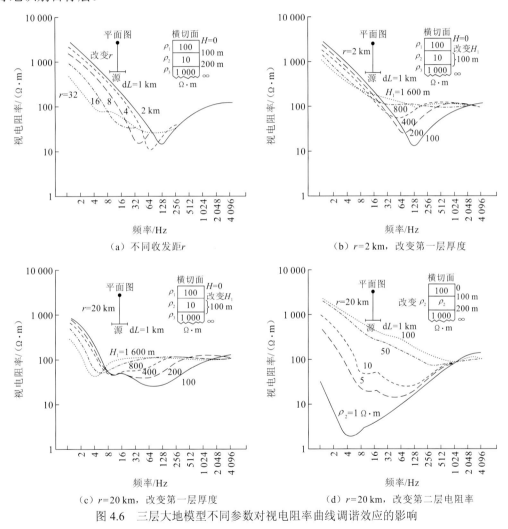

图 4.6　三层大地模型不同参数对视电阻率曲线调谐效应的影响

事实上，具有高阻性基底的测区，其过渡区的低谷假异常更为复杂和突出，特别是当电阻率对比度大或高阻基底直接上覆有电阻率较低的低阻层时更是如此。虽然很难总结调谐效应的变化规律，但可以认为调谐效应是地层电阻率、深度、厚度以及偏移距的复杂函数。

可以用多种方法对 CSAMT 观测数据进行非平面波效应的校正（近场校正），最简单也是最常用的方法是三角形校正法。理论研究表明，进入过渡区之后，以 45° 斜率上升的均匀半空间视电阻率曲线与地层真电阻率值之间构成的三角形的形态和大小与地层电阻率值几乎无关[图 4.5（a）]，但却是收发距的函数。收发距大则三角形小，反之三角形大，这是一个十分有益的结论。它表明，只要收发距 r 不变，就可利用此三角形对过渡区和近场区的影响进行校正。但要注意，这种校正方法不能校正过渡区低谷，在资料解释中不要被低谷假异常误导。另一种近场校正方法是通过已知的收发距直接由观测的场量（电场或磁场）计算全频域视电阻率，避免采用卡尼亚尔关系式，或直接采用观测场量进行 CSAMT 观测方式的反演获得地层的电阻率分布。由于不对电磁场做近似处理，全频域视电阻率能较好地解决近场校正问题。由于观测场量不是电阻率值和偏移距的单值函数，在计算全频域视电阻率的过程中需要有其他的控制参数或采用迭代的方式求解。实际工作中，最值得推荐也是最有效的方法是当观测条件许可时，尽量避免在近场区和过渡区范围内测量。

2）场源复印效应及校正

Zonge 等[12]于 1980 年首次指出场源下方的地质情况也可能会对测点处的 CSAMT 观测数据有影响，如有时过渡带的出现比预期的频率高，有时过渡带低谷的特点出乎意料。这些与源和观测点有关的影响统称为场源复印效应（或附加效应）。

图 4.7 给出的是一个关于场源复印效应的二维模拟结果[13]，观测布设和模型参数均示于图中。图 4.7 中模型 A 为水平的两层大地模型，源和观测点处及源与观测点之间的电性结构完全相同。计算的模型 A 的视电阻率曲线为图中实线，低频段展现出典型的过渡带和近区特点，过渡区的低谷假异常出现于较低的频率且较平缓。模型 B 在场源处高阻基底凸起 100 m，与测点处的电性结构有异。计算得到的模型 B 的观测视电阻率曲线为图中虚线，可见此时的测深曲线明显不同，首先是过渡区低谷向高频方向明显偏移，且视电阻率曲线在 1 kHz 附近显示有一个向上的小凸起，似乎是地下电阻率升高了；此外，过渡区低谷要陡峭得多，与测点下方基底变浅有相似的效应[图 4.6（b）]。所有这些异常都表明了场源处高阻凸起异常在测点处的影响，是典型的场源复印效应。

由图 4.7 所示的模拟结果可以看出，场源复印效应对 CSAMT 的视电阻率测深曲线有明显影响，当采用多个发射源时，无论是共点还是分离布设方式，源的复印效应可能会更甚或更复杂。幸运的是，场源复印效应只影响近场区和过渡区的观测结果，对远区测量的视电阻率曲线几乎没有影响。目前对场源复印效应从算法上还没有很有效的校正方法，只能从观测和布设上尽可能避开或减小场源复印效应的影响：①避免在近区和过渡区进行测量；②尽可能地将源点布设在与测区具有相同地电结构的地点，或是布设在高阻基底埋深大于测区的位置；③如有可能，可利用互易原理进行发射源-测点位置互换，然后对所测的结果进行归一化处理；④利用同测点的 MT 数据进行校正。从经济效益的角度考虑，方案③和方案④在实际勘探测量中的可行性较差。

3）场源阴影效应及校正

场源阴影效应是场源复印效应的一个变型[14]，它是由场源和测点之间电性异常引起的。图 4.8 给出了均匀半空间中的一个二维低阻异常体在接地导线源激励下在不同测点

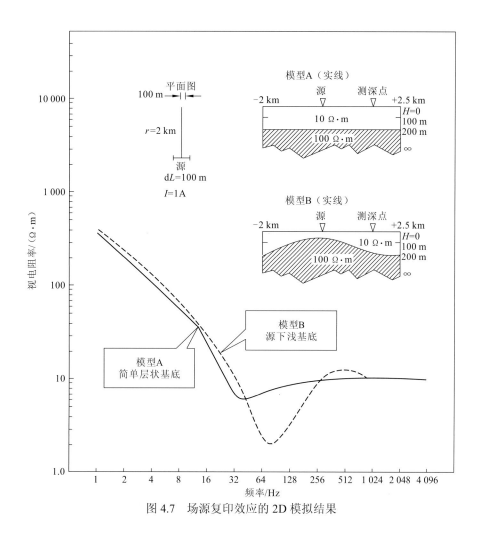

图 4.7 场源复印效应的 2D 模拟结果

处得到的卡尼亚尔视电阻率拟剖面图。均匀半空间模型的电阻率设为 100 Ω·m；异常体电阻率为 10 Ω·m，大小为 0.5 km×0.5 km，位于测点 3.0 的正下方 0.5 km 深处，在 x 方向无限延伸；源偶极方位为 y 方向，长度为 0.5 km；等值线给出的是经过近场校正后的 TE 模式的视电阻率。由图 4.8 中等值线的分布可以看出，由于异常体的存在，测点正下方异常体以深的视电阻率等值线发生了畸变，如图 4.8 中的垂向阴影带所示。该阴影带的形态犹如异常体正上方地表处的测点投出的光被异常体遮挡而产生的阴影，所以称为接收点阴影带。由图 4.8 中还可以看出，除垂向阴影带外，等值线还显示出一个沿测点展布的水平方向的阴影带。该阴影带向下倾斜，口径随距源的距离增加而增大，形如由发射源投出的光被异常体遮挡而产生的阴影，所以该阴影带称为场源阴影带，是场源阴影效应的体现。MT 和 AMT 也有接收阴影效应，但因为 CSAMT 的场源更近且方向性更明显，受场源阴影效应的影响也更强烈，即使离异常体很远，阴影也会存在，特别是在源与异常体的投影方向。因此可以说，CSAMT 测量结果受旁侧物体的影响要更甚于 MT。

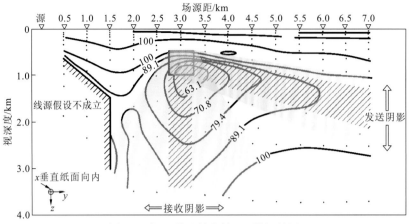

图 4.8　场源阴影效应的 2D 模拟结果

与前述的场源复印效应一样，目前没有很有效的校正算法去消除场源阴影效应的影响。由于实际勘探中电性分布的复杂性和未知性，要想完全从观测和布设上避开发射源与接收点之间的电性异常体也是不切实际的。在不能进行含源 CSAMT 资料自动反演的条件下，可行的措施是将观测的数据按图 4.8 的方式绘制拟剖面图，根据上述场源阴影效应的特征从拟剖面图中识别出阴影带，在资料的解释中避免被阴影带产生的异常所误导。从研究的角度，也可考虑采用互易发射源-接收点的方案进行观测与绘图，这样得到的结果在源与接收点之间的异常体产生的响应应该重叠，而由异常体产生的阴影带具有对称的特点。

4.2.8　应用实例

这里通过一个勘探实例展示 CSAMT 方法的资料解释及应用效果。工区位于新疆吉木萨尔县，勘探目标为煤系地层，埋深 500～1 000 m，适宜采用 CSAMT 方法。工区为丘陵地貌，沟壑遍布，落差较大，干燥少水，地表鲜有植被覆盖，人烟稀少，电磁干扰较小，有利于 CSAMT 的野外资料采集。

1. 勘探区地质特征

勘查区北部出露地层为上三叠系统郝家沟组（T_3h）、区内为侏罗系八道湾组（J_1b）及第四系地层。出露地层由老至新分别描述如下。

1）上三叠系统郝家沟组

该组地层分布于工区北部及以西区域，其岩相沉积建造以一套湖相沉积为主，次为河流相沉积，主要岩性为灰绿色泥岩、泥质粉砂岩，频繁出现中-细砂岩的薄夹层，顶部有炭质泥岩薄层及微细煤线出露，该组与上覆的下侏罗统八道湾组为假整合接触，厚度为 250.9～419 m。

2）侏罗系八道湾组

该组分上下两个岩性段：上段地层分布于矿区南侧，仅出露下部层位；下段地层为矿区主体。

八道湾组下段（J_1b^1）主要岩性为灰色-灰黑色砾岩、砂砾岩、中—粗砂岩、细砂岩、泥岩、炭质泥岩和煤层组成，厚度为 230～282 m。主要特点是河流相沉积较发育，砂岩中常发育交错层理。可见 4 个沉积旋回，旋回一般以砾岩或含砾粗砂岩开始，以炭质泥岩或煤层作为结束。矿区共含煤 8 层，编号为 A_1～A_8，其中 A_1、A_2、A_4、A_5 号为全区可采煤层。地表煤层大部已火烧，与八道湾组上段整合接触。

八道湾组上段（J_1b^2）主要岩性为泥岩、泥质粉砂岩，炭质泥岩夹薄层细砂岩及煤层。矿区内仅见下部层位和 A_8 煤层，其余煤层位于矿区范围内，与八道湾组下段分界以一层厚层状粗砂岩（底部砂岩中含泥岩砾石）为标志。

3）第四系

第四系在工区中部干沟内为更新-全新统洪冲积堆积层（Q_{3-4}^{pal}），堆积物主要由亚砂土、砂砾石组成。在基岩裸露区的缓坡地带为残坡积层（Q_4^{esl}），堆积物主要由亚黏土、碎石组成。在缓坡地带为风积层（Q_4^{eol}），堆积物主要由亚黏土组成。

2. 岩层的电性特征

在煤系地层中，煤层与其他岩层在密度、放射性强度、电阻率、声速等物性方面存在着一定的差异。根据矿区内各钻孔测井曲线进行的煤层和其他岩层的密度、放射性强度、视电阻率、声速等物性参数的统计表明，煤层与其他岩层相比，具有独特的低密度、低放射性、高电阻率及低声速的地球物理组合特征。因此，本矿区视电阻率的差异，是开展 CSAMT 勘探良好的物性前提条件。

煤层的视电阻率值较大，多为 150～250 Ω·m。泥岩的视电阻率值为 10～40 Ω·m 左右、砂岩为 30～80 Ω·m，部分粗砂岩和砂砾岩的视电阻率值接近或超过煤层的视电阻率值。总体上看，煤层具有高电阻率特征，其他岩层则为低电阻率特征。有着高电阻率特征的粗砂岩和砂砾岩，因其具有高密度特性，与煤层的低密度特征存在着明显的区别。

3. 反演剖面的综合解释

图 4.9 是 L02 测线 CSAMT 二维反演深度-电阻率和地质解释剖面图。从图 4.9（a）所示的反演深度-电阻率剖面上电阻率的分布来看，电性分层明显，区域地质条件比较单一，测线的西南段表层被新生界第四系、古近系地层覆盖，从西到东厚度从上百米到几十米不等，测线的东北段覆盖层较薄，某些地段有侏罗系地层出露。电性高低阻连续带状分布，电性结构简单，电阻率在 5～150 Ω·m 变化。

在矿区内的煤系地层中，煤层有着高电阻率地球物理特征，而其他岩层相对于煤层则有着明显的低电阻率特征。由此可见，煤层与其他岩层的电性差异非常明显，是识别煤层的主要依据。按照电磁勘探的体积响应原理，电阻率异常要比实际的地质体大，因而在深度解释时以中心点埋深为计算点；厚度一般取异常厚度的二分之一或三分之一计算。

新疆吉木萨尔县大龙口煤矿CSAMT勘探L02线二维反演电阻率剖面图

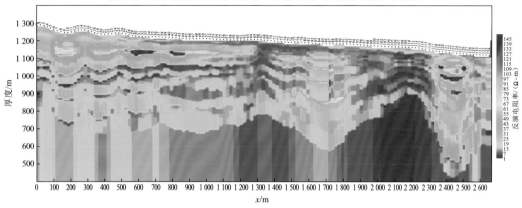

（a）反演电阻率剖面图

新疆吉木萨尔县大龙口煤矿CSAMT勘探L02线地质解释剖面图

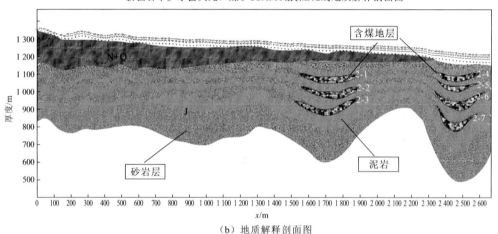

（b）地质解释剖面图

图 4.9　L02 测线 CSAMT 二维反演深度-电阻率和地质解释剖面图

图 4.9（b）所示是 L02 线的地质解释剖面图。该测线地质特征单一，地表大部分被古近系和第四系地层覆盖，厚度从 200 m 到几十米不等。覆盖层以下主要是砂岩和泥岩互层，在测线的东北段有煤系地层发育。由反演电阻率剖面图解释得到的煤层分布如图 4.9（b）所示，在埋深分别约为 50 m、150 m、250 m 和 350 m 处解释有 7 个煤层块，宽度分别为 50 m、150 m、200 m 和 300 m，厚度为 10～15 m 不等。

4.3　电性源瞬变电磁测深法

电性源瞬变电磁法属于时间域电磁方法，其典型观测方案有 LOTEM[4]和 SOTEM[5]。电性源瞬变电磁法的基本特点是采用接地导线作为发射天线，向地中馈入阶跃方波建立起一次场，在发射电流关断后观测地中二次场随时间衰变的特性。LOTEM 的早期发展和应用可以追溯到 20 世纪 60 年代苏联提出的建场测深法[15]，后经过 Vozoff 和 Strack 的系统理论研究和观测技术的规范与总结，正式定名为长偏移距瞬变电磁测深法，即 LOTEM[4,16]。

由于该方法的收发偏移距大于或等于勘探深度，从几何测深和时间域测深两个方面都能保证有足够大（数千米）的勘探深度，适合在油气藏的勘探和动态监测中应用。

4.3.1 水平电偶极源的时间域响应

所谓瞬变电磁场，是指大地系统对脉冲激励源的瞬变响应。与稳态场不同，瞬态场维持的时间短，具有宽带频谱特征，适合在时域内进行分析。有关瞬变电磁测深的基本理论已有一系列的文献给出了详尽的推导与阐述[4,17-19]。本小节重点给出在阶跃脉冲电流激励下接地电偶极源在地中产生的时间域电磁响应，并分析电磁场随时间变化的主要特征。

1. 均匀大地表面

时域电磁场的间接求解方法是由频域响应经逆傅里叶变换而得到时域或脉冲响应。在地球物理的实际应用中，瞬变电磁法一般采用阶跃电流 $Iu(t)$ 激励，这里 $u(t)$ 为阶跃函数，当 $t<0$ 时 $u(t)=0$，当 $t\geqslant 0$ 时 $u(t)=1$。对于一个因果系统来说，阶跃响应 $f(t)$ 可以表示为脉冲响应（或冲激响应）的积分。记大地的脉冲响应为 $h(t)$，则正阶跃响应为

$$f(t) = \int_0^t h(\tau)\mathrm{d}\tau, \quad t \geqslant 0 \tag{4.22}$$

为了避免一次场的影响，研究关断源电流后地球的瞬变响应更具有实用性，这也就是研究负阶跃函数 $u(-t)=1-u(t)$ 的响应 $f_-(t)$。则负阶跃响应可表示为

$$f_-(t) = \int_t^\infty h(\tau)\mathrm{d}\tau = \int_0^\infty h(\tau)\mathrm{d}\tau - \int_0^t h(\tau)\mathrm{d}\tau, \quad t \geqslant 0$$

或者

$$f_-(t) = f(\infty) - f(t), \quad t \geqslant 0 \tag{4.23}$$

式中：$f(\infty)$ 是 $t\to\infty$ 时的响应，即直流响应。

阶跃响应对时间的微分就是冲激响应。式（4.23）说明，$f_-(t)$ 的时间导数是 $-h(t)$，即负的脉冲响应。

在研究瞬态问题时，用拉普拉斯变换比用傅里叶变换方便。因此，如果将大地系统响应函数记做 $H(\omega)$，并做代换 $s=\mathrm{i}\omega$，阶跃响应则为

$$f(t) = \mathcal{L}^{-1}\left[\frac{H(s)}{s}\right] \tag{4.24}$$

式中：$\mathcal{L}^{-1}$ 为拉普拉斯逆变换算子。根据式（4.24）先求出 $f(t)$，然后再根据式（4.23）确定稳定电流被切断后场的衰减，即负阶跃响应或瞬断响应 $f_-(t)$。

为求阶跃响应，先定义一个函数：

$$\kappa = \sqrt{\frac{\mu\sigma}{4t}} \tag{4.25}$$

它可与频率域中的波数 k 类比，其中 σ 为介质的电导率，μ 为介质的磁导率，通常取 $\mu=\mu_0$。

设置均匀大地模型和坐标系如图 4.1 所示，x 方向的电偶极源位于坐标原点，激励电流为方波脉冲。在观测点 P 处的频率域响应已知的情况下，由式（4.24）的时-频变换关系可以得到均匀半空间地表处地阶跃响应，再根据式（4.23）确定发射电流关断后的负阶跃响应。这里给出均匀半空间地表的水平电场 e_x、e_y 分量、垂直磁场分量 h_z 及其随时

间的变化率的瞬断响应：

$$e_x = \frac{Idl}{2\pi\sigma r^3}\left[\mathrm{erf}\,(\kappa r) - \frac{2\kappa r}{\sqrt{\pi}}\mathrm{e}^{-\kappa^2 r^2}\right] \qquad (4.26\mathrm{a})$$

$$e_y = 0 \qquad (4.26\mathrm{b})$$

$$h_z = \frac{Idl\sin\theta}{4\pi r^2}\left[\left(1 - \frac{3}{2\kappa^2 r^2}\right)\mathrm{erf}\,(\kappa r) + \frac{3}{\kappa r\sqrt{\pi}}\mathrm{e}^{-\kappa^2 r^2}\right] \qquad (4.26\mathrm{c})$$

$$\frac{\partial h_z}{\partial t} = \frac{Idl\sin\theta}{2\pi\sigma\mu r^4}\left[\frac{2\kappa r}{\sqrt{\pi}}(3 + 2\kappa^2 r^2)\mathrm{e}^{-\kappa^2 r^2} - 3\mathrm{erf}\,(\kappa r)\right] \qquad (4.26\mathrm{d})$$

式中：$r = \sqrt{x^2 + y^2}$ 为收发距，crf( )为误差函数。由于在实际观测中通常采用感应回线或线圈测量磁通量的变化率，即感应电动势，由式（4.26d）可以写出感应电动势的垂直分量 $\varepsilon_z = -\frac{\partial b_z}{\partial t} = -\mu\frac{\partial h_z}{\partial t}$。式（4.26）是后面用于定义视电阻率参数和分析电磁场在地中衰变特性的重要关系式。

注意到以上各场量的直流分量分别为

$$e_x(\infty) = \frac{Idl}{2\pi\sigma r^3}(3\cos^2\theta - 1) \qquad (4.27\mathrm{a})$$

$$e_y(\infty) = \frac{3Idl\sin\theta\cos\theta}{2\pi\sigma r^3} \qquad (4.27\mathrm{b})$$

$$h_z(\infty) = \frac{Idl\sin\theta}{4\pi r^2} \qquad (4.27\mathrm{c})$$

$$\frac{\partial h_z(\infty)}{\partial t} = 0 \qquad (4.27\mathrm{d})$$

2. 层状大地表面

设大地介质为图 4.2 所示的层状均匀地层模型，位于地表的 x 方向的电偶极源在阶跃电流的激励下，在任意点处的时域电磁响应是频域响应依式（4.24）所示关系的逆拉普拉斯变换。根据式（4.9）给出的层状大地上电偶极源频率域响应公式，可以将正阶跃时间域响应写成如下形式：

$$e_x = \frac{\mu_0 Idl}{2\pi}\mathcal{L}^{-1}\left\{\int_0^\infty \frac{\lambda}{\lambda + \frac{u_1}{R_1}}\mathrm{J}_0(\lambda r)\mathrm{d}\lambda + \frac{1}{k_1^2}\frac{\partial}{\partial x}\left[\frac{x}{r}\int_0^\infty \left(\frac{u_1}{R_1^*} - \frac{k_1^2}{\lambda + \frac{u_1}{R_1}}\right)\mathrm{J}_1(\lambda r)\mathrm{d}\lambda\right]\right\} \qquad (4.28\mathrm{a})$$

$$e_y = \frac{\mu_0 Idl}{2\pi}\frac{xy}{r^2}\mathcal{L}^{-1}\left\{\frac{1}{k_1^2}\int_0^\infty \left(\frac{u_1}{R_1^*} - \frac{k_1^2}{\lambda + \frac{u_1}{R_1}}\right)\left[\frac{1}{r}\mathrm{J}_1(\lambda r) - \lambda\mathrm{J}_0(\lambda r)\right]\mathrm{d}\lambda\right\} \qquad (4.28\mathrm{b})$$

$$h_z = \frac{Idl}{2\pi}\frac{y}{r}\mathcal{L}^{-1}\left\{\frac{1}{s}\int_0^\infty \frac{\lambda^2}{\lambda + \frac{u_1}{R_1}}\mathrm{J}_1(\lambda r)\mathrm{d}\lambda\right\} \qquad (4.28\mathrm{c})$$

$$\frac{\partial h_z}{\partial t}=\frac{Idl}{2\pi}\frac{y}{r}\mathcal{L}^{-1}\left\{\int_0^\infty\frac{\lambda^2}{\lambda+\dfrac{u_1}{R_1}}\mathrm{J}_1(\lambda r)\mathrm{d}\lambda\right\}$$ （4.28d）

式中：R_1 和 R_1^* 为式（4.10）定义的反射系数；s 为波数；$k_n=\sqrt{-s\mu_0\sigma_n}$；$u_n=\sqrt{\lambda^2+k_n^2}$。

如 4.2.2 小节中所述，层状大地上电偶极源的频率域响应通常是采用汉克尔变换的数值滤波算法获得数值解，求此类非解析形式响应函数的逆拉普拉斯变换的最佳方法也是数值解法，最常用的算法是 Gaver-Stehfest（G-S）数字滤波算法，该算法具有所需滤波系数个数少、计算速度快的优点。

由式（4.28）应用数字滤波算法可以计算得到正阶跃响应。如果令式中的参数 $s=0$（即 $\omega=0$），则可计算得到直流响应。然后利用式（4.23）可以得到层状大地上电偶极源的负阶跃（瞬断）响应。

3. 瞬变场扩散的"烟圈"效应

瞬变电磁场在有耗介质中的传播过程可形象地用"烟圈"来描述。LOTEM 采用接地导线源发射阶跃方波，在地中建立一个稳态的场；当源电流关断时，大地导电介质中将感生涡流以抑制源磁场的变化，随着时间的推移，该感应场以源为中心向地下及四周扩散，扩散模式类似于"烟圈"。在距源一定距离处的观测点测得的电磁响应，记录了测点处"烟圈"在时间域和空间域的衰变过程。"烟圈"的强度和随时间和空间衰减的速度与地层的电阻率密切相关，因此分析观测的二次场衰变特性可以获得地层电性分布的信息。

图4.10给出了当方波源电流关断后在均匀大地介质和两层大地模型中不同时刻电场分布的剖面图[4]。源位于地面中点（箭头所指处），源偶极长度为 1 000 m，在垂直于纸面的方向延伸，源电流为 100 A。图中实线表示电流方向与源电流方向相同的电场，虚线表示与源电流方向相反的电场，可以理解为实线表示感应电流流进纸面，虚线表示电

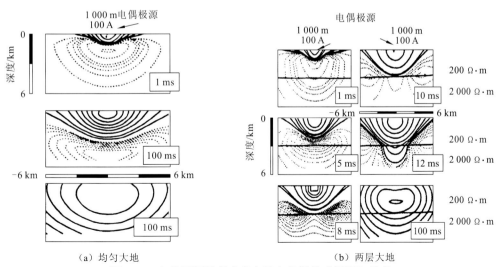

（a）均匀大地　　　　　　　　　　　（b）两层大地

图 4.10　电偶极源瞬变响应在地中扩散的"烟圈"效应

流由纸面流出。图 4.10（a）所示为均匀大地模型，电阻率设为 200 Ω·m。由图中可以看出，在早期，电流主要集中在源天线附近，随着时间的推移，电流不断向下和向外扩散，即"烟圈"效应。图 4.10（b）给出的是两层均匀的大地模型中瞬变感应电流在不同时刻的分布图。第 1 层厚度 3 km，电阻率为 200 Ω·m，第 2 层的电阻率为 2 000 Ω·m。由图中等值线可以看出，除了与均匀介质模型相同的特性，感应电流在层界面附近由于折射和反射而产生畸变，使得电场等值线的密度和形态发生变化。由于第 2 层电阻率高，电流在其中传播的速度增大，电场等值线呈向下伸展的趋势。正是这种随时间推移的电流场的变化，可以推断或反演出地电构造形态。

4.3.2　视电阻率定义

与 MT 采用平面波阻抗定义视电阻率的方法不同，可控源电磁法中视电阻率的广义定义可理解为：当把均匀各向同性大地表面上电阻率与电流、电压关系中的电流、电压，用相同装置在非均匀大地表面测得的电流和电压替换，计算得出的电阻率称为视电阻率。在 LOTEM 中，可以利用均匀大地表面各场量的近似式定义视电阻率。

由式（4.26）可以看出，即使是最简单的均匀半空间模型，时间域电磁响应与地层电阻率和观测参数之间也呈复杂的函数关系，从数学上尚无法将电阻率写成与观测响应和参数的显示函数，也就是说在所观测的时间段内无法用观测场量解析定义视电阻率。由于都是接地导线源的响应，与前述 CSAMT 相似，LOTEM 的时域响应也可分为近场区、过渡区和远场区。当 $\kappa r \to 0$ 时的响应为近区场，由于此时对应的时间为 $t \to \infty$，所以时间域的近区场又称为晚时响应；当 $\kappa r \to \infty$ 时的观测场量为远区场，对应于时间域的早时（$t \to 0$）响应；介于近场区和远场区之间的是过渡区。对式（4.26）给出的均匀大地的时间域响应分别进行早期、晚期近似可以得到地层电阻率与观测响应和观测参数的简单表达形式，从而定义早期、晚期视电阻率。

1. 远区场与早期视电阻率

在式（4.26）所示的负阶跃响应中，若令 $\kappa r \to \infty$（或 $t \to 0$），利用误差函数的近似关系，可以写出水平电场分量 e_x 和感应电动势垂直分量 ε_z 的早期近似式：

$$e_x^{\mathrm{E}} \approx \frac{Idl}{2\pi\sigma r^3} \tag{4.29a}$$

$$\varepsilon_z^{\mathrm{E}} \approx \frac{3Idl\sin\theta}{2\pi\sigma r^4} \tag{4.29b}$$

式中：上标 E 表示早期近似场。

由此可用早期近似场定义早期视电阻率：

$$\rho_{e_x}^{\mathrm{E}} \approx \frac{2\pi r^3 e_x^{\mathrm{E}}}{Idl} \tag{4.30a}$$

$$\rho_{\varepsilon_z}^{\mathrm{E}} \approx \frac{2\pi r^4 \varepsilon_z^{\mathrm{E}}}{3Idl\sin\theta} \tag{4.30b}$$

2. 近区场与晚期视电阻率

在式（4.26）所示的瞬断响应中，若令 $\kappa r \to 0$（或 $t \to \infty$），利用误差函数和指数函数的近似关系，分别取 κr 项的 3 阶和 5 阶小量，可以得到水平电场分量 e_x 和感应电动势垂直分量 ε_z 的晚期近似式：

$$e_x^{\mathrm{L}} \approx \frac{Idl}{12}\sqrt{\frac{\mu^3\sigma}{\pi^3 t^3}} \tag{4.31a}$$

$$\varepsilon_z^{\mathrm{L}} \approx \frac{rIdl\sin\theta}{40}\sqrt{\frac{\mu^5\sigma^3}{\pi^3 t^5}} \tag{4.31b}$$

式中：上标 L 表示晚期近似场。

由此可得晚期视电阻率：

$$\rho_{e_x}^{\mathrm{L}} \approx \frac{\mu^3 I^2 \mathrm{d}l^2}{144\pi^3 t^3 (e_x^{\mathrm{L}})^2} \tag{4.32a}$$

$$\rho_{\varepsilon_z}^{\mathrm{L}} \approx \frac{\mu}{\pi t}\left(\frac{\mu r Idl\sin\theta}{40 t \varepsilon_z^{\mathrm{L}}}\right)^{2/3} \tag{4.32b}$$

与 4.2.1 小节中关于 CSAMT 频率域响应的近似场比较，时间域场的近似从概念上与频率域相同，但由于时间域响应采用了负阶跃响应，且由场量直接定义视电阻率，所以其特性不尽相同。在频率域的响应中，由近区场定义的视电阻率与频率无关，所以认为近区场只有几何测深而没有频率测深功能。在式（4.31）给出的时间域瞬断响应的近区场近似中，由于 e_x 分量取到 κr 项的 3 阶小量，所以 $e_x^{\mathrm{L}} \propto (\sigma^{1/2}, t^{-3/2})$，也就是说 e_x 的近区近似场对地层电阻率有敏感性，也具有较强的时变测深能力；对于 ε_z 分量，由于取到 κr 项的 5 阶小量，所以 $\varepsilon_z^{\mathrm{L}} \propto (\sigma^{3/2}, t^{-5/2})$，也就是说 ε_z 的近区近似场对地层电阻率敏感更高，时变测深能力更强。也正是基于这一原理，苏联发展了用于深部探测的近区建场测深法。式（4.32）给出的近区场视电阻率具有理论上的完美性，但在实际应用中有效地测量满足晚时条件（$t \to \infty$）的电磁场量具有挑战性。一般来说，瞬变电磁法的早期视电阻率的首支反映的是浅层地电特性，晚期视电阻率曲线的尾支则反映深部地层的电性特征。特别是由式（4.30b）定义的早期视电阻率的首支可以较准确地给出地表的电阻率值，因视电阻率的定义无电场分量参与，不存在象 MT 中的"静态偏移"问题，这是瞬变电磁法的优势之一。

应用视电阻率表达式时应注意，它仅是一种归一化场数据的形式。由于瞬变电磁场本身的复杂性，上述视电阻率仅含有一小部分电磁场信息，主要集中在早期和晚期，而过渡期信息丢失。改进的方法通常有两种，一种是直接利用电磁场数据进行反演，另一种方法是寻求全区视电阻率的定义。

3. 全区视电阻率

电磁勘探中的视电阻率是以半空间条件下电磁场分量的响应函数为理论依据定义的，如果作为自变量的电阻率与电磁响应函数的关系是一一对应的关系，则反函数存在，这样视电阻率的定义形式可写为

$$\rho_{\mathrm{a}} = F^{-1}(Y, t, r) \tag{4.33}$$

式中：Y 为对应的电磁场分量；t 为观测时间；r 为收发距；F 为均匀半空间下电磁分量与电阻率的函数关系。对于电性源方式，观测垂直磁场随时间的变化率（感应电动势）时，其均匀半空间条件下的响应是电阻率 ρ 的超越函数［式（4.26d）］。目前数学上尚无法给出其反函数形式，因而全区定义视电阻率存在困难，唯一的途径是采用数值求解法来完成。Yang[20]分析了感应电动势随电阻率变化的特征，发现感应电动势并非与电阻率一一对应，即对于一个给定的感应电动势值，一般有两个电阻率与之对应，从而使数值求解视电阻率问题复杂化，如图 4.11（a）所示。Yang[20]提出从两个电阻率中选取真值的规则，较好地解决了数值求解法定义全区视电阻率的问题。但不足之处是实用性较差，且有假极值现象存在，另外，在某些特定条件下也会出现无解的情况。

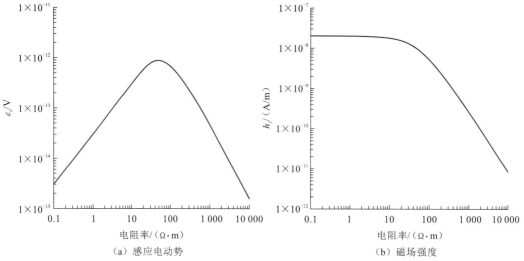

图 4.11 感应电动势和磁场强度垂直分量随电阻率变化的关系曲线

李吉松等[21]全面分析了均匀半空间条件下垂直磁场分量归一化响应函数，发现垂直磁场分量与电阻率之间的关系是一一对应的关系，如图 4.11（b）所示，这样应用垂直磁场强度分量定义全区视电阻率具有唯一性和可靠性。另外，由于垂直磁场是通过对感应电动势的积分获取，积分的过程即为压制随机干扰和随机误差的过程，这对改善资料的质量有好处。

由式（4.26c）给出的垂直磁场分量可以写成以 x 为参数的归一化形式：

$$h_z^{\mathrm{N}} = \frac{4\pi r^2}{Idl\sin\theta} h_z = \left(1 - \frac{3x}{2}\right)\mathrm{erf}\left(\frac{1}{\sqrt{x}}\right) + 3\sqrt{\frac{x}{\pi}}\,\mathrm{e}^{-\frac{1}{x}} \tag{4.34a}$$

$$x = \frac{1}{\kappa^2 r^2} = \frac{4t}{\mu\sigma r^2} \tag{4.34b}$$

式中：上标 N 表示归一化的场。

由于实际观测的是感应电动势，需先将观测场量通过对时间的积分将其转换成垂直磁场分量：

$$h_z^{\mathrm{N}}(t) = 1 - \frac{1}{\mu}\int_0^t \varepsilon_z^{\mathrm{N}}\mathrm{d}t$$

然后，将积分所得的归一化垂直磁场分量作为已知量，代入式（4.34a）中，用数值

求解的方法解得根 x，再代入式（4.34b）得到全区视电阻率：

$$\rho_a = \frac{\mu r^2 x}{4t} \tag{4.35}$$

图 4.12 展示了两种类型（H 型和 K 型）的地电模型的早期、晚期和全区视电阻率计算的结果，图中 H 型模型的参数为 $h_1 = 500$ m，$h_2 = 200$ m，$\rho_1 = 50$ Ω·m，$\rho_2 = 10$ Ω·m，$\rho_3 = 20$ Ω·m；K 型模型的参数为 $h_1 = 500$ m，$h_2 = 200$ m，$\rho_1 = 20$ Ω·m，$\rho_2 = 100$ Ω·m，$\rho_3 = 50$ Ω·m。早期视电阻率根据式（4.30b）计算，晚期视电阻率根据式（4.32b）计算，全区视电阻率由式（4.35）计算得出。从图 4.12 中可以看出，早期视电阻率曲线的首支很好地显示了浅层电阻率，晚期视电阻率曲线的尾支较好地给出了底层的电阻率。如同频率域的 CSAMT 视电阻率曲线一样，介于早期（对应频率域的远区）和晚期（对应频率域的近区）之间是过渡带，过渡带的宽度一般较宽，仅有早期和晚期使电阻率曲线得不到过渡区的电性信息。应用垂直磁场分量计算的全区视电阻率曲线较好地连接了早期曲线的首支和晚期曲线的尾支，给出了过渡带电阻率连续变化的曲线。但过渡带曲线的变化反映出的中间层电性变化似乎较平缓，异常不突出。这说明由于采用的磁场强度是感应电动势的积分，对电性的分辨能力较感应电动势变差。上述计算结果说明，LOTEM 以磁场定义的全区视电阻率曲线具有直观性强、便于定性与定量解释的优点。

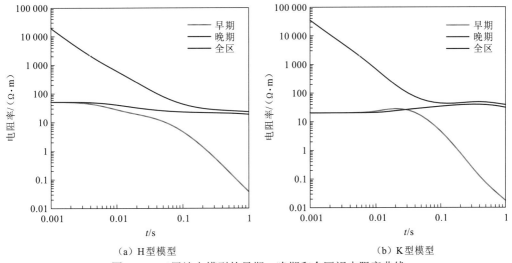

（a）H 型模型　　　　　　　　　　（b）K 型模型

图 4.12　三层地电模型的早期、晚期和全区视电阻率曲线

4.3.3　野外资料采集

LOTEM 的野外观测布设方式与 CSAMT 类似，如图 4.13 所示，主要有发射系统和接收系统构成。

发射系统采用接地导线源，天线长度视工作需要和布设条件可达 1～5 km，发射功率一般>30 kW，以获得足够的勘探深度和信噪比。发射源电流一般采用双极性半占空的方波，方波的周期（T）可调，最长可达 64 s。

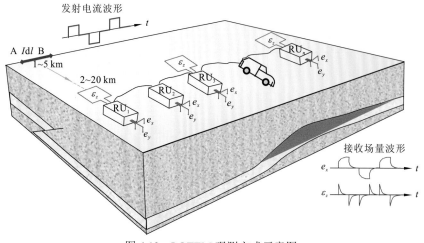

图 4.13 LOTEM 观测方式示意图

接收系统由多个采集站（RU）和中心站（CU）构成，根据需要采集水平电场分量 e_x，或 e_x+e_y，以及感应电动势的垂直分量 ε_z。采集记录系统一般在源电流方波关断前开始测量和记录，直至下一个方波发送之前。这样在一个周期里系统记录了正向方波当 $t \rightarrow \infty$ 时的直流响应及瞬断响应和负向方波的直流响应及瞬断响应，方波和瞬断响应的时间宽度均为 $T/4$。在供电电流关断后测量瞬断响应有以下优越性：①瞬断响应是纯二次场，对地下的电性异常分辨能力强；②纯二次场受场源的复印效应和阴影效应小；③发射系统易于实现电流的瞬时关断，二次场受关断斜坡的影响也小。当然，由于二次场响应与一次场相比强度要弱很多，这样对测量系统的灵敏度和抗噪能力也提出了较高的要求。

1. 观测时窗

在进行观测方案设计时，需根据地质任务的勘探深度要求确定方波周期（T）或观测的时窗长度（$T/4$）。由于接收到的瞬变电压曲线都有一个转折点，该转折点即为早期与晚期的分界点。它所对应的时间即为转折时间 t_s：

$$t_s \approx 0.15 \frac{\mu_0 r^2}{\rho} \qquad (4.36a)$$

式中：r 为收发距；ρ 为地表电阻率。而目的层的响应时间 t_R 是指目的层开始在视电阻率曲线上显示有反应的时间，它与目的层的埋深及上覆盖层电阻率有关，其数学关系表达式为

$$t_R = \frac{\mu_0 h_1^2}{4 \rho_1} \qquad (4.36b)$$

式中：h_1 为上覆层的厚度，ρ_1 为上覆地层的电阻率。观测时窗的范围依据转折时间与目的层的响应时间而定，但需要考虑有足够的冗余度，例如理论计算的观测时窗为 1 ms～2 s，则实际观测时窗可选为 0.5 ms～8 s。

2. 叠加次数

在时间域资料的处理中，除了利用正、负瞬断响应的叠加以压制共模干扰，还通过多个周期观测信号的叠加来压制随机干扰，叠加次数的选择视观测点处的干扰强度来定。

理论上讲，叠加次数越多去噪效果越好，但会增加测点的观测时间和成本。操作员可通过观测系统的计算机屏幕显示的信号波形的幅度、噪声强度及叠加后曲线的平滑度等多个质量控制参数来确定最佳的叠加次数，并尽量保持工区内各测点的叠加次数基本一致。通常叠加次数控制在 100 次以内，若还不能得到信噪比满足要求的观测资料，则需要考虑其他的抑制噪声的措施。

3. 收发距范围

一般来讲，最小收发距应大于或等于 2 倍的接地导线长度，以保证在解释时将源作为偶极子处理的精度。

最大收发距依据于下面的理论公式计算：

$$r_{max} = \frac{3AIdl\sin\theta}{2\pi\rho_1 V_{min}} \tag{4.37}$$

式中：A 为接收线框的有效面积；θ 为观测点与接地长导线的夹角；ρ_1 为上覆地层的平均电阻率；V_{min} 为仪器所观测的最小电压。显然，最大收发距 r_{max} 主要受工区上覆盖层的平均电阻率、接收仪器的灵敏度及场源强度的制约。根据实际工作经验，收发距一般不要大于 10 km。

4. 提高信噪比的措施

（1）通过多次叠加可以压制随机噪声，但并不是叠加次数越多越好，叠加次数多会增加观测时间，有时叠加次数达到某个极限，如再增加叠加次数，则信噪比并无多大改善，所以一般取叠加次数为 20～60。

（2）对于重复而非随机的噪声，如 50 Hz 的工频干扰，仅依靠简单的叠加是无法消除的，需要在后期的资料处理中采用数字滤波技术对固定频率的干扰进行陷波处理。

（3）如果可能，测点布设要尽量远离工业干扰源。

（4）线圈及信号线必须布设稳固。

（5）适当增加源极矩（增大天线长度或发射电流）。

4.3.4 资料处理

在资料解释前，必须对测量的时间序列数据进行一系列的处理，其处理过程可分为以下两个步骤。

1. 叠前处理

叠前处理的核心是选择叠加技术。如果条件允许，最好在叠前进行时域递归滤波处理，因为周期性噪声经叠加之后，其频谱特性会发生一定程度的变化，致使叠后的滤波难以消除噪声。由于叠前处理数据量极大，处理十分费时，目前，LOTEM 的叠前处理主要是对每个记录进行回放、显示，分析噪声水平，了解信号与噪声的频谱特性，然后进行简单的选择叠加，以此来消除随机干扰（如自然噪声）。叠加方式有如下三种方法。

（1）算术平均：一般对于高质量的数据可以采用这种方式，该方法简单、快速，是时域大数量数据处理的常用方法之一。

（2）统计平均：对于信号质量较差的数据，常采取这种方法。

（3）中值平均：它具有算术平均和统计平均两方法之优点。

2. 叠后处理

叠加后的时间序列可能仍然存在周期性干扰（如工业干扰）、收发系统的影响、DC 漂移，IP 效应的影响等，为此，对叠后数据还需要做进一步的处理。

1）时域递归滤波

设 LOTEM 采样时间段内记录的时间序列为 $\{x_i\}$，$i = 1, 2, \cdots, N$，数字滤波因子为 h_i，则滤波后的时间序列 $\{y_i\}$ 为

$$y_i = \sum_{j=-\infty}^{+\infty} h_j x_{i-j} \tag{4.38}$$

在实际应用中，滤波因子 h_j 只能取有限项，这就不可避免会产生误差。为了减少误差，要求 h_j 个数要足够多，LOTEM 中最大项数 N 为 16 000，这样运算起来既占用内存大，又费机时，而递归滤波可以很好地解决这个问题。

递归滤波的思想是：认为输出值 y_i 之间彼此关联，因此在计算 y_i 时，要利用以前的计算结果 y_{i-1}，y_{i-2}，$\cdots$。按照这种思想，常规的递归滤波公式为

$$y_i = a_0 x_i + a_1 x_{i-1} + \cdots + a_n x_{i-n} - (b_1 y_{i-1} + b_2 y_{i-2} + \cdots b_m y_{i-m}) \tag{4.39}$$

式中：m、n 为自然数；a_j、b_j 为递归滤波系数。

瞬变电磁测量信号往往受到的是某些固定频率的干扰，因而滤波器的设计应是针对某个固定频率的陷波器。现在介绍一种简单的时域递归陷波器设计方法——Z 平面法。所谓 Z 平面法，就是在 Z 平面上选择适当的零点和极点，按照滤波器对振幅和相位的要求来设计滤波器。

基于 Z 变换理论，可以方便地写出时域递归滤波器的数学表达式：

$$y_n = G x_n - 2 G R_z x_{n-1} + x_{n-2} + \frac{2R_p}{R_p^2 + I_p^2} y_{n-1} + \frac{1}{R_p^2 + I_p^2} y_{n-2} \tag{4.40}$$

式中：$G = [1 + (2R_p + 1)/(R_p^2 + I_p^2)]/(2 + 2R_z)$，

$z_z = \cos\Omega_r \pm i\sin\Omega_r = R_z \pm I_z$，

$z_p = r_p(\cos\Omega_p \pm i\sin\Omega_p) = R_p \pm iI_p$，$\Omega_p = \Omega_r = \pi f_p / f_N$，$f_N$ 是采样率，f_p 是陷波频率；

r_p 为陷波频率处的模长，通常取 $r_p = 1.0$。

针对我国工频 50 Hz 干扰的特点，依据式（4.40）设计的数字递归滤波器为

$$y_n = 0.990124(x_n - 1.912114 x_{n-1} + x_{n-2}) - 0.980296 y_{n-2} + 1.88328 y_{n-1} \tag{4.41}$$

2）DC 偏移校正

由于瞬变电磁法测量是宽频带的，接收装置的前置放大一般不加低通陷波，这样记录的信号对 DC 直流漂移就十分敏感，但 DC 的存在对视电阻率曲线有严重的畸变作用。影响 DC 漂移的原因来自三个方面：一是采集系统本身，主要是仪器各组件的温漂等因素；二是来自外部，如大地中低频作用、IP 效应等；三是地表横向不均匀的影响，这种

影响表现为层状大地表面上的实测曲线与一维正演模型的不一致性，即总是在坐标系中存在一个系统差。图 4.14 是在理论模型正演的数据上±1％和±1‰DC 分量计算出早、晚期视电阻率曲线。从图中可以看出，有 DC 存在时，视电阻率曲线的形态会发生严重的畸变，从而导致错误的解释。

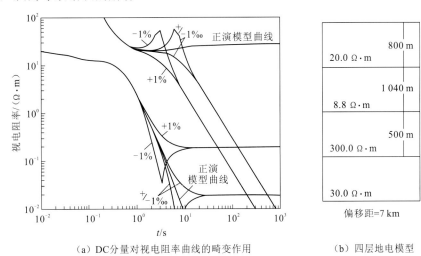

（a）DC分量对视电阻率曲线的畸变作用　　　（b）四层地电模型

图 4.14　DC 分量对视电阻率曲线的畸变作用和四层地电模型

原则上讲，对于所采用的双极型供电方式应能较好地消除共模偏移和噪声，但对于振幅和相位缓慢变化的噪声，正交叠加的方式还难以消除，所以还需对叠后数据进行直流偏移处理。对于 DC 偏移的校正，采取人机联作方式，即解释人员从原始曲线图上判断出 DC 偏移值并输入程序中，然后计算机自动进行校正处理。

3）场源校正

LOTEM 的场源影响主要指发射源受地表不均匀而造成源偶极距的亏损，它与大地电磁中的静态偏移有本质的区别。其原因是电性源的亏损对测区所有测点的影响都一样，是一个常数，与衰减的时间无关，与测点处的地电构造无关，因而校正起来比较简单。

由式（4.27c）可知，在零频 $t \to \infty$ 时，无论是层状介质还是均匀半空间，磁场的垂直分量总为常数，该常数仅与收发距、偶极矩和测点与源的夹角有关。而垂直磁场强度实际上是感应电动势对时间的积分，这样可以定义场源校正系数 c_s 为

$$c_s = \frac{\mu_0 I dl \sin \theta}{4\pi r^2 \int_0^\infty \varepsilon_z(t) \mathrm{d}t} \tag{4.42}$$

显然，对于理论模型应有 $c_s = 1$。

4）反褶积处理

根据信号系统理论，LOTEM 观测装置记录的信号（系统输出）$y(t)$ 是阶跃激励脉冲 $u(t)$、仪器系统响应 $h(t)$ 和大地电磁响应 $g(t)$ 三者的褶积，其数学表达式为

$$y(t) = h(t) * g(t) * u(t) \tag{4.43}$$

对时域观测资料进行反褶积处理，就是要从 $y(t)$ 中消除观测系统响应 $h(t)$ 的影响。具体做法是：在野外采集之前，先对系统进行时域标定，标定时测量系统置于电偶源中部

附近，此时大地电磁响应可以忽略，然后以 1 A 的阶跃电流激发，则此时的输出可视信号为

$$y(t) = h(t) * u(t) \qquad (4.44)$$

由于标定是在阶跃电流激发下进行的，所以系统响应是标定数据的导数值。用系统函数与叠后数据进行反褶积处理，可消除观测系统影响。

4.3.5 反演成像解释方法

LOTEM 具有坚实的理论基础，学者们经过数十年的精心研究，在时间域瞬变电磁响应的二维、三维正演方面已有较好的算法，理论上反演也不成问题。但由于时间域响应的正演计算十分耗时，同样模型维度条件下所需计算时间是频率域 CSAMT 响应的十多倍，是 MT 响应的数百倍。即使是在计算速度飞快的今天，对大尺度模型和大数据集的实测 LOTEM 资料进行全三维计算机反演仍然相当困难。为了对瞬变电磁资料进行直观快速的解释，人们开始另辟蹊径，研究开发多种瞬变电磁测深电阻率成像方法，其基本出发点是基于瞬变电磁场的"烟囱"效应，或直接对 TEM 曲线进行拟 MT 反演。瞬变电磁测深法相对频域电磁勘探方法而言较少受到横向非均匀性影响，因此，时域电阻率快速成像法对实际资料处理在一定程度上可获取近似可用的结果，特别是对于平缓构造，其成像效果更佳。

用于 LOTEM 的电阻率快速成像法是建立在全区视电阻率定义基础上的单点成像方法。利用"烟囱"效应分析接地导线源在源电流关断后二次场向地中扩散的速度来确定深度参数；利用全区视电阻率曲线的"类 Bostick"反演确定电阻率参数随深度的变化。

1. 线源时域响应均匀大地中的视勘探深度

线源的电流关断后，地下电流密率分布呈"烟囱"模式，其电流密度最大值总是在线源的正下方，最大值随着时间的推移向下垂直移动。

x 方向的线源置于地表时，则地下任意点处的电场由式（4.45）表示[22]：

$$e(y,z) = \frac{I}{\sigma \pi R^2} \left\{ \left(\frac{z^2 - y^2}{R^2} + 2\kappa^2 z^2 \right) e^{-\kappa^2 R^2} - \frac{2}{\sqrt{\pi}} \left[\kappa z - \frac{(\kappa^2 R^2 + 1)}{R^2} 2yz D(\kappa y) \right] e^{-\kappa^2 z^2} \right.$$
$$\left. + \frac{z^2 - y^2}{R^2} \operatorname{erfc}(\kappa z) \right\} \qquad (4.45)$$

式中：κ 如式（4.25）所定义；$R = \sqrt{y^2 + z^2}$；$D(u) = e^{-u^2} \int_0^u e^{v^2} dv$ 为 Dawson 积分；$\operatorname{erfc}(u) = 1 - \operatorname{erf}(u)$ 为余误差函数。

当 $\kappa R \to 0$（或 $t \to \infty$）时，可得式（4.45）的晚期近似式为

$$e(y,z) \approx \frac{I_0}{\sigma \pi} \left(\frac{\kappa^2}{4} + \frac{4z\kappa^3}{3\sqrt{\pi}} - \frac{y^2 + 3z^2}{2} \kappa^4 - \frac{4(2y^2 + z^2)z}{5\sqrt{\pi}} \kappa^5 \right) \qquad (4.46)$$

求式（4.46）对 t 的导数并令其为零，可解得图 4.11（a）中所示烟圈（电场等值线）的深度最大值与时间的关系：

$$z_{\max} = \frac{8}{9}\sqrt{\frac{t}{\pi\mu_0\sigma}} \qquad (4.47a)$$

且该最大值随时间向深处扩散的速度为

$$v_{\max} = \frac{4}{9\sqrt{\pi\mu_0\sigma t}} \qquad (4.47b)$$

在电阻率成像算法中，$z_{\max}$ 可视为接地导线源瞬变响应的视勘探深度。

2. 电阻率成像公式

在全区视电阻率曲线基础之上，利用 Niblett-Bostick 转换方法[23]和"慢度"的积分方法[24]来分别求取地电模型的电阻率一阶与二阶近似公式。

设大地的真电导率是深度的函数，可写成 $\sigma(z)$，则地层的等效电导率可表示为地下真电导率的某种平均的结果。若仅考虑在式（4.47a）所定义的视勘探深度范围内的平均，则可写为

$$\bar{\sigma} = \frac{1}{z_{\max}}\int_0^{z_{\max}}\sigma(z)\mathrm{d}z \qquad (4.48)$$

对式（4.48）两边取 $z_{\max}$ 的导数，整理得

$$\sigma(z) = \bar{\sigma} + z_{\max}\frac{\mathrm{d}\bar{\sigma}}{\mathrm{d}z_{\max}}$$

用 LOTEM 的全区视电阻率 $\rho_a(t)$ 替代式（4.48）中的等效电导率 $\bar{\sigma}$，并用于 $z_{\max}$ 展开式中的电导率，经数学推算可得

$$\rho(z) = \rho_a(t)\frac{1+m(t)}{1-m(t)} \qquad (4.49a)$$

式中

$$m(t) = \frac{\mathrm{d}\ln\rho_a(t)}{\mathrm{d}\ln t} = \frac{t}{\rho_a(t)}\frac{\mathrm{d}\rho_a(t)}{\mathrm{d}t} \qquad (4.49b)$$

这样就可以由全区视电阻率 $\rho_a(t)$ 计算不同深度处的电阻率。$\rho_a(t)$ 是电阻率成像的一阶近似公式，可用式（4.47a）实现时间-深度的近似转换。

由式（4.47b）感应涡流扩散的速度公式可以写出"慢度"（速度的倒数）的表达式为

$$\frac{\mathrm{d}t}{\mathrm{d}z_{\max}} = \frac{81\pi}{32}\mu_0\sigma z_{\max} \qquad (4.50)$$

式中：$\sigma z_{\max}$ 是深度从 $0\sim z_{\max}$ 的总纵向电导，也可仿照式（4.48）写成电导率随深度的积分形式，即

$$\frac{\mathrm{d}t}{\mathrm{d}z_{\max}} = \frac{81\pi}{32}\mu_0\int_0^{z_{\max}}\sigma(z)\mathrm{d}z \qquad (4.51)$$

对式（4.51）两边取 $z_{\max}$ 的导数，整理后得

$$\rho(z) = \frac{81\pi\mu_0}{32}\left(\frac{\mathrm{d}^2t}{\mathrm{d}z_{\max}^2}\right)^{-1} = \frac{9}{16}\sqrt{\frac{\pi\mu_0\rho_a(t)}{t^3}} \qquad (4.52)$$

这是电阻率成像的二阶近似公式。

电阻率成像方法速度快，易于在野外资料采集现场实时处理，便于现场人员及时掌

握 LOTEM 采集的情况，进行采集质量控制并部署下一步工作方案。在资料的解释过程中，应用成像算法对资料进行初步成像和分析可为地质解释提供重要参考依据。但也应指出的是，成像方法是一种近似的资料解释方法，对于地电构造复杂，特别是对高阻目标体的成像效果较差，准确的定量解释还有赖于高精度的二维或三维反演。

3. 电阻率成像方法的模型检验

1）无限长低阻棱柱体模型

图 4.15（a）是无限长低阻棱柱体模型，围岩电阻率 $\rho_1 = 50\ \Omega\cdot m$，棱柱体电阻率 $\rho_2 = 10\ \Omega\cdot m$，棱柱体的截面尺寸为 300 m×200 m，埋深为 300 m，计算网格为 37×57。利用二维正演程序计算得到无限长棱柱体的线源瞬变电磁响应的全区视电阻率拟剖面，如图 4.15（b）所示。

图 4.15（c）是利用式（4.49）计算得到的电阻率快速成像剖面图。由图可知，低阻异常体的形态为一椭圆形，棱柱体形态已基本反演出来，只是异常体横向上要长一些，异常背景因有低阻体的存在，在埋深 400～500 m 有一定的影响。

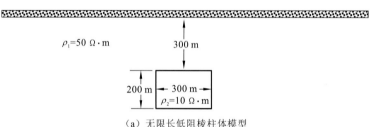

（a）无限长低阻棱柱体模型

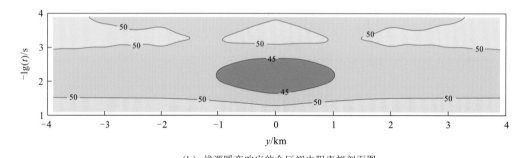

（b）线源瞬变响应的全区视电阻率拟剖面图

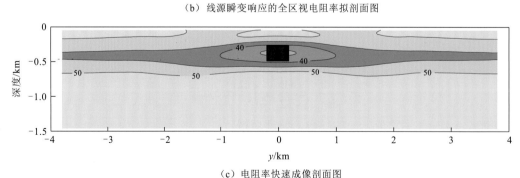

（c）电阻率快速成像剖面图

图 4.15　无限长低阻棱柱体模型及线源瞬变响应的电阻率成像结果

2）地堑模型

设计一地堑模型如图 4.16（a）所示，地堑尺寸为 500 m×400 m，上覆层厚度为 600 m，上覆层（含地堑）电阻率 $\rho_1 = 20\ \Omega\cdot m$，底层电阻率 $\rho_2 = 100\ \Omega\cdot m$。图 4.16（b）是相应的线源瞬变电磁响应的全区视电阻率拟剖面，计算网格为 37×57。

图 4.16（c）是电阻率快速成像剖面图。从图中看出，中部的凹陷是地堑模型的反映，但构造凹陷宽缓，显然电阻率成像结果较为模糊，不能用于准确的构造解释。

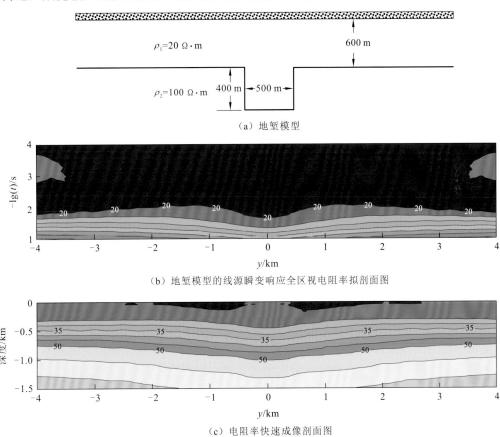

（a）地堑模型

（b）地堑模型的线源瞬变响应全区视电阻率拟剖面图

（c）电阻率快速成像剖面图

图 4.16　地堑模型及线源瞬变响应的电阻率成像结果

4.4　复电阻率法

自 20 世纪 90 年代初 Schlumberger 教授发现岩石在外电场的作用下具有电极化现象以后，美国学者 Collett 提出了基于岩石电极化现象探测的频率域激发极化法[25]，随后加拿大学者 Wait 成功开展了通过依次发射多个频域激励电流来进行激电勘探的野外试验，并详细论述了频率域激电法的原理和效果[26]。Pelton 根据对岩矿石标本及露头的大量测量结果认为，激电效应引起的不同频率的电阻率和相位可以用 20 世纪 40 年代 Cole 兄弟提出的电解质介电性模型（科尔-科尔模型）来表示，并提出了频谱激电法[27]，即在变频法的基础上进一步估计科尔-科尔模型参数，用于区分矿物类型。80 年代初，Zonge

公司研发了仪器系统,在油田用复电阻率和剩余电磁效应(residual electromagnetic effect, REM)参数进行油气探测获得成功[28],将复电阻率(complex resistivity,CR)法的应用扩展到油气勘探领域。

我国学者从 20 世纪 80 年代初期开始进行谱激电法的理论和应用研究,取得了一系列的重要研究成果[29],为 CR 法在我国油气与矿产勘探中的应用奠定了理论与应用基础。

进入 21 世纪以来,激电法迎来了跨越式发展,即向更大规模的分布式全波形三维勘探发展。比如,澳大利亚 MIMEX 公司于 1994 年研制出 MIMDAS 三维电法系统,可实现 100 道分布式同步数据采集[30];美国 NEWMONT 矿业公司于 2010 年推出 NEWDAS 三维分布式激电采集系统,可实现时域激电的全波形测量[31];加拿大 QUANTEC 公司根据全新的三维勘探理念,研制了配套仪器系统,主要包括 TITAN 24 电法系统和 ORION 3D 全景三维系统[32];法国 IRIS 公司研制了大功率全波形激电仪等设备,以三维非常规四极装置在野外进行了电阻率、极化率和自然电位的测量工作[33]。分布式观测中几十台甚至上百台接收机构成采集阵列并一次性布设完成,发射机大功率供电,接收机同步采集激电信号,从而使工作效率大大提高。施工效率的增加也使得野外采集数据的时间大幅减少,而且随着电子技术的发展,目前激电仪器都已实现了全波形采集,即不再是单一输出某一时间采样点的视参数计算结果,而是可以完整地输出激励电流和各道观测电位差的全波形数据,进而可同时提取时域极化率、积分充电率,以及频域复电阻率幅值、相位、频散率、科尔-科尔模型参数等信息。

4.4.1 复电阻率法基本原理

国内外在含油气盆地上的 CR 法试验与岩石物理研究表明,油(气)在生成、运移、聚集和逸散的空间上都可能有电性-电极化异常的存在,由深至浅分别有生油岩异常、烃类流体沿输导层运移形成的通道异常、烃类流体在封闭空间聚集形成的圈闭异常及烃类分子穿过盖层渗漏形成的逸散异常。基于烃类流体与电极化关系的研究结论,复电阻率法成为烃类流体识别的首选方法。

CR 法是频率域激发极化法,利用常规电阻率法的轴向偶极-偶极装置,通过供电电极(A 和 B)向地下供入不同频率的低频交变电流 $I(\omega)$,在地面上采用多道电偶极(M 和 N)排列观测相应频率的电位差 $\Delta V(\omega)$,按传统式(3.3)计算视复电阻率:

$$\rho_a(\omega) = K_a \frac{\Delta V(\omega)}{I(\omega)} \qquad (4.53)$$

式中:K_a 为测量装置的装置系数。地层的激电和电磁效应的共同作用,使得观测的 $\Delta V(\omega)$ 随频率变化,并且相对于发射电流 $I(\omega)$ 有相位移。所以按式(4.53)计算得到的视电阻率是频率的复变函数,称为视复电阻率。

在第 3 章中已经给出了描述岩矿石激发极化效应的科尔-科尔模型[式(3.55)],主要参数包括零频电阻率(ρ_0)、极限极化率(η)、弛豫时间常数(τ)和频率相关系数(c)。由实际的野外观测数据计算得到的视复电阻率是地中一定体积范围内介质在源场激励下产生的电磁响应的综合,模型中的参数不能直接代表被研究地质对象的本征性质。所以定义视复电阻率的科尔-科尔模型为

$$\rho_a(\omega) = \rho_{a0}\left[1 - \eta_a\left(1 - \frac{1}{1 + (i\omega\tau_a)c_a}\right)\right] \tag{4.54}$$

式中：ρ_{a0} 为视零频电阻率；η_a 为视极限极化率（与时域中的视充电率 m_a 相同）；τ_a 为视时间常数；c_a 为视频率相关系数。各视谱参数的物理意义如下。

视零频（几何）电阻率 ρ_{a0} 是按照电极排列的方式和大小计算的视电阻率，与常规电法中视电阻率的概念相同，表征在勘探体积内的平均电阻率值。它对地下与围岩存在导电性差异的目标体的电性和几何分辨率不高，往往只反映地下电阻率在勘探体积范围内的趋势变化。

视极化率 η_a 和常规电法中的视充电率（m_a）或视频散率（F_d）的物理意义相同。η_a 是全域的，是在极限条件下（即低频趋于零）计算的视极化率。对于体极化目标体而言，其大小直接反映了勘探体积内极化物质体积含量的变化。对于油气藏，一般有同一极化背景下油气含量越高，η_a 越大。

视时间常数 τ_a。由于勘探体积内极化物质的结构（如可极化物质的粒度、连通性、介质的性状等）的差异，SIP 谱在频带上的中心位置不同，具体表现在视时间常数的变化上。

视频率相关系数 c_a 是 SIP 谱的形态参数，其数值取决于在电流激发下地下岩、矿石所发生的电化学极化过程的性质。在油气藏上，如果极化物质的种类和粒度单一，且分布均匀，其 c_a 值一般在 0.5 左右（指由浓差极化引起的扩散电动势）。如果极化物质的种类和粒度不单一，且分布不均匀，则 c_a 值会发生离散，在有限的观测频带内，往往有减小的趋势。

4.4.2 野外资料采集

CR法野外数据采集按偶极－偶极剖面测深方式，发射-接收阵列布设如图4.17所示。如图所示，发射系统 Tx 通过接地源偶极 AB 向地中供入大功率电流，接收系统 Rx 由多个首尾相接的偶极阵列组成，若地面布设条件允许，应尽量保证各接收偶极矩相等，即 $\overline{M_i N_i} = a$，（$i = 1, 2, \cdots, n$），n 为接收阵列的通道数。

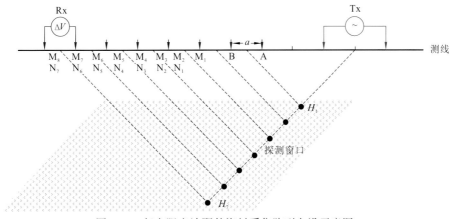

图 4.17 复电阻率法野外资料采集阵列布设示意图

偶极-偶极装置高灵敏度区域出现在发射偶极和接收极的下方,这意味着装置对每对偶极下方电阻率的变化分辨能力是比较好的。同时,灵敏度等值线几乎是垂直的,因此偶极-偶极装置的水平分辨率比较好,可用来探测向下有一定延伸的目标体。

观测参数的设计主要考虑被探测目标体应至少包含在系统的探测窗口内,针对同一剖面上有多个不同埋深的目标体或平面展布的目标层,可使用不同的窗口或重叠的复测窗口实现对目标的有效覆盖。常用的方式是沿测线方向进行排列的滚动测量,虽然可能测量效率不高,但可得到对目标的多次覆盖,信噪比高,分辨弱异常的能力强。

由图 4.17 所示的布设方案,可以得出各道的探测深度为

$$H_i = \frac{a}{4}(1 + 2N_{Ri} + N_T) \qquad (4.55)$$

式中:H_i 为第 i 测量道的探测深度,m;a 为接收偶极矩,m,即 $a = \overline{MN}$;N_{Ri} 为第 i 测量道的隔离系数,满足 $\overline{BM_i} = N_{Ri}a$;$N_T$ 为发射偶极与测量偶极极距之比,称为发收极距比,满足 $\overline{AB} = N_T a$。

由式(4.55)可知,在源偶极距一定的条件下,系统的最大勘探深度主要由接收偶极矩与排列的最大接收道数的乘积所决定。加大接收偶极矩 a 可以增加勘探深度,但也会降低空间分辨能力,一般取 25 m<a<500 m 为宜。加大探测深度的另一种选择是增加排列的接收道数。在系统硬件配置条件允许的情况下,可适当增加接收道数 n 以增加勘探测度,但道数过多也可能导致大偏移距的测量道信号太弱。如加拿大凤凰地球物理公司 V8 系统的 CR 法常规配置的测量道数为 $n=7$,按图 4.17 中的布设方案,若取接收偶极矩 $a=200$ m,则探测窗口为 350 m<H<950 m。

CR 法的供电电流波形和接收的信号波形如图 3.2 所示,根据勘探需要可在 0.01~1 000 Hz 选择发送多个频率的电流波形以获得视电阻率的频谱分布。同时,应保证对目的层有足够的能量激发,即最弱道信号强度不小于 0.05 mV,信噪比不小于-30 dB。

在野外装置的布设中,特别是干燥地表或高阻层出露的工区,认真处理好供电电极 AB 及测量电极 MN 的接地非常重要,降低接地电阻可以增大信号强度,提高信噪比,提高野外采集精度。在施工中,可以通过深挖供电电极坑,同时将多个电极坑并联为一个供电电极以降低源偶极的接地电阻。每个电极坑至少埋一张铝箔,并在坑中浇注盐水,以改善供电电极的接地条件,增大供电电流,保证资料采集所需的信号强度。测量电极采用不极化电极,接地同样浇注盐水,用来降低测量极罐接地电阻,以保证测量电极接收的信号强度。

通过以上分析和讨论可以看出,采用轴向偶极-偶极排列的复电阻率勘探方法具有以下特点:①电磁耦合效应小,数据精度高。由于发射和接收都采用相互分离的短电偶极子,电磁耦合的干扰与其他类型的装置相比最小。②分辨能力强。CR 法对激发极化异常非常灵敏,异常幅度大,且偶极-偶极装置的水平分辨率高,对极化体形状和产状分辨能力强,对覆盖层的穿透能力也较强。③有效勘探深度可控。通过合理地选择偶极距、隔离系数和装置系数可以调整勘探深度和空间分辨率,以满足深部油气藏勘探的需要。④可提供多种电性参数用于构造解释和流体识别。从观测资料中即可提取激电效应的信息和电磁感应的信息,可相互补充和佐证,以提高对异常属性预测和评估的准确性。⑤工效低。尽管接收装置相对比较轻便,易于布设和移动,但对于油气探测所需的长剖面测量,需要进行滚动测量,测量效率低。

4.4.3　资料处理

1. 资料预处理

资料预处理主要包括对观测的复电阻率振幅与相位进行数据组剖、数据去噪和校正处理。首先用标定文件标定电位差，进行电位差反归一化（以 20 Hz 为基准）和电位差增益校正。然后由采集记录的供电电流和各测点的电位差及偶极矩和装置系数，按式（4.53）计算得到视复电阻率。根据直流点电极的电位公式，可以推导出图 4.17 所示的排列布设的装置系数为

$$K_i = \frac{2\pi a N_{\text{R}i}(1 + N_{\text{R}i})(N_{\text{R}i} + N_\text{T})(1 + N_{\text{R}i} + N_\text{T})}{N_\text{T}(1 + 2N_{\text{R}i} + N_\text{T})} \tag{4.56}$$

式中：K_i 为第 i 测量道的装置系数；$N_{\text{R}i}$ 为第 i 测量道的隔离系数；N_T 为发收极距比。

最后对观测数据质量进行统计分析，根据谱曲线的精度、光滑度、规律性及完整性、信噪比和信号强度等，确定各测点谱曲线的质量，并据此统计出各剖面及全测区的资料合格率及优级品率。

2. 电磁耦合效应分离

CR 法的观测数据中包含由导电性引起的近区场电磁谱和由电极化性引起的激电谱，从观测的总谱中正确地分离电磁谱和激电谱是 CR 法资料处理的技术关键[34]。一般两种谱在频带上占据不同的位置，激电谱异常出现在低频段而电磁谱出现在高频段，可用科尔-科尔模型的组合形式或科尔-布朗（Cole-Brown）模型反演拟合分离。下面介绍采用激电谱和电磁谱乘法组合形式的表征总谱的科尔-布朗模型，定义：

$$\rho_\text{a}^{\text{IP}}(\omega) = \rho_0(1 - \eta_1 F_1) = \rho_0 \left\{ 1 - \eta_1 \left[1 - \frac{1}{1 + (\text{i}\omega\tau_1)^c} \right] \right\} \tag{4.57a}$$

$$\rho_\text{a}^{\text{EM}}(\omega) = (1 - \eta_2 F_2 + \text{i}\omega\tau_3) = 1 - \eta_2 \left(1 - \frac{1}{1 + \text{i}\omega\tau_2} \right) + \text{i}\omega\tau_3 \tag{4.57b}$$

$$\rho_\text{a}(\omega) = \rho_\text{a}^{\text{IP}}(\omega)\rho_\text{a}^{\text{EM}}(\omega) \tag{4.57c}$$

式（4.57a）是描述激电效应的科尔-科尔模型，$\rho_\text{a}^{\text{IP}}$ 为激电响应的视复电阻率，η_1、τ_1 和 c 分别为极化率、时间常数和频率相关系数；式（4.57b）是描述观测系统与地层电磁耦合效应的 Brown 模型，$\rho_\text{a}^{\text{EM}}$ 为电磁耦响应的视复电阻率，η_2、τ_2 和 τ_3 分别为类激电极化率、时间常数和电磁系统耦合效应的时间参数，是反映地层电磁耦合效应的参数；式（4.57c）中 ρ_a 是总谱的视复电阻率。可以看出，Brown 模型实际上可看作 $c=1$ 的科尔-科尔模型加上一个与测量装置的自由空气耦合有关的项（$\text{i}\omega\tau_3$）。

应用式（4.57）对观测数据进行拟合反演，可以获得 7 个视谱参数（ρ_0、c、η_1、η_2、τ_1、τ_2 和 τ_3）。研究表明，通过反演获得的激电效应视复电阻率的相位 $\varphi_\text{a}^{\text{IP}}$ 与常规激电法的视极化率 η_a 参数刻画地下极化异常体的能力相同，主要反映极化异常的强度；电磁视谱参数 η_2、τ_2 和 τ_3 并不能很好地指示地下电性异常体的存在，而电磁耦合效应的复视电阻率的相位 $\varphi_\text{a}^{\text{EM}}$ 更能反映地下的电性异常。为了突出地下电性异常的响应，

Zonge 等[28]提出用电磁相位比 $\varphi_a^{EM}/\varphi_a^0$ 表征剩余电磁效应，式中 φ_a^0 是均匀大地的视相位，低阻异常时 $\varphi_a^{EM}/\varphi_a^0<1$，而高阻异常时 $\varphi_a^{EM}/\varphi_a^0>1$。

图 4.18 所示为一个实测 CR 排列数据的分离结果，排列共有 7 个记录道，对应的隔离系数 $N=1\sim7$。图 4.18（a）给出了实测总谱的视复电阻率的幅值和相位，注意相位的单位为 mrad。从图中可以看出，除第 1 道（$N=1$）可能由近场效应造成视电阻率和相位曲线差异较大外，其他各道的视电阻率和相位曲线的形态基本一致。零频电阻率值为 $45\sim60\ \Omega\cdot m$，相位极值约为 1 000 mrad，极值点出现的频率为 20～80 Hz。图 4.18（b）给出了经谱分离处理后得到的激电谱和电磁谱相位曲线。从图中可以看出，激电谱相位的幅值相对较小，为 50～70 mrad；除第 1 道外，峰值位于 1～10 Hz 的低频段，曲线形态近似对称，曲线两侧较陡，表明频率相关系数较大。此外，电磁谱相位曲线的峰值较大，最大值接近 900 mrad，比激电相位极值大一个多数量级；峰值的位置为相对高频段，峰值及峰值位置与总谱相位曲线相近；曲线为不对称形态，与 Borwn 模型的相位形态特征一致。

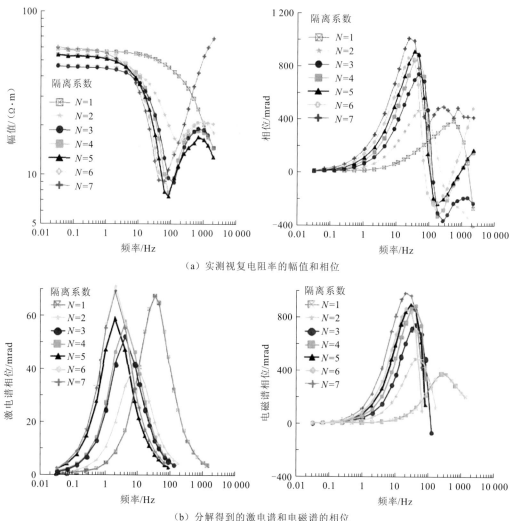

（a）实测视复电阻率的幅值和相位

（b）分解得到的激电谱和电磁谱的相位

图 4.18　实测视复电阻率的极化效应和电磁耦合效应的分解

4.4.4 激电异常评价

通过对测线的 CR 法资料进行处理，可以获得剩余电磁效应、电磁电阻率、几何电阻率、极化率、时间常数和频率相关系数等谱参数的剖面图，每种参数的物理含义及在油气识别中的作用各不相同，从不同的侧面反映了地下的电性结构和含油气特征。

欲正确认识和评价 CR 法异常，首先要从单个参数的异常出发分析异常的特征和规律，识别出因地形起伏、覆盖层厚度变化及围岩或盖层导电性异常造成的电性响应异常，去伪存真。在确认为有意义的目标层电磁和激电异常后，根据已知资料或先验知识总结异常的组合模式，根据异常值的大小和不同参数之间的匹配关系等，定性地进行异常等级评价。

如第 3 章中所述，地层的电性主要与地层的岩性、孔隙度、孔道连通性及孔隙流体的性质有关，电磁电阻率和零频电阻率可以很好地表征地层的宏观电性特征。对于非金属矿物的勘探目标，激电参数从不同侧面反映了岩层的孔隙结构及孔隙中所含流体的特性，所以综合应用电磁和激电参数可以较好地进行流体识别。

时间常数和频率相关系数可以帮助进一步判断极化率异常与油气的关系。油气类物质的视时间常数一般表现出中等强度，每个地区具体值域略有差异。激电效应的时间常数可有几个级次的变化范围：$\tau > 100$ s 时极化体为高含量石墨或石墨化岩石，$\tau > 10$ s 时极化体为高含量硫化物或石墨化岩石，$\tau > 1$ s 时极化体为密集浸染状金属矿化或石墨化，$\tau > 0.1$ s 时极化体为稀疏浸染状金属矿化或石墨化，$\tau < 0.1$ s 时极化体为离子极化体。频率相关系数与油气的关系相对要弱一些，规律性也差一些，不同地区有不同的特点。激电效应的频率相关系数 c 明显受极化体内电子导电矿物颗粒度均匀性的影响：$c > 0.4$ 时极化体内极化颗粒较均匀，$c < 0.4$ 时极化体内极化颗粒较不均匀。

油气圈闭上的激电异常主要是由烃类物质产生的，这是 CR 法直接探测油气藏能获得较高符合率的物理基础。三个电极化参数 η、τ 和 c，除与岩石中可极化物质的含量有关外（主要是 η 参数），还与这些物质的结构（颗粒度及分布的均匀性）、孔隙度大小和连通性、孔隙中液体的性质、电化学过程的类型等有关。

对于 CR 法所发现的异常，根据油气藏的生成规律和一些已知条件，可以确定异常的中心埋深和边界范围，还可以对异常的含油气性做出定量解释。解释过程中对已知资料的利用与消化非常关键，已知条件用得好可以提高成果质量。如果已知资料较少或者没有已知资料，也可以由 CR 法资料自身出发对异常做出推断解释。油气圈闭异常的基本特征是较大范围的低阻背景中的高阻——中、高极化异常。低阻背景主要反映的是含高矿化度地下水的储集层和盖层的电性，而激电异常反映的是同样孔隙度和孔道结构的储集层含油后因产生面极化的比表面积相对增大而产生的激电效应增强，相对于背景形成高阻高极化异常。复电阻率谱形态参数 τ 在含油储集层上方普遍具有高值特征，而频率相关系数 c 在油藏上方可能呈现高值也可能低值异常，在不同地区、不同时代类型的油（气）圈闭上的反映不完全一致，但在局部地区存在规律，如在陆相低渗透稠油圈闭异常上，有相对低的 c 异常。与钻井综合解释结果对比，表明储集层的孔隙率有一定幅度增加时（一般一倍左右），渗透率就有大幅度的增加（数倍至十数倍）。在这些地区配合使用 τ 和 c 参数解释异常，有更高的可靠性。

4.5　井-地/地-井电磁法

井中电磁法是近年发展较快并在油气藏勘探、开发油区剩余油探测和油藏动态监测中应用较多的电磁方法之一，主要有井中电磁源发射、地面接收的井-地电磁法（well-surface electromagnetic method，WSEM）和地面电磁源发射、井中接收的地-井电磁法（surface-well electromagntic method，SWEM）。

井-地电磁法可以以井的套管为发射电极，也可采用电偶极源或磁偶极源置于井中地质目标层附近，近距离激发；激发信号可以是单频或多频的频率域电磁波，也可以是时间域方波。在地面进行阵列观测，测量电场强度和感应电动势分量，测得的信号强度取决于观测方式所确定的电磁场作用范围内的地层电阻率和其他物性参数的分布。

地-井电磁法则是将大功率发射源置于井附近，而将测量电极或探头置于井中地质异常体附近，获取异常体高信噪比电磁异常信号。地面发射装置可以是不同方位的接地长导线也可以是以井孔为中心的大回线；接收装置可以选用电极在井中测量垂直电场分量或用感应线圈测量磁场的感应电动势分量。尽管从物理意义上，地-井电磁法是井-地电磁法的逆方式，但地-井电磁法有其独特的优越性。首先，源位于地面较易实现大功率供电，可以获得高信噪比的观测数据；其次，测量点靠近探测目标，其分辨能力与测井资料相近，并可实现多方位覆盖，获得空间高分辨率成像。

根据井-地、地-井观测资料进行反演或采用类似于垂直地震剖面（vertical seismic profiling，VSP）法的层析成像算法对地层电阻率或其他物性参数成像，其电阻率成像可直接用于解释地层构造及岩性、孔隙性、裂缝展布或特殊电性目标体；电极化参数成像可用于识别储层中的流体特性，指示油藏边界如水驱或热驱的前缘。

井下电磁法观测方式十分灵活，施工方便，成本低，比常规的电测井探测范围大。该方法不但发展了电磁勘探方法理论及其在油气勘探中运用，而且在油藏动态监测中开辟了新的技术思路，形成了电磁法油藏动态监测特色技术。

4.5.1　井-地电磁法概述

电阻率与储层孔隙度、孔隙流体性质、含水饱和度密切相关，是评价储层含油气性最重要的参数。统计研究表明，在通常的油气储层中，含油气饱和度的变化会引起地层电阻率的明显变化，这也是用电阻率测井进行油藏动态检测的物理基础。在油田注水开发与储层水力压裂过程中，一般以高压方式将一定浓度的盐水或压裂液注入地层，这些低阻水注入储层后其表现为良导性。如果采用蒸汽驱，蒸汽注入储层后储层电阻率的改变随蒸汽的相变而改变。纯气相的蒸汽具有高温高阻特性，初始阶段蒸汽驱替地层水后与油藏接触并溶解稠油，从电性上体现为储层中局部高阻区域扩大。随着时间的推进，蒸汽逐渐冷却凝结为水相并与地层水融合，体现为储层中局部电阻率由高逐渐变低，然后接近于纯含水地层的电阻率。储层在注采过程中这种电性的明显变化易于被井-地电磁法监测并定量描述其空间形态。

井-地电磁法主要有井-地充电法、移动源差分井-地电磁法、井-地瞬变电磁法和井-

地时频电磁法。在油气勘探与开发领域主要用于储层油气有利区范围的圈定与评价。不同场源方式的井-地电磁法的观测方式大同小异，即将激发源置于井下，在地面观测以井为中心的径向电场，通过研究一定深度的电阻率和相位来评价储层的含油气性。与传统的电磁测井相比，该方法具有较大的探测范围；与地面电磁法相比，则又有更深的勘探深度。

1. 井-地充电法

井-地充电法的观测方式如图 4.19 所示[35]。发射源通常利用井套管或供电电极在井中发射，供电电流可以是直流，也可是低频交流（频率一般小于 10 Hz）。地面测量以观测电场分量（电位或电位差）为主，以工作井为圆心按多环网格方式布设接收阵列。以最大可能异常边界为最大半径设数个测量环，在环上等弧度布设测点，环的个数和环上测点的个数视实际需要而定。注水或压裂前先测量在原始状况下充电时地面电位和电位梯度，然后在注水后连续或间断地测量地下动态导电水体形成和变化后在地面产生的各点电位、环间径向梯度、环上切向梯度。

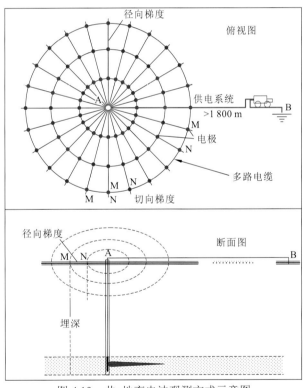

图 4.19　井-地充电法观测方式示意图

将压裂或注水前后的电场、电位、电位梯度进行归一化及求余处理，通过绘制电场、电位、电位梯度三个参数残余曲线和平面等值线图及环剖（玫瑰）图等，可以研究地下由压裂或注水驱所产生的新的低阻导电体的分布，从而研究剩余油的分布规律。

地面测网的设计应根据压裂注水设计方案，估计压裂或注水后可造成裂缝或注水波及面的最大范围来布设控制网，以利于最有效地捕捉地下异常信息。

2. 移动源差分井-地电磁法

上面介绍的井-地充电法中，如果利用井套管作为发射源的 A 电极，则在整个测量过程中 A 电极不能移动。如果通过下井电缆将 A 电极置于井中，则可根据需要在目的层及上下井段内移动电极 A，形成一系列在不同深度的激发点。地面观测阵列固定，依次记录源在不同深度激发时的响应。在后期的资料处理中，除对每个源的观测数据进行电位差幅值、空间梯度等环剖图的绘制和分析外，还可利用源在不同深度时的观测数据进行差分计算，获得不同源激发引起的异常（差异）。注意在进行残差计算时需要考虑电极 A 在不同深度时背景场变化的影响。如果发射源在井中移动的深度范围足够大，还可通过层析成像处理算法获得井周垂向的三维电性剖面，从而更好地用于圈定残余油的径向边界。

如果勘探任务需要，移动源的观测方式可适用于所有采用井中激发源的井-地电磁法。这种方式具有如下特点：①发射源靠近勘探目标激发，对目标层的电性异常反应敏感；②发射源在不同深度激发，观测获得的信息密度大大增加，通过残差处理或层析成像可以获得对井周径向电性界面变化的信息，能更好地圈定残余油边界；③测量数据量大，工效低，资料处理和解释工作量大、难度大。

3. 井-地瞬变电磁法

井-地瞬变电磁法原理与地面瞬变电磁方法相同，观测方示如图 4.19 所示。发射源是位于井中的电极（电性源）或磁偶极源（磁型源），发射电流波形可以是归零半占空方波或拟高斯脉冲[36]，源在井中可按移动源方式进行测量。接收阵列根据地面条件可采用多种不同形式的测网布设方式，在每一个源的激发点需要观测多个发射周期的信号以进行叠加提高信噪比，相对来讲比充电法要花费更多的测量时间。可同时测量电场分量和磁场分量，以弥补电场和磁场对不同电性差异的不敏感性。对观测资料的处理除进行电场强度和梯度的成像外，还可获得目标层段的视电阻率和电极化参数图像。

如 3.1 节所述，岩石的电极化效应可以用时域或频域的参数和模型来表征。由时域观测资料可以直接定义视激电参数，如视充电率；由时域观测信号进行时频变换也可以获得 4.4 节中所述的频域谱激电参数。由 3.4 节的讨论知，油气藏的油水界面附近是电化学极化效应的活跃区，具有相对高的极化率，这样井-地瞬变电磁法不仅可以通过电性构造成像进行残余油范围和边界进行解释，还可以利用极化异常剖面提供油层和油藏边界的辨识信息，增加储层含油性预测和流体识别的可信度。

4. 井-地时频电磁法

时频电磁勘探方法[37]将频率域电磁勘探方法与时间域电磁勘探方法结合在一起，一次采集即可获得时间域信号和频率域信号，改变了常规电磁法时间域与频率域分立作业的模式，提高了采集效率和探测效果。在资料处理时分时域处理和频域处理，也可以将两者有机结合、互相补充，提高方法的分辨率和探测精度。

井-地时频电磁法的野外工作布设方式如图 4.20 所示，主要包含井下激发系统和地面测量系统[图 4.20（b）]，两者通过 GPS 同步。该方法的主要技术特点是采用不同频率（周期）的方波激发，如图 4.20（a）所示。频率域发射电流为不归零双极型方波，发射数个频率的方波就可以完成频率域采集；时间域发射电流为半占空双极型方波，可测量断电后电磁场的衰变曲线。

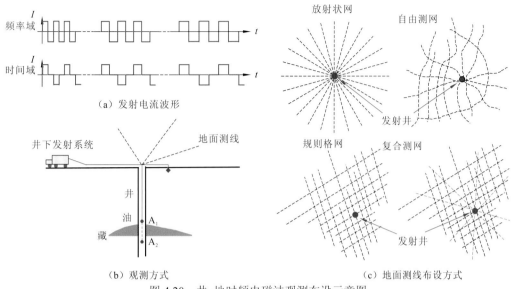

（a）发射电流波形

（b）观测方式

（c）地面测线布设方式

图 4.20　井-地时频电磁法观测布设示意图

　　根据勘探任务的需要可以设计井中供电电极在井中固定位置单点或多点发射，也可以采用在一定井段内移动发射。对于油气藏边界探测的应用，可将发射源电极分别放置于油层的下方和上方进行测量，如图 4.20（b）中所示的 A_1 和 A_2 激发点。而 A_1 和 A_2 激发点究竟距油层顶底界面多远合适，则需要根据物探、测井和油藏的相关资料确定欲探测的径向范围，通过建立地电模型并进行正演模拟来确定激发点的最佳位置。

　　地面测网范围或测线长短及位置主要取决于勘探目标的范围和埋深、供电强度和地表条件等。一个场源的覆盖半径可为 1～4 km，与发射源强度、深度和上覆层电性特征有关。测网布设方式主要有放射状（环状）测网、自由测网、规则格形网和复合测网，如图 4.20（c）所示，主要依据勘探任务需求和地面布设条件进行设计。沿测线布设电场和磁场传感器，点距一般为 25～100 m，视勘探分辨率的要求而定。地面测站由电采集站和磁采集站组成，分别采集两道电场分量（E_x 和 E_y）和三个磁感应电动势分量（ε_x、ε_y 和 ε_z）。一般电道测站密集连续布设，磁站采用稀疏间隔方式布设。

　　由于同时进行了频率域和时间域电场和磁场多分量数据的采集，通过资料处理可以同时获得地层的电阻率、极化率、纵向电导和双频相位等参数。这些参数反映的是地下岩层物理特性的不同方面，这些信息的综合应用可以弥补单一场量对高阻层和薄层分辨率低的不足，提高反演重构储层物性模型的分辨能力和精度。

　　综上所述，井-地时频电磁法具有激发脉冲多样、采集多分量、研究多参数、实现多勘探目标要求的特点，兼具频率域和时间域这两类方法的优点，且又具有远高于原单一方法的数据量和数据质量。通过应用频率域和时间域两种处理手段，可以综合利用多种特征参数研究岩石电性特征及分布，不但可以研究电性构造，还可以研究目标体的电阻率和层极化性，进行含油气性评价。

4.5.2 地-井电磁法概述

地-井电磁法是采用地面发射、井中接收的一类电磁方法，观测布设如图 4.21 所示[38]。其发射装置布设在地面，发射天线可以是单个接地长导线（标量源方式）或者相互正交的一对接地导线（矢量源方式），也可以是平铺于地面的大回线。接收装置的传感器配置可以选择小型磁感应线圈测量磁感应电动势的三个分量（ε_x、ε_y 和 ε_z）及电极 M 和 N 测量垂直电场分量（E_z）。工作时，一般采用发射源在地面固定点激发，接收阵列在井中移动测量。采用两组磁传感器同步接收，在资料处理时可用于计算感应电动势各分量的垂直梯度，增强对电性异常的分辨能力。

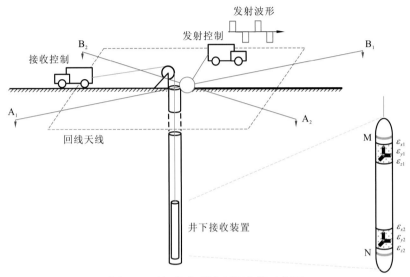

图 4.21 地-井电磁法观测布设示意图

从布设的角度讲，在地形条件允许的情况下，采用平铺地面的大回线源相对简单，资料解释也容易些。但如果回线面积很大，则对地形的要求可能难于满足，另外也会降低对电性异常的分辨能力。如果采用接地导线源，则天线的长度和布设方位与观测信号的强度及对不同类型异常体的识别能力直接相关，需要通过建立地电模型进行正演模拟以确定天线的最佳布设方案。

地-井电磁法的发射波形、解释参数和方法应用等与井-地电磁法相同。尽管从物理意义上讲地-井电磁法是井-地电磁法的逆方式，但地-井方式也有其独特的优越性，该方法可以描述储层与电阻率分布有关的非均质性，指示油藏边界如水驱或热驱的前缘，研究井间剩余油分布。

4.5.3 井-地电磁法数据处理

1. 电流源的电位

将井套管作为供电 A 极时，可视为均匀半空间中的有限长线电流源，在任意测点

$M(r, z_M)$ 处的电位为

$$V_{AM} = \frac{\rho I}{2\pi(d_{A2}-d_{A1})} \int_{d_{A1}}^{d_{A2}} \frac{1}{\sqrt{(z-z_M)^2 + r_{AM}^2}}\, dz = \frac{\rho I}{2\pi(d_{A2}-d_{A1})} \ln\left[\frac{d_{A2}-z_M+\sqrt{(d_{A2}-z_M)^2+r_{AM}^2}}{d_{A1}-z_M+\sqrt{(d_{A1}-z_M)^2+r_{AM}^2}}\right]$$

$$(4.58a)$$

式中：V_{AM} 为测点 M 处由 A 电极引起的电位；ρ 为地层电阻率；d_{A1} 和 d_{A2} 分别为供电套管 A 的顶底深度；z_M 为测点的深度；r_{AM} 为测点 M 距发射点 A 的径向距离；I 为供电电流强度。

若发射点 A 是置放于井中足够深度处的点电极，则由均匀全空间的点电流源的电位理论计算式为

$$V_{AM} = \frac{\rho I}{4\pi} \frac{1}{\sqrt{(z_A-z_M)^2+r_{AM}^2}} \tag{4.58b}$$

式中：z_A 为电极 A 的埋深。

如果回流电极 B 距测量电极 M 和供电电极 A 不是无穷远，且与测量电极 M 一样位于地表，回流电极的电流与 A 电极的电流方向相反，根据均匀半空间点电流源的电位式可得出 B 电流源在测量电极 M 处的电位为

$$V_{BM} = -\frac{\rho I}{2\pi} \frac{1}{r_{BM}} \tag{4.58c}$$

式中：V_{BM} 为测点 M 处由 B 电极引起的电位；r_{BM} 为测点 M 距发射点 B 的径向距离。

这样，由供电电极 A 和 B 共同作用下测量电极 M 的电位为

$$V_M = V_{MA} + V_{MB} \tag{4.59a}$$

同理，可得测量电极 N 的电位 V_N，由此可以计算测量电极 M 和 N 之间的电位差：

$$\Delta V_{MN} = V_M - V_N \tag{4.59b}$$

需要注意的是，上述计算关系只是均匀介质的响应，对于非均匀介质，要用数值法求解。

2. 视电阻率定义

利用观测的电位差资料，由式（4.53）可以获得视电阻率参数，对于不同的观测装置则有不同的装置系数 K。当用套管井做 A 极，B 极置于地面一定距离处，则根据式（4.58）可得出装置系数 K 的表达式为

$$K = \frac{2\pi(d_{A2}-d_{A1})}{I} \left\{ \ln\left[\frac{d_{A2}-z_M+\sqrt{(d_{A2}-z_M)^2+r_{AM}^2}}{d_{A1}-z_M+\sqrt{(d_{A1}-z_M)^2+r_{AM}^2}}\right] - \frac{d_{A2}-d_{A1}}{r_{BM}} \right.$$

$$\left. - \ln\left[\frac{d_{A2}-z_N+\sqrt{(d_{A2}-z_N)^2+r_{AN}^2}}{d_{A1}-z_N+\sqrt{(d_{A1}-z_N)^2+r_{AN}^2}}\right] + \frac{d_{A2}-d_{A1}}{r_{BN}} \right\}^{-1} \tag{4.60a}$$

式中：z_N 为测点 N 的深度；r_{AN} 为测点 N 距发射点 A 的径向距离；r_{BN} 为测点 N 距发射点 B 的径向距离。

若回路电极 B 位于无穷远处，式（4.60a）可简化为

$$K = \frac{2\pi(d_{A2}-d_{A1})}{I}\ln\left\{\frac{\left[d_{A2}-z_N+\sqrt{(d_{A2}-z_N)^2+r_{AN}^2}\right]\left[d_{A1}-z_M+\sqrt{(d_{A1}-z_M)^2+r_{AM}^2}\right]}{\left[d_{A1}-z_N+\sqrt{(d_{A1}-z_N)^2+r_{AN}^2}\right]\left[d_{A2}-z_M+\sqrt{(d_{A2}-z_M)^2+r_{AM}^2}\right]}\right\} \quad (4.60b)$$

4.6 本 章 小 结

可控源电磁法具有方法种类多、观测方式灵活、成本低廉的特点，可供不同的地质任务选用。对于有利储层构造圈定和储层流体性质评价的应用来讲，可行的解决方案包括以下几点。

（1）在地面采用电型源发射、远偏移距接收的方法，有利于实现大功率发射、大探测深度、大面积覆盖、在强干扰区进行电磁资料有效采集的工作目标。

（2）首选时间域电磁场法。时间域电磁响应不仅对电阻率变化最敏感、受体积效应影响小，而且空间分辨能力强，还可提取极化参数用于更好地定量评价储层流体的性质和含量。

（3）采用井、地结合的方式。根据应用条件，可选用地-井或井-地观测方式，也可在井中和地面分别观测，联合进行资料处理和反演。井中发射或测量直接接触或靠近储层，具有最好的分辨能力；联合地面观测资料实现由点至面的覆盖，并保持井中方法的分辨度。

参 考 文 献

[1] ZONGE K L, HUGHES L J. Controlled source audio-magnetotellurics [M]. Tulsa: SEG, 1991: 713-809.

[2] 何继善. 广域电磁测深法研究[J]. 中南大学学报(自然科学版), 2010, 41(3): 1065-1072.

[3] 卓贤军, 陆建勋, 赵国泽, 等. 极低频探地工程[J]. 中国工程科学, 2011, 13(9): 42-49.

[4] STRACK K M. Exploration with Deep Transient Electromagnetics[M]. Amsterdam: Elsevier, 1992.

[5] 薛国强, 陈卫营, 周楠楠, 等. 接地源瞬变电磁短偏移深部探测技术[J]. 地球物理学报, 2013, 56(1): 255-261.

[6] WRIGHT D A, ZIOLKOWSKI A, HOBBS B A. Hydrocarbon detection and monitoring with a multicomponent transient electromagnetic (MTEM) survey[J]. The Leading Edge, 2002, 21(9): 852-864.

[7] 严良俊, 等. 电磁勘探方法及其在南方碳酸盐岩地区的应用[M]. 北京: 石油工业出版社, 2001.

[8] HUGHES L J, CARLSON N R. Structure mapping at Trap Spring Oilfield, Nevada, using controlled-source magnetotellurics[J]. First Break, 1987, 5: 403-418.

[9] WANNAMAKER P E, STODT J A, RIJO L. Two-dimensional topographic responses in magnetotellurics modeled using finite elements[J]. Geophysics, 1986, 51: 2131-2144.

[10] REDDIG R P, JIRACEK G R. Topographic modeling and correction in magnetotellurics[C]//Expanded Abstracts, 54th SEG Annual Meeting. Tulsa: SEG, 1984: 44-47.

[11] ANDRIEUX P, WIGHTMAN W. The so-called static corrections in magnetotelluric measurements[C]// Expanded Abstracts, 54th SEG Annual Meeting. Tulsa: SEG, 1984: 43-44.

[12] ZONGE K L, OSTRANDER A G, EMER D F. Controlled source audio-frequency magnetotelluric measurements[C]//Expanded Abstracts, 54th SEG Annual Meeting. Tulsa: SEG, 1980: 2491-2521.

[13] MACINNES S C. Lateral effects in controlled source audiomagnetotellurics[D]. Tucson : University of Arizona, 1987.

[14] KUZNETZOV A N. Distorting effects during electromagnetic sounding of horizontally non-uniform media using an artificial field source[J]. Izvestiya, Earth Physics, 1982, 18: 130-137.

[15] VANYAN L L. Electromagnetic depth soundings[M]. New York: Consultants Bureaus, 1967.

[16] VOZOFF K. Deep transient electromagnetic soundings for petroleum exploration[R]. Final Report to NERDDC, CGER, Macquarie University, 1986.

[17] WAIT J R. The basis of electrical prospecting methods employing time varying fields[D]. Toronto: University of Toronto, 1951.

[18] WEIDELT P. Electromagnetic induction in three-dimensional structure[J]. Journal of Geophysics, 1975, 41: 85-109.

[19] WARD S H, HOHMANN G W. Electromagnetic theory for geophysical applications[M]. Tulsa: SEG, 1988.

[20] YANG S. A single apparent resistivity expression for long-offset transient electromagnetics[J]. Geophysics, 1986, 51(6): 1291-1297.

[21] 李吉松, 朴化荣. 电偶极源瞬变测深一维正演及视电阻率响应研究[J]. 物化探计算技术, 1993, 15(2): 108-116.

[22] ORISTAGLIO M L. Diffusion of electromagnetic fields into the earth from a line source of current[J]. Geophysics, 1982, 47(11): 1585-1592.

[23] JONES A G. On the equivalence of the "Niblett" and "Bostick" transformations in the magnetotelluric method[J]. Journal of Geophysics, 1983, 53: 72-73.

[24] MACNAE J, LAMONTAGNE Y. Imaging quasi-layered conductive structures by simple processing of transient electromagnetic data[J]. Geophysics, 1987, 52(4): 545-554.

[25] COLLETT L S. History of the induced-polarization method[M] .Tulsa: SEG, 1990, 4: 5-22.

[26] WAIT J R. Overvoltage Research and Geophysical Applications[M]. London: Pergamon Press Inc, 1959.

[27] PELTON W H. Mineral discrimination and removal of inductive coupling with multifrequency IP[J]. Geophysics, 1978, 43: 588-609.

[28] ZONGE K L, HUGHES L J, CARLSON N R. Hydrocarbon exploration using induced polarization, apparent resistivity and electromagnetic scattering[C]//Expanded Abstracts, 51st SEG Annual Meeting. Tulsa: SEG, 1981.

[29] 李金铭. 电法勘探发展概况[J]. 物探与化探, 1996, 20(4): 250-258.

[30] KINGMAN J E E, et al. Distributed acquisition in electrical geophysical systems[C]//Proceedings of the 5th Decennial International Conference on Mineral Exploration. Toronto: DMEC, 2007: 425-432.

[31] EATON P, et al. NEWDAS-the Newmount distributed IP data acquisition system[C]//Expanded Abstracts, 90th SEG Annual Meeting. Tulsa: SEG, 2010.

[32] GHRAIBI M, et al. Full 3D acquisition and modelling with Quantec 3D system-the hidden hill deposit case study[C]//ASEG Extended Abstracts, 22nd Geophysical Conference. Abingdon: Taylor and Francis,

2012, 1: 1-4.

[33] GAZOTY A, FIANDACA J, PEDERSEN J, et al. Mapping of landfills using time-domain spectral induced polarization data: The Eskelund case study[J]. Near Surface Geophysics, 2012, 10: 575-586.

[34] 苏朱刘, 胡文宝, 颜泽江, 等. 油气藏上方激电谱的野外观测试验结果及分析[J]. 石油天然气学报, 2009, 31(6): 59-64.

[35] 何展翔. 圈定油气藏边界的井地电法研究[D]. 成都: 成都理工大学, 2006.

[36] 胡文宝, 王军民, 罗明璋, 等. 一种井中大功率电磁脉冲发射装置: 201110039340.1[P]. 2012-08-29.

[37] 余刚, 何展翔, 陈娟, 等. 时频电磁勘探系统及其数据采集方法: 201510649392.9[P]. 2015-12-23.

[38] 余刚, 胡文宝, 何展翔, 等. 地-井时频电磁勘探数据采集装置及方法: 201510527175.2[P]. 2015-11-11.

第 5 章 时间域电磁响应三维正演

5.1 时间域电磁响应的三维数值模拟概述

随着计算机技术的发展和广泛应用，地球物理应用中的电磁场的数值模拟计算有了很大的进步。一般来说，频率域电磁响应的数值计算研究起步早、发展快、应用广，但是近年来越来越多的人也开始重视时间域电磁响应的模拟计算。在时间域进行电磁场的计算已经在很多方面显示出独特的优越性，尤其是在解决有关非均匀介质、任意形状和复杂结构的散射体及辐射系统中的电磁问题中更为突出。在地球物理领域最为突出的一个热点问题就是在时间域进行三维的电磁响应数值模拟。国内外的许多地球物理研究人员对时间域的计算方法做了大量的理论研究，并取得了一定的进展，但是在三维可控源的电磁响应的正演模拟的复杂性及计算速度和存储方面的要求等方面，均还不能满足大尺度模型和大数据集。特别是在三维反演对正演数值模拟算法所要求的准确性、稳定性及计算的效率等方面，还不能满足应用的要求。随着电子技术的快速发展，计算机的硬件水平也得到了极大的提升，这也在很大程度上促进了时间域电磁响应的三维数值模拟研究。

二维或三维模型的可控源时间域电磁响应的计算有两种解决方案：一种方案是利用数值算法直接求解时域响应的直接时域法；另一种方案是间接（或变换）时域法，即利用数值算法先求出频域的响应，然后通过频-时变换算法将频域响应变换成时域响应。由于频率域电磁方法种类多，应用领域广，理论和应用研究也较成熟，高效的频率域响应正演算法易于实现。将频域响应变换至时域响应的变换算法一般采用数字滤波算法，如Gaver-Stehfest 逆拉普拉斯变换算法[1]、正弦或余弦变换算法、延迟谱法[2]等。变换时域法的主要优点是易于实现，但也有局限性：①频域正演和变换算法都是数值方法，数值计算的误差必然增大；②数字滤波算法的稳定性较差，特别是当计算甚晚（>1 s）响应时有的算法会产生振荡；③有的滤波算法的滤波系数较大（>100），计算特别耗时，不能满足反演的要求。

直接时域法虽然也采用数值方法求解，但精度比间接时域法高，且可以模拟时域响应的动态特性。采用合适的时间迭代策略加速收敛，也可以使计算速度接近或优于变换法。直接时域响应求解的数值方法主要为有限差分法（finite difference method，FDM）、有限元法（finite element method，FEM）和积分方程法（integral equation method，IEM）。有限差分法和有限元法要求对所计算的全部空间区域进行离散化，所剖分的网格数越多，对计算机的容量要求越大，计算的速度越慢。而积分方程法只需要计算小体积异常区的场，不必计算整个区域的场，数据的存储量大大减小。这一点使积分方程法占据了很大的优势，但是积分方程法在面对较为复杂的模型时，在求解过程中会遇到某些更困难的数学问题，仅适合模拟简单模型。由于积分方程法仅对固定结构的模型进行离散化，在反演中的应用受到限制。

本章重点介绍基于分解场的有限差分时域（finite-difference time-domain，FDTD）算法。该算法将大地介质视为背景模型和异常模型的叠加，在发射源激励下产生的电磁响应（总场）也可视为一次场（背景场）与二次场（散射场）之和，这样可以导出一次场和二次场分别满足的麦克斯韦方程。背景模型可以相对简单，如均匀大地或层状介质模型，在发射源激励下的响应易于用变换算法求得。二次场满足的麦克斯韦方程采用 Wang 和 Hohmann[3]提出的时域有限差分算法求解。采用这种分解场的方案有以下优点：①一次场和二次场的计算可以独立进行，所以适合模拟任意激励源的响应，包括激励源的类型、个数、位置等；②如果计算二次场的异常模型远离发射源，则只需计算出异常模型处的一次场，而不必离散包括源所在的空间；③二次场的计算采用 Yee 元胞空间离散，可以模拟结构变化的电导率模型；④采用合适的初始条件、边界条件和时间步长，可以加快收敛，使时域响应正演计算的速度能满足反演多次迭代的要求。

5.2 基 本 方 程

在准静态、线性和各向同性条件下，地球介质中的电磁响应满足式（2.1）给出的麦克斯韦方程组。为了便于在时域响应的数值模拟中实现对源的处理，将地层参数分别表示为背景参数和异常参数之和：

$$\sigma = \sigma_b + \sigma_a \tag{5.1a}$$

$$\mu = \mu_b + \mu_a \tag{5.1b}$$

$$\varepsilon = \varepsilon_b + \varepsilon_a \tag{5.1c}$$

式中：σ_b 和 σ_a 分别为背景电导率和异常电导率；μ_b 和 μ_a 分别为背景磁导率和异常磁导率；ε_b 和 ε_a 分别为背景介电常数和异常介电常数。

将电磁响应表示为一次场和二次场之和：

$$\boldsymbol{e} = \boldsymbol{e}^p + \boldsymbol{e}^s \tag{5.2a}$$

$$\boldsymbol{h} = \boldsymbol{h}^p + \boldsymbol{h}^s \tag{5.2b}$$

式中：$\boldsymbol{e}$ 和 $\boldsymbol{h}$ 分别为电场矢量和磁场矢量的总场；上标 p 和 s 分别为源在背景模型中产生的一次场及异常体产生的二次场。将式（5.1）和式（5.2）代入式（2.1）可以得到二次场满足的麦克斯韦方程为

$$\nabla \times \boldsymbol{e}^s + \mu \frac{\partial \boldsymbol{h}^s}{\partial t} + (\mu - \mu_b) \frac{\partial \boldsymbol{h}^p}{\partial t} = 0 \tag{5.3a}$$

$$\nabla \times \boldsymbol{h}^s - \varepsilon \frac{\partial \boldsymbol{e}^s}{\partial t} - \sigma \boldsymbol{e}^s - (\varepsilon - \varepsilon_b) \frac{\partial \boldsymbol{e}^p}{\partial t} - (\sigma - \sigma_b) \boldsymbol{e}^p = 0 \tag{5.3b}$$

对于通常的地球物理勘探应用，仅考虑大地介质的电导率变化，将磁导率和介电常数视为常数，即 $\mu = \mu_b$，$\varepsilon = \varepsilon_b$。则式（5.3）可简化为

$$\nabla \times \boldsymbol{e}^s + \mu \frac{\partial \boldsymbol{h}^s}{\partial t} = 0 \tag{5.4a}$$

$$\nabla \times \boldsymbol{h}^s - \varepsilon \frac{\partial \boldsymbol{e}^s}{\partial t} - \sigma \boldsymbol{e}^s = \sigma_a \boldsymbol{e}^p \tag{5.4b}$$

求解式（5.4）的优点在于，如果激励源远离异常电导率区域时，等效源[式（5.4b）的右端项]相对于一个外加的偶极子会具有较为平滑的空间特性，这样当采用迭代方式计算区域内的场值时易于收敛。如果激励源在异常体区域内，源附近的一次场值的空间变化非常剧烈，在网格剖分时需要进行特殊考虑。

5.3 激励源和一次场

5.3.1 电磁源的势与场

含源的麦克斯韦方程形式较为复杂，直接求解有困难，为此引入电磁势（位）函数以辅助求解。引入电磁势函数后，减少了电磁场的独立分量，使得场方程易于求解。

设电性源引起的矢量势为 $\boldsymbol{A}$，磁性源引起的矢量势为 $\boldsymbol{F}$，如果两种类型的源同时存在，则产生的电磁场是两种类型源的作用的叠加，即

$$\boldsymbol{E} = -\nabla \times \boldsymbol{F} - \tilde{z}\boldsymbol{A} + \frac{\nabla(\nabla \cdot \boldsymbol{A})}{\tilde{y}} \tag{5.5a}$$

$$\boldsymbol{H} = \nabla \times \boldsymbol{A} - \tilde{y}\boldsymbol{F} + \frac{\nabla(\nabla \cdot \boldsymbol{F})}{\tilde{z}} \tag{5.5b}$$

式中：$\boldsymbol{E}$ 和 $\boldsymbol{H}$ 分别为频率域的电场矢量和磁场矢量；$\tilde{z} = \mathrm{i}\omega\mu$ 为阻抗率；$\tilde{y} = \sigma + \mathrm{i}\omega\varepsilon$ 为导纳率。

在大地电磁场问题的分析中，常常可以限定势函数只有 z 方向的分量，即 $\boldsymbol{A} = A_z\boldsymbol{u}_z$，$\boldsymbol{F} = F_z\boldsymbol{u}_z$，$\boldsymbol{u}_z$ 是 z 方向的方向矢量，A_z 和 F_z 分别为 $\boldsymbol{A}$ 和 $\boldsymbol{F}$ 在 z 方向的分量，为标量函数。这样由上式可以写出电性源激发的电磁场的各分量为

$$E_x = \frac{1}{\tilde{y}}\frac{\partial^2 A_z}{\partial x \partial z} \tag{5.6a}$$

$$E_y = \frac{1}{\tilde{y}}\frac{\partial^2 A_z}{\partial y \partial z} \tag{5.6b}$$

$$E_z = \frac{1}{\tilde{y}}\left(\frac{\partial^2}{\partial z^2} + k^2\right)A_z \tag{5.6c}$$

$$H_x = \frac{\partial A_z}{\partial y} \tag{5.6d}$$

$$H_y = -\frac{\partial A_z}{\partial x} \tag{5.6e}$$

$$H_z = 0 \tag{5.6f}$$

同理，可得由磁性源激发的电磁场分量表达式为

$$E_x = -\frac{\partial F_z}{\partial y} \tag{5.7a}$$

$$E_y = \frac{\partial F_z}{\partial x} \tag{5.7b}$$

$$E_z = 0 \tag{5.7c}$$

$$H_x = \frac{1}{\tilde{z}}\frac{\partial^2 F_z}{\partial x \partial z} \tag{5.7d}$$

$$H_y = \frac{1}{\tilde{z}}\frac{\partial^2 F_z}{\partial y \partial z} \tag{5.7e}$$

$$H_z = \frac{1}{\tilde{z}}\left(\frac{\partial^2}{\partial z^2} + k^2\right)F_z \tag{5.7f}$$

由于 **A** 和 **F** 的方向与源的方向一致,式(5.6)所描述的是垂直电流源激励时的电磁场。这组场量中的垂直磁分量 $H_z = 0$,所以这组方程描述的是磁分量垂直于 z 方向的场,称为 TM_z 极化场,下标 z 表示极化轴的参考坐标。式(5.7)所描述的是垂直磁型源激励的电磁场。该组电磁场的特点是电场的垂直分量 $E_z = 0$,所以这组场分量描述的是电分量垂直于 z 方向的场,称为 TE_z 极化场。这种极化模式的分解适用于任意介质模型的电磁响应。

5.3.2　均匀大地上方电偶极源的场

按照式(5.2)分解方案,可以将任何已知的源激励的场作为一次场用于可控源电磁响应的计算,具有很大的灵活性。在长偏移距观测条件下接地导线源激励的情况,主要考虑电偶极子源激励的时间域的场。

即使是在均匀半空间条件下,直接在时间域求解脉冲激励的电磁响应也很困难。本小节先计算出均匀大地模型中对应网格中各场点处在脉冲激励下的频率域响应,然后采用变换算法将频域响应变换为时域响应。

在计算一次场时,设置坐标系统如图5.1所示。假定源位于均匀半空间地表的上方,源的中心设为坐标原点,源与地面的距离为 h。均匀半空间大地模型的电磁传输函数分三个区域进行计算,即源上方空气中($z<0$)的场、源与地面的空气中($0<z<h$)的场及地面和地中($z>h$)的场。

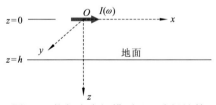

图 5.1　均匀半空间模型及一次场计算

对于位于地面上方、电极矩为 Ids 的 x 方向的水平电偶极源,其矢量势的特解满足式(5.8)的亥姆霍兹方程:

$$\nabla^2 A_x + k^2 A_x = -Ids\,\delta(x)\delta(y)\delta(z) \tag{5.8}$$

式中:A_x 为 x 方向电偶极源势函数分量。

电偶极源既产生垂直电场也产生垂直磁场,在源和大地之间有

$$\tilde{E}_z^p = \frac{1}{\tilde{y}_0}\frac{\partial^2 \tilde{A}_x}{\partial x \partial z} = -\frac{Ids}{2\tilde{y}_0}ik_x e^{-u_0 z} \tag{5.9a}$$

$$\tilde{H}_z^p = -\frac{\partial \tilde{A}_x}{\partial y} = -\frac{Ids}{2u_0}ik_y e^{-u_0 z} \tag{5.9b}$$

式中：$\tilde{A}_x$ 为 A_x 的傅里叶变换；$\tilde{E}_z^p$ 和 $\tilde{H}_z^p$ 为对应场量的傅里叶变换；$u_0 = \sqrt{\lambda^2 - k_0^2}$，$\lambda^2 = k_x^2 + k_y^2$；$k_0 \approx \sqrt{-i\omega\mu\sigma_0}$，$\tilde{y}_0 = \sigma_0 + i\omega\varepsilon$。

因为只有 TM 极化模式存在垂直电场，只有 TE 极化模式存在垂直磁场，所以电偶极源的场既有 TE 分量也有 TM 分量。把一次场分解为 TE 和 TM 分量，就可以分别进行处理。将势函数的 x 分量 A_x 变换至 z 分量 A_z，由式（5.9）可以得到 TM 极化模式的势函数谱的幅值 A_p 和 TE 极化模式的幅值 F_p，即

$$A_{\mathrm{p}} = -\frac{Ids}{2}\frac{ik_x}{k_x^2 + k_y^2} \tag{5.10a}$$

$$F_{\mathrm{p}} = -\frac{\tilde{z}_0 Ids}{2u_0}\frac{ik_y}{k_x^2 + k_y^2} \tag{5.10b}$$

式中：$\tilde{z}_0 = i\omega\mu_0$。注意此时的 A_p 和 F_p 是按 TE 和 TM 极化分解后的标量势，须按 A_z 与各场量的关系式式（5.6）计算场量，与电流源本身产生的势 A_x 不同。式（5.10）是式（5.8）所示的亥姆霍兹方程对电偶极源的特解。

1. 源与大地之间

式（5.10）所给出的 A_p 和 F_p 实际上是源在均匀全空间中场的振幅谱。在源与大地之间（$0<z<h$），源向下（z^+ 方向）辐射的入射场为

$$\tilde{A}_{0h}^+ = A_{\mathrm{p}}(k_x, k_y)e^{-u_0 z} \tag{5.11a}$$

$$\tilde{F}_{0h}^+ = F_{\mathrm{p}}(k_x, k_y)e^{-u_0 z} \tag{5.11b}$$

在大地表面，部分入射场被反射，反射的场可表示为

$$\tilde{A}_{0h}^- = A_{\mathrm{p}}(k_x, k_y)r_{\mathrm{TM}}e^{-u_0 h}e^{-u_0(h-z)} \tag{5.11c}$$

$$\tilde{F}_{0h}^- = F_{\mathrm{p}}(k_x, k_y)r_{\mathrm{TE}}e^{-u_0 h}e^{-u_0(h-z)} \tag{5.11d}$$

式中：h 为源离地面的高度；r_{TM} 为 TM 极化模式的反射系数，r_{TE} 为 TE 极化模式的反射系数，分别可表示为

$$r_{\mathrm{TE}} = \frac{Y_0 - Y_1}{Y_0 + Y_1} \tag{5.12a}$$

$$r_{\mathrm{TM}} = \frac{Z_0 - Z_1}{Z_0 + Z_1} \tag{5.12b}$$

式中

$$Y_n = \frac{u_n}{\tilde{z}_n} \tag{5.12c}$$

$$Z_n = \frac{u_n}{\tilde{y}_n} \tag{5.12d}$$

分别为地层的本征导纳和本征阻抗，而 $\tilde{z}_n = i\omega\mu_n$，$\tilde{y}_n = \sigma_n + i\omega\varepsilon_n$ 分别为第 n 层介质的阻抗率和导纳率；$u_n = \sqrt{k_x^2 + k_y^2 - k_n^2}$，$k_n^2 = -\tilde{z}_n\tilde{y}_n = \omega^2\mu_n\varepsilon_n - i\omega\mu_n\sigma_n$。

源与大地之间任意点处的场是式（5.11）表示的入射场和反射场之和，这样，利用

逆傅里叶变换，可以得到大地和偶极源之间的 TM 势和 TE 势为

$$A^{0h} = -\frac{Ids}{8\pi^2} \iint_\infty \left[e^{-u_0 z} + r_{TM} e^{-u_0(2h-z)} \right] \frac{ik_x}{k_x^2 + k_y^2} e^{i(k_x x + k_y y)} dk_x dk_y \qquad （5.13a）$$

$$F^{0h} = -\frac{Ids}{8\pi^2} \iint_\infty \left[e^{-u_0 z} + r_{TE} e^{-u_0(2h-z)} \right] \frac{\tilde{z}_0}{u_0} \frac{ik_y}{k_x^2 + k_y^2} e^{i(k_x x + k_y y)} dk_x dk_y \qquad （5.13b）$$

由式（5.6a）和式（5.7a），可得

$$E_x^{0h} = \frac{1}{\tilde{y}_0} \frac{\partial^2 A^{0h}}{\partial x \partial z} - \frac{\partial F^{0h}}{\partial y}$$

$$= \frac{Ids}{8\pi^2} \iint_\infty \left[(-e^{-u_0 z} + r_{TM} e^{-u_0(2h-z)}) \frac{u_0}{\tilde{y}_0} \frac{k_x^2}{k_x^2 + k_y^2} - (e^{-u_0 z} + r_{TE} e^{-u_0(2h-z)}) \frac{z_0}{u_0} \frac{k_y^2}{k_x^2 + k_y^2} \right] e^{i(k_x x + k_y y)} dk_x dk_y$$

$$= \frac{Ids}{8\pi^2} \iint_\infty \left\{ \left[-(e^{-u_0 z} - r_{TM} e^{-u_0(2h-z)}) \frac{u_0}{\tilde{y}_0} + (e^{-u_0 z} + r_{TE} e^{-u_0(2h-z)}) \frac{\tilde{z}_0}{u_0} \right] \frac{k_x^2}{k_x^2 + k_y^2} \right.$$

$$\left. - (e^{-u_0 z} + r_{TE} e^{-u_0(2h-z)}) \frac{\tilde{z}_0}{u_0} \right\} e^{i(k_x x + k_y y)} dk_x dk_y$$

$$= \frac{Ids}{4\pi} \frac{\partial^2}{\partial x^2} \int_0^\infty \left[(1 - r_{TM} e^{-2u_0(h-z)}) \frac{u_0}{\tilde{y}_0} - (1 + r_{TE} e^{-2u_0(h-z)}) \frac{\tilde{z}_0}{u_0} \right] \frac{e^{-u_0 z}}{\lambda} J_0(\lambda r) d\lambda$$

$$- \frac{Ids}{4\pi} \int_0^\infty (1 + r_{TE} e^{-2u_0(h-z)}) \frac{\tilde{z}_0}{u_0} e^{-u_0 z} \lambda J_0(\lambda r) d\lambda$$

$$= -\frac{Ids}{4\pi} \int_0^\infty \left\{ \frac{x^2}{r^2} \left[(1 - r_{TM} e^{-2u_0(h-z)}) \frac{u_0}{\tilde{y}_0} - (1 + r_{TE} e^{-2u_0(h-z)}) \frac{\tilde{z}_0}{u_0} \right] + (1 + r_{TE} e^{-2u_0(h-z)}) \frac{\tilde{z}_0}{u_0} \right\} e^{-u_0 z} \lambda J_0(\lambda r) d\lambda$$

$$- \frac{Ids}{4\pi r} \left(1 - \frac{2x^2}{r^2} \right) \int_0^\infty \left[(1 - r_{TM} e^{-2u_0(h-z)}) \frac{u_0}{\tilde{y}_0} - (1 + r_{TE} e^{-2u_0(h-z)}) \frac{\tilde{z}_0}{u_0} \right] e^{-u_0 z} J_1(\lambda r) d\lambda \qquad （5.14a）$$

式中：J_0 和 J_1 分别为零阶和一阶贝塞尔函数；$r = \sqrt{x^2 + y^2}$；$\lambda = \sqrt{k_x^2 + k_y^2}$。在推导式（5.14a）的过程中，用到了将二重傅里叶变换转换成汉克尔变换的关系式：

$$\iint_\infty F(k_x^2 + k_y^2) e^{-i(k_x x + k_y y)} dk_x dk_y = 2\pi \int_0^\infty F(\lambda) \lambda J_0(\lambda r) d\lambda$$

及

$$\frac{k_y^2}{k_x^2 + k_y^2} = 1 - \frac{k_x^2}{k_x^2 + k_y^2}, \quad \frac{\partial^2 J_0(\lambda r)}{\partial x^2} = -\frac{\lambda^2 x^2}{r^2} J_0(\lambda r) - \left(1 - \frac{2x^2}{r^2} \right) \frac{\lambda}{r} J_1(\lambda r)$$

等关系式。

按上述同样方式，可以推得其他场量的表达式：

$$E_y^{0h} = \frac{1}{\tilde{y}_0} \frac{\partial^2 A^{0h}}{\partial y \partial z} + \frac{\partial F^{0h}}{\partial x}$$

$$= \frac{Ids}{4\pi} \frac{xy}{r^2} \int_0^\infty \left\{ \left[(1 + r_{TE} e^{-2u_0(h-z)}) \frac{\tilde{z}_0}{u_0} - (1 - r_{TM} e^{-2u_0(h-z)}) \frac{u_0}{\tilde{y}_0} \right] \lambda J_0(\lambda r) - \frac{2}{r} J_1(\lambda r) \right\} e^{-u_0 z} d\lambda \qquad （5.14b）$$

$$E_z^{0h} = \frac{1}{\tilde{y}_0} \left(\frac{\partial^2}{\partial z^2} + k_0^2 \right) A^{0h} = \frac{Ids}{4\pi} \frac{x}{r} \int_0^\infty \left[(1 + r_{TM} e^{-2u_0(h-z)}) \frac{u_0}{\tilde{y}_0} \right] \frac{\lambda^2}{u_0} e^{-u_0 z} J_1(\lambda r) d\lambda \qquad （5.14c）$$

$$H_x^{0\mathrm{h}} = \frac{1}{\tilde{z}_0}\frac{\partial^2 F^{0\mathrm{h}}}{\partial x \partial z} + \frac{\partial A^{0\mathrm{h}}}{\partial y}$$

$$= \frac{I\mathrm{d}s}{4\pi}\frac{xy}{r^2}\int_0^\infty \left\{\left[1 + r_{\mathrm{TM}}\mathrm{e}^{-2u_0(h-z)}\right] - \left[1 - r_{\mathrm{TE}}\mathrm{e}^{-2u_0(h-z)}\right]\right\}\left[\lambda \mathrm{J}_0(\lambda r) - \frac{2}{r}\mathrm{J}_1(\lambda r)\right]\mathrm{e}^{-u_0 z}\mathrm{d}\lambda \quad （5.14\mathrm{d}）$$

$$H_y^{0\mathrm{h}} = \frac{1}{\tilde{z}_0}\frac{\partial^2 F^{0\mathrm{h}}}{\partial y \partial z} - \frac{\partial A^{0\mathrm{h}}}{\partial x}$$

$$= -\frac{I\mathrm{d}s}{4\pi}\int_0^\infty \left\{\frac{x^2}{r^2}\left[(1 + r_{\mathrm{TM}}\mathrm{e}^{-2u_0(h-z)}) - (1 - r_{\mathrm{TE}}\mathrm{e}^{-2u_0(h-z)})\right] + (1 - r_{\mathrm{TE}}\mathrm{e}^{-2u_0(h-z)})\right\}\mathrm{e}^{-u_0 z}\lambda \mathrm{J}_0(\lambda r)\mathrm{d}\lambda$$

$$-\frac{I\mathrm{d}s}{4\pi r}\left(1 - \frac{2x^2}{r^2}\right)\int_0^\infty \left[(1 + r_{\mathrm{TM}}\mathrm{e}^{-2u_0(h-z)}) - (1 - r_{\mathrm{TE}}\mathrm{e}^{-2u_0(h-z)})\right]\mathrm{e}^{-u_0 z}\lambda \mathrm{J}_1(\lambda r)\mathrm{d}\lambda \quad （5.14\mathrm{e}）$$

$$H_z^{0\mathrm{h}} = \frac{1}{\tilde{z}_0}\left(\frac{\partial^2}{\partial z^2} + k_0^2\right)F^{0\mathrm{h}} = \frac{I\mathrm{d}s}{4\pi}\frac{y}{r}\int_0^\infty (1 + r_{\mathrm{TE}}\mathrm{e}^{-2u_0(h-z)})\frac{\lambda^2}{u_0}\mathrm{e}^{-u_0 z}\mathrm{J}_1(\lambda r)\mathrm{d}\lambda \quad （5.14\mathrm{f}）$$

2. 源上方

在源上方（$z < 0$）的空气中，参照式（5.13），可将 TM 势和 TE 势表示为

$$A^{0-} = -\frac{I\mathrm{d}s}{8\pi^2}\iint_\infty A_0 \mathrm{e}^{u_0 z}\frac{ik_x}{k_x^2 + k_y^2}\mathrm{e}^{i(k_x x + k_y y)}\mathrm{d}k_x \mathrm{d}k_y$$

$$F^{0-} = -\frac{I\mathrm{d}s}{8\pi^2}\iint_\infty F_0 \mathrm{e}^{u_0 z}\frac{\tilde{z}_0}{u_0}\frac{ik_y}{k_x^2 + k_y^2}\mathrm{e}^{i(k_x x + k_y y)}\mathrm{d}k_x \mathrm{d}k_y$$

则有

$$E_x^{0-} = \frac{1}{\tilde{y}_0}\frac{\partial^2 A^{0-}}{\partial x \partial z} - \frac{\partial F^{0-}}{\partial y} = \frac{I\mathrm{d}s}{8\pi^2}\iint_\infty \left[A_0 \frac{u_0}{\tilde{y}_0}\frac{k_x^2}{k_x^2 + k_y^2} - F_0 \frac{\tilde{z}_0}{u_0}\frac{k_y^2}{k_x^2 + k_y^2}\right]\mathrm{e}^{u_0 z}\mathrm{e}^{i(k_x x + k_y y)}\mathrm{d}k_x \mathrm{d}k_y \quad （5.15）$$

根据切向电场连续的边界条件，令式（5.1a）和式（5.15）当 $z=0$ 时相等，可得

$$A_0 = -(1 - r_{\mathrm{TM}}\mathrm{e}^{-2u_0 h}), \quad F_0 = (1 + r_{\mathrm{TE}}\mathrm{e}^{-2u_0 h})$$

即

$$A^{0-} = \frac{I\mathrm{d}s}{8\pi^2}\iint_\infty (1 - r_{\mathrm{TM}}\mathrm{e}^{-2u_0 h})\,\mathrm{e}^{u_0 z}\frac{ik_x}{k_x^2 + k_y^2}\mathrm{e}^{i(k_x x + k_y y)}\mathrm{d}k_x \mathrm{d}k_y \quad （5.16\mathrm{a}）$$

$$F^{0-} = -\frac{I\mathrm{d}s}{8\pi^2}\iint_\infty (1 + r_{\mathrm{TE}}\mathrm{e}^{-2u_0 h})\,\mathrm{e}^{u_0 z}\frac{\tilde{z}_0}{u_0}\frac{ik_y}{k_x^2 + k_y^2}\mathrm{e}^{i(k_x x + k_y y)}\mathrm{d}k_x \mathrm{d}k_y \quad （5.16\mathrm{b}）$$

则各场量为

$$E_x^{0-} = \frac{1}{\tilde{y}_0}\frac{\partial^2 A^{0-}}{\partial x \partial z} - \frac{\partial F^{0-}}{\partial y}$$

$$= -\frac{I\mathrm{d}s}{4\pi}\int_0^\infty \left\{\frac{x^2}{r^2}\left[(1 - r_{\mathrm{TM}}\mathrm{e}^{-2u_0 h})\frac{u_0}{\tilde{y}_0} - (1 + r_{\mathrm{TE}}\mathrm{e}^{-2u_0 h})\frac{\tilde{z}_0}{u_0}\right] + (1 + r_{\mathrm{TE}}\mathrm{e}^{-2u_0 h})\frac{\tilde{z}_0}{u_0}\right\}\mathrm{e}^{-u_0 z}\lambda \mathrm{J}_0(\lambda r)\mathrm{d}\lambda$$

$$-\frac{I\mathrm{d}s}{4\pi r}\left(1 - \frac{2x^2}{r^2}\right)\int_0^\infty \left[(1 - r_{\mathrm{TM}}\mathrm{e}^{-2u_0 h})\frac{u_0}{\tilde{y}_0} - (1 + r_{\mathrm{TE}}\mathrm{e}^{-2u_0 h})\frac{\tilde{z}_0}{u_0}\right]\mathrm{e}^{u_0 z}\lambda \mathrm{J}_1(\lambda r)\mathrm{d}\lambda \quad （5.17\mathrm{a}）$$

$$E_y^{0-} = \frac{1}{\tilde{y}_0}\frac{\partial^2 A^{0-}}{\partial y \partial z} + \frac{\partial F^{0-}}{\partial x}$$

$$= \frac{Ids}{4\pi} \frac{xy}{r^2} \int_0^\infty \left[(1 + r_{\mathrm{TE}} \mathrm{e}^{-2u_0 h}) \frac{\tilde{z}_0}{u_0} - (1 - r_{\mathrm{TM}} \mathrm{e}^{-2u_0 h}) \frac{u_0}{\tilde{y}_0} \right] \left[\lambda \mathrm{J}_0(\lambda r) - \frac{2}{r} \mathrm{J}_1(\lambda r) \right] \mathrm{e}^{u_0 z} \mathrm{d}\lambda \quad (5.17\mathrm{b})$$

$$E_z^{0-} = \frac{1}{\tilde{y}_0} \left(\frac{\partial^2}{\partial z^2} + k_0^2 \right) A^{0-} = -\frac{Ids}{4\pi} \frac{x}{r} \int_0^\infty \left[(1 - r_{\mathrm{TM}} \mathrm{e}^{-2u_0 h}) \frac{u_0}{\tilde{y}_0} \right] \frac{\lambda^2}{u_0} \mathrm{e}^{u_0 z} \mathrm{J}_1(\lambda r) \mathrm{d}\lambda \quad (5.17\mathrm{c})$$

$$H_x^{0-} = \frac{1}{\tilde{z}_0} \frac{\partial^2 F^{0-}}{\partial x \partial z} + \frac{\partial A^{0-}}{\partial y}$$

$$= \frac{Ids}{4\pi} \frac{xy}{r^2} \int_0^\infty \left[(1 - r_{\mathrm{TM}} \mathrm{e}^{-2u_0 h}) + (1 + r_{\mathrm{TE}} \mathrm{e}^{-2u_0 h}) \right] \left[\lambda \mathrm{J}_0(\lambda r) - \frac{2}{r} \mathrm{J}_1(\lambda r) \right] \mathrm{e}^{u_0 z} \mathrm{d}\lambda \quad (5.17\mathrm{d})$$

$$H_y^{0-} = \frac{1}{\tilde{z}_0} \frac{\partial^2 F^{0-}}{\partial y \partial z} - \frac{\partial A^{0-}}{\partial x}$$

$$= \frac{Ids}{4\pi} \int_0^\infty \left\{ \frac{x^2}{r^2} \left[(1 - r_{\mathrm{TM}} \mathrm{e}^{-2u_0 h}) - (1 + r_{\mathrm{TE}} \mathrm{e}^{-2u_0 h}) \right] + (1 + r_{\mathrm{TE}} \mathrm{e}^{-2u_0 h}) \right\} \mathrm{e}^{u_0 z} \lambda \mathrm{J}_0(\lambda r) \mathrm{d}\lambda$$

$$- \frac{Ids}{4\pi r} \left(1 - \frac{2x^2}{r^2} \right) \int_0^\infty \left[(1 - r_{\mathrm{TM}} \mathrm{e}^{-2u_0 h}) - (1 + r_{\mathrm{TE}} \mathrm{e}^{-2u_0 h}) \right] \mathrm{e}^{u_0 z} \lambda \mathrm{J}_1(\lambda r) \mathrm{d}\lambda \quad (5.17\mathrm{e})$$

$$H_z^{0-} = \frac{1}{\tilde{z}_0} \left(\frac{\partial^2}{\partial z^2} + k_0^2 \right) F^{0-} = \frac{Ids}{4\pi} \frac{y}{r} \int_0^\infty (1 + r_{\mathrm{TE}} \mathrm{e}^{-2u_0 h}) \frac{\lambda^2}{u_0} \mathrm{e}^{u_0 z} \mathrm{J}_1(\lambda r) \mathrm{d}\lambda \quad (5.17\mathrm{f})$$

3. 地中

按照上面相似步骤，可以推得地中（$z > h$）处的 TM 势和 TE 势为

$$A^{\mathrm{h}+} = \frac{Ids}{8\pi^2} \iint_\infty (1 - r_{\mathrm{TM}}) \frac{u_0}{\tilde{y}_0} \frac{\tilde{y}_1}{u_1} \mathrm{e}^{-u_0 h} \mathrm{e}^{-u_1(z-h)} \frac{\mathrm{i}k_x}{k_x^2 + k_y^2} \mathrm{e}^{\mathrm{i}(k_x x + k_y y)} \mathrm{d}k_x \mathrm{d}k_y \quad (5.18\mathrm{a})$$

$$F^{\mathrm{h}+} = -\frac{Ids}{8\pi^2} \iint_\infty (1 + r_{\mathrm{TE}}) \frac{\tilde{z}_0}{u_0} \mathrm{e}^{-u_0 h} \mathrm{e}^{-u_1(z-h)} \frac{\mathrm{i}k_y}{k_x^2 + k_y^2} \mathrm{e}^{\mathrm{i}(k_x x + k_y y)} \mathrm{d}k_x \mathrm{d}k_y \quad (5.18\mathrm{b})$$

则地中各场量的表达式为

$$E_x^{\mathrm{h}+} = \frac{1}{\tilde{y}_1} \frac{\partial^2 A^{\mathrm{h}+}}{\partial x \partial z} - \frac{\partial F^{\mathrm{h}+}}{\partial y}$$

$$= \frac{Ids}{4\pi} \int_0^\infty \left\{ \frac{x^2}{r^2} (1 - r_{\mathrm{TM}}) \frac{u_0}{\tilde{y}_0} + (1 + r_{\mathrm{TE}}) \frac{\tilde{z}_0}{u_0} \right] - (1 + r_{\mathrm{TE}}) \frac{\tilde{z}_0}{u_0} \right\} \mathrm{e}^{-u_0 h} \mathrm{e}^{-u_1(z-h)} \lambda \mathrm{J}_0(\lambda r) \mathrm{d}\lambda$$

$$+ \frac{Ids}{4\pi r} \left(1 - \frac{2x^2}{r^2} \right) \int_0^\infty \left[(1 - r_{\mathrm{TM}}) \frac{u_0}{\tilde{y}_0} + (1 + r_{\mathrm{TE}}) \frac{\tilde{z}_0}{u_0} \right] \mathrm{e}^{-u_0 h} \mathrm{e}^{-u_1(z-h)} \lambda \mathrm{J}_1(\lambda r) \mathrm{d}\lambda \quad (5.19\mathrm{a})$$

$$E_y^{\mathrm{h}+} = \frac{1}{\tilde{y}_1} \frac{\partial^2 A^{\mathrm{h}+}}{\partial y \partial z} + \frac{\partial F^{\mathrm{h}+}}{\partial x}$$

$$= \frac{Ids}{4\pi} \frac{xy}{r^2} \int_0^\infty \left[(1 + r_{\mathrm{TE}}) \frac{\tilde{z}_0}{u_0} + (1 - r_{\mathrm{TM}}) \frac{u_0}{\tilde{y}_0} \right] \left[\lambda \mathrm{J}_0(\lambda r) - \frac{2}{\rho} \mathrm{J}_1(\lambda r) \right] \mathrm{e}^{-u_0 h} \mathrm{e}^{-u_1(z-h)} \mathrm{d}\lambda \quad (5.19\mathrm{b})$$

$$E_z^{\mathrm{h}+} = \frac{1}{\tilde{y}_1} \left(\frac{\partial^2}{\partial z^2} + k_1^2 \right) A^{\mathrm{h}+} = -\frac{Ids}{4\pi} \frac{x}{r} \int_0^\infty (1 - r_{\mathrm{TM}}) \frac{u_0}{\tilde{y}_0} \frac{\lambda^2}{u_1} \mathrm{e}^{-u_0 h} \mathrm{e}^{-u_1(z-h)} \mathrm{J}_1(\lambda r) \mathrm{d}\lambda \quad (5.19\mathrm{c})$$

$$H_x^{\mathrm{h}+} = \frac{1}{\tilde{z}_0} \frac{\partial^2 F^{\mathrm{h}+}}{\partial x \partial z} + \frac{\partial A^{\mathrm{h}+}}{\partial y}$$

$$= -\frac{Ids}{4\pi}\frac{xy}{r^2}\int_0^\infty\left[(1-r_{\mathrm{TM}})\frac{u_0}{\tilde{y}_0}\frac{\tilde{y}_1}{u_1}+(1+r_{\mathrm{TE}})\frac{u_1}{u_0}\right]\left[\lambda\mathrm{J}_0(\lambda r)-\frac{2}{r}\mathrm{J}_1(\lambda r)\right]\mathrm{e}^{-u_0 h}\mathrm{e}^{-u_1(z-h)}\mathrm{d}\lambda \quad （5.19\mathrm{d}）$$

$$H_y^{\mathrm{h}+}=\frac{1}{\tilde{z}_0}\frac{\partial^2 F^{\mathrm{h}+}}{\partial y\partial z}-\frac{\partial A^{\mathrm{h}+}}{\partial x}$$

$$=\frac{Ids}{4\pi}\int_0^\infty\left\{\frac{x^2}{r^2}\left[(1-r_{\mathrm{TM}})\frac{u_0}{\tilde{y}_0}\frac{\tilde{y}_1}{u_1}+(1+r_{\mathrm{TE}})\frac{u_1}{u_0}\right]-(1+r_{\mathrm{TE}})\frac{u_1}{u_0}\right\}\mathrm{e}^{-u_0 h}\mathrm{e}^{-u_1(z-h)}\lambda\mathrm{J}_0(\lambda r)\mathrm{d}\lambda$$

$$+\frac{Ids}{4\pi r}\left(1-\frac{2x^2}{r^2}\right)\int_0^\infty\left[(1-r_{\mathrm{TM}})\frac{u_0}{\tilde{y}_0}\frac{\tilde{y}_1}{u_1}\right] \quad （5.19\mathrm{e}）$$

$$H_z^{\mathrm{h}+}=\frac{1}{\tilde{z}_0}\left(\frac{\partial^2}{\partial z^2}+k_1^2\right)F^{\mathrm{h}+}=\frac{Ids}{4\pi}\frac{y}{r}\int_0^\infty(1+r_{\mathrm{TE}})\frac{\lambda^2}{u_0}\mathrm{e}^{-u_0 h}\mathrm{e}^{-u_1(z-h)}\mathrm{J}_1(\lambda r)\mathrm{d}\lambda \quad （5.19\mathrm{f}）$$

式（5.15）、式（5.17）和式（5.19）是电偶极源响应的通用形式，源位于地面时令 $h=0$ 即可。对于层状介质模型，利用递推公式算出第 1 层的反射系数 r_{TE} 和 r_{TM}，代入式中就可计算出层状介质在电偶极源激励下的频率域响应，再应用逆拉普拉斯变换将频率域响应变换至时间域。

5.4   时域有限差分

用差分代替微分是有限差分方法的基本出发点。首先将式（5.4）所表示的连续形式的麦克斯韦微分方程组离散化，再用规则网格对地电模型进行剖分，最后用离散网格的差分替代微分，构造出求解电磁场响应的线性方程组。

5.4.1   网格剖分

通常用于 FDTD 数值模拟的方法一般是中心差分方法，对于均匀网格来说，可以达到二阶的精度。但是，实用的地球物理模型一般都需要采用非均匀的网格，在距离源或者异常体很远的地方，网格的剖分就会相对稀疏，而在源或者异常体附近，网格的剖分就会相对的紧密，这些非均匀网格在一个方向上每个网格的大小不一定是一个常数。那么，由于电场不能位于两个相邻磁场点的中心位置上，对电场的迭代就达不到二阶的精度。这就要求在 FDTD 数值模拟过程中，有效地采用非均匀网格剖分，对目标区域的网格进行细分，在远离源的位置以一定的比例系数增加网格间距逐步向边界延伸，但网格间距的变化要满足收敛条件。目标区域模型参数的网格剖分示意图如图 5.2（a）所示。

为了求解扩散方程，采用在可控源电磁响应正演计算中广泛使用的 Yee 元胞交错网格[4]，如图 5.2（b）所示。在 Yee 元胞的棱边上对电场进行采样，在 Yee 元胞每个面的中心对磁场进行采样。设离散模型在直角坐标系的 x、y 和 z 方向上的网格索引分别对应为 i、j 和 k，时间域响应的时间步进点为 n，各个场分量在直角坐标系下定义的节点位置及时间步进点见表 5.1。交错网格最为重要的一个特点就是在所有的网格中合理地分布电导率和磁导率，所有的场都是连续的。

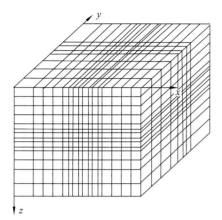
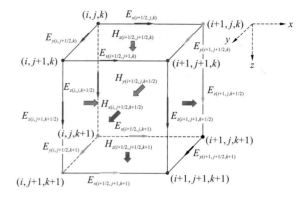

（a）模型参数网格剖分示意图　　　　　　　　　（b）Yee元胞场点定义

图 5.2　模型参数网格剖分示意图及 Yee 元胞场点定义

表 5.1　Yee 元胞中电场和磁场各分量的节点位置

场分量		空间分量			t
		x	y	z	
电场节点	E_x	$i+1/2$	j	k	
	E_y	i	$j+1/2$	k	n
	E_z	i	j	$k+1/2$	
磁场节点	H_x	i	$j+1/2$	$k+1/2$	
	H_y	$i+1/2$	j	$k+1/2$	$n+1/2$
	H_z	$i+1/2$	$j+1/2$	k	

　　交错网格中包括两个环路，一个是电场环，一个是磁场环。电场环由 Yee 元胞同一个面上的 4 条棱边上的电场分量组成，而磁场环路由 4 个相邻的磁场分量组成。这种结构中，一个磁场分量被 4 个电场分量环绕，一个电场分量被 4 个磁场分量环绕，非常有利于离散化麦克斯韦方程组，能够较好地描述电磁场的传播特性。

5.4.2　电磁场方程的差分形式

　　设三维模型在 x、y 和 z 方向上离散的网格节点个数分别为 N_x，N_y 和 N_z，各网格单元步长分别为 $\Delta x_i(i=1, 2, \cdots, N_x-1)$，$\Delta y_j(j=1, 2, \cdots, N_y-1)$ 和 $\Delta z_k(k=1, 2, \cdots, N_z-1)$，模型参数电导率的离散单元为 $\sigma(i, j, k)$，其中（$i=1, 2, \cdots, N_x-1$；$j=1, 2, \cdots, N_y-1$；$k=1, 2, \cdots, N_z-1$）。

　　展开式（5.4）可得

$$\frac{\partial e_x^{\mathrm{s}}}{\partial t} - \frac{1}{\varepsilon}\left(\frac{\partial h_z^{\mathrm{s}}}{\partial y} - \frac{\partial h_y^{\mathrm{s}}}{\partial z}\right) + \frac{\sigma}{\varepsilon}e_x^{\mathrm{s}} + \frac{\sigma_{\mathrm{a}}}{\varepsilon}e_x^{\mathrm{p}} = 0 \qquad (5.20\text{a})$$

$$\frac{\partial e_y^{\mathrm{s}}}{\partial t} - \frac{1}{\varepsilon}\left(\frac{\partial h_x^{\mathrm{s}}}{\partial z} - \frac{\partial h_z^{\mathrm{s}}}{\partial x}\right) + \frac{\sigma}{\varepsilon}e_y^{\mathrm{s}} + \frac{\sigma_{\mathrm{a}}}{\varepsilon}e_y^{\mathrm{p}} = 0 \qquad (5.20\text{b})$$

$$\frac{\partial e_z^{\mathrm{s}}}{\partial t} - \frac{1}{\varepsilon}\left(\frac{\partial h_y^{\mathrm{s}}}{\partial x} - \frac{\partial h_x^{\mathrm{s}}}{\partial y}\right) + \frac{\sigma}{\varepsilon}e_z^{\mathrm{s}} + \frac{\sigma_{\mathrm{a}}}{\varepsilon}e_z^{\mathrm{p}} = 0 \qquad (5.20\text{c})$$

$$\frac{\partial h_x^s}{\partial t} + \frac{1}{\mu}\left(\frac{\partial e_z^s}{\partial y} - \frac{\partial e_y^s}{\partial z}\right) = 0 \tag{5.20d}$$

$$\frac{\partial h_y^s}{\partial t} + \frac{1}{\mu}\left(\frac{\partial e_x^s}{\partial z} - \frac{\partial e_z^s}{\partial x}\right) = 0 \tag{5.20e}$$

$$\frac{\partial h_z^s}{\partial t} + \frac{1}{\mu}\left(\frac{\partial e_y^s}{\partial x} - \frac{\partial e_x^s}{\partial y}\right) = 0 \tag{5.20f}$$

由式（5.20）可以看出，电场对时间的差分与磁场的空间差分相关联，而磁场的时间差分与电场的空间差分相关联。在 FDTD 迭代求解的过程中，电磁场各分量计算的空间位置按图 5.2（b）所示的 Yee 元胞格式确定；在时间上，电场按整数时间步计算。这样用两个整数步的电场的差分代替对时间的微分，以 e_x 为例，可写成：

$$\left(\frac{\partial e_x^s}{\partial t}\right)^{n+1/2} \approx \frac{e_x^{s,n+1} - e_x^{s,n}}{\Delta t_n} \tag{5.21a}$$

式中：$e_x^{s,n}$ 和 $e_x^{s,n+1}$ 分别为第 n 时间步和第 $n+1$ 时间步计算得到的 e_x 的二次场。式（5.21a）说明两点差分的场点位置是两点的中点，所以式中其他场分量都需要是 $n+1/2$ 时间步的值。所以在 FDTD 的迭代过程中，磁场各分量要计算 $n+1/2$ 时间步的值。这样，在空间和时间上，电场和磁场的计算以蛙跳的方式交错进行。对于式（5.20a）中的电场一次场和二次场分量，则用线性插值的方式表示为

$$e_x^{s,n+1/2} \approx \frac{e_x^{s,n+1} + e_x^{s,n}}{2} \tag{5.21b}$$

这样，将式（5.20a）写成差分形式，有

$$\left[\frac{\varepsilon}{\Delta t_n} + \frac{\bar{\sigma}_x\left(i+\frac{1}{2},j,k\right)}{2}\right] e_x^{s,n+1}\left(i+\frac{1}{2},j,k\right)$$

$$= \left[\frac{\varepsilon}{\Delta t_n} - \frac{\bar{\sigma}_x\left(i+\frac{1}{2},j,k\right)}{2}\right] e_x^{s,n}\left(i+\frac{1}{2},j,k\right)$$

$$+ \frac{h_z^{s,n+1/2}\left(i+\frac{1}{2},j+\frac{1}{2},k\right) - h_z^{s,n+1/2}\left(i+\frac{1}{2},j-\frac{1}{2},k\right)}{\Delta \bar{y}_j} \tag{5.22a}$$

$$- \frac{h_y^{s,n+1/2}\left(i+\frac{1}{2},j,k+\frac{1}{2}\right) - h_y^{s,n+1/2}\left(i+\frac{1}{2},j,k-\frac{1}{2}\right)}{\Delta \bar{z}_k}$$

$$- \left[\bar{\sigma}_x\left(i+\frac{1}{2},j,k\right) - \sigma_b\right]\frac{e_x^{p,n+1}\left(i+\frac{1}{2},j,k\right) + e_x^{p,n}\left(i+\frac{1}{2},j,k\right)}{2}$$

同理，可得其他两个电场分量的差分形式分别为

$$\left[\frac{\varepsilon}{\Delta t_n}+\frac{\bar{\sigma}_y\left(i,j+\frac{1}{2},k\right)}{2}\right]e_y^{s,n+1}\left(i,j+\frac{1}{2},k\right)$$

$$=\left[\frac{\varepsilon}{\Delta t_n}-\frac{\bar{\sigma}_y\left(i,j+\frac{1}{2},k\right)}{2}\right]e_y^{s,n}\left(i,j+\frac{1}{2},k\right)$$

$$-\frac{h_z^{s,n+1/2}\left(i+\frac{1}{2},j+\frac{1}{2},k\right)-h_z^{s,n+1/2}\left(i-\frac{1}{2},j+\frac{1}{2},k\right)}{\Delta\bar{x}_i}$$

$$+\frac{h_x^{s,n+1/2}\left(i,j+\frac{1}{2},k+\frac{1}{2}\right)-h_x^{s,n+1/2}\left(i,j+\frac{1}{2},k-\frac{1}{2}\right)}{\Delta\bar{z}_k} \qquad (5.22\text{b})$$

$$-\left[\bar{\sigma}_y\left(i,j+\frac{1}{2},k\right)-\sigma_b\right]\frac{e_y^{p,n+1}\left(i,j+\frac{1}{2},k\right)+e_y^{p,n}\left(i,j+\frac{1}{2},k\right)}{2}$$

$$\left[\frac{\varepsilon}{\Delta t_n}+\frac{\bar{\sigma}_z\left(i,j,k+\frac{1}{2}\right)}{2}\right]e_z^{s,n+1}\left(i,j,k+\frac{1}{2}\right)$$

$$=\left[\frac{\varepsilon}{\Delta t_n}-\frac{\bar{\sigma}_z\left(i,j,k+\frac{1}{2}\right)}{2}\right]e_z^{s,n}\left(i,j,k+\frac{1}{2}\right)$$

$$+\frac{h_y^{s,n+1/2}\left(i+\frac{1}{2},j,k+\frac{1}{2}\right)-h_y^{s,n+1/2}\left(i-\frac{1}{2},j,k+\frac{1}{2}\right)}{\Delta\bar{x}_i} \qquad (5.22\text{c})$$

$$-\frac{h_x^{s,n+1/2}\left(i,j+\frac{1}{2},k+\frac{1}{2}\right)-h_x^{s,n+1/2}\left(i,j-\frac{1}{2},k+\frac{1}{2}\right)}{\Delta\bar{y}_i}$$

$$-\left[\bar{\sigma}_z\left(i,j,k+\frac{1}{2}\right)-\sigma_b\right]\frac{e_z^{p,n+1}\left(i,j,k+\frac{1}{2}\right)+e_z^{p,n}\left(i,j,k+\frac{1}{2}\right)}{2}$$

式中：$\Delta\bar{x}_i=\dfrac{\Delta x_i+\Delta x_{i+1}}{2}$，$\Delta\bar{y}_j=\dfrac{\Delta y_j+\Delta y_{j+1}}{2}$，$\Delta\bar{z}_k=\dfrac{\Delta z_k+\Delta z_{k+1}}{2}$。不同方向的平均电阻率可表示为

$$\bar{\sigma}_x(i+1/2,j,k)$$
$$=\frac{\sigma(i,j,k)\Delta y_j\Delta z_k+\sigma(i,j-1,k)\Delta y_{j-1}\Delta z_k+\sigma(i,j,k-1)\Delta y_j\Delta z_{k-1}+\sigma(i,j-1,k-1)\Delta y_{j-1}\Delta z_{k-1}}{(\Delta y_j+\Delta y_{j-1})(\Delta z_k+\Delta z_{k-1})} \qquad (5.23\text{a})$$

$$\bar{\sigma}_y(i,j,k)$$
$$=\frac{\sigma(i,j,k)\Delta x_i\Delta z_k+\sigma(i-1,j,k)\Delta x_{i-1}\Delta z_k+\sigma(i,j,k-1)\Delta x_i\Delta z_{k-1}+\sigma(i-1,j,k-1)\Delta x_{i-1}\Delta z_{k-1}}{(\Delta x_i+\Delta x_{i-1})(\Delta z_k+\Delta z_{k-1})} \qquad (5.23\text{b})$$

$$\bar{\sigma}_z(i,j,k)$$
$$= \frac{\sigma(i,j,k)\Delta y_j \Delta x_i + \sigma(i,j-1,k)\Delta y_{j-1}\Delta x_i + \sigma(i-1,j,k)\Delta y_j \Delta x_{i-1} + \sigma(i-1,j-1,k)\Delta y_{j-1}\Delta x_{i-1}}{(\Delta y_j + \Delta y_{j-1})(\Delta x_i + \Delta x_{i-1})} \quad (5.23c)$$

对于磁场，由式（5.20）可得各场量的差分方程为

$$\frac{2\mu}{\Delta t_{n-1}+\Delta t_n}h_x^{s,n+1/2}\left(i,j+\frac{1}{2},k+\frac{1}{2}\right) = \frac{2\mu}{\Delta t_{n-1}+\Delta t_n}h_x^{s,n-1/2}\left(i,j+\frac{1}{2},k+\frac{1}{2}\right)$$
$$-\frac{e_z^{s,n}\left(i,j+1,k+\frac{1}{2}\right)-e_z^{s,n}\left(i,j,k+\frac{1}{2}\right)}{\Delta y_j} \quad (5.24a)$$
$$-\frac{e_y^{s,n}\left(i,j+\frac{1}{2},k+1\right)-e_y^{s,n}\left(i,j+\frac{1}{2},k\right)}{\Delta z_k}$$

$$\frac{2\mu}{\Delta t_{n-1}+\Delta t_n}h_y^{s,n+1/2}\left(i+\frac{1}{2},j,k+\frac{1}{2}\right) = \frac{2\mu}{\Delta t_{n-1}+\Delta t_n}h_y^{s,n-1/2}\left(i+\frac{1}{2},j,k+\frac{1}{2}\right)$$
$$-\frac{e_z^{s,n}\left(i+1,j,k+\frac{1}{2}\right)-e_z^{s,n}\left(i,j,k+\frac{1}{2}\right)}{\Delta x_j} \quad (5.24b)$$
$$-\frac{e_x^{s,n}\left(i+\frac{1}{2},j,k+1\right)-e_x^{s,n}\left(i+\frac{1}{2},j,k\right)}{\Delta z_k}$$

值得指出的是，在直接求解二次场的时候，麦克斯韦方程组的四个方程仍然是相互约束的，磁场满足无散条件 $\nabla\cdot\boldsymbol{b}=0$，也就是说，磁场的三个分量中只有两个是独立的，另一个分量可由已知的两个分量中求得。若通过上面的递推公式计算出 h_x 和 h_y，则 h_z 可表示为

$$\frac{\partial h_z}{\partial z} = -\frac{\partial h_x}{\partial x} - \frac{\partial h_y}{\partial y}$$

差分格式为

$$\frac{h_z^{s,n+1/2}\left(i+\frac{1}{2},j+\frac{1}{2},k\right)}{\Delta z_k} = \frac{h_z^{s,n+1/2}\left(i+\frac{1}{2},j+\frac{1}{2},k+1\right)}{\Delta z_k}$$
$$+\frac{h_x^{s,n+1/2}\left(i+1,j+\frac{1}{2},k+\frac{1}{2}\right)-h_x^{s,n+1/2}\left(i,j+\frac{1}{2},k+\frac{1}{2}\right)}{\Delta x_i} \quad (5.24c)$$
$$+\frac{h_y^{s,n+1/2}\left(i+\frac{1}{2},j+1,k+\frac{1}{2}\right)-h_y^{s,n+1/2}\left(i+\frac{1}{2},j,k+\frac{1}{2}\right)}{\Delta y_j}$$

由于采用的非均匀网格剖分，电场不能位于两个相邻磁场点的中心位置上，会使迭代过程中产生一定的误差，所以在实际的数值实验过程中，会对磁场进行一定的修正。计算 h_z 时，可以利用 $z\to\infty$ 时 $h_z\to 0$ 的边界条件，从模型的最底端开始由下往上计算。

5.4.3 算法实现

1. 边界条件

1）地表上方

利用地面上计算的 h_z 向上延拓计算出空气层中一个交错网格上的 h_x 和 h_y。这样可以既减少网格数，又不会因为要在空气中进行时间迭代而采用很小的时间步。

在似稳条件下，空气层中的磁感应强度满足拉普拉斯方程：

$$\nabla^2 \boldsymbol{b} = 0 \tag{5.25}$$

在波数域有

$$\tilde{b}_x(k_x, k_y, z=0) = -\frac{\mathrm{i}k_x}{\sqrt{k_x^2 + k_y^2}} \tilde{b}_z \quad (k_x, k_y, z=0) \tag{5.26a}$$

$$\tilde{b}_y(k_x, k_y, z=0) = -\frac{\mathrm{i}k_y}{\sqrt{k_x^2 + k_y^2}} \tilde{b}_z \quad (k_x, k_y, z=0) \tag{5.26b}$$

向上延拓到 $z = -h$，有

$$\tilde{b}_x(k_x, k_y, z=-h) = \mathrm{e}^{-h\sqrt{k_x^2 + k_y^2}} \tilde{b}_x \quad (k_x, k_y, z=0) \tag{5.27a}$$

$$\tilde{b}_y(k_x, k_y, z=-h) = \mathrm{e}^{-h\sqrt{k_x^2 + k_y^2}} \tilde{b}_y \quad (k_x, k_y, z=0) \tag{5.27b}$$

所以有

$$\tilde{b}_x(k_x, k_y, z=-h) = -\frac{\mathrm{i}k_x}{\sqrt{k_x^2 + k_y^2}} \mathrm{e}^{-h\sqrt{k_x^2 + k_y^2}} \tilde{b}_z \quad (k_x, k_y, z=0) \tag{5.28a}$$

$$\tilde{b}_y(k_x, k_y, z=-h) = -\frac{\mathrm{i}k_y}{\sqrt{k_x^2 + k_y^2}} \mathrm{e}^{-h\sqrt{k_x^2 + k_y^2}} \tilde{b}_z \quad (k_x, k_y, z=0) \tag{5.28b}$$

计算时，先将地表处的 h_z 在 x 和 y 方向上按固定空间步长 δ 插值，进行快速傅里叶变换并延拓，在波数域求出空气层的磁场分量，然后从波数域转换到频率域，运用傅里叶变换求得磁场分量，采用双三次样条插值进行插值计算，得到空气层任意位置的磁场分量，最后通过逆傅里叶变换得到 $-h$ 处的 h_x 和 h_y，同样进行插值得到非均匀网格节点上的场值。计算早时响应时，取 δ 为最小网格距；计算晚时响应时，δ 可适当增大。

2）底边界和侧边界

由于直接在时间域求解二次场，在任意边界处，电场和磁场二次场的切向分量都满足连续条件。而当边界足够远（$\to\infty$）时，无论是侧边界还是底边界，都可以认为由异常体产生的二次场 $\to 0$。如果 z 足够大，则在模型底部有 $h_z=0$，这样，计算时由底部开始，逐次向上递推。

2. 初始条件

在脉冲方波关断瞬间，一次场的变化还未扩散到异常体的位置，可以认为在关断瞬间，二次场场值为 0，那么初始时间的确定可依据 Wang 和 Hohmann 给出的经验公式计

算[3]:

$$t_0 = 1.13 \mu_1 \sigma_1 \Delta_1^2 \tag{5.29}$$

式中: μ_1、σ_1 和 Δ_1 分别为计算空间的顶层网格的磁导率、最小电导率和网格的最小间距。

3. 空间步长和时间步长

由麦克斯韦旋度方程按 Yee 元胞网格剖分导出的差分方程按时间步进方式计算电磁场时存在数值不稳定的情况。这种不稳定性表现为,随着计算时间步的推进,计算的场量迅速增加直至发散。其原因不同于误差的积累,而是由电磁场传播的因果关系被破坏所致。因此,为了实现 FDTD 稳定计算,借鉴 Du Fort 和 Frankel 提出的方法[5],Wang 和 Hohmann 引入虚拟位移电流项的办法[3],即将式(5.3b)中的介电常数 ε 用一个虚拟位移系数 ζ 代替,只要选择合适的 ζ,则一阶系统无条件稳定。前人的研究表明[6],FDTD 稳定的条件是时间步长 Δt 和空间步长 Δx、Δy 和 Δz 必须满足:

$$\Delta t \leqslant \frac{1}{v \sqrt{\dfrac{1}{\Delta x^2} + \dfrac{1}{\Delta y^2} + \dfrac{1}{\Delta z^2}}} \tag{5.30}$$

式中: $v = \dfrac{1}{\sqrt{\mu \zeta}}$ 为电磁波在介质中的虚拟相速度。

对于三维非均匀网格模型,取最小空间步长 $\Delta_{\min}$,代入式(5.30)可解得

$$\zeta \geqslant \frac{3}{\mu} \left(\frac{\Delta t}{\Delta_{\min}} \right)^2 \tag{5.31}$$

这就是说,只要选择虚拟位移系数 ζ 满足式(5.31),就可保证 FDTD 迭代过程的稳定性。事实上,虚拟系数 ζ 可以远大于实际的介电常数 ε。为了防止虚拟位移电流项主导电磁场的扩散,也必须限制时间的步长。Oristaglio 和 Hohmann 已经证明[7],只要时间步长满足式(5.32),则电磁场在介质中总具有扩散特性:

$$\Delta t \ll \Delta_{\min} \sqrt{\frac{\mu \sigma_{\min} t}{6}} \tag{5.32}$$

基于经验,Wang 和 Hohmann[3]提出实际应用的时间步长关系式,可表示为

$$\Delta t_{\max} \approx \alpha \Delta_{\min} \sqrt{\frac{\mu \sigma_{\min} t}{6}} \tag{5.33}$$

式中: $\alpha = 0.1 \sim 0.2$;晚时 Δt 可适当增大。

4. 迭代步骤

求解时间域三维瞬变电磁场二次场的主要步骤如下。

(1)设置模型参数、源的参数及迭代控制参数等。

(2)根据模型参数设置初始条件、时间步长等。

(3)根据源参数和模型参数计算地中和地面上方的一次场,并写入文件备用。

(4)在 t_0 时刻,赋零值边界。

(5)在 $n + 1/2$ 时间步,从最底层网格开始,利用边界条件、磁场差分公式和一次场计算地中(含地面)各节点 $t_{n+1/2}$ 时刻各磁场分量的二次场。

（6）向上延拓，计算空气中各网格节点的磁场分量二次场。

（7）在 $n+1$ 时间步，从最底层网格开始，利用边界条件、电场差分方程、一次场及已计算得到的 $t_{n+1/2}$ 时刻的磁场二次场计算地中各节点（含地面）t_{n+1} 时刻的各电场分量的二次场。

（8）向上延拓一个网格，计算空气中的网格上各个节点的电场分量。

（9）时间步进，重复步骤（5），直到达到设定的时间长度。

5.5 极化介质的时域电磁响应

描述介质极化效应的电性参数是复电阻率，其经典模型是将电阻率表示成频率的函数。在计算频率域响应时，复电阻率参数容易引入电磁响应方程进而计算复电阻率介质模型的电磁响应。若采用变换算法计算时间域响应，这种复电阻率引入方式是一大优势。但对于直接法计算时间域响应，将频率域表示的复电阻率模型直接引入时间域电磁响应方程并求解是一大难题。

5.5.1 GEMTIP 模型

GEMTIP 模型是 Zhdanov 运用广义等效介质理论从麦克斯韦方程组出发经过严格的数学推导而得出的一种用以研究岩矿石激电效应的复电阻率模型[8]。对于多相复合电导介质，它具有严格的数学表达式，同时它也为不同的岩矿物提供了一种定量的分析方法。可以把岩石看作是由不同半径的矿物颗粒组成，给定相关的岩石学及流变特征参数，其复电阻率可以用一个统一的数学解析表达式进行表述：

$$\rho_{\mathrm{ef}} = \rho_0 \left\{ 1 + \sum_{j=1}^{N} \left[f_j \eta_j \left(1 - \frac{1}{1 + (\mathrm{i}\omega\tau_j)^{c_j}} \right) \right] \right\}^{-1} \tag{5.34}$$

式中：$\eta_j = 3\dfrac{\rho_0 - \rho_j}{2\rho_j + \rho_0}$ 和 $\tau_j = \left[\dfrac{a_j}{2\alpha_j}(2\rho_j + \rho_0) \right]^{1/c_j}$ 分别为第 j 种矿物的充电率和时间常数；f_j、ρ_j、a_j、α_j 和 c_j 分别为第 j 种矿物的体积百分数、电阻率、颗粒半径、表面极化系数和松弛系数；ρ_0 为基质的电阻率。

对只有背景介质（电阻率 ρ_0）和一种颗粒状矿物（电阻率 ρ_1）的两相介质，则式（5.34）可简化为

$$\rho_{\mathrm{ef}} = \rho_0 \left\{ 1 + f_1 \eta_1 \left[1 - \frac{1}{1 + (\mathrm{i}\omega\tau_1)^{c_1}} \right] \right\}^{-1} \tag{5.35}$$

5.5.2 时域 GEMTIP 模型的引入

所谓时域法，就是将表征岩矿石激电效应的模型在时间域直接引入电性源瞬变电磁

场的正演计算中，得到带激电效应的时间域电磁场。当频率相关系数 $c=1$ 时两相介质 GEMTIP 模型的时域形式可表示为

$$\rho_{\text{et}} = \frac{\rho_0}{1-\eta}\left(1 - \eta \text{e}^{-\frac{t}{\tau}}\right) \tag{5.36}$$

当频率相关系数 $c=0.5$ 时的 GEMTIP 模型的时域表达式为

$$\rho_{\text{et}} = \frac{\rho_0}{1-\eta'}\left[1 - \frac{f_1\eta_1}{1+f_1\eta_1}\text{e}^{-\frac{t}{(1+f_1\eta_1)^2\tau}}\text{erfc}\left(\frac{1}{1+f_1\eta_1}\sqrt{\frac{t}{\tau}}\right)\right] \tag{5.37}$$

式中：$\eta' = 3\dfrac{3f_1(\rho_0-\rho_j)}{2\rho_j+\rho_0+3f_1(\rho_1-\rho_0)}$；erfc 为余误差函数。

由式（5.36）和式（5.37）可以看出，岩石的复电阻率在时间域可表示为时间的复杂函数。在直接法时间域电磁响应的计算中，应用式（5.36）和式（5.37）可以将岩石的极化效应引入，但由于在每个时间步都需要计算单元的等效电阻率，所以这种引入方式会使正演计算非常耗时。实际上，式（5.36）和式（5.37）可分别看成是电磁耦合与电极化 GEMTIP 模型，联合这两个模型，也可实现对观测的时域电磁响应进行耦合场与极化场分离。

5.6　三维模型算例

为了验证算法的正确性，设计水平层状介质模型，用 FDTD 算法计算瞬断响应，并与解析解进行对比。

5.6.1　三维异常体模型的时域响应

设计的三维异常体模型如图 5.3 所示，异常体是尺寸为 6 000 m×3 000 m×200 m 的薄板，放置于均匀半空间背景模型之中，其顶面中心位于（0, 4 000, 500）处。背景模型的电阻率设为 ρ_b=50 Ω·m（或电导率 σ_b=0.02 S/m）；研究低阻异常体的响应时，设置异常体电阻率 ρ=10 Ω·m。在 FDTD 算法的网格剖分中，采用非均匀网格划分。确定网格步长的基本原则是除满足收敛条件外，还要在源附近、测点附近和异常体边界附近相对加密，最小空间步长为 25 m。为保证 Dirichlet 边界条件下算法的稳定性，设置模型范围较大，x=−10 000～10 000 m，y=−10 000～10 000 m，z=−100～10 000 m，空气层设置了网格距为 100 m 的一个网格层，整个模型空间剖分的网格数为 63×74×55=256 410 个，薄板状异常体剖分了 2 992 个单元。

x 方向的电偶极源位于坐标原点，以电阻率 ρ_b=50 Ω·m 的均匀半空间模型为背景，采用变换算法计算模型空间各点在地面电偶极源的激励下的时间域响应（一次场），用作计算二次场的已知条件。计算的初始时间和迭代时间步长根据（5.29）和式（5.33）确定，取计算时间长度为 1 s 时，初始时间取 10^{-6} s，迭代时间点数为 3 795 步。在 CPU 主频为 2.7 GHz，含一块 Tesla C 1060 GPU 工作站上运行，计算一次场花费机时 2 987 s

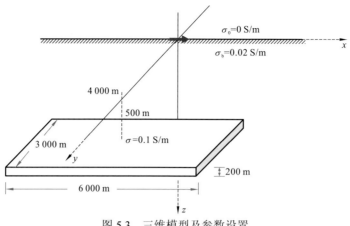

图 5.3　三维模型及参数设置

（约 50 min），计算二次场花费机时 2 024 s（约 33 min），这样的计算时间对于三维时间域电磁响应的正演计算应该是一个很好的结果，能满足三维反演的需要。

在三维模型的地表处分别设置了 5 个观测点，分别为点 A（25, 2 000, 0）、B（25, 3 000, 0）、C（25, 4 000, 0）、D（25, 5 000, 0）和 E（25, 6 000, 0）。图 5.4 所示为各测点处计算得到的 e_x 分量的二次场响应。这些测点基本上位于赤道位置上，各测点的偏移距相差 1 000 m。测点 C 位于薄板异常体的中心的正上方，B 点和 D 点位于异常体两边的正上方，A 点和 E 测点则位于异常体外两侧各 500 m 处。由图中可以看出，除满足异常场幅值随偏移距增大而衰减的一般规律外，B 点是异常体上方距源最近的测点，故显示出最大异常幅值。A 点虽最靠近源，但距异常体有一定距离，二次场显示有一定的异常，但幅值较小。

图 5.5 所示为用三维 FDTD 算法计算的低阻薄层模型和三维薄板状异常体模型时间域响应 e_x 分量的二次场的比较。实际上三维薄板异常体模型只是将在 x 和 y 方向无限延伸的薄层模型缩减成 x 方向长 6 000 m，y 方向宽 3 000 m，中心位于（0, 4 000, 0）的三维薄板，其他参数与薄层模型相同。图中所示曲线为测点 C（25, 4 000, 0）的响应，该测点位于薄板三维异常体的中心。由图 5.5 中可以看出，异常场的曲线形态基本相同，但在幅值上，薄层模型的二次场要大一些，这也是所期待的。

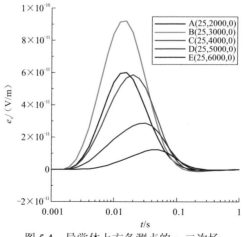

图 5.4　异常体上方各测点的 e_x 二次场

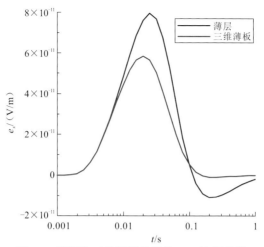

图 5.5　薄层和三维薄板异常体 e_x 二次场比较

　　为了展示三维模型偶极源激发的电磁响应的空间分布形态，对三维模型的响应进行了切片绘图。图 5.6～图 5.8 分别为低阻薄板三维模型响应的 e_x、e_y 和 e_z 三个分量的总场和二次场在 $z = -600$ m 处，$t = 10$ ms 时的 xy 平面切片图，图中白色的框线表示薄板异常体的大小和位置，$z = -600$ m 的切片位置正好位于异常体薄板在 z 方向上的中心。由于各分量的幅值差别很大，所有的平面图均取场量的对数值绘图。由图中可以看出，各场量的空间分布形态基本上就是偶极源场的辐射模式，二次场能很好地反映出电性异常体的存在，但其幅值与一次场相比还是很小，在总场的图中只显示出小的扰动。三个场量的二次场的异常幅值均在 10^{-10} 量级内，在靠近源的一侧具有较大的异常值。在所研究的时刻内二次场已在较大的范围内呈现，随着时间的推移，受二次场影响的范围还要进一步扩大，这充分显示了扩散电磁场的体积效应特征。

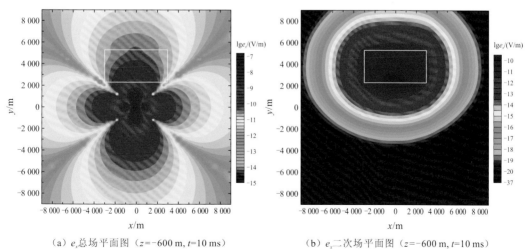

（a）e_x 总场平面图（$z=-600$ m，$t=10$ ms）　　（b）e_x 二次场平面图（$z=-600$ m，$t=10$ ms）

图 5.6　三维薄板异常体模型 e_x 响应的 xy 平面切片图

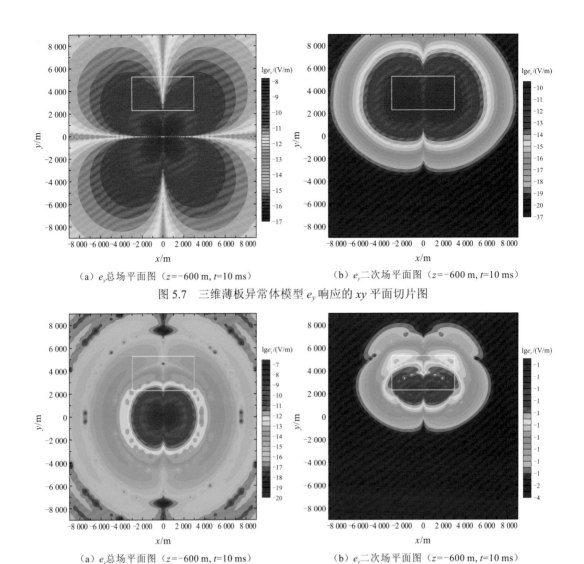

（a）e_y 总场平面图（$z=-600$ m，$t=10$ ms）　　　　　（b）e_y 二次场平面图（$z=-600$ m，$t=10$ ms）

图 5.7　三维薄板异常体模型 e_y 响应的 xy 平面切片图

（a）e_z 总场平面图（$z=-600$ m，$t=10$ ms）　　　　　（b）e_z 二次场平面图（$z=-600$ m，$t=10$ ms）

图 5.8　三维薄板异常体模型 e_z 响应的 xy 平面切片图

　　图 5.9～图 5.11 所示为三维模型时间域电磁响应各场量在 $x=25$ m 处，$t=10$ ms 时的 yz 剖面图，图中白色框线给出了低阻薄板异常体的位置。从图中可以看出，总场图展示了在地面的电偶极源激励的场的空间分布模式。总体上看，各场量的总场具有随深度增加而快速衰减的特征，但也显示出以波动方式传播的辐射模式。当然这种波动的幅值很小，是叠加在指数衰减上的微小扰动，但其波动传播的规律在其主传播方向上还是一目了然的。由图 5.9 可以看出，由于空气层的存在，偶极源激励的场在地表附近以超长的波长传播和衰减，在模型的范围内看不出场传播的波动性，而在地中偶极源正下方的一定深度处，可以看出波的存在。该模型中电磁波的扩散速度大约为 6 325 m，以所显示的切片时刻，在模拟的深度范围内（10 km）可以识别出大约两个不同波长的波动，其频率与时间的对应关系满足 $f=\dfrac{1}{8\pi t}$。由图 5.8 和图 5.11 可以看出，电场的垂直分量的 xy 平面图也显示有明显的波动特征，这样，e_z 在地中为半球面辐射的模式，说明地表附近的

e_z 分布受空气层的影响小。这种波动性能否用于勘探中的成像，还需要做深入的研究，其主要有两个问题：这种波动是在很小场值的基础上的微小扰动，能否有效探测是问题之一；另外这种波动的分辨率并不高。

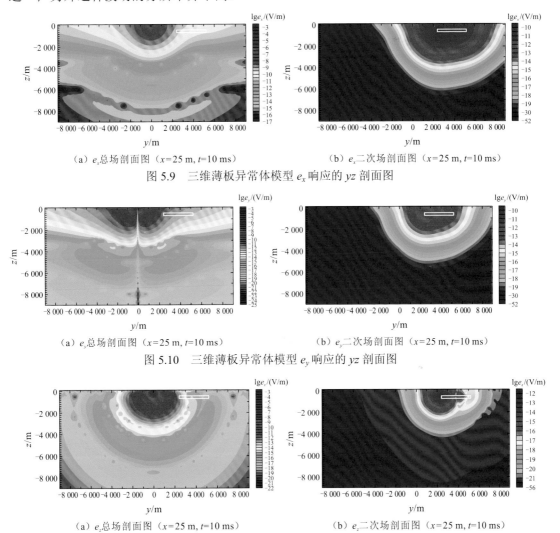

（a）e_x 总场剖面图（$x=25$ m, $t=10$ ms）　　　　　（b）e_x 二次场剖面图（$x=25$ m, $t=10$ ms）

图 5.9　三维薄板异常体模型 e_x 响应的 yz 剖面图

（a）e_y 总场剖面图（$x=25$ m, $t=10$ ms）　　　　　（b）e_y 二次场剖面图（$x=25$ m, $t=10$ ms）

图 5.10　三维薄板异常体模型 e_y 响应的 yz 剖面图

（a）e_z 总场剖面图（$x=25$ m, $t=10$ ms）　　　　　（b）e_z 二次场剖面图（$x=25$ m, $t=10$ ms）

图 5.11　三维薄板异常体模型 e_z 响应的 yz 剖面图

利用所研究的三维 FDTD 算法，除了可以进行阶跃波的电磁响应模拟，还可以进行任意类型激励波形的时域电磁响应的模拟，如拟高斯脉冲、三角波等。只需要在计算一次场的频率响应时，直接将源响应公式中的电流 I 用任意激励电流波形的频率表达式代入即可。

5.6.2　极化介质模型的时域响应

1. 均匀大地极化介质模型的时域响应

图 5.12 给出了均匀半空间情况下 GEMTIP 模型的不同激电参数正演模拟的归一化水平电场曲线，计算时取均匀半空间电阻率为 $\rho=100$ Ω·m，其他固定的模型参数为 $f=0.15$，

c=0.5，α=2.0，a=0.005 m。

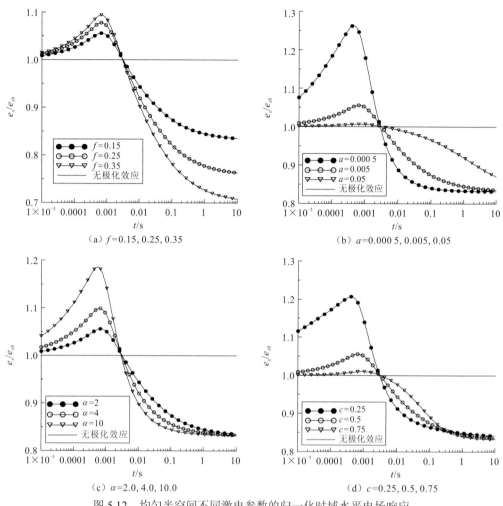

（a）f=0.15, 0.25, 0.35

（b）a=0.000 5, 0.005, 0.05

（c）α=2.0, 4.0, 10.0

（d）c=0.25, 0.5, 0.75

图 5.12　均匀半空间不同激电参数的归一化时域水平电场响应

　　图 5.12（a）为 GEMTIP 模型不同矿物体积百分比（f）的归一化水平电场曲线。从图中可以总结出含极化效应的时间域响应有以下几个特征：①包含极化效应的水平电场的早时响应大于无极化的响应，而在晚时含极化的响应小于无极化的响应，转折点在大约 3 ms 处；②早期的异常幅值比晚时异常的幅值要小；③早时响应在约 0.6 ms 处有极值，而晚时响应在所计算的时间范围内（10 s）还不能准确定义极值所在；④随着矿物体积百分比增大，水平电场的早时和晚时异常幅值都随之增大，说明水平电场响应受极化效应的影响增大。

　　图 5.12（b）是改变模型参数中矿物颗粒大小（a）时计算的归一化水平电场曲线。从图中可以看出，随着矿物颗粒的增大，归一化水平电场曲线的形态由陡变缓，异常幅值由大变小；与晚时响应相比，早时响应的异常幅度增加明显。说明水平电场的时域响应除异常幅值随颗粒尺寸的增大而减小外，还使得极化效应的影响向晚时方向推移。这个计算结果也证明了岩石的极化效应颗粒尺寸越小，产生双电层的表面积越大，极化效应越强。

图 5.12（c）是不同表面极化系数（α）时计算的归一化时域水平电场响应曲线。从图中可以看出，随着表面极化系数的增大，归一化水平电场曲线的形态变化不大，但早时和晚时异常幅值随之增大，且早时异常更突出。说明表面极化系数越大，其水平电场的幅值受极化效应的影响越大。

图 5.12（d）为不同松弛系数（c）的归一化水平电场曲线。从图中可以看出，总体上水平电场响应呈现早时异常大、晚时异常小的特点；随着松弛系数增大，早时和晚时的响应异常幅值均减小；在约 300 ms 以后，水平电场曲线几乎重合，说明晚时响应几乎不受松弛系数的影响。由于 c 在复电阻率模型中就是频率相关系数，大的 c 值主要反映电磁耦合效应的影响，小的 c 值主要反映极化效应的影响，这里给出的时域响应曲线的特征也证明了这一特性。

图 5.13 给出了均匀半空间情况下 GEMTIP 模型的不同激电参数正演模拟的归一化垂直磁场曲线。其中图 5.13（a）为不同矿物体积百分比（f）的归一化垂直磁场曲线。可

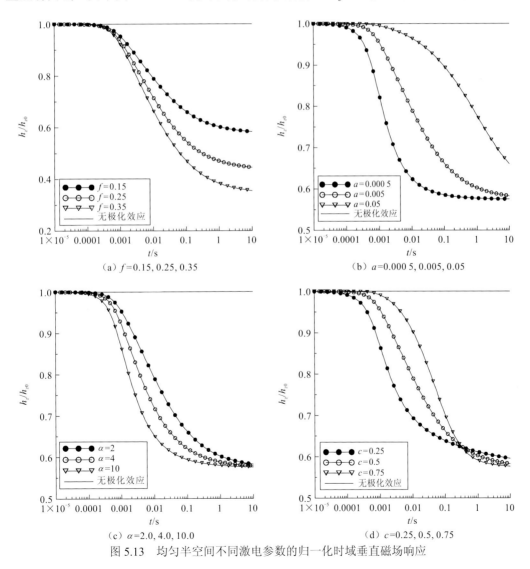

（a）f=0.15, 0.25, 0.35

（b）a=0.000 5, 0.005, 0.05

（c）α=2.0, 4.0, 10.0

（d）c=0.25, 0.5, 0.75

图 5.13　均匀半空间不同激电参数的归一化时域垂直磁场响应

以看出，归一化垂直磁场曲线随着矿物体积百分比的增大而减小，表明矿物体积百分比越大，垂直磁场受极化效应的影响越大，或极化效应越强。图 5.13（b）为不同矿物颗粒大小（a）的归一化垂直磁场曲线，归一化垂直磁场曲线的异常幅值随着矿物颗粒的增大而变小，表明其受极化影响变小，且矿物颗粒越大，垂直磁场受极化效应影响的时间越晚。图 5.13（c）为 GEMTIP 模型的不同表面极化系数（α）的归一化垂直磁场曲线，归一化垂直磁场曲线随着表面极化系数的增大而减小，这也表明表面极化系数越大，其垂直磁场受极化效应的影响越大，即表面极化系数越大，极化效应越强。图 5.13（d）为 GEMTIP 模型的不同松弛系数（c）的归一化垂直磁场曲线，从图中可以看出，松弛系数越大其出现激电效应的时间越晚，且随着松弛系数的增大其归一化垂直磁场表现为先变大后变小的特性。整体上看，时域磁场响应也能很好地反映出极化效应的影响，其基本特征与电场响应曲线特征相似，但从形态上看早时响应具有更简单的特性。

2. 三维极化介质模型的时域响应

为了更好地研究三维极化体的响应特征，在均匀半空间地中设置了一个大小为 $1\,000\ \text{m} \times 1\,000\ \text{m} \times 300\ \text{m}$ 的异常体，异常体的 x 方向范围为 $-500 \sim 500\ \text{m}$，y 方向的范围为 $1\,000 \sim 2\,000\ \text{m}$，$z$ 方向的范围为 $500 \sim 800\ \text{m}$，异常体的电阻率分别为 $10\ \Omega \cdot \text{m}$ 和 $100\ \Omega \cdot \text{m}$，背景电阻率为 $50\ \Omega \cdot \text{m}$。$x$ 方向的源电偶极位于坐标原点，接收点位于 $(25, 4\,000, 0)$ 处。图 5.14 是设置的三维模型示意图。

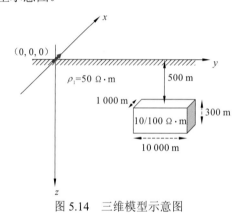

图 5.14　三维模型示意图

1）三维低阻极化体模型

图 5.15 是均匀半空间中存在低阻极化体时的电场响应曲线，图中的曲线包括无异常体时的响应（圆点线）、层状模型的响应（五星线）、一次场（正三角线）、科尔-科尔模型取 $\eta=0.5$，$\tau=1.0\ \text{s}$ 和 $c=0.25$ 时的响应（圆圈线）及 GEMTIP 模型取 $f=0.15$，$c=0.5$，$\alpha=2.0$ 和 $a=0.005\ \text{m}$ 时的响应（倒三角线）。从图中可以看出，当低阻体存在极化时的电场响应曲线比不存在极化异常体时的电场响应曲线的振幅要大，且与薄层模型相比，其相对没有异常体的电场响应曲线的变化要小，这也与实际模拟情况相符合。这也说明异常体越大引起的二次场越强，总场的变化就越大。

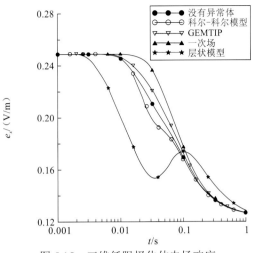

图 5.15 三维低阻极化体电场响应

图 5.16 是均匀半空间低阻极化体在地下 $z=700$ m 处电场响应的 xy 平面切片图（$t=$ 10 ms），图中矩形框给出了低阻体所在的位置。从图中可以看出当电场传播到低阻体时电场的响应曲线发生了改变，由此可判断出低阻体所在的位置。根据异常体处的等值线可以看出当感应涡流遇到低阻异常体时传播速度变慢。这表明低阻体对电场有聚集作用，同时，二次场曲线可以很好地判断出异常体所在的位置。

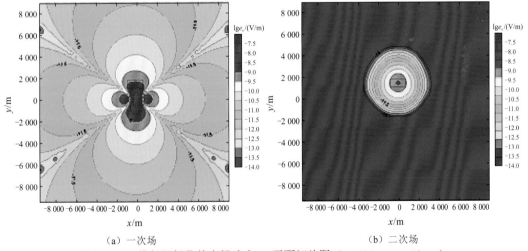

（a）一次场 （b）二次场

图 5.16 三维低阻极化体电场响应 xy 平面切片图（$z=700$ m，$t=10$ ms）

图 5.17 是均匀半空间低阻体在 $x=25$ m 处电场响应的 yz 平面剖面图（$t=10$ ms），图中矩形框给出了低阻体的位置与大小。从图中可以清楚地看出由于存在低阻体，电场响应曲线发生了改变，且电场随着深度的增加而快速衰减。

图 5.18 和图 5.19 分别为均匀半空间中的低阻极化体产生垂直磁感应电动势 b_z 的 xy 水平切片图平面和 yz 平面上的剖面图，图中矩形框均代表异常体的大小及位置。从图中可以看出磁感应强度 b_z 有细微的变化，且从图 5.18 中可以看出磁感应强度相比较不存在异常体位置的磁感应强度略小，从图 5.19 同样可看出磁感应强度有轻微的变化，且随深度的增加而快速衰减。总体看，磁感应强度的计算精度较电场响应的计算精度要差一些。

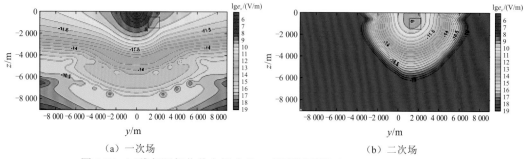

（a）一次场　　　　　　　　　　　　　　（b）二次场

图 5.17　三维低阻极化体电场响应 yz 平面剖面图（$x=25\,\mathrm{m}$，$t=10\,\mathrm{ms}$）

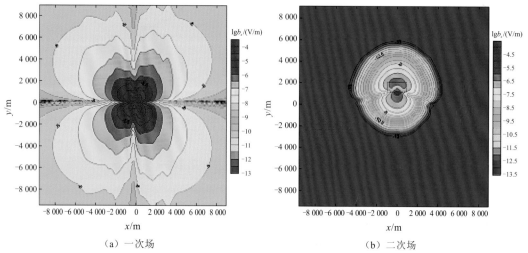

（a）一次场　　　　　　　　　　　　　　（b）二次场

图 5.18　三维低阻极化体磁感应强度 b_z 响应 xy 平面切片图（$z=700\,\mathrm{m}$，$t=10\,\mathrm{ms}$）

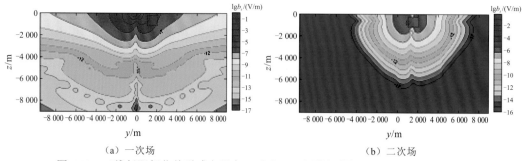

（a）一次场　　　　　　　　　　　　　　（b）二次场

图 5.19　三维低阻极化体磁感应强度 b_z 响应 yz 平面剖面图（$x=25\,\mathrm{m}$，$t=10\,\mathrm{ms}$）

2）三维高阻极化体模型

图 5.20 是均匀半空间中存在高阻（$100\,\Omega\cdot\mathrm{m}$）极化异常体时的电场响应曲线，极化参数与低阻异常体的相同。可以看出，当高阻体存在极化时的电场响应曲线与不存在极化时的电场响应曲线基本重合，这说明极化效应对高阻体的反应不灵敏，且与薄层模型相比，其相对没有异常体的电场响应曲线的变化要小，这也与实际模拟情况相符合。这也说明异常体越大引起的二次场越强，总场的变化就越大。

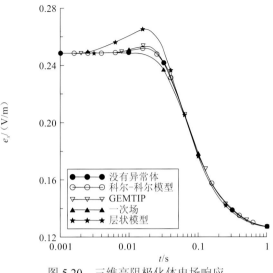

图 5.20　三维高阻极化体电场响应

　　图 5.21 是均匀半空间高阻极化异常体在地下 700 m 处的电场响应在 xy 平面的切片图（$t=10$ ms），图中矩形框给出了高阻体所在的位置。从图中可以看出电场总场响应曲线存在细微的差别，但是通过二次场可以清楚地看出异常体的位置及大小。与图 5.16 所示的低阻异常体的响应比较可以看出，高阻体的响应幅度相对较小，这也证明电磁响应对低阻体敏感的结论。

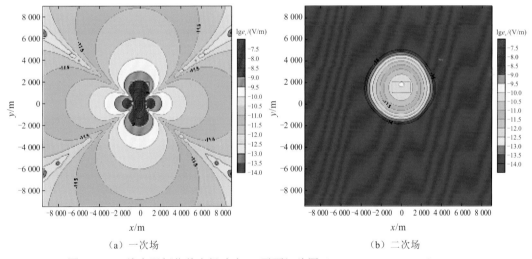

（a）一次场　　　　　　　　　　　　　　　　（b）二次场

图 5.21　三维高阻极化体电场响应 xy 平面切片图（$z=700$ m，$t=10$ ms）

　　图 5.22 是均匀半空间高阻体的电场响应在 $x=25$ m 处 yz 平面的剖面图（$t=10$ ms）。图中矩形框给出了高阻体的位置与大小。从图中总场基本看不出高阻体对电场响应曲线的影响，但是二次场可以清楚地看出异常体所在的位置及大小，同时可以看出电场随着深度的增加而快速衰减。

　　图 5.23 和图 5.24 分别为 xy 平面和 yz 平面上均匀半空间中高阻极化异常体产生磁感应强度 b_z 的切片图，图中矩形框均代表异常体的大小及位置。从图中可以看出磁感应强

度有细微的变化，且从图 5.23 中可以看出磁感应强度比不存在异常体位置的磁感应强度略小，从图 5.24 中同样可看出磁感应强度有轻微的变化，且随深度的增加而快速衰减。

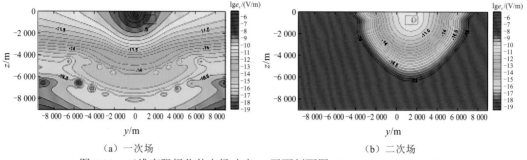

（a）一次场　　　　　　　　　　　（b）二次场

图 5.22　三维高阻极化体电场响应 yz 平面剖面图（$x=25$ m，$t=10$ ms）

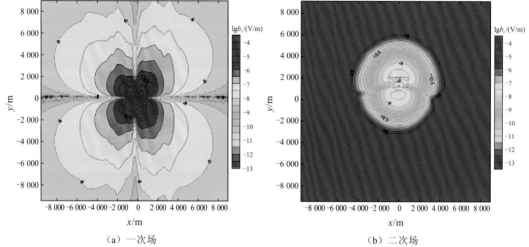

（a）一次场　　　　　　　　　　　（b）二次场

图 5.23　三维高阻极化体磁感应强度 b_z 响应 xy 平面切片图（$z=700$ m，$t=10$ ms）

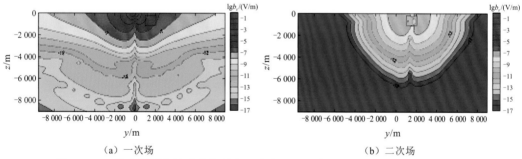

（a）一次场　　　　　　　　　　　（b）二次场

图 5.24　三维高阻极化体磁感应强度 b_z 响应 yz 平面剖面图（$x=25$m，$t=10$ ms）

5.7　本　章　小　结

本章介绍针对地球物理探测和储层流体识别应用所研究的可控源三维时域电磁响应的有限差分算法及实现。与常规方法比较，该算法具有以下特点。

（1）采用分解场算法，可进行任意波形（阶跃波、高斯脉冲等）激励源的时域响应计算；

（2）采用非等时迭代步长和并行算法，对大尺度三维复杂模型的时域响应计算速度快，可以满足时域数据三维反演的需求；

（3）将表征岩矿石激电效应的复电阻率模型变换为时域形式，实现对含极化效应模型的时域响应进行直接计算，可用于流体识别的定量评价；

（4）采用非等时步长迭代，实现晚时（＞1 s）响应的计算。

三维复杂模型的时域电磁响应正演模拟始终是一项极具挑战性的工作，在大尺度、大电阻率对比度模型和晚时响应的计算方面，其计算精度和计算速度还有提高和改善的空间。

参 考 文 献

[1] KNIGHT J H, RAICHE A P. Transient electromagnetic calculation using the Gaver-Stehfest inverse Laplace transform method[J]. Geophysics, 1982, 47(1): 47-50.

[2] NEWMAN G A, HOHMANN G W, ANDERSON W L. Transient electromagnetic response of a three-dimensional body in a layered earth[J]. Geophysics, 1986, 51(8): 1608-1626.

[3] WANG T, HOHMANN G W. A finite-difference time-domain solution for three-dimensional electromagnetic modeling[J]. Geophysics, 1993, 58: 797-809.

[4] YEE K S. Numerical solution of initial boundary problems involving Maxwell's equation in isotropic media[J]. IEEE Trans. Ant. Prob, 1966, 14: 302-309.

[5] DU FORT E C, FRANKEL S P. Stability Conditions in the numerical treatment of parabolic differential equations[J]. Math. Tables and other aids to comput., 1953, 7: 135-152.

[6] TAFLOVE A, BRODWIN M E. Numerical solution of steady-state electromagnetic scattering problems using time-dependent Maxwell's equations[J]. IEEE Trans. On Microwave Theory Tech. 1975, 23: 623-630.

[7] ORISTAGLIO M L, HOHMANN G W. Diffusion of electromagnetic fields into a two-dimensional Earth: A finite-difference approach[J]. Geophysics, 1984, 49(7): 870-894.

[8] ZHDANOV M. Generalized effective-medium theory of induced polarization[J]. Geophysics, 2008, 73(5): 197-211.

第6章 时间域电磁资料的三维反演

6.1 地球物理反演基础

由地球物理观测数据求解或推断地球内部介质的物理性质及赋存状态的过程称为地球物理反演,其思想源于 20 世纪初期对地球物理观测资料的定量分析。地球物理反演问题有线性反演和非线性反演之分,前者指观测数据和地球物理模型之间存在线性关系,而后者是非线性关系;按照在实现反演映射时是否需要迭代则可分为间接反演和直接反演方法[1]。经过近一个世纪的发展,在优化算法和计算技术持续发展的推动下,地球物理反演的算法理论、软件实现和应用等各方面都取得了长足的进步,各类算法层出不穷,反演效果不断提升。目前,地球物理资料的计算机自动反演已成为资料解释不可或缺的重要工具。但由于地球物理响应与模型参数的非线性关系及反演的非适定性等问题,提高反演的精度和有效性是永恒的研究主题。

地球物理反演理论是研究把地球物理观测数据映射到相应地球物理模型的理论和方法。Backus 和 Gilbert 奠定了近代地球物理反演的理论基础(BG 理论),他们把地球物理反演问题与数学中泛函分析联系起来,把本质上无限的地球模型对应到泛函空间的连续泛函[2]。与 BG 理论对应,Winggins[3]和 Jackson[4]先后提出了基于离散模型的广义反演方法;Tarantola[5]基于信息状态的概率描述发展了一整套概率反演的理论和方法,认为从概率的角度也可以解释 BG 理论。

理论上已经严格地证明,给定一组地球物理观测数据,总可以找到一个能拟合它的地球物理模型。由于观测数据的个数并非无限,不构成数据的完备群,加之每一个观测数据均有误差,这就决定了地球物理反演问题的解是非唯一的。虽然反演问题的解是非唯一的,但任何能拟合观测数据的解都包含了与真实地球物理模型相关的某些信息,都是有意义的。利用多种地球物理观测数据的联合反演、多种模型参数先验信息的约束反演及对反演结果的综合评价可以大大降低反演结果的非唯一性。

6.1.1 线性化反演

绝大多数地球物理问题都是非线性问题,但在一定条件下非线性问题可以线性化,即把非线性问题转化为线性问题,以适用于线性反演算法。

假定观测数据没有误差,则定义观测数据 d_o 与模拟响应 d 的数据拟合误差为

$$\Delta d_\mathrm{o}(r_i, s_j) = d_\mathrm{o}(r_i, s_j) - d(r_i, s_j) \tag{6.1a}$$

式中:Δd_o 为实际观测数据 d_o 与理论预测数据 d 之差,都是测点位置 $r_i(i=1, 2, \cdots, N_\mathrm{r})$ 和源参数 $s_j(j=1, 2, \cdots, N_\mathrm{s})$ 的函数。通常,理论的地球物理响应可以通过响应函数 F 计算得到,即

$$d = \mathrm{F}(\boldsymbol{m}) \tag{6.1b}$$

式中：$\boldsymbol{m}$ 为地球介质的模型参数向量。

地球物理反演的根本任务是求得最佳拟合观测数据的模型，据此定义最小二乘意义下的反演目标函数（或误差函数）ϕ 为

$$\phi(\boldsymbol{m}) = \sum_{i=1}^{N_r} \sum_{j=1}^{N_s} [d_o(\boldsymbol{r}_i, \boldsymbol{s}_j) - d(\boldsymbol{r}_i, \boldsymbol{s}_j)]^2 \tag{6.2}$$

式中：N_r 为观测点的个数；N_s 为源的个数，包括不同位置的源以及频率点或时间点数。

线性化最小二乘反演方法基于 Born 近似，对误差函数在模型参数 $\boldsymbol{m}$ 附近进行二阶 Taylor 展开得：

$$\phi(\boldsymbol{m} + \Delta\boldsymbol{m}) = \phi(\boldsymbol{m}) + \sum_{j=1}^{M} \frac{\partial\phi(\boldsymbol{m})}{\partial m_j}\Delta m_j + \frac{1}{2}\sum_{j=1}^{M}\sum_{k=1}^{M}\frac{\partial^2\phi(\boldsymbol{m})}{\partial m_j \partial m_k}\Delta m_j \Delta m_k + O(\boldsymbol{m}^3) \tag{6.3a}$$

式中：M 为模型参数的个数，$\Delta\boldsymbol{m}$ 是在模型参数 $\boldsymbol{m}$ 附近的一个扰动向量。忽略三次以上的高阶项，并写成矩阵形式，有

$$\phi(\boldsymbol{m} + \Delta\boldsymbol{m}) = \phi(\boldsymbol{m}) + \boldsymbol{J}\Delta\boldsymbol{m} + \frac{1}{2}\Delta\boldsymbol{m}^{\mathrm{T}}\boldsymbol{H}\Delta\boldsymbol{m} \tag{6.3b}$$

式中：$\boldsymbol{J}$ 是 Jacobian 矩阵（或向量），可表示为

$$\boldsymbol{J} = \boldsymbol{g}^{\mathrm{T}} = \left[\frac{\partial\phi(\boldsymbol{m})}{\partial m_1} \ \frac{\partial\phi(\boldsymbol{m})}{\partial m_2} \cdots \frac{\partial\phi(\boldsymbol{m})}{\partial m_M} \right] \tag{6.3c}$$

式中：$\boldsymbol{g}$ 为梯度向量。

$\boldsymbol{H}$ 是函数的二阶导数矩阵，亦称 Hessian 矩阵：

$$\boldsymbol{H} = \begin{bmatrix} \dfrac{\partial^2\phi(\boldsymbol{m})}{\partial m_1 \partial m_1} & \dfrac{\partial^2\phi(\boldsymbol{m})}{\partial m_1 \partial m_2} & \cdots & \dfrac{\partial^2\phi(\boldsymbol{m})}{\partial m_1 \partial m_M} \\ \dfrac{\partial^2\phi(\boldsymbol{m})}{\partial m_2 \partial m_1} & \dfrac{\partial^2\phi(\boldsymbol{m})}{\partial m_2 \partial m_2} & \cdots & \dfrac{\partial^2\phi(\boldsymbol{m})}{\partial m_2 \partial m_M} \\ \vdots & \vdots & & \vdots \\ \dfrac{\partial^2\phi(\boldsymbol{m})}{\partial m_M \partial m_1} & \dfrac{\partial^2\phi(\boldsymbol{m})}{\partial m_M \partial m_2} & \cdots & \dfrac{\partial^2\phi(\boldsymbol{m})}{\partial m_M \partial m_M} \end{bmatrix} \tag{6.3d}$$

从数学意义上讲，极小化误差函数意味着满足：

$$\frac{\partial\phi(\boldsymbol{m} + \Delta\boldsymbol{m})}{\partial\Delta\boldsymbol{m}} = 0 \tag{6.4}$$

由此可得参数扰动向量为

$$\Delta\boldsymbol{m} = -\boldsymbol{J}\boldsymbol{H}^{-1} \tag{6.5}$$

即参数的校正向量。反演过程中，需要按多次迭代直到误差小于设定的值，这个过程实际上是沿着目标函数在特定模型的最速下降（$-\boldsymbol{g}$）方向搜索参数的校正量。

6.1.2 梯度法

梯度法又称最速下降法，是从一个初始模型出发，沿负梯度方向搜索误差函数 ϕ 极小点的一种最优化方法。梯度法反演的成功取决于三个要素：①初始模型。初始模型是出发点，出发点距离极小点越近，反演越容易成功或收敛；②搜索方向。要始终沿正确

的方向，即负梯度方向搜索；③合适的步长。选择合适的步长，保证反演迭代过程稳定收敛。记第 $k+1$ 次迭代的模型参数向量为

$$\boldsymbol{m}^{k+1} = \boldsymbol{m}^k - \alpha^k \boldsymbol{g}^k \qquad (6.6)$$

式中：α 为搜索步长；$\boldsymbol{g}$ 为目标函数对模型参数的梯度。搜索步长可以是预先设定的一个合理的值或采用试探法确定，也可以在迭代过程中自适应调整。自适应调整确定搜索步长的算法是将式（6.6）所示的关系代入式（6.3b），然后令 $\dfrac{\partial \phi}{\partial \alpha} = 0$，可解得

$$\alpha^k = \frac{(\boldsymbol{g}^k)^{\mathrm{T}} \boldsymbol{g}^k}{(\boldsymbol{g}^k)^{\mathrm{T}} \boldsymbol{H} \boldsymbol{g}^k} \qquad (6.7)$$

尽管梯度法的搜索方向是目标函数下降的最速方向，但由于相邻的两次搜索方向相互正交，初始迭代时目标函数可能下降较快，越靠近极小点收敛越慢。

6.1.3　Newton 法

Newton 法是求解极值问题的经典方法之一。该算法直接采用式（6.5）计算模型参数的修正量。其特点之一是收敛快：若 ϕ 是一元二次型函数，无论初始点在何处，只需迭代一次就可得到极小点；如果 ϕ 是多维高次非线性函数，在极小点附近目标函数仍可近似为二次函数，所以如果初始模型选在极小点附近，则也可快速收敛。其特点之二是需要计算 Hessian 矩阵的逆，对于高维响应函数，直接计算 Hessian 矩阵非常耗时，而且其逆往往会出现病态和奇异的情况，导致求解困难。

梯度法和 Newton 法利用目标函数的不同性质计算模型参数的修正量，前者用的是目标函数在初始模型处的梯度，即一阶偏导数，而后者不仅用了梯度，还用到了目标函数的曲率，即二阶偏导数，所以这两种方法具有不同的收敛特性。梯度法在远离极小点时收敛较快，在靠近极小点附近时收敛很慢；而 Newton 法当初始模型远离全局极小点时收敛慢，在极小点附近时收敛较梯度法快。

6.1.4　共轭梯度法

对比梯度法和 Newton 法的模型参数修改可以看出，两者在形式上虽然相似，但实际的搜索方向和修正步长都不相同，反演实现的难易程度也差别较大。梯度法相对容易，而 Newton 法由于每次搜索都要计算 Hessian 矩阵的逆，不仅计算量大，而且还可能不稳定，难收敛，有时甚至无解导致反演失败。

为了既利用 Newton 法在极小点附近收敛快的优点，又能避开 Hessian 矩阵求逆的困难，人们构建了共轭梯度（CG）法。共轭梯度法与梯度法的不同之处是在反演迭代的过程中沿梯度的共轭方向搜索来极小化目标函数。与梯度法相比，共轭梯度法具有更好的收敛速度。

1. 共轭方向

设 $\boldsymbol{u}_i$ 和 $\boldsymbol{u}_j$ 为两个 N 维向量，如果存在一个 $N \times N$ 的对称正定矩阵 $\boldsymbol{H}$，使得

$$u_i^{\mathrm{T}} H u_j = 0, \quad u_j^{\mathrm{T}} H u_i = 0, \quad i \neq j \tag{6.8a}$$

$$u_i^{\mathrm{T}} H u_j \neq 0, \quad i = j \tag{6.8b}$$

则称 u_i 和 u_j 是关于 H 共轭的。u_i 和 u_j 所代表的 N 维空间的两个方向称之为共轭方向。

如果 H 是单位矩阵，即 $H=I$，则有

$$u_i^{\mathrm{T}} I u_j = u_i^{\mathrm{T}} u_j = 0, \quad u_j^{\mathrm{T}} I u_i = u_j^{\mathrm{T}} u_i = 0, \quad i \neq j \tag{6.9a}$$

$$u_i^{\mathrm{T}} I u_j = u_i^{\mathrm{T}} u_j \neq 0, \quad i = j \tag{6.9b}$$

可见单位矩阵的共轭向量是正交向量。所以可以说正交是共轭的特例，或共轭是正交的推广。

设有一组 M 个 N 维向量 $u_0, u_1, \cdots, u_{M-1}$ 彼此相对矩阵 H 共轭，则这组向量一定是线性无关的，它们构成了 N 维空间的一个基。

2. 共轭向量构建

沿共轭方向的搜索，关键是要构造出 M 个彼此共轭的方向向量。设 $g_0, g_1, \cdots, g_{M-1}$ 是一组线性无关的向量，则可以通过它们的线性组合构造出一组 M 个彼此关于 H 共轭的向量 $u_0, u_1, \cdots, u_{M-1}$。

先考虑 $u_0 = g_0$，为求得与 u_0 共轭的向量 u_1，取线性组合

$$u_1 = g_1 + \beta_0^1 u_0 \tag{6.10}$$

由于 u_0 与 u_1 对 H 共轭，式（6.10）可表示为

$$u_0^{\mathrm{T}} H u_1 = u_0^{\mathrm{T}} H g_1 + \beta_0^1 u_0^{\mathrm{T}} H u_0 = 0$$

可解得

$$\beta_0^1 = -\frac{u_0^{\mathrm{T}} H g_1}{u_0^{\mathrm{T}} H u_0} \tag{6.11}$$

则有

$$u_1 = g_1 - \frac{u_0^{\mathrm{T}} H g_1}{u_0^{\mathrm{T}} H u_0} u_0 = g_1 - \frac{u_0^{\mathrm{T}} H g_1}{u_0^{\mathrm{T}} H u_0} g_0 \tag{6.12}$$

与 u_0 是共轭的。

依此类推，假定已经求得前 K 个彼此共轭的向量 $u_0, u_1, \cdots, u_{K-1}$，现在构造与前 K 个向量都 H 共轭的向量 u_K。由于这一组向量是线性无关的，可表示为

$$u_K = g_K + \sum_{i=0}^{K-1} \beta_i^K u_i \tag{6.13}$$

欲使向量 u_K 与前 K 个向量都 H 共轭，根据关系式（6.8a）有

$$u_i^{\mathrm{T}} H u_K = 0, \quad i = 1, 2, \cdots, K-1$$

则可得

$$\beta_i^K = -\frac{u_i^{\mathrm{T}} H g_K}{u_i^{\mathrm{T}} H u_i} \tag{6.14}$$

代入式（6.13），最后得

$$u_K = g_K - \sum_{i=0}^{K-1} \frac{u_i^{\mathrm{T}} H g_K}{u_i^{\mathrm{T}} H u_i} u_i \tag{6.15}$$

按此关系递推，可以构造出 M 个彼此 $\boldsymbol{H}$ 共轭的方向向量 $\boldsymbol{u}_0, \boldsymbol{u}_1, \cdots, \boldsymbol{u}_{M-1}$。

由式（6.15）构建的共轭方向矢量仍涉及 $\boldsymbol{H}$ 矩阵的计算，对于高维函数仍存在计算速度慢，需要计算机内存多的缺点，对于非二次型函数的计算问题更突出。为此，已有多种基于式（6.14）的改进形式提出。对于 $\boldsymbol{H}$ 为正定的极小化问题，Fletcher 和 Reeves[6] 提出用梯度的差分近似 $\boldsymbol{H}$ 时的 β 表达式为

$$\beta_i = \frac{\boldsymbol{g}_{i+1}^{\mathrm{T}} \boldsymbol{g}_{i+1}}{\boldsymbol{g}_i^{\mathrm{T}} \boldsymbol{g}_i} \tag{6.16a}$$

Polyak 和 Ribière 在此基础上又做了进一步的改进，给出 β 表达式：

$$\beta_i = \frac{(\boldsymbol{g}_{i+1} - \boldsymbol{g}_i)^{\mathrm{T}} \boldsymbol{g}_{i+1}}{\boldsymbol{g}_i^{\mathrm{T}} \boldsymbol{g}_i} \tag{6.16b}$$

可以看出，式（6.16b）的步长只涉及 $\boldsymbol{g}$ 的计算，避免了计算 $\boldsymbol{H}$ 及其逆的困难，形式简单且易于实现。因此，最常用的是 Fletcher-Reeve 公式[式（6.16a）]，但在某些情况下，可能用 Polyak-Ribière 公式[式（6.16b）]的效果更好。

3. 反演原理与实现

设目标函数是如式（6.3a）所示的二次型函数，M 维参数向量 $\boldsymbol{m} = [m_0 \quad m_1 \quad \cdots \quad m_{M-1}]^{\mathrm{T}}$。依次沿共轭方向 $\boldsymbol{u}$ 进行线搜索得到更新的模型参数为

$$\boldsymbol{m}_{i+1} = \boldsymbol{m}_i + \alpha_i \boldsymbol{u}_i \tag{6.17}$$

按照推导式（6.7）的思路，可以导得搜索步长：

$$\alpha_i = -\frac{\boldsymbol{g}_i^{\mathrm{T}} \boldsymbol{u}_i}{\boldsymbol{u}_i^{\mathrm{T}} \boldsymbol{H} \boldsymbol{u}_i} \tag{6.18}$$

经过 M 步搜索，到达极值点：

$$\boldsymbol{m}^* = \boldsymbol{m}_{M-1} = \boldsymbol{m}_0 + \sum_{i=0}^{M-2} \alpha_i \boldsymbol{u}_i \tag{6.19}$$

可以证明，对于 M 维标准二次型的目标函数，沿共轭方向 $\boldsymbol{u}_0, \boldsymbol{u}_1, \cdots, \boldsymbol{u}_{M-1}$ 最多各进行一次搜索，即可找到目标函数极小点的位置，即 $\boldsymbol{m}^*$。如果目标函数是高于二次的连续函数，其对应的解方程是非线性方程，此时的极小化问题构成非线性共轭梯度（non-linear conjugate gradient，NLCG）反演。非线性条件下寻找极小点的过程变得复杂，不具备关于标准二次型函数的二次收敛性，即不可能仅通过 M 次搜索到达极值点，上述搜索过程必须反复进行。

这里给出共轭梯度反演算法的实现流程。

（1）给定初始参数向量 $\boldsymbol{m}_0$，计算目标函数 $\phi(\boldsymbol{m}_0)$ 和梯度 $\boldsymbol{g}_0$，并令 $\boldsymbol{u}_0 = \boldsymbol{g}_0$；

（2）以 $\boldsymbol{m}_0$ 为起始点，沿 $\boldsymbol{u}_0$ 按式（6.17）和式（6.18）进行一维搜索，得到新的参数向量 $\boldsymbol{m}_1$；

（3）计算目标函数 $\phi(\boldsymbol{m}_1)$ 和梯度 $\boldsymbol{g}_1$，并按式（6.10）和式（6.16a）或式（6.16b）构造下一个共轭方向 $\boldsymbol{u}_1$；

（4）以 $\boldsymbol{m}_1$ 为新的起始点，沿 $\boldsymbol{u}_1$ 方向进行一维搜索，重复上述步骤。即令 $\boldsymbol{m}_0 \Leftarrow \boldsymbol{m}_1$，$\boldsymbol{u}_0 \Leftarrow \boldsymbol{u}_1$，然后转到步骤（2）。

（5）收敛判据：①若在某步迭代的某点其梯度为零，则表明已搜索到了极值点，选

代结束；②若相邻两步函数值的相对变化已小于给定的允许误差，即

$$\frac{|\phi(\boldsymbol{m}_1) - \phi(\boldsymbol{m}_0)|}{|\phi(\boldsymbol{m}_1)| + |\phi(\boldsymbol{m}_0)|} < \varepsilon$$

则迭代停止，表明已找到了满足精度要求的近似极值点；③迭代次数已达到给定的最大迭代次数，则迭代停止，表明在给定最大迭代次数内未能得到满足精度要求的极值点。

6.2 电磁偏移原理

目前对于天然源频率域（如大地电磁测深）的观测数据，已能实现实测资料的大尺度三维反演。但对于可控源特别是时间域电磁方法，由于参数多，响应的正演计算更耗时，三维反演的实用性还有差距。本节以 Zhdanov 和 Frenkel 提出的反传播思路为基础[7]，将散射电磁场偏移至地中以获得散射源的图像，基本上遵循 Wang 等提出的利用反传播求解完全非线性 TEM 反问题的技术路线，应用共轭梯度法或梯度法获得目标函数梯度的快速计算公式[8]。对于大规模的时间域电磁法数据集和大尺度的地电模型，梯度类的解具有优势。

对于深部目标探测的应用，首选的时间域电磁方法是采用电性源的 LOTEM。LOTEM 是非因果源的一个例子，在源电流关断前已经有一个静态的 DC 电场和磁场存在。Zhdanov 的反演算法考虑了这个问题[9]，但推得的梯度计算公式很复杂，涉及偏移场由最晚测量时间（T）至负无穷时间范围的积分，计算的实现上有困难。Newman 和 Commer 的研究表明，这个积分可以逆时进行至偏移场近似衰减为零的时刻，这样则相对容易实现[10]。本节给出了非因果问题新的梯度公式的推导，避开了对 $t < 0$ 时的偏移场的积分。采用的迭代成像技术是基于误差函数的梯度信息而不是通过矩阵逆获得直接解。这样，只需要两次正演计算就可以得到梯度的解，实现时域 3D 反演的高效计算。

采用分解场表示的总电场的时域积分方程形为[11-12]

$$e(\boldsymbol{r}, t) = e_{\mathrm{p}}(\boldsymbol{r}, t) + \int_{v'} \int_0^t \boldsymbol{G}(\boldsymbol{r}, t \mid \boldsymbol{r}', t') \boldsymbol{j}_{\mathrm{a}}(\boldsymbol{r}', t') \mathrm{d}t' \mathrm{d}\boldsymbol{r}' \tag{6.20}$$

该方程描述三维空间任意观测点处（图 6.1）的总电场 $e(\boldsymbol{r}, t)$ 可表示为初始背景场 $e_{\mathrm{p}}(\boldsymbol{r}, t)$ 与源点处异常电流 $\boldsymbol{j}_{\mathrm{a}}(\boldsymbol{r}, t)$ 产生的散射场之和。异常电流可表示为

$$\boldsymbol{j}_{\mathrm{a}}(\boldsymbol{r}', t') = \sigma_{\mathrm{a}}(\boldsymbol{r}') e(\boldsymbol{r}', t') \tag{6.21}$$

式中：$\sigma_{\mathrm{a}}(\boldsymbol{r}')$ 为地中异常源所在位置 $\boldsymbol{r}'$ 处的异常电导率；$e(\boldsymbol{r}', t')$ 为 $\boldsymbol{r}'$ 处 t' 时刻的总电场；张量或并矢 Green 函数 $\boldsymbol{G}(\boldsymbol{r}, t \mid \boldsymbol{r}', t')$ 为地中 $\boldsymbol{r}'$ 处的点源在 $\boldsymbol{r}$ 处产生的场，并矢 Green 函数满足互易定理。

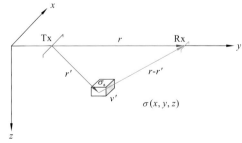

图 6.1 可控源电磁响应的源点 $\boldsymbol{r}'$-场点 $\boldsymbol{r}$（发射–接收）关系示意图

若考虑地中电导率只有微小的变化，由此产生的异常场也很小，可采用弱散射条件下的 Born 近似，即将地中源点 r' 处的总场用一次场代替，且网格单元内的电导率均匀，则有

$$\frac{e(r,t)-e_{\mathrm{p}}(r,t)}{\sigma_{\mathrm{a}}(r')} \approx \int_{v'} \int_0^t G(r',t'\,|\,r,t) e_{\mathrm{p}}(r',t') \mathrm{d}t' \mathrm{d}r' \tag{6.22}$$

从传统的观念看，式（6.22）左边表示的是因地中 r' 处电导率的扰动而产生的地面 r 处观测场的变化，即参数变化的灵敏度，右手的积分项表示的是模型空间灵敏度的高效计算，通过在 r' 处的一次场 $e_{\mathrm{p}}(r')$ 与 r 处单元电偶极源激励时 r' 处电场脉冲响应的褶积来计算。通过一次褶积即可获得灵敏度计算，应该是高效的。

如果在式（6.22）中用观测的场替换总场，用计算的总去替换一次场，则式（6.22）式表示的就是电磁场的偏移。如果 $\sigma_{\mathrm{a}} \to 0$，则左边项表示数据残差对模型电导率扰动的梯度，这样就得到了极小化数据残差求取模型参数修改量的算法。实际上由 $G(r,t\,|\,r',t')$ 传播的场就是残差场的偏移，因为它是由假定的模型计算响应的与实测数据的残差作为源产生的。偏移场也称为反传场，它是逆时传播的。残差源的激励始于最晚时的数据残差，直至 0 时刻。与地震偏移不同的是，这里的偏移是基于麦克斯韦方程进行的。

6.3 扩散场的积分解

准静态近似条件下麦克斯韦方程表征的扩散场为

$$\sigma e - \nabla \times h = -j_{\mathrm{e}} \tag{6.23a}$$

$$\nabla \times e + \mu \frac{\partial h}{\partial t} = -j_{\mathrm{m}} \tag{6.23b}$$

式中：μ 为地球介质的磁导率；j_{e} 为电流源；j_{m} 为磁流源。

式（6.23）中电磁和磁场的积分解具有如下形式：

$$e(r,t) = \int_{v'} \int_0^t G_{11}(r,t\,|\,r',t') j_{\mathrm{e}}(r',t') \mathrm{d}t' \mathrm{d}r' + \int_{v'} \int_0^t \frac{G_{12}(r,t\,|\,r',t')}{\mu(r')} j_{\mathrm{m}}(r',t') \mathrm{d}t' \mathrm{d}r' \tag{6.24a}$$

$$h(r,t) = \int_{v'} \int_0^t G_{21}(r,t\,|\,r',t') j_{\mathrm{e}}(r',t') \mathrm{d}t' \mathrm{d}r' + \int_{v'} \int_0^t \frac{G_{22}(r,t\,|\,r',t')}{\mu(r')} j_{\mathrm{m}}(r',t') \mathrm{d}t' \mathrm{d}r' \tag{6.24b}$$

对于并矢 Green 函数元素 $G_{ij}(r,\ t\,|\,r',\ t')$，由于其因果性，有

$$G_{ij}(r,t\,|\,r',t') \equiv 0, \quad t \leq t' \tag{6.25}$$

并矢 Green 函数 $G_{11}(r,t\,|\,r',t') \cdot u'$ 和 $G_{21}(r,t\,|\,r',\ t') \cdot u'$ 分别表示由 r' 处 t' 时刻单位电流密度在 r 处 t 时刻产生的电场和磁场，源的方向为单位矢量 u' 的方向。同样，$G_{12}(r,t\,|\,r',\ t') \cdot u'$ 和 $G_{22}(r,t\,|\,r',\ t') \cdot u'$ 分别表示由 r' 处 t' 时刻单位磁流密度在 r 处 t 时刻产生的电场和磁场。式（6.24）中的 4 个并矢 Green 函数满足

$$\sigma G_{11} - \nabla \times G_{21} = -\zeta \delta(r-r') \delta(t-t') \tag{6.26a}$$

$$\nabla \times G_{11} + \mu \frac{\partial G_{21}}{\partial t} = 0 \tag{6.26b}$$

$$\sigma G_{12} - \nabla \times G_{22} = 0 \tag{6.26c}$$

$$\nabla \times G_{12} + \mu \frac{\partial G_{22}}{\partial t} = -\zeta \mu(\boldsymbol{r}) \delta(\boldsymbol{r} - \boldsymbol{r}') \delta(t - t') \qquad (6.26d)$$

式中：ζ 为单位并矢。

数据误差的反传播涉及伴随场的求解问题，它与式（6.23）定义的正传场的不同之处在于在时间和空间上都是逆向的。反传场源于数据误差产生的地方，即观测点处。伴随场与原始场通过互易关系关联：

$$G_{ij}^+(\boldsymbol{r}',t' \mid \boldsymbol{r},t) \equiv G_{ji}^{\mathrm{T}}(\boldsymbol{r},t \mid \boldsymbol{r}',t') \qquad (6.27)$$

式中：G_{ij}^+ 为传播的伴随场；G_{ji}^{T} 为并矢的转置。逆时传播的伴随 Green 并矢是非因果性的，即

$$G_{ij}^+(\boldsymbol{r},t \mid \boldsymbol{r}',t') \equiv 0, \quad t \geqslant t' \qquad (6.28)$$

伴随场的表达式与式（6.24）的形式相同：

$$\boldsymbol{e}^+(\boldsymbol{r},t) = \int_{v'} \int_0^t G_{11}^+(\boldsymbol{r},t \mid \boldsymbol{r}',t') \boldsymbol{j}_{\mathrm{e}}(\boldsymbol{r}',t') \mathrm{d}t' \mathrm{d}\boldsymbol{r}' + \int_{v'} \int_0^t \frac{G_{12}^+(\boldsymbol{r},t \mid \boldsymbol{r}',t')}{\mu(\boldsymbol{r}')} \boldsymbol{j}_{\mathrm{m}}(\boldsymbol{r}',t') \mathrm{d}t' \mathrm{d}\boldsymbol{r}' \qquad (6.29a)$$

$$\boldsymbol{h}^+(\boldsymbol{r},t) = \int_{v'} \int_0^t G_{21}^+(\boldsymbol{r},t \mid \boldsymbol{r}',t') \boldsymbol{j}_{\mathrm{e}}(\boldsymbol{r}',t') \mathrm{d}t' \mathrm{d}\boldsymbol{r}' + \int_{v'} \int_0^t \frac{G_{22}^+(\boldsymbol{r},t \mid \boldsymbol{r}',t')}{\mu(\boldsymbol{r}')} \boldsymbol{j}_{\mathrm{m}}(\boldsymbol{r}',t') \mathrm{d}t' \mathrm{d}\boldsymbol{r}' \qquad (6.29b)$$

由于空间和时间坐标均反向，伴随并矢满足：

$$\sigma G_{11}^+ + \nabla \times G_{21}^+ = -\zeta \delta(\boldsymbol{r} - \boldsymbol{r}') \delta(t - t') \qquad (6.30a)$$

$$-\nabla \times G_{11}^+ - \mu \frac{\partial G_{21}^+}{\partial t} = 0 \qquad (6.30b)$$

$$\sigma G_{12} + \nabla \times G_{22} = 0 \qquad (6.30c)$$

$$-\nabla \times G_{12} - \mu \frac{\partial G_{22}}{\partial t} = -\zeta \mu(\boldsymbol{r}) \delta(\boldsymbol{r} - \boldsymbol{r}') \delta(t - t') \qquad (6.30d)$$

这里需要强调的是 G_{ij} 和 G_{ij}^+ 都是传播场的脉冲响应，当 $i \neq j$，即计算由磁偶极源产生的电场或由电偶极源产生的磁场时，互易关系变得比较复杂。将互易关系用电源矩 $\boldsymbol{D}$ 和磁源矩 $\boldsymbol{M}$ 表示为

$$\boldsymbol{D} = -\mu \boldsymbol{M} \frac{\partial}{\partial t} \qquad (6.31)$$

式（6.31）的实际意义是一个电源的磁场脉冲响应等价为磁源的电场阶跃响应。

4 个并矢和伴随并矢的互易关系为

$$G_{11}^+(\boldsymbol{r}',t' \mid \boldsymbol{r},t) = G_{11}^{\mathrm{T}}(\boldsymbol{r},t \mid \boldsymbol{r}',t') \qquad (6.32a)$$

$$G_{12}^+(\boldsymbol{r}',t' \mid \boldsymbol{r},t) = -\mu(\boldsymbol{r}) \frac{\partial}{\partial t} G_{21}^{\mathrm{T}}(\boldsymbol{r},t \mid \boldsymbol{r}',t') \qquad (6.32b)$$

$$\mu(\boldsymbol{r}') \frac{\partial}{\partial t'} G_{21}^+(\boldsymbol{r}',t' \mid \boldsymbol{r},t) = G_{12}^{\mathrm{T}}(\boldsymbol{r},t \mid \boldsymbol{r}',t') \qquad (6.32c)$$

$$\mu(\boldsymbol{r}') G_{22}^+(\boldsymbol{r}',t' \mid \boldsymbol{r},t) = \mu(\boldsymbol{r}) G_{22}^{\mathrm{T}}(\boldsymbol{r},t \mid \boldsymbol{r}',t') \qquad (6.32d)$$

深入剖析互易关系，式（6.32a）中张量的每个元素表示的是在 $\boldsymbol{r}$ 和 $\boldsymbol{r}'$ 处的两个电偶极源分别在 t 和 t' 时刻脉冲激励下 $(\boldsymbol{r}',t')$ 和 $(\boldsymbol{r},t)$ 两个电场分量的等价关系，而式（6.32d）描述的是磁偶源与磁场的等价关系。式（6.32b）将电偶源激励的磁场脉冲响应等价为磁偶源激励的电场脉冲响应。式（6.32c）与式（6.32b）的解释相类似，但符号相反。当式

（6.32b）对 t 积分，式（6.32c）对 t' 积分，则有

$$\tilde{G}_{12}^{+}(\boldsymbol{r}',t'\,|\,\boldsymbol{r},t) = \mu(\boldsymbol{r})G_{21}^{\mathrm{T}}(\boldsymbol{r},t\,|\,\boldsymbol{r}',t') \tag{6.33a}$$

$$-\mu(\boldsymbol{r}')G_{21}^{+}(\boldsymbol{r}',t'\,|\,\boldsymbol{r},t) = \tilde{G}_{12}^{\mathrm{T}}(\boldsymbol{r},t\,|\,\boldsymbol{r}',t') \tag{6.33b}$$

式中

$$\tilde{G}_{12}^{+}(\boldsymbol{r}',t'\,|\,\boldsymbol{r},t) = \int_{t}^{t'} G_{12}^{+}(\boldsymbol{r}',t'\,|\,\boldsymbol{r},t)\mathrm{d}t \tag{6.33c}$$

$$\tilde{G}_{12}^{\mathrm{T}}(\boldsymbol{r},t\,|\,\boldsymbol{r}',t') = \int_{t}^{t'} G_{12}^{\mathrm{T}}(\boldsymbol{r},t\,|\,\boldsymbol{r}',t')\mathrm{d}t \tag{6.33d}$$

分别为伴随并矢和转置并矢的阶跃响应。

6.4　梯　　度

本节介绍的是基于误差泛函梯度信息的迭代成像技术而不是直接求解反演矩阵。基于前面讨论的电磁偏移和电磁场的并矢 Green 函数及其伴随表示，导出一种高效的计算梯度的方法。

6.4.1　误差泛函

源（回线或接地导线）s_j 由源电流波形 $S(t)$ 驱动；在测点处 $\boldsymbol{r}_i \subset \{\boldsymbol{r}_1, \boldsymbol{r}_2, \cdots, \boldsymbol{r}_N\}$ 观测时间从 $t=0$ 到 $t=T$ 的瞬变电磁场的电场分量、磁场分量及磁场的时间导数（电动势）分量。在初始时刻，源处于稳定状态，场的时间导数均为零。将测量的场记为 $\boldsymbol{e}_{\mathrm{o}}(\boldsymbol{r}_i, t\,|\,s_j)$，$\boldsymbol{h}_{\mathrm{o}}(\boldsymbol{r}_i, t\,|\,s_j)$ 和 $\boldsymbol{v}_{\mathrm{o}}(\boldsymbol{r}_i, t\,|\,s_j)$，反演的任务就是寻求一个模型[电导率 $\sigma(\boldsymbol{r}')$ 分布]，使该模型计算的响应 $\boldsymbol{e}(\boldsymbol{r}_i, t\,|\,s_j)$，$\boldsymbol{h}(\boldsymbol{r}_i, t\,|\,s_j)$ 和 $\boldsymbol{v}(\boldsymbol{r}_i, t\,|\,s_j)$ 与观测的响应最佳匹配。此处用 $\boldsymbol{r}'$ 表示模型中的任意位置，$\boldsymbol{r}$ 表示观测点位置。

最小二乘意义下的误差泛函定义为

$$\phi(\boldsymbol{m}) = \frac{1}{2}\sum_{j}\sum_{i}\int_{0}^{T}\Delta\boldsymbol{d}_{\mathrm{o}}(\boldsymbol{r}_i, t\,|\,s_j)\cdot\Delta\boldsymbol{d}_{\mathrm{o}}(\boldsymbol{r}_i, t\,|\,s_j)\mathrm{d}t \tag{6.34a}$$

式中

$$\Delta\boldsymbol{d}_{\mathrm{o}}(\boldsymbol{r}_i, t\,|\,s_j) = \boldsymbol{d}_{\mathrm{o}}(\boldsymbol{r}_i, t\,|\,s_j) - \boldsymbol{d}(\boldsymbol{r}_i, t\,|\,s_j) \tag{6.34b}$$

是观测数据 $\boldsymbol{d}_{\mathrm{o}}$ 与计算响应 $\boldsymbol{d}$ 的差值。对于给定的模型分布 $\boldsymbol{m}$，可根据一阶扩散近似的麦克斯韦方程式（6.23）计算响应 $\boldsymbol{d}$。对于 LOTEM 观测方式，$t=0$ 对应为源电流关断的时刻。

这里仅考虑模型的电导率参数的变化。为了获得误差函数关于模型参数的梯度 g_σ，假定模型参数在 $\boldsymbol{r}'$ 处有一个微小的扰动 $\delta\sigma$，则扰动与梯度的关系为

$$\Delta\phi = \phi(\sigma + \Delta\sigma) - \phi(\sigma) \approx \int_{v'} g_\sigma(\boldsymbol{r}')\Delta\sigma(\boldsymbol{r}')\mathrm{d}\boldsymbol{r}' \tag{6.35}$$

这里假定误差泛函是 Frechet 可微的，同时也忽略了 $\Delta\sigma$ 二阶以上的高次项。

根据式（6.34），误差函数的变化主要源于计算响应的变化 $\Delta\boldsymbol{d}$，那么误差函数的变化 $\Delta\phi$ 则可表示为

$$\Delta\phi = \frac{1}{2}\sum_i \int_0^T \left\{ \left[\boldsymbol{d}_\mathrm{o} - (\boldsymbol{d} + \Delta\boldsymbol{d}) \right]^2 - (\boldsymbol{d}_\mathrm{o} - \boldsymbol{d})^2 \right\} \mathrm{d}t \approx -\sum_i \int_0^T \Delta\boldsymbol{d}_\mathrm{o} \cdot \Delta\boldsymbol{d}\mathrm{d}t \qquad (6.36)$$

注意这里也忽略了 $\Delta\boldsymbol{d}$ 的二次项。

根据式（6.24）计算 $\delta\boldsymbol{d}$，给出如下扰动量：

$$\sigma \to \sigma + \Delta\sigma, \quad \mu \to \mu + \Delta\mu, \quad \boldsymbol{e} \to \boldsymbol{e} + \Delta\boldsymbol{e}, \quad \boldsymbol{h} \to \boldsymbol{h} + \Delta\boldsymbol{h}$$

由式（6.23）可得扰动场满足

$$\sigma\Delta\boldsymbol{e} - \nabla \times \Delta\boldsymbol{h} = -\Delta\sigma\boldsymbol{e} \qquad (6.37\mathrm{a})$$

$$\nabla \times \Delta\boldsymbol{e} + \mu\frac{\partial\Delta\boldsymbol{h}}{\partial t} = -\Delta\mu\frac{\partial\boldsymbol{h}}{\partial t} \qquad (6.37\mathrm{b})$$

注意这里仍然忽略了微扰场的高阶项。

6.4.2 基于反传场的电场梯度

将式（6.37）代入式（6.24）可得

$$\begin{aligned} \Delta\boldsymbol{e}(\boldsymbol{r},t) &= \int_{v'} \int_{-\infty}^t G_{11}(\boldsymbol{r},t\,|\,\boldsymbol{r}',t')\boldsymbol{e}(\boldsymbol{r}',t')\Delta\sigma(\boldsymbol{r}')\mathrm{d}t'\mathrm{d}\boldsymbol{r}' \\ &\quad + \int_{v'} \int_{-\infty}^t \frac{G_{12}(\boldsymbol{r},t\,|\,\boldsymbol{r}',t')}{\mu(\boldsymbol{r}')} \frac{\partial}{\partial t'}\boldsymbol{e}(\boldsymbol{r}',t')\Delta\mu(\boldsymbol{r}')\mathrm{d}t'\mathrm{d}\boldsymbol{r}' \end{aligned} \qquad (6.38)$$

因为仅考虑无 μ 扰动的情况，故式（6.38）中的第二项积分可舍去。注意为了考虑非因果场，将时间积分的下限由 $t=0$ 替换为 $t=-\infty$。

将式（6.38）代入式（6.36）得

$$\Delta\phi = -\sum_i \int_0^T \Delta\boldsymbol{e}_\mathrm{o}(\boldsymbol{r}_i,t) \cdot \int_{v'} \int_{-\infty}^t G_{11}(\boldsymbol{r}_i,t\,|\,\boldsymbol{r}',t')\boldsymbol{e}(\boldsymbol{r}',t')\Delta\sigma(\boldsymbol{r}')\mathrm{d}t'\mathrm{d}\boldsymbol{r}'\mathrm{d}t \qquad (6.39)$$

将式（6.39）与式（6.35）比较得电场的梯度为

$$g_\sigma^e(\boldsymbol{r}') = -\sum_i \int_0^T \Delta\boldsymbol{e}_\mathrm{o}(\boldsymbol{r}_i,t) \cdot \int_{-\infty}^t G_{11}(\boldsymbol{r}_i,t\,|\,\boldsymbol{r}',t')\boldsymbol{e}(\boldsymbol{r}',t')\mathrm{d}t'\mathrm{d}t \qquad (6.40)$$

式（6.40）本质上包含一个在模型空间 $\boldsymbol{r}'$ 产生微分灵敏度（不含点的体积）的褶积。所以，梯度可以通过在 $\boldsymbol{r}_i$ 处的数据残差 $\Delta\boldsymbol{e}_\mathrm{o}$ 与对应的观测数据时间段的灵敏度的积分求得。

式（6.40）需要根据当前模型进行一次正演用以计算数据残差，还要求每个成像点处都进行一次正演计算以获得灵敏度，这在实现上是有困难的。实际采用的是偏移的算法，将数据残差 $\Delta\boldsymbol{e}_\mathrm{o}$ 作为反传场的源。首先，式（6.40）中的时间积分顺序可以换成：

$$g_\sigma^e(\boldsymbol{r}') = -\sum_i \int_{-\infty}^T \int_{t'}^T \Delta\boldsymbol{e}_\mathrm{o}(\boldsymbol{r}_i,t)G_{11}(\boldsymbol{r}_i,t\,|\,\boldsymbol{r}',t') \cdot \boldsymbol{e}(\boldsymbol{r}',t')\mathrm{d}t\mathrm{d}t' \qquad (6.41)$$

应用（6.32）的互易关系式（6.41）可表示为

$$g_\sigma^e(\boldsymbol{r}') = -\sum_i \int_{-\infty}^T \int_{t'}^T \boldsymbol{e}(\boldsymbol{r}',t')G_{11}^+(\boldsymbol{r}',t'\,|\,\boldsymbol{r}_i,t) \cdot \Delta\boldsymbol{e}_\mathrm{o}(\boldsymbol{r}_i,t)\mathrm{d}t\mathrm{d}t' \qquad$$

表示由伴随 Green 函数传播的源在观测点 $\boldsymbol{r}_i$ 处的残差场 $\Delta\boldsymbol{e}_\mathrm{o}$。为了区别，称外加的接地导线源为外源或一次源。可以将入射场 $\boldsymbol{e}(\boldsymbol{r}',t')$ 放在 t 积分的外面，即

$$g_\sigma^e(\boldsymbol{r}') = \int_{-\infty}^T \boldsymbol{e}(\boldsymbol{r}',t')\sum_i \int_T^{t'} G_{11}^+(\boldsymbol{r}',t'\,|\,\boldsymbol{r}_i,t) \cdot \Delta\boldsymbol{e}_\mathrm{o}(\boldsymbol{r}_i,t)\mathrm{d}t\mathrm{d}t' \qquad (6.42)$$

内层积分和对测点的求和就是在 $\boldsymbol{r}'$ 处 t' 时刻由测点 $\boldsymbol{r}_i$ 的数据残差 $\Delta\boldsymbol{e}_\mathrm{o}$ 激发的误差场或

反传播电场，即

$$e_b(r',t' \mid \Delta e_o) = \sum_i \int_T^{t'} G_{11}^+(r',t' \mid r_i,t) \cdot \Delta e_o(r_i,t) dt \qquad (6.43)$$

数据残差 Δe_o 可看成是一个电流源在 r_i 处逆时传播。有限差分算法可以实现对分布式的多个源进行模拟，只需要一次模拟就可获得 e_b。这样，电场的梯度可以表示为

$$g_\sigma^e(r') = \int_{-\infty}^\infty e(r',t') \cdot e_b(r',t' \mid \Delta e_o) dt' \qquad (6.44)$$

在实际的实现中，梯度矢量的计算是首先获取各网格单元的入射场和反传场，再计算各单元场的相关场。

6.4.3　反传播场的深入分析

实际上，式（6.29）描述的伴随场 e^+ 与式（6.43）描述的反传场 e_b 具有直接相关性。先不考虑体积积分，反传场的唯一不同之处是源为所有测点的数据残差。根据式（6.29），除电场的数据残差 Δe_o 外，e_b 还应该有磁场数据误差贡献的部分。如果是电动势数据 v，则对应的反传电场为

$$e_b(r',t' \mid \Delta v_o) = \sum_i \int_T^{t'} G_{12}^+(r',t' \mid r_i,t) \cdot \Delta v_o(r_i,t) dt \qquad (6.45)$$

为了完整性，下面也给出磁场的反传播场：

$$h_b(r',t' \mid \Delta e_o) = \sum_i \int_T^{t'} G_{21}^+(r',t' \mid r_i,t) \cdot \Delta e_o(r_i,t) dt \qquad (6.46a)$$

$$h_b(r',t' \mid \Delta v_o) = \sum_i \int_T^{t'} G_{22}^+(r',t' \mid r_i,t) \cdot \Delta v_o(r_i,t) dt \qquad (6.46b)$$

这些场主要用于计算关于 μ 的梯度，这里不深入涉及。

6.4.4　梯度非因果部分的处理

采用式（6.44）进行实际计算时，需要将场反传至 $t=0$ 以后直至反传场衰减消失。为了避免这种费时的计算，将式（6.44）分解成两部分：

$$g_\sigma^e(r') = \int_0^T e(r',t') \cdot e_b(r',t' \mid \Delta e_o) dt' + \int_{-\infty}^0 e_o(r') \cdot e_b(r',t' \mid \Delta e_o) dt' \qquad (6.47)$$

式中：$e_o(r') = e(r',t')\ (t' \leqslant 0)$，即为源电流关断前的稳态直流电场，可以通过求解麦克斯韦方程获得。为了得到从最晚测量时间 T 开始的反传场的可计算形式，将式（6.47）中的第二项积分进一步分解：

$$g_\sigma^e(r') = \int_0^T e(r',t') \cdot e_b(r',t' \mid \Delta e_o) dt' + e_o(r') \cdot \int_{-\infty}^T e_b(r',t' \mid \Delta e_o) dt'$$
$$- e_o(r') \cdot \int_0^T e_b(r',t' \mid \Delta e_o) dt' \qquad (6.48)$$

式（6.48）中的第二项积分是反传直流电场。先考虑电流源反传场满足的伴随麦克斯韦方程：

$$\sigma \boldsymbol{e}_{\mathrm{b}} + \nabla \times \boldsymbol{h}_{\mathrm{b}} = -\sum_i \Delta \boldsymbol{e}_{\mathrm{o}}(\boldsymbol{r}_i,t)\delta(\boldsymbol{r}-\boldsymbol{r}_i) \tag{6.49a}$$

$$\nabla \times \boldsymbol{e}_{\mathrm{b}} + \mu \frac{\partial \boldsymbol{h}_{\mathrm{b}}}{\partial t} = 0 \tag{6.49b}$$

对式（6.49）在区间 $t=-\infty \sim T$ 进行积分，有

$$\sigma \int_{-\infty}^{T} \boldsymbol{e}_{\mathrm{b}}\mathrm{d}t + \nabla \times \int_{-\infty}^{T} \boldsymbol{h}_{\mathrm{b}}\mathrm{d}t = -\sum_i \int_{-\infty}^{T} \Delta \boldsymbol{e}_{\mathrm{o}}(\boldsymbol{r}_i,t)\delta(\boldsymbol{r}-\boldsymbol{r}_i)\mathrm{d}t \tag{6.50a}$$

$$\nabla \times \int_{-\infty}^{T} \boldsymbol{e}_{\mathrm{b}}\mathrm{d}t + \mu \int_{-\infty}^{T} \frac{\partial \boldsymbol{h}_{\mathrm{b}}}{\partial t}\mathrm{d}t = 0 \tag{6.50b}$$

注意式（6.50a）中的源项在 $t=-\infty \sim 0$ 的积分因数据残差为零而为零，且有 $\boldsymbol{h}_{\mathrm{b}}(T) = \boldsymbol{h}_{\mathrm{b}}(-\infty) = 0$。如果定义反传场的直流分量：

$$\boldsymbol{e}_{\mathrm{b}0} = \int_{-\infty}^{T} \boldsymbol{e}_{\mathrm{b}}\mathrm{d}t; \quad \boldsymbol{h}_{\mathrm{b}0} = \int_{-\infty}^{T} \boldsymbol{h}_{\mathrm{b}}\mathrm{d}t$$

则式（6.50）简化为

$$\sigma \boldsymbol{e}_{\mathrm{b}0} + \nabla \times \boldsymbol{h}_{\mathrm{b}0} = -\sum_i \int_0^{T} \delta \boldsymbol{e}_{\mathrm{o}}(\boldsymbol{r}_i,t)\delta(\boldsymbol{r}-\boldsymbol{r}_i)\mathrm{d}t \tag{6.51a}$$

$$\nabla \times \boldsymbol{e}_{\mathrm{b}0} = 0 \tag{6.51b}$$

注意这里必须强调 $\boldsymbol{e}_{\mathrm{b}0}$ 和 $\boldsymbol{h}_{\mathrm{b}0}$ 为因果场，而由外部源引起的直流场是非因果场。

反传直流电场是无旋的[式（6.51b）]，所以反传电场的积分可以写成一个标量势 ψ_{b} 的梯度。这样，$\boldsymbol{e}_{\mathrm{b}0}$ 可以通过求解式（6.52）获得：

$$\nabla \cdot (\sigma \nabla \psi_{\mathrm{b}}) = -\nabla \cdot \sum_i \int_0^{T} \Delta \boldsymbol{e}_{\mathrm{o}}(\boldsymbol{r}_i,t)\delta(\boldsymbol{r}-\boldsymbol{r}_i)\mathrm{d}t \tag{6.52}$$

方程式（6.52）与求解入射直流电场相似，是一个三维 Poisson 求解问题，只是源项不同。

最后得到的实际应用的梯度计算公式：

$$g_\sigma^{\mathrm{e}}(\boldsymbol{r}') = \int_0^{T} \boldsymbol{e}(\boldsymbol{r}',t') \cdot \boldsymbol{e}_{\mathrm{b}}(\boldsymbol{r}',t'|\Delta \boldsymbol{e}_{\mathrm{o}})\mathrm{d}t' - \boldsymbol{e}_{\mathrm{o}}(\boldsymbol{r}') \cdot \int_0^{T} \boldsymbol{e}_{\mathrm{b}}(\boldsymbol{r}',t'|\Delta \boldsymbol{e}_{\mathrm{o}})\mathrm{d}t' + \boldsymbol{e}_{\mathrm{o}}(\boldsymbol{r}') \cdot \boldsymbol{e}_{\mathrm{b}0}(\boldsymbol{r}'|\Delta \boldsymbol{e}_{\mathrm{o}}) \tag{6.53}$$

注意式（6.53）又回到了因果的形式。此外，除了要求解 Poisson 方程以得到第三项，还需要对反传场进行积分以获得第二项，这种计算很容易在求解反传场的过程中实现。如果入射场为阶跃响应，这个积分也可省掉，则式（6.53）变成：

$$g_\sigma^{\mathrm{e}}(\boldsymbol{r}') = \int_0^{T} \boldsymbol{e}^{\mathrm{on}}(\boldsymbol{r}',t') \cdot \boldsymbol{e}_{\mathrm{b}}(\boldsymbol{r}',t'|\Delta \boldsymbol{e}_{\mathrm{o}})\mathrm{d}t' + \boldsymbol{e}_{\mathrm{o}}(\boldsymbol{r}') \cdot \boldsymbol{e}_{\mathrm{b}0}(\boldsymbol{r}'|\Delta \boldsymbol{e}_{\mathrm{o}}) \tag{6.54}$$

式中：$\boldsymbol{e}^{\mathrm{on}}(\boldsymbol{r}',t') = \boldsymbol{e}_{\mathrm{o}}(\boldsymbol{r}') - \boldsymbol{e}(\boldsymbol{r}',t')$ 为外源的上升沿的场，即正阶跃响应。但这种相减的方式不建议采用，因为在晚时，这种相减会带来很大误差。

6.4.5　电动势的梯度

由式（6.37）出发，取各场量的时间微分，得

$$\sigma \frac{\partial}{\partial t}\Delta \boldsymbol{e} - \nabla \times \frac{\partial}{\partial t}\Delta \boldsymbol{h} = -\Delta \sigma \frac{\partial \boldsymbol{e}}{\partial t} \tag{6.55a}$$

$$\nabla \times \frac{\partial}{\partial t}\Delta \boldsymbol{e} + \mu \frac{\partial^2 \Delta \boldsymbol{h}}{\partial t^2} = -\Delta \mu \frac{\partial^2 \boldsymbol{h}}{\partial t^2} \tag{6.55b}$$

将式（6.55b）的解写成如式（6.24b）的积分形式，得

$$\frac{\partial}{\partial t}\Delta \boldsymbol{h}(\boldsymbol{r},t) = \int_{v'}\int_0^t G_{21}(\boldsymbol{r},t\,|\,\boldsymbol{r}',t')\frac{\partial}{\partial t'}\boldsymbol{e}(\boldsymbol{r}',t')\Delta \sigma(\boldsymbol{r}')\mathrm{d}t'\mathrm{d}\boldsymbol{r}'$$

$$+ \int_{v'}\int_0^t \frac{G_{22}(\boldsymbol{r},t\,|\,\boldsymbol{r}',t')}{\mu(\boldsymbol{r}')}\frac{\partial^2}{\partial t'^2}\boldsymbol{h}(\boldsymbol{r}',t')\Delta \mu(\boldsymbol{r}')\mathrm{d}t'\mathrm{d}\boldsymbol{r}' \quad (6.56)$$

如果仅考虑电导率的变化，即 $\Delta \mu(\boldsymbol{r}')=0$，则式（6.56）中第二项积分为零。与非因果的电场不同的是，磁场对时间的微分或电动势是因果性的场。考虑电动势 $\boldsymbol{v}=-\mu\dfrac{\partial \boldsymbol{h}}{\partial t}$，有

$$\Delta \boldsymbol{v}(\boldsymbol{r},t) = -\int_{v'}\int_0^t \mu(\boldsymbol{r})G_{21}(\boldsymbol{r},t\,|\,\boldsymbol{r}',t')\frac{\partial}{\partial t'}\boldsymbol{e}(\boldsymbol{r}',t')\Delta \sigma(\boldsymbol{r}')\mathrm{d}t'\mathrm{d}\boldsymbol{r}' \quad (6.57)$$

隐去对空间体积的积分，由分部积分得

$$\Delta \boldsymbol{v}(\boldsymbol{r},t) = -\mu(\boldsymbol{r})G_{21}(\boldsymbol{r},t\,|\,\boldsymbol{r}',t')\boldsymbol{e}(\boldsymbol{r}',t')\Delta \sigma(\boldsymbol{r}')\big|_0^t + \int_0^t \mu(\boldsymbol{r})\frac{\partial}{\partial t'}G_{21}(\boldsymbol{r},t\,|\,\boldsymbol{r}',t')\boldsymbol{e}(\boldsymbol{r}',t')\Delta \sigma(\boldsymbol{r}')\mathrm{d}t' \quad (6.58)$$

根据因果性，在积分上限 t，式（6.58）中第一项中的 Green 函数为零，于是有

$$\Delta \boldsymbol{v}(\boldsymbol{r},t) = -\mu(\boldsymbol{r})\int_0^t \frac{\partial}{\partial t'}G_{21}(\boldsymbol{r},t\,|\,\boldsymbol{r}',t')\boldsymbol{e}_0(\boldsymbol{r}')\Delta \sigma(\boldsymbol{r}')\mathrm{d}t'$$

$$+ \int_0^t \mu(\boldsymbol{r})\frac{\partial}{\partial t'}G_{21}(\boldsymbol{r},t\,|\,\boldsymbol{r}',t')\boldsymbol{e}(\boldsymbol{r}',t')\Delta \sigma(\boldsymbol{r}')\mathrm{d}t'$$

$$= \mu(\boldsymbol{r})\int_0^t \frac{\partial}{\partial t'}G_{21}(\boldsymbol{r},t\,|\,\boldsymbol{r}',t')[\boldsymbol{e}(\boldsymbol{r}',t')-\boldsymbol{e}_0(\boldsymbol{r}')]\Delta \sigma(\boldsymbol{r}')\mathrm{d}t'$$

应用恒等式 $\dfrac{\partial}{\partial t'}G_{21}=-\dfrac{\theta}{\partial t}G_{21}$，并重新写入空间体积的积分，得

$$\Delta \boldsymbol{v}(\boldsymbol{r},t) = -\int_{v'}\int_0^t \mu(\boldsymbol{r})\frac{\partial}{\partial t}G_{21}(\boldsymbol{r},t\,|\,\boldsymbol{r}',t')[\boldsymbol{e}(\boldsymbol{r}',t')-\boldsymbol{e}_0(\boldsymbol{r}')]\Delta \sigma(\boldsymbol{r}')\mathrm{d}t'\mathrm{d}\boldsymbol{r}' \quad (6.59)$$

与推导电场的梯度式（6.41）的步骤相似，可以得到电动势数据的梯度表达式为

$$g_\sigma^v(\boldsymbol{r}') = \sum_i \int_0^T \Delta \boldsymbol{v}_0(\boldsymbol{r}_i,t)\int_0^t \mu(\boldsymbol{r}_i)\frac{\partial}{\partial t}G_{21}(\boldsymbol{r}_i,t\,|\,\boldsymbol{r}',t')[\boldsymbol{e}(\boldsymbol{r}',t')-\boldsymbol{e}_0(\boldsymbol{r}')]\mathrm{d}t'\mathrm{d}t$$

$$= -\sum_i \int_0^T \int_{t'}^T [\boldsymbol{e}(\boldsymbol{r}',t')-\boldsymbol{e}_0(\boldsymbol{r}')]\frac{\partial}{\partial t}G_{12}^+(\boldsymbol{r}_i,t\,|\,\boldsymbol{r}',t')\cdot \Delta \boldsymbol{v}_0(\boldsymbol{r}_i,t)\mathrm{d}t\mathrm{d}t' \quad (6.60)$$

$$= \int_0^T \boldsymbol{e}(\boldsymbol{r}',t')\boldsymbol{e}_b(\boldsymbol{r}',t'\,|\,\Delta \boldsymbol{v}_0)\mathrm{d}t' - \boldsymbol{e}_0(\boldsymbol{r}')\int_0^T \boldsymbol{e}_b(\boldsymbol{r}',t'\,|\,\Delta \boldsymbol{v}_0)\mathrm{d}t'$$

式中：由电动势数据误差产生的电场在前面已推导，如式（6.45）所示。

6.4.6　电场与电动势联合梯度

由式（6.53）和式（6.60）可以看出，如果同时有电场和电动势的数据，其梯度可以联合计算，这样可以提高计算效率。采用叠加原理，联合梯度为

$$g_\sigma^{e+v}(\boldsymbol{r}') = \sum_j \int_0^T \boldsymbol{e}(\boldsymbol{r}',t';s_j)\boldsymbol{e}_b(\boldsymbol{r}',t';s_j\,|\,\Delta \boldsymbol{e}_0+\Delta \boldsymbol{v}_0)\mathrm{d}t'$$

$$- \sum_j \boldsymbol{e}_0(\boldsymbol{r}';s_j)\int_0^T \boldsymbol{e}_b(\boldsymbol{r}',t';s_j\,|\,\Delta \boldsymbol{e}_0+\Delta \boldsymbol{v}_0)\mathrm{d}t' + \sum_j \boldsymbol{e}_0(\boldsymbol{r}';s_j)\cdot \boldsymbol{e}_{b0}(\boldsymbol{r}';s_j\,|\,\Delta \boldsymbol{e}_0) \quad (6.61)$$

联合梯度也只需要两次正演模拟，一次计算当前模型的响应，一次计算反传播场。如果有多个外加源，则需要每个源单独计算。

6.5 反传播场的步进计算

以电场和电动势数据残差为源，反传播场满足伴随麦克斯韦方程:

$$\sigma\boldsymbol{e}_{\mathrm{b}} + \nabla\times\boldsymbol{h}_{\mathrm{b}} - \gamma\frac{\partial\boldsymbol{e}_{\mathrm{b}}}{\partial t} = -\sum_i\Delta\boldsymbol{e}_{\mathrm{o}}(\boldsymbol{r}_i,t)\delta(\boldsymbol{r}-\boldsymbol{r}_i) \tag{6.62a}$$

$$\nabla\times\boldsymbol{e}_{\mathrm{b}} + \mu\frac{\partial\boldsymbol{h}_{\mathrm{b}}}{\partial t} = \sum_i\mu(\boldsymbol{r}_i)\Delta\boldsymbol{v}_{\mathrm{o}}(\boldsymbol{r}_i,t)\delta(\boldsymbol{r}-\boldsymbol{r}_i) \tag{6.62b}$$

为了在迭代中实现 DuFort-Frankel 稳定算法，式（6.62）中保留了虚拟位移电流项。模型响应的正演计算和误差反传均采用 FDTD 算法。入射场仅与外加的发射电流源有关，而误差场则由测点处的电场和电动势数据残差激励。误差源激励的时间长短取决于数据残差的时间范围。

误差场在 $t=\mathrm{T}$ 时刻的初始值均为零，向后步进直至 $t=0$。可采用正演计算的有限差分算法，只是初始值不为直流。由于是逆时步进，需要由前一时间步计算后一时间步的场:

$$\boldsymbol{b}_{\mathrm{b}}^{n-1/2} = \boldsymbol{b}_{\mathrm{b}}^{n+1/2} + \Delta t_n\left[\nabla\times\boldsymbol{e}_{\mathrm{b}}^n - \sum_i\mu(\boldsymbol{r}_i)\Delta\boldsymbol{v}_{\mathrm{o}}(\boldsymbol{r}_i)^n\right] \tag{6.63a}$$

式中: $\boldsymbol{b}$ 为磁感应场。在 t_n 时刻的数据残差 $\delta\boldsymbol{v}_{\mathrm{o}}$ 可以通过插值得到。同理有

$$\boldsymbol{e}_{\mathrm{b}}^n = \frac{2\gamma-\sigma\Delta t_n}{2\gamma+\sigma\Delta t_n}\boldsymbol{e}_{\mathrm{b}}^{n+1} + \frac{2\Delta t_n}{2\gamma+\sigma\Delta t_n}\left[\nabla\times\boldsymbol{h}_{\mathrm{b}}^{n+1/2} + \sum_i\Delta\boldsymbol{e}_{\mathrm{o}}(\boldsymbol{r}_i)^{n+1/2}\right] \tag{6.63b}$$

式（6.63）清楚展示了在 $\boldsymbol{r}_i$ 处的数据残差是作为分布在各测点的电场和磁场源反插值到 FD 网格中的。

6.6 NLCG 迭代反演

尽管采用偏移算法提高了梯度的计算效率，但它仍然是反演算法中最费时的部分。因为场的正传播和反传播均需要费时的时间步进，所以在反演过程中要避免减小误差效果不好的迭代步骤。如果采用最速下降法，则求解问题是病态的，计算梯度的时间可能会超长，最速下降法在模型空间不能记住前一次迭代的下降方向。为了提升反演算法用于三维大尺度模型和大规模 TEM 数据集的有效性，采用 NLCG 算法。该算法是基于 6.1.4 小节中介绍的 CG 法的原理提出的。对于目标函数为非标准二次型时，仍然按 CG 法搜索共轭方向和极值点，但不能保证在 M 维空间内经过 M 步搜索能达到全局极小点，需要设置新的搜索方向，重启迭代过程。Rodi 和 Mackie 将 NLCG 算法成功用于二维 MT 资料的反演[13]，Newman 和 Alumbaugh 实现了三维 MT 数据的 NLCG 反演[14]，Commer 实现了基于并行计算的大规模 TEM 数据的 3D 反演[12]。NLCG 算法通过在每次迭代过程中计算一次单独的正演和一次伴随的正演来实现，对计算机资源要求相对较低，适用于大型高维的反演问题。其不足之处是对初始模型有较大的依赖性，给定初始模型的好坏会对反演效果有直接影响。

6.6.1　NLCG 迭代反演算法流程

NLCG 反演算法流程如图 6.2 所示。

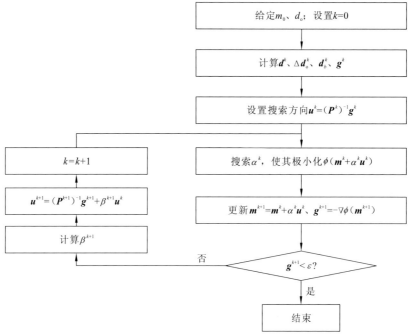

给定m_0、d_o；设置$k=0$

计算d^k、Δd_o^k、d_b^k、g^k

设置搜索方向$u^k=(P^k)^{-1}g^k$

$k=k+1$

搜索α^k，使其极小化$\phi(m^k+\alpha^k u^k)$

$u^{k+1}=(P^{k+1})^{-1}g^{k+1}+\beta^{k+1}u^k$

更新$m^{k+1}=m^k+\alpha^k u^k$、$g^{k+1}=-\nabla\phi(m^{k+1})$

计算β^{k+1}

否

$g^{k+1}<\varepsilon$？

是

结束

图 6.2　NLCG 反演算法流程图

（1）给定模型的初始参数 m_0 和观测数据集 d_o，设定初始迭代次数 $k=0$。

（2）正演计算给定模型的预测响应 d^k；根据数据误差 Δd_o^k 和反传场 d_b^k，并根据式（6.33）和式（6.38）或式（6.39）计算误差函数的负梯度 $g^k=-\nabla\phi(m^k)$。

（3）设置搜索方向 $u^k=(P^k)^{-1}g^k$，其中 P 为预条件矩阵。采用预条件可以改善收敛特性，如果不采用预条件，可将 P 设成单位矩阵。

（4）采用线搜索法搜索步长 α^k，使其极小化给定模型和搜索方向的误差函数 $\phi(m^k+\alpha^k u^k)$。这是 NLCG 算法能够高效收敛重要和关键的一步，其非线性线搜索算法是与线性 CG 算法的主要区别。此处采用的算法是应用模型空间一个点 m^k 的泛函及其导数信息和搜索方向（u^k）上另一个点的泛函信息进行搜索。第二个点的泛函信息需要额外的计算。过这两个点进行二次曲线拟合以得到极小化误差函数的步长估计。

（5）线搜索完成后，进行模型更新（ $m^{k+1}=m^k+\alpha^k u^k$ ）并计算新的残差梯度 $g^{k+1}=-\nabla\phi(m^{k+1})$。

（6）迭代终止判定。如果 g^{k+1} 足够小则终止迭代，否则进行下一步。

（7）如果不满足收敛条件，设置新的搜索方向，新的搜索方向与前次的方向共轭。设置步长：

$$\beta^{k+1}=\frac{(g^{k+1})^T(P^{k+1})^{-1}g^{k+1}-(g^{k+1})^T(P^k)^{-1}g^k}{(g^k)^T(P^k)^{-1}g^k}$$

（8）设置 $\boldsymbol{u}^{k+1} = (\boldsymbol{P}^{k+1})^{-1}\boldsymbol{r}^{k+1} + \beta^{k+1}\boldsymbol{u}^{k}$。

（9）设 $k=k+1$，然后转至第（4）步。

6.6.2 对数化模型参数

对以电阻率（或电导率）为模型参数的反演成像的一个重要约束是模型参数 $\boldsymbol{m}$ 一定为正值，这样可以在反演中考虑对其进行对数变换。引入经对数变换后的模型参数 $\boldsymbol{m}'$：

$$\boldsymbol{m}' = \ln(\boldsymbol{m} - b_0) \tag{6.64a}$$

或

$$\boldsymbol{m} = \mathrm{e}^{\boldsymbol{m}'} + b_0 \tag{6.64b}$$

式中：$\boldsymbol{m}$ 为由网格单元的参数组成的向量；b_0 为模型参数的约束下限值，且有 $b_0 > 0$，参数向量元素 $\boldsymbol{m}_i > b_0 (i=1, 2, \cdots, M)$。该对数变换对梯度计算的变化为

$$\frac{\partial\phi(\boldsymbol{m})}{\partial\boldsymbol{m}} = \frac{\partial\phi(\boldsymbol{m})}{\partial\boldsymbol{m}'}\frac{\partial\boldsymbol{m}'}{\partial\boldsymbol{m}} = \frac{1}{\boldsymbol{m} - b_0}\frac{\partial\phi(\boldsymbol{m})}{\partial\boldsymbol{m}'} \tag{6.65}$$

6.6.3 线搜索算法

在迭代的第 k 步，采用线搜索法搜索步长 α，使其极小化给定模型和搜索方向的误差函数 $\phi(\boldsymbol{m} + \alpha\boldsymbol{u})$。进行二次曲线拟合以得到极小化误差函数的步长估计。为求得最优的 α，先对搜索方向 $\boldsymbol{u}$ 进行归一化：

$$\boldsymbol{u}' = \frac{\boldsymbol{u}}{\|\boldsymbol{u}\|} \tag{6.66}$$

式中：$\|\boldsymbol{u}\|$ 为 Euclidean 长度。定义 $\alpha' = \|\boldsymbol{u}\|\alpha$，$\alpha'$ 具有 S/m 的量纲，而 α 无量纲。要寻求 α' 使得 $\phi(\boldsymbol{m} + \alpha'\boldsymbol{u}')$ 沿搜索方向 $\boldsymbol{u}'$ 快速下降，这要求 α' 必须要满足：

$$\phi(\boldsymbol{m} + \alpha'\boldsymbol{u}') < \phi(\boldsymbol{m}) + \delta\alpha'\nabla\phi(\boldsymbol{m}) \cdot \boldsymbol{u}' \tag{6.67}$$

式中：δ 为一个小的正常数以保证 $\phi(\boldsymbol{m} + \alpha'\boldsymbol{u}')$ 足够的下降。需要对式（6.67）进行试探，因为简单试探 $\phi(\boldsymbol{m} + \alpha'\boldsymbol{u}') < \phi(\boldsymbol{m}')$ 可能导致在解附近震荡而不收敛。根据最新的优化迭代选取 δ，设置 $\delta = 10^{-4}/\alpha'$。启动该过程时，需要先给 α' 一个测试值，然后根据式（6.67）进行试探。

不像 Newton 法或拟 Newton 法大部分时间都采用单位步长（$\alpha' = 1$），NLCG 算法的步长通常会在一到两个数量级范围内变化。通常采用试探法，在实际应用中非常有效。对于第 k 个模型参数 $\boldsymbol{m}^k$ 及其扰动 $\Delta\boldsymbol{m}^k$，沿下降方向 $\boldsymbol{u}$ 的某点上有

$$\boldsymbol{m}^k = \mathrm{e}^{\boldsymbol{m}'^k} + b_0 \tag{6.68a}$$

和

$$\boldsymbol{m}^k + \Delta\boldsymbol{m}^k = \mathrm{e}^{\boldsymbol{m}'^k + \Delta\boldsymbol{m}'^k} + b_0 \tag{6.68b}$$

式（6.68a）和式（6.68b）相减得

$$\Delta\boldsymbol{m}^k = \mathrm{e}^{\boldsymbol{m}'^k}(\mathrm{e}^{\Delta\boldsymbol{m}'^k} - 1) \tag{6.69a}$$

或

$$\Delta \boldsymbol{m}'^{k} = \ln(\Delta \boldsymbol{m}^{k} \mathrm{e}^{-\boldsymbol{m}'^{k}} + 1) \tag{6.69b}$$

取模型参数的最大值 $\boldsymbol{m}_{\max}$，对应 $\boldsymbol{u}'$ 的模无穷的值：

$$\| \boldsymbol{u}' \|_{\infty} = \max_{1 \leq i \leq M} | u_i' | \tag{6.70}$$

根据式（6.69b）选试探步长

$$\alpha_{\mathrm{t}}' = \ln(1.6 \boldsymbol{m}_{\max} \mathrm{e}^{-\boldsymbol{m}_{\max}'} + 1) \tag{6.71}$$

式中：因子 1.6 为一个经验常数，根据数值试验能够保证目标函数能足够下降。

如果 α_{t}' 能满足式（6.67），则令 $f_0 = \phi(\boldsymbol{m})$，$f_1 = \phi(\boldsymbol{m} + \alpha_{\mathrm{t}}' \boldsymbol{u}')$，应用二次模型找到一个 α' 使 f 能进一步减小。需要 4 个信息去定义二次函数：两个误差函数的值 f_0 和 f_1，α_{t}' 及方向导数 $g_0 = \nabla \phi(\boldsymbol{m}) \cdot \boldsymbol{u}'$。注意点 $\boldsymbol{m}$ 处的方向导数和函数值在前一次迭代中已经获得，不需要另外计算。如果 $f_{\min}$ 是要寻求的误差函数极小值，则

$$f(x) = f_{\min} + b \left(\frac{x - \alpha'}{\alpha_{\mathrm{t}}'} \right)^2 \tag{6.72a}$$

式中

$$b = (f_1 - f_0) - g_0 \alpha_{\mathrm{t}}' \tag{6.72b}$$

这样可选取：

$$\alpha' = -\frac{g_0 \alpha_{\mathrm{t}}'}{2b} < \alpha_{\max}' \tag{6.73}$$

式中：$\alpha_{\max}'$ 为设定的步长上限值，以保证 $\boldsymbol{m} + \alpha' \boldsymbol{u}'$ 在合理的范围内。

式（6.72b）确定的值必须满足两个条件才可接受：其一是 $b>0$ 以保证二次型正的曲率，α' 定义的是最小值而不是最大值；其二是 $f(\alpha')$ 实际上小于由 $\phi(\boldsymbol{m} + \alpha' \boldsymbol{u}')$ 计算得到的 f_1。如果 $b<0$ 或 $f_1<f(\alpha')$，则设 $\alpha' = \alpha_{\mathrm{t}}'$，退出线搜索过程，因为已经确定 α_{t}' 可以使得 $\phi(\boldsymbol{m} + \alpha' \boldsymbol{u}')$ 足够下降。

如果在该试探步 f_1 不满足式（6.67），则由 α_{t}' 出发进行二次回溯直至获得使 f 足够减小的步长。因为 $g_0 = \nabla \phi(\boldsymbol{m}) \cdot \boldsymbol{u}' < 0$，$\boldsymbol{u}'$ 是一个下降方向，回溯容易实现。回溯采用二次式：

$$f(x) = f_0 + g_0 x + c x^2 \tag{6.74}$$

式中

$$c = \frac{f_1 - f_0 - g_0 \alpha_{\mathrm{t}}'}{\alpha_{\mathrm{t}}'^2} \tag{6.75}$$

可选取的步长为

$$\alpha' = \frac{g_0 \alpha_{\mathrm{t}}'^2}{2(f_1 - f_0 - g_0 \alpha_{\mathrm{t}}')} \tag{6.76}$$

注意式（6.75）的曲率 c 总为正值，所以二次型应该总是插值到一个最小值。也需要判别 α' 是否满足式（6.67）。如果不满足，则设 $\alpha' = \alpha_{\mathrm{t}}'$，继续回溯，直到得到满意的 α'。

采用任何类型的多项式进行 α' 估算时都要注意 α' 可能太靠近 ϕ 的零点，这样反演的结果可能会几乎停滞。可采用多项式的安全防护策略去避免，在上述讨论的二次型过程中，只要满足 $\alpha' \leq 0.1 \alpha_{\mathrm{t}}'$ 即可。

6.6.4 预条件

Rodi 和 Mackie 发现采用预条件可以改善收敛特性[13]，但 Nocedal 指出预条件的 NLCG 算法也可能会产生不是最速下降方向的共轭方向而需要重新搜寻最速下降方向，这将会大大降低计算效率[15]，如果能够保证预条件矩阵为正定则可避免该问题。本节前面介绍的线搜索算法也可能会产生不是下降方向的搜索方向。尽管有这个风险，应用一个有效、鲁棒的预条件矩阵对三维反演还是很重要，可以大大减少计算时间。

如果选用与目标函数的 Hessian 矩阵近似的预条件矩阵 $\boldsymbol{P}^k$ 可以大大加速 NLCG 算法的收敛。$(\boldsymbol{P}^k)^{-1}$ 只需要较小的内存，$(\boldsymbol{P}^k)^{-1}\boldsymbol{g}$ 也容易计算。$\boldsymbol{P}^k$ 可以固定也可以在每次迭代时更新。本小节采用逐次更新的算法，因为除靠近目标函数的极值点外，Hessian 矩阵都会变化。当 Hessian 矩阵不变时，目标函数可用模型参数的二次函数表示。

若计算 Hessian 矩阵很费时，则可考虑用其对角阵作为预条件矩阵，该信息可以在 NLCG 算法迭代的过程中获得。采用 BFGS（Broyden-Fletcher-Goldfarb-Shanno）优化算法，可以导出 Hessian 对角阵的递推关系式：

$$\boldsymbol{P}^{k+1} = \boldsymbol{P}^k + \frac{\nabla\phi(\boldsymbol{P}^k)\nabla\phi(\boldsymbol{P}^k)^{\mathrm{T}}}{\nabla\phi(\boldsymbol{P}^k)^{\mathrm{T}}\boldsymbol{u}^k} + \frac{\boldsymbol{y}^k(\boldsymbol{y}^k)^{\mathrm{T}}}{\alpha^k(\boldsymbol{y}^k)^{\mathrm{T}}\boldsymbol{u}^k} \tag{6.77}$$

式中：$\boldsymbol{y}^k = \nabla\phi(\boldsymbol{P}^{k+1}) - \nabla\phi(\boldsymbol{P}^k)$。在 NLCG 反演算法中采用对角阵预条件更新是合理且有效的，因为在二次型条件下，BFGS 算法和 NLCG 算法产生的搜索方向与精确线搜索方向一致。式（6.77）也是一种高效的预条件阵，因为 Newton 法搜索方向 $(\boldsymbol{P}^k)^{-1}\boldsymbol{g}$ 也是极小化目标函数的最优方向。由于计算完整的 $(\boldsymbol{P}^k)^{-1}$ 不现实，选用对角阵更具有实用意义。这样，预条件阵的作用是使得 NLCG 算法更具有 Newton 法的特征。应该确认由式（6.77）求得的 $\boldsymbol{P}^{k+1}$ 是正定的，以保证预条件 NLCG 算法得到的搜索方向是下降方向，如果 $\boldsymbol{P}^{k+1}$ 是负的则不更新。注意开始时将 $\boldsymbol{P}^k$ 设为单位矩阵。

6.6.5 正则化

由于高精度成像的需要，模型参数个数可能远大于数据个数，此时的三维反演是欠定和病态的。极端情况下，最小二乘拟合的模型可能比实际模型粗糙很多。采用正则化方法可以获得可信的模型。最早的正则化是 Tikhonov 和 Arsenin 为解决病态反演的困难而提出来的[16]。在电导率成像中，正则化可视为对复杂度的罚函数，模型复杂度由相邻网格单元电导率的对比度表征。正则化就是在目标函数中加入一个压制粗糙度的约束项。这样，可将式（6.34）所示的目标函数扩展为

$$\phi(\boldsymbol{m}) = \frac{1}{2}\sum_j\sum_i\int_0^T \Delta\boldsymbol{d}_{\mathrm{o}}(r_i,t\,|\,s_j)\cdot\Delta\boldsymbol{d}_{\mathrm{o}}(r_i,t\,|\,s_j)\mathrm{d}t + \eta\boldsymbol{m}^{\mathrm{T}}\boldsymbol{W}^{\mathrm{T}}\boldsymbol{W}\boldsymbol{m} \tag{6.78}$$

式中：$\boldsymbol{m}$ 为模型参数矢量；上标 T 表示转置；$\boldsymbol{W}$ 为正则化矩阵，选取为拉普拉斯算子 ∇^2 的有限差分近似；η 为平滑调节系数。平滑模型通常会减小数据的拟合程度。所以在选取 η 的值时要格外小心，如果太小，则可能数据拟合较好，但模型可能产生不合理的结构，如果太大，则模型很平滑，但可能与数据的拟合度较差。理想情况下，η 应该随

迭代次数的增加而逐渐减小，因为晚时的迭代对模型应该具有较弱的分辨能力。然而，如果在反演中改变 η，则需要舍去先前的搜索方向，再从最速下降方向开始搜索，这样会削弱 NLCG 算法快速收敛的优势。可以通过搜索方式优选 η，先采用大的 η 值，然后减小 η，数据误差会相应减小，直至数据误差达到一个极小值或期望值。

6.6.6 误差函数加权

这里采用 Wang 等[8]介绍的方式，在误差函数中引入 $1/t$ 的加权，以补偿不同时间段的信息密度差异，于是有

$$\phi(\boldsymbol{m}) = \frac{1}{2}\sum_j \sum_i \int_0^T \frac{1}{t} \Delta \boldsymbol{d}_{\mathrm{o}}(\boldsymbol{r}_i,t|\boldsymbol{s}_j) \cdot \Delta \boldsymbol{d}_{\mathrm{o}}(\boldsymbol{r}_i,t|\boldsymbol{s}_j)\mathrm{d}t + \eta \boldsymbol{m}^{\mathrm{T}} \boldsymbol{W}^{\mathrm{T}} \boldsymbol{W} \boldsymbol{m} \qquad (6.79)$$

该加权也等同于式（6.34）中在时间的对数域进行积分。建议也采用观测数据的误差加权，以减小大误差数据的作用。但由于瞬变信号可能发生变号，采用这种加权方式需要格外小心，因为在过零点附近可能会发生过加权。为了避免这种过拟合现象，采用最晚时和最早时之比的自然对数之和对式（6.34）进行归一化，即

$$\phi_{\mathrm{N}}(\boldsymbol{m}) = \frac{\displaystyle\sum_j \sum_i \int_{\ln t_0}^{\ln T} \big[\boldsymbol{d}_{\mathrm{o}}(\boldsymbol{r}_i,t|\boldsymbol{s}_j) - \boldsymbol{d}(\boldsymbol{r}_i,t|\boldsymbol{s}_j) \big]\mathrm{d}(\ln t)}{\displaystyle\sum_j \sum_i \int_{\ln t_0}^{\ln T} \mathrm{d}(\ln t)} \qquad (6.80)$$

在算法的实现中，空气层采用网格向上扩展而不采用 2D 快速傅里叶变换向上延拓的方法。

6.7　反　演　示　例

设计一个三维低阻薄板异常体模型，如图 6.3 所示。异常体尺寸为 1 935 m×1 900 m×100 m，埋深为 600 m，其顶面中心的位置坐标为（7.5，-2 450.0，-600.0）；异常体电阻率设为 $\rho_{\mathrm{a}}=10\ \Omega\cdot\mathrm{m}$，或电导率 $\sigma_{\mathrm{a}}=0.067\ \mathrm{S/m}$。背景模型为均匀半空间，电阻率设为 $\rho_{\mathrm{b}}=20\ \Omega\cdot\mathrm{m}$。在位置为（0，0，0）的地面布设一接地长导线作为发射源，源极距为 1 536 m。在异常体上方布设 8 条测线，每条测线设置 21 个观测点，测点点位分布如图 6.3 所示。

在计算阶跃瞬变电磁响应时，取初始时间为 $1.130\ 97\times10^{-6}\ \mathrm{s}$，计算时间长度为 2.5 s 的二次场响应时，时间步进迭代数为 66 451 步。采用本章介绍的分解场的方案进行正反演，一旦模型结构确定，先单独计算出背景场（或一次场），存储备用。虽然计算背景场耗时较多，但在三维反演的迭代过程中，只要不改变背景模型，就不必要再计算背景场，仅仅需要计算二次散射场，然后再与存储在计算机硬盘中的背景场相加就可以得到总场，这样的处理方式对于时间域三维反演是非常合适的，可以节省大量的计算时间。

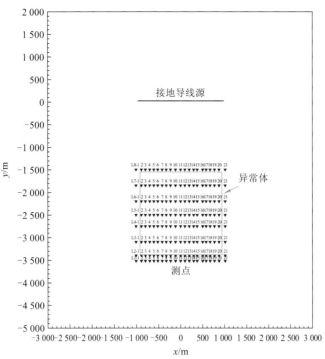

图 6.3 三维电阻率异常体及测线布设示意图

在反演试验中，将正演得到的各测点的 x 方向水平电场 E_x 数据作为观测响应 $\boldsymbol{d}_0$；将初始模型设置为电阻率 $\rho_b = 15\ \Omega\cdot m$ 的均匀半空间模型，用该模型正演计算得到响应 $\boldsymbol{d}$；根据式（6.1a）计算数据拟合差 $\Delta\boldsymbol{d}_0$。将该分布于各测点的残差作为反传播场的源，按式（6.63）所示的 FDTD 时间步进方式计算模型空间各网格点的反传播场 e_{xb}。由式（6.54）计算得到反传播场的分布计算出地中各点的场随地中各单元电阻率参数变化的梯度 g_σ^e。由梯度按式（6.15）和式（6.16）所示的关系构造共轭方向，然后在该方向上进行线搜索，获得新的模型参数。循环迭代，直到误差达到极小值。本次反演试验中采用了预条件和误差加权的方案，图 6.4 所示为本反演试验时的数据拟合误差随迭代次数变化的曲线。从图中可以看出，初始的十几次迭代误差下降较快，随着迭代次数增加，误差下降速度趋缓。由于采用了分离场的正演方案，正演时仅计算二次场，所需计算时间远小于一次场的计算时间。反演试验中迭代一次只需要数分钟时间，主要用在一次正演和一次反传播场的计算上。这样的速度对于三维反演完全可以满足实用的要求。如果采用电场与磁场或感应电动势计算联合梯度，则可以大大提高反演精度，但不会增加太多的反演计算时间。

为了展示反演过程，图 6.5～图 6.8 分别给出了反演计算所用数据及迭代 50 次时计算的反传场、梯度和反演结果的示例。图 6.5 给出了低阻薄板三维模型响应的水平电场 x 分量的；二次场 e_{xs} 和总场 e_{xt} 在 $t = 0.011\ 3\ s$、$t = 0.043\ s$ 和 $t = 0.085\ 5\ s$ 三个不同时刻在 $z = -650\ m$（薄板中间）平面分布的等值图，其中方框线表示薄板异常体的大小和位置，方框线上方的线段表示接地导线源的长度和位置。注意图中二次场和总场由于幅值量级的差异，色标的刻度值不同。从图 6.5 中可以看出，总场的空间分布形态符合长接

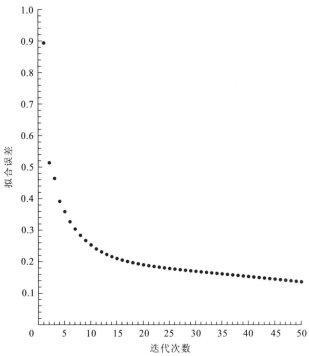

图 6.4 NLCG 反演拟合差随迭代次数变化图

地导线源的电磁辐射模式，二次场能很好地反映电性异常体的位置和大小，其幅值与一次场相比虽然很小，但在总场的等值图中都可以显示出小的扰动。此外，从图中可以看出，早时二次场主要分布在异常体内及邻近周边，异常场幅值的大小与一次场的强度有关，即靠近源的一端异常场幅值要远大于远离源的一端。随着时间的推进，二次场向异常体周边的空间扩散，但异常体内的二次场幅值则衰减较慢。

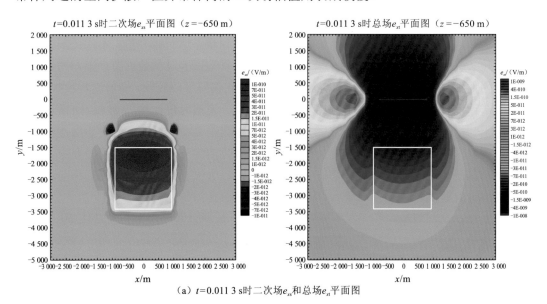

（a）$t=0.011\ 3$ s时二次场e_{xs}和总场e_{xt}平面图

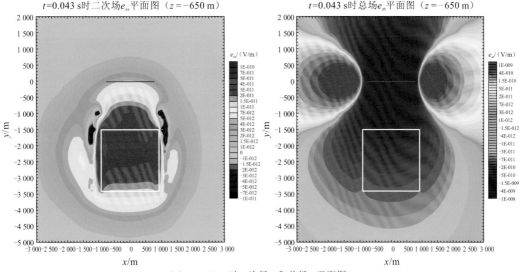

（b）t=0.043 s时二次场e_{xs}和总场e_{xt}平面图

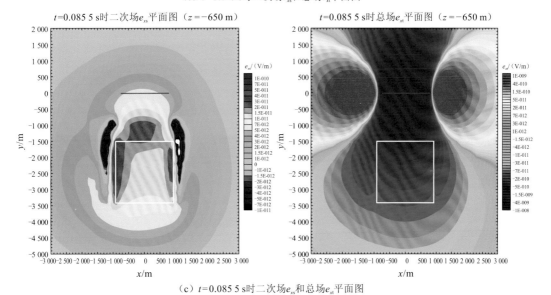

（c）t=0.085 5 s时二次场e_{xs}和总场e_{xt}平面图

图6.5　t分别为0.011 3 s、0.043和0.085 5 s时z=−650处e_x二次场e_{xs}和总场e_{xt}的平面分布等值图

　　图6.6所示为由各测点数据误差计算的t=0.011 3 s时电场反传场e_{xb}分布的等值图，其中图6.6（a）为深度z=−650 m（薄板中心）处的平面图，图6.6（b）为y=−2 500 m处的剖面图，图中的白色框线给出了低阻薄板的位置。从图6.6中可以看出数据误差从地面源点（测点）向地中逆时传播的过程，该时间段为相对早时，反传场在地中呈现为波动传播模式。从图6.6（a）还可看出，反传场以薄板异常体为中心向周边传播，也体现出因果性，即靠近一次场源的一侧幅值远大于远离的一侧。随着时间的增加，由于波长增加，在所研究的区域范围内反传场呈现为扩散传播的模式，其他特征相近。

　　图6.7给出的是在反传场计算的基础上得到的电场梯度的分布，图6.7（a）和图6.7（b）分别为平面图和剖面图。注意由于采用了加权的误差函数，所以积分得到的梯度最大值为1.0。从图6.7（a）所示的平面图可以看出，梯度值的分布范围虽然较大，但在异常体

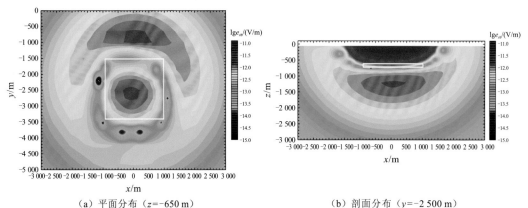

（a）平面分布（z=−650 m）　　　　　　　　　（b）剖面分布（y=−2 500 m）

图 6.6　由各测点数据误差计算的 t=0.011 3 s 时反传场 e_{xb} 分布的等值图

中心梯度值最大，且异常体边界附近梯度值的变化最快，梯度值异常可以近似指示出异常体的大小和范围。从图 6.7（b）所示的剖面图看，梯度除在异常体位置有明显异常外，在异常体和地面之间仍存在有较强的梯度异常，且异常的中心位于异常体和地面之间。这可能是在有限的迭代次数内对数据误差场的偏移还没有完全到位所致。根据 Commer[12] 的比较研究表明，电磁偏移计算的梯度与微扰法计算的梯度的最大误差达到 47%，可见在实现梯度快速计算的前提下，提高梯度计算的精度仍需要深入研究。

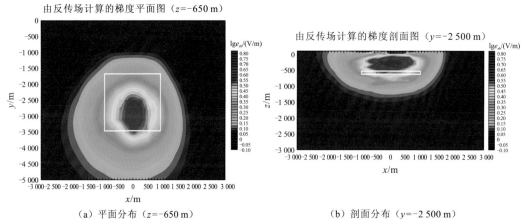

（a）平面分布（z=−650 m）　　　　　　　　　（b）剖面分布（y=−2 500 m）

图 6.7　由反传场 e_{xb} 计算的梯度分布的等值图

图 6.8 所示为反演得到的电阻率分布的平面图和剖面图示例，注意由于模型电阻率的分布范围不大（背景电阻率 20 Ω·m，异常体电阻率 10 Ω·m），等值线采用了线性刻度。从图中可以看出，经过 50 次迭代，反演结果较好地重建了低阻异常体的几何形态。异常体的电阻率也恢复到了与实际值较接近的值，由平面图可以识别出低阻异常体的电阻率大约为 11～13 Ω·m，均匀背景的电阻率约为 17～21 Ω·m，在异常体的边界是电阻率急剧变化的梯度带。由图 6.8（b）所示的剖面图中也可以较明确地圈定出反演重建的异常体，但异常体外的周边仍显示有相对低阻和相对高阻的异常存在。与图 6.7（b）中的梯度剖面图相似，这可能反映了偏移场精度的影响。

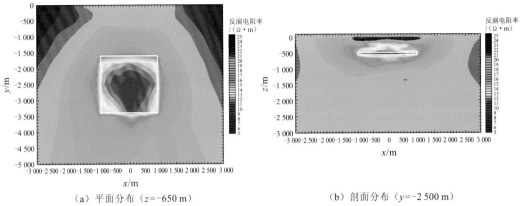

（a）平面分布（z=-650 m）　　　　　　　　　（b）剖面分布（y=-2 500 m）

图 6.8　反演电阻率等值图

6.8　本　章　小　结

理论上已经证明，时间域电磁方法的电性分辨能力要优于频率域方法。要发挥时间域电磁法的分辨率优势，实现时间域电磁资料的三维反演至关重要。前人已发展了多种算法可用于时间域电磁资料的反演，但仍有一些关键问题（如反演精度、计算速度等）需要进一步改进完善以提高有效性。本章描述和实现的时间域电磁数据三维反演算法具有如下特点。

（1）基于一次场和二次场分离的 FDTD 时间域响应正演算法，在一次场不变的情况下，反演迭代中只需重复计算二次场，计算速度快，完全能满足反演对正演速度的要求。

（2）采用基于电磁偏移的算法，只需一次正演和一次反传场的计算，就可由各测点的数据误差经反传得到误差函数对模型电阻率的梯度估计，解决了三维大尺度模型梯度计算的计算速度问题。

（3）采用预条件 NLCG 反演算法，占用计算机内存少，能快速收敛。

（4）通过应用以上三项关键技术实现的时间域电磁资料三维反演算法，具有稳定收敛、对计算机资源需求少的特点。三维反演的试验结果表明，该算法正确可行，能进行大尺度模型和大规模数据集的三维反演。

（5）在观测资料可用的情况下，可应用多场量（电场、磁场或感应电动势）数据进行反演，在不增加太多计算时间需求的前提下提高反演精度。

（6）该算法仍有不足需要进一步改进：①算例试验结果表明算法对初始模型具有较强的依赖性；②需要保证晚时（>100 ms）响应正演计算的鲁棒收敛性；③基于电磁偏移计算梯度的算法精度有待进一步提高。

参　考　文　献

[1] 王家映. 地球物理反演理论[M]. 北京: 高等教育出版社, 2002.

[2] BACKUS G E, GILBERT F. Numerical applications of a formalism for geophysical inverse problems[J].

Geophys. J. R. Astron. Soc., 1967, 13: 247-276.

[3] WIGGINS R A. The generalized linear inverse problem: Implication of surface wave and free oscillations for Earth structure[J]. Rev. Geophys. Space Phys., 1972, 10: 251-285.

[4] JACKSON D D. Interpretation of inaccurate, insufficient and inconsistent data[J]. Geophys. J. R. Astron. Soc., 1972, 28: 97-110.

[5] TARANTOLA A. Invere problem theory: methods for data fitting and model parameter estimation[M]. Amsterdam: Elsevier, 1987.

[6] FLETCHER R, REEVES C. Function minimization by conjugate gradients[J]. Comput. J., 1964, 7: 149-154.

[7] ZHDANOV M S, FRENKEL M A. The solution of inverse problems on the basis of the analytical continuation of the transient electromagnetic field in the reverse time[J]. J. Geomagn. Geoelectr., 1983, 35: 747-765.

[8] WANG T, ORISTAGLIO M, TRIPP A, et al. Inversion of diffusive transient electromagnetic data by a conjugate method[J]. Radio Sci., 1994, 29: 1143-1156.

[9] ZHDANOV M S. Geophysical inverse theory and regularization problems[M]. Amsterdam: Elsevier. 2002 .

[10] NEWMAN G A, COMMER M. New advances in the three-dimensional transient electromagnetic inversion[J]. Geophys. J. Int., 2005, 160: 5-32.

[11] HOHMANN G W. Numerical modeling for electromagnetic methods of geophysics[M]. Tulsa: SEG, 1988: 313-363.

[12] COMMER M. Three-dimensional inversion of transient electromagnetic data: a comparative study[D]. Cologne: University of Cologne, 2003.

[13] RODI W, MACKIE R L. Nonlinear conjugate gradients algorithm for 2-D magnetotelluric inversion[J]. Geophysics, 2001, 66(1): 174-187.

[14] NEWMAN G A, ALUMBAUGH D L. Three-dimensional MT inversion using NLCG[J]. Geopgysics, 2000, 140: 410-424.

[15] NOCEDAL J. Conjugate gradient methods and nonlinear optimization, in Linear and Nonlinear Conjugate Related Methods[M]. Philadelphia: SIAM. 1996: 9-23.

[16] TIKHONOV A N, ARSENIN V Y. Solutions of Ill-posed Problems[M]. New York: Wiley, 1977.

第7章　多物理场联合约束反演

7.1　约束反演概述

不同的地球物理方法具有不同的探测性能，包括所反映的物理量、探测的分辨能力等，仅靠单一的方法很难实现复杂非均质储层的精细描述和流体识别。在油气储层的探测中，为增强目标探测结果的确定性程度，采用多种物理场观测（如地震波场、重力场、磁力场及电磁场等），利用不同的方式（如地面、井中等）进行观测，获得多物理场信息，研究不同尺度地质体的物理场响应特征，构建其简洁、有效且适用的数学表达，将不同性质的地球物理信息进行有效融合，实现多种地球物理信息约束下的高分辨率反演，进而实现对已知有利构造的含油性预测与评价。

自 Vozoff 和 Jupp[1]提出并实现直流电测深与 MT 资料的联合反演以来，多种地球物理场数据的联合反演持续受到关注，已成为研究热点。由于不同地球物理场对应不同的物理性质（或参数），联合反演可以极大地提高反演模型参数的重构精度和可靠性。然而，由于不同地球物理场数据的不完备性、空间分辨率的差异性、场值量级的差异性，在联合反演中仍存在诸多难题和挑战。

联合反演是在多种地球物理响应融合建模的基础上进行的，无论是同一类型还是不同类型的物理场，都需要直接或间接地建立模型参数与不同物理响应的对应关系。同类型物理场如直流电法、频率域、时间域电磁法或同一种方法的不同场分量等，其响应都是电性参数的函数，易于在相同模型空间建立多种响应的联合方程，这种类型的联合反演具有天然的物理合理性，应用效果明显。不同类型物理场如电磁、重力与地震响应，可以通过其他物性参数与模型参数之间的间接关系（如孔隙度与电阻率、孔隙度与声波速度、孔隙度与密度等）建立不同物理场响应的融合模型，这种联合反演当不同物性参数之间的间接关系确定成立，且不同物性参数的空间分布具有相似性时，会有较好的效果。约束反演是通过先验信息对模型参数的值或空间分布关系进行约束的一类反演方法，最常用的先验信息包括由测井资料和岩石物理测试分析获得的不同地层的物性参数的值的范围、由地质或地震资料获得的地层空间分布状态信息等。这些信息通常与测量条件有关，且较分散或与模型参数的空间分布不具备完全对应关系等，所以需要调节加权以实现软约束或模糊约束。

本章讨论的联合约束反演策略中，通过电阻率-孔隙度和声波速度-孔隙度的本构关系，建立融合电磁与地震资料联合反演地层的孔隙度、地层电阻率、流体电阻率等参数；对于不同模型参数的结构特性，通过参数空间向量的相关性度量，构造如参数向量的交叉梯度等，实现结构相似性约束；对于缺乏空间位置信息的定性地质数据和具有统计特征的岩石物理数据，通过在不同的模型区域强加统计分布的模糊聚类约束，使特定区域的先验岩石物理信息融合到反演中。

7.2 多元地球物理信息融合模型

联合反演两种或多种地球物理数据的关键在于物理响应和模型参数的融合。地震和电磁方法均是通过间接测量不同的物理场来获取地下储层介质的物性参数。地震方法是通过测量地层的弹性波传播速度和衰减，并由此求得地层骨架的刚度和品质因数。而电磁方法是通过测量电磁波场在地层中的传播和衰变速度进而求得地层的电性参数（如介电常数和电导率）。与石油勘探密切相关的特性参数主要有电导率和地震波速度。为了获得电导率和地震波速度的关系，首先必须建立不同的本构方程。电磁理论研究主要涉及的物理模型为阿奇公式及骨架导电的修正；而弹性波的模型主要是时间平均公式。通过研究岩石电性参数本构关系，就可以建立岩石电导率和地震波速度相关联的融合模型。

7.2.1 岩石各向异性及电性本构关系

储层非均质性是指储层在形成过程中，受沉积环境、成岩作用和构造作用影响，其内部各种属性（岩性、物性、含油性及电性等）存在的空间分布不均一性或各向异性。孔隙度和渗透率是沉积体系内储层非均质性的典型特征参数，其中以渗透率最为典型，其差异性是储层非均质性的集中反映。故储层的非均质性的研究重点是储层渗透率的非均质性。

1. 各向异性类型

储层岩石物理性质的各向异性可分成三大类[2]。

（1）本征各向异性。这类各向异性的特点是具有连续性。其一是结晶固体中各向异性的晶体影响地震波、电磁波的传播；其二是各向同性的固体颗粒在某一方向上受到差应力的作用时，便呈现与优势应力方向一致的各向异性；其三为在沉积过程中岩石颗粒受重力作用而形成的颗粒分异性。

（2）裂隙造成的各向异性。地壳中存在大量裂缝或孔洞，其中充有与基质不同的造岩矿物或流体，在地震波或电磁波场的作用下，可产生各向异性的地球物理响应。

（3）宏观各向异性。当波的波长较大时，会因各层组分和厚度不同或区域构造的不同而在总体上产生垂向和横向上地球物理响应的差异。这种宏观各向异性不是储层岩石本身的特性，而是取决于观测场的等效特性，故又称为视各向异性。

2. 岩石电性本构关系

上述三种不同成因机理的各向异性具有不同的尺度，在地球物理场的响应上有不同的反映，其本构关系也不同，需要采用不同的模型来进行描述。

先考虑测量坐标轴与电性主轴重合的情况，各向异性介质电导率张量 σ 可表示为

$$\sigma = \begin{vmatrix} \sigma_x & 0 & 0 \\ 0 & \sigma_y & 0 \\ 0 & 0 & \sigma_z \end{vmatrix} \tag{7.1}$$

式中：σ_x、σ_y 和 σ_z 分别为三个坐标轴方向的电导率分量。对于分层介质，一般用水平电

导率 σ_h 和垂向电导率 σ_v 表示，且满足 $\sigma_h=\sigma_x=\sigma_y$ 和 $\sigma_v=\sigma_z$。而当测量轴与电性轴不一致时，可采用坐标旋转的方法使其一致，即

$$\boldsymbol{\sigma}' = \boldsymbol{R}^{\mathrm{T}} \boldsymbol{\sigma} \boldsymbol{R} \tag{7.2a}$$

式中：$\boldsymbol{R}$ 为旋转矩阵，满足：

$$\boldsymbol{R}^{\mathrm{T}} = \begin{bmatrix} \cos\theta\cos\varphi & -\sin\varphi & \sin\theta\cos\varphi \\ \cos\theta\sin\varphi & \cos\varphi & \sin\theta\sin\varphi \\ -\sin\theta & 0 & \cos\theta \end{bmatrix} \tag{7.2b}$$

式中：φ 为走向方位角；θ 为倾角。这时描述电导率张量的参数只有 4 个，即 σ_h、σ_v、φ 和 θ，这有利于用计算机实现各向异性地层模型的电磁响应计算和反演解释。

薄互层模型是典型的具有垂向对称轴的横向各向同性（vertical transverse isotropy，VTI）的介质，具有简单的各向异性（图 7.1）。设定两层的电导率为各向同性，分别为 σ_1 和 σ_2，对应的层厚为 h_1 和 h_2。当电场分量平行层面时，测得的水平视电导率为两层电导率的厚度加权平均，即

$$\sigma_h = \frac{h_1\sigma_1 + h_2\sigma_2}{h_1 + h_2} \tag{7.3}$$

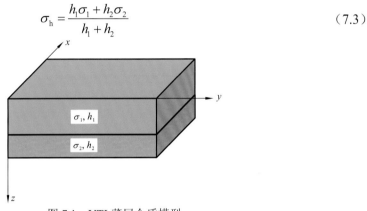

图 7.1 VTI 薄层介质模型

当电场分量垂直层面时，测得的垂向视电阻率（电导率的倒数）是各层电阻率的厚度加权平均，即

$$\rho_v = \frac{h_1\rho_1 + h_2\rho_2}{h_1 + h_2} \tag{7.4}$$

式（7.4）可以推广到多层的情况。

而对于裂隙性扩容各向异性（extensive dilatancy anisotropy，EDA）地层模型，在水平方向上具有方位各向异性，故又称为具有水平对称轴的横向各向异性（horizontal transverse isotropy，HTI）地层。EDA 介质的电性各向异性应用可变孔径方颗粒模型来描述[3]，如图 7.2 所示。为简单起见，只考虑与坐标轴重合的三个方向的裂隙，忽略单个裂隙的影响，而从整体上考虑成族裂隙的方向性效应。设 c_x、c_y 和 c_z 为三个方向上的裂隙孔径，a_x、a_y 和 a_z 分别是三个方向上方颗粒骨架的尺度，每个方向上由 N 个尺度相同的裂隙和方形颗粒组成。裂隙所含流体的电导率为 σ_w，岩石骨架电导率为 σ_s。定义每个方向上的面孔隙度为

$$\phi_x = \frac{c_i}{a_i}, \quad i = x, y, z \tag{7.5}$$

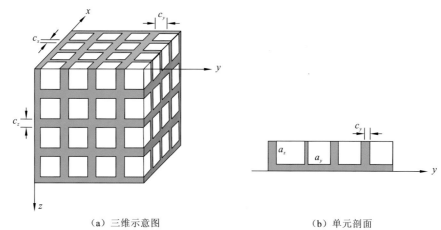

| （a）三维示意图 | （b）单元剖面 |

图 7.2　可变孔径方颗粒模型

一般储层岩石满足条件 $a_i \gg c_i$，$\sigma_w \gg \sigma_s$ 和 $\phi_i \ll 1$，则系统的总孔隙度为

$$\phi \approx \phi_x + \phi_y + \phi_z \qquad (7.6)$$

考虑如图 7.2（b）所示的单元，对于平行于 y 轴的电场分量，其上层由骨架和裂隙交互组成，其电阻率满足式（7.4）所示的关系。考虑前述裂隙及流体满足的条件，忽略小量的高次项，则可得到该层的等效电阻率为

$$\rho_{vy} = (1 - \phi_y)\rho_s + \phi_y \rho_w$$

该层与下部 z 方向的裂隙形成交互层，根据式（7.3）的关系，可以得到与 z 方向裂隙的等效电导率为

$$\sigma_{hz} = (1 + \phi_y)\sigma_s + \phi_z \sigma_w$$

最后考虑与 x 方向的裂隙形成交互层，得到三维体在 y 方向上的等效电导率为

$$\sigma_y \approx (\phi_x + \phi_z)\sigma_w + (1 + \phi_y)\sigma_s \qquad (7.7a)$$

同理可得另外两个方向上的等效电导率分别为

$$\sigma_x \approx (\phi_y + \phi_z)\sigma_w + (1 + \phi_x)\sigma_s \qquad (7.7b)$$

$$\sigma_z \approx (\phi_x + \phi_y)\sigma_w + (1 + \phi_z)\sigma_s \qquad (7.7c)$$

7.2.2　电磁参数与弹性参数的交互关系

图 7.2 所示只是一种简化的理想模型，而实际的储层岩石非常复杂，仅用孔隙度还不足于描述其孔隙特性，所以在 2.3 节中介绍的阿奇公式还引入了胶结指数 m、饱和度指数 n 等参数以表征岩石的孔道曲折性和压实程度等。对于含泥质成分较高的储层岩石，由于泥质成分具有高导性，结合式（2.51）的含泥质地层电阻率公式，由式（7.7）的关系可以得

$$\sigma = (1 - \phi)^n \sigma_s + \phi^m \sigma_w \qquad (7.8)$$

式（7.8）建立了地层电导率与孔隙度的关系，可以看作是式（7.7）的一种推广，对于实际地层更具有实用性。

对于由 N 种矿物成分复合而成的岩石骨架，也可采用以下几种方法求取平均电导率值。

算术方程：

$$\sigma_{\mathrm{s}} = \sum_{i=1}^{N} p_i \sigma_i \tag{7.9a}$$

调和方程：

$$\sigma_{\mathrm{s}} = \left(\sum_{i=1}^{N} \frac{p_i}{\sigma_i} \right)^{-1} \tag{7.9b}$$

几何方程：

$$\sigma_{\mathrm{s}} = \prod_{i=1}^{N} \sigma_i^{p_i} \tag{7.9c}$$

式中：σ_i 为第 i 种矿物的电导率；p_i 为第 i 种矿物的体积比例。

对于复合岩层中的地震波，与式（7.9）类似，也可计算平均地震 P 波速度 v_{p}：

算术方程：

$$v_{\mathrm{p}} = \sum_{i=1}^{N} p_i v_i \tag{7.10a}$$

调和方程：

$$v_{\mathrm{p}} = \left(\sum_{i=1}^{N} \frac{p_i}{v_i} \right)^{-1} \tag{7.10b}$$

几何方程：

$$v_{\mathrm{p}} = \prod_{i=1}^{N} v_i^{p_i} \tag{7.10c}$$

式中：v_i 为第 i 种矿物的 P 波速度。

由调和平均方程可以导出完全饱和的多孔介质的 P 波速度为

$$v_{\mathrm{p}} = \left(\frac{1-\phi}{v_{\mathrm{s}}} + \frac{\phi}{v_{\mathrm{w}}} \right)^{-1}$$

式中：v_{w} 为波在流体中的速度；v_{s} 为波在骨架中的 P 波速度。

对于压实的砂体，其表达式为

$$v_{\mathrm{p}} = (1-\phi)^2 v_{\mathrm{s}} + \phi v_{\mathrm{w}} \tag{7.11}$$

式（7.11）称为 Raymer 方程，它建立了地震波速度与孔隙度的简洁关系。与式（7.8）比较可以看出，地震波速度与孔隙度的关系和地层电导率与孔隙度的关系形式上非常相近，电阻率具有更复杂的指数关系，与地层的岩性和压实度相关。

孔隙度是建立电导率与地震速度交互关系式的基本参数。在电磁数据的反演中融合地震信息的途径之一，是由地震资料根据式（7.11）得到孔隙度的估计，并直接用于地层电导率的响应方程式（7.8）中。

有多种可能的途径建立参数的交互关系式，这里给出的只是一个例子。可以应用不同的混合理论来获得电磁参数和地震波参数，并对不同的理论表达式进行组合。但可能某种组合仅适用于某种特定的地区、特定的岩性，所以进行实验室模拟测量对于检验模型及数据的可靠性是非常重要的。

7.3 多物理场联合约束反演模型

7.3.1 交叉梯度联合约束反演模型

Gallardo 和 Meju[4]于 2003 年在进行直流电测深和地震数据的联合反演时,基于电性与地震波速度剖面具有空间结构相似性的假设,首次提出了交叉梯度耦合方法,通过在联合反演的目标函数中引入交叉梯度函数实现构造约束,取得了良好的效果,为解决不同类型物理场的联合反演问题提供了新的思路。这种方法无需预先给出联合反演参数间的显式解析关系式,也无需对模型做各类假设,是一种比较灵活、具有普适性的方法。近年来一些学者沿用这一方法进行了各类地球物理数据的联合反演研究,也都取得了良好的应用效果。

1. 交叉梯度

建立交叉梯度耦合泛函是利用几何约束的一个简单办法,所谓交叉梯度就是两种模型参数梯度的矢量积(叉积)。交叉梯度函数(或向量)$\boldsymbol{\Psi}$ 定义为

$$\boldsymbol{\Psi}(x,y,z) = \nabla \boldsymbol{m}_1(x,y,z) \times \nabla \boldsymbol{m}_1(x,y,z) \tag{7.12}$$

式中:$\boldsymbol{m}_1$ 和 $\boldsymbol{m}_2$ 分别为两个不同的物理参数向量,如在应用地震构造信息约束电阻率参数的反演中,$\boldsymbol{m}_1$ 可以是待求的模型参数即电阻率,$\boldsymbol{m}_2$ 可以是已知结构的地震波速度;∇ 是求取梯度的运算符。式(7.12)是关于物性参数的二阶非线性方程,不存在不连续点或奇异点。

展开式(7.12),可得交叉梯度函数的三个分量分别为

$$\boldsymbol{\Psi}_x = \frac{\partial \boldsymbol{m}_1}{\partial y}\frac{\partial \boldsymbol{m}_2}{\partial z} - \frac{\partial \boldsymbol{m}_1}{\partial z}\frac{\partial \boldsymbol{m}_2}{\partial y} \tag{7.13a}$$

$$\boldsymbol{\Psi}_y = \frac{\partial \boldsymbol{m}_1}{\partial z}\frac{\partial \boldsymbol{m}_2}{\partial x} - \frac{\partial \boldsymbol{m}_1}{\partial x}\frac{\partial \boldsymbol{m}_2}{\partial z} \tag{7.13b}$$

$$\boldsymbol{\Psi}_z = \frac{\partial \boldsymbol{m}_1}{\partial x}\frac{\partial \boldsymbol{m}_2}{\partial y} - \frac{\partial \boldsymbol{m}_1}{\partial y}\frac{\partial \boldsymbol{m}_2}{\partial x} \tag{7.13c}$$

从数学的角度上看,如果两个向量平行,那么这两个向量的矢量积结果等于零。利用这一点可以得出交叉梯度用于地球物理联合反演的理论基础:当参与联合反演的两种参数的变化方向平行时,或者其中一种参数不发生变化(梯度为零)时,它们的交叉梯度函数为零;只有当两种参数都发生变化,且变化的方向不同,才有交叉梯度不为零。对于二维的情况,若参数在某一空间方向上没有梯度变化,则交叉梯度只可能有一个分量。

图 7.3 给出了一组模拟的模型参数分布模型,图 7.3(a)模拟的是电阻率参数的分布,图 7.3(b)模拟的是地震波的 P 波速度分布。模型的结构一致,但其参数的值及空间分布的特征不同。背景电阻率值沿 z 的负方向增加,在 x 方向没有变化;背景 P 波速度值沿 x 方向增加,在 z 方向没有变化。模型中间设计了一个异常体,异常体的两个参数不仅值不同,变化的趋势或梯度的方向也不同。

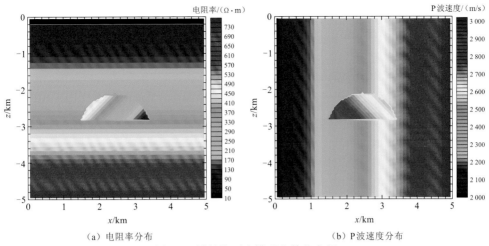

（a）电阻率分布 （b）P波速度分布

图 7.3 模拟的两个模型参数分布图

由离散差分计算的梯度分布示于图 7.4 中，其中图 7.4（a）和（b）分别是电阻率和速度参数的 x 方向的梯度，图 7.4（c）和（d）分别是电阻率和速度参数的 z 方向的梯度。

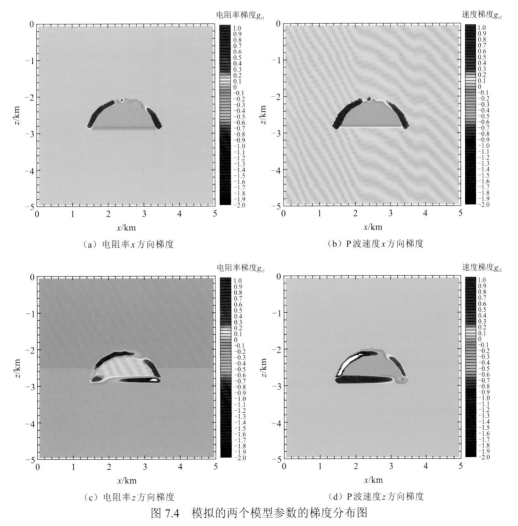

（a）电阻率 x 方向梯度 （b）P波速度 x 方向梯度

（c）电阻率 z 方向梯度 （d）P波速度 z 方向梯度

图 7.4 模拟的两个模型参数的梯度分布图

从图中可以看出：电阻率 x 方向的梯度背景值为零，z 方向的梯度背景值为小的负值；P波速度 x 方向的梯度背景值为小的正值，z 方向的梯度背景值为零。由于异常体是突变边界，异常体的边界处具有两个方向上梯度的最大/最小值，异常体内两个参数的两个方向梯度分量均有相对小的值均匀分布。

图 7.5 所示为由图 7.4 所示各参数的梯度分量获得的交叉梯度分布，由于模型是二维的，所以交叉梯度只有 y 方向的分量。由于两个参数的背景梯度有一个方向的分量为零，所以交叉梯度的背景值也为零。而对于异常体，边界仍然具有交叉梯度的极值；在异常体内部，由于两个参数的变化方向有异，产生了一个相对较大的交叉梯度值（约-0.1）。由此可见：当两个参数变化的方向相同、相反或者其中之一不变时，两者的交叉梯度值为零，对反演的目标函数贡献为零，即对模型参数的修正没有约束作用；只有当两个模型参数的变化方向不同时，产生的交叉梯度对目标函数的贡献会使模型参数的修正量减小，进而起到罚函数（或约束）的作用。

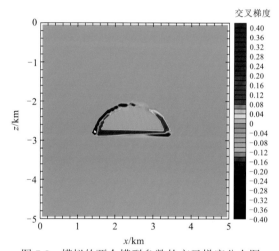

图 7.5　模拟的两个模型参数的交叉梯度分布图

2. 反演实现

基于结构相似性建立的交叉梯度函数为有效地进行电磁资料与地震资料的联合或约束反演提供了可能的解决方案。如果在电磁资料的反演过程中，仅利用由地震资料确定的构造参数（如速度）信息作为先验信息实现对电性构造的约束，则属于约束反演。在式（6.78）所示的电磁资料反演目标函数的基础上，引入交叉梯度项作为误差函数的罚函数，目标函数可以表示为如下更通用的形式：

$$\phi_1(\boldsymbol{m}_1^k, \boldsymbol{m}_2) = \phi_{d1}(\boldsymbol{m}_1^k) + \beta_1 \phi_{m1}(\boldsymbol{m}_1^k) + \lambda_1 \phi_{g1}(\boldsymbol{m}_1^k, \boldsymbol{m}_2) \qquad (7.14)$$

式中：k 表示迭代次数；$\boldsymbol{m}_1$ 是反演待求的模型参数（电阻率）向量，每次迭代都会有改变；$\boldsymbol{m}_2$ 是构造空间分布的先验参数（地震波速度）向量，在整个反演过程中不改变。数据误差项可表示为

$$\phi_{d1}(\boldsymbol{m}_1) = [\boldsymbol{d}_{o1} - \boldsymbol{d}(\boldsymbol{m}_1)]^{\mathrm{T}} \boldsymbol{C}_{d1}^{-1} [\boldsymbol{d}_{o1} - \boldsymbol{d}(\boldsymbol{m}_1)] \qquad (7.15a)$$

式中：$\boldsymbol{d}_{o1}$ 为观测响应，$\boldsymbol{d}(\boldsymbol{m}_1)$ 为计算响应；$\boldsymbol{C}_{d1}$ 为数据协方差矩阵。模型误差项可表示为

$$\phi_{\mathrm{m1}}(\boldsymbol{m}_1) = (\boldsymbol{m}_1 - \boldsymbol{m}_0)^{\mathrm{T}} \boldsymbol{C}_{\mathrm{m1}}^{-1}(\boldsymbol{m}_1 - \boldsymbol{m}_0) + \eta_1 (\boldsymbol{m}_1^k)^{\mathrm{T}} \boldsymbol{W}_{\mathrm{m}}^{\mathrm{T}} \boldsymbol{W}_{\mathrm{m}} \boldsymbol{m}_1 \qquad (7.15b)$$

式中：$\boldsymbol{m}_0$ 为模型的先验参数；$\boldsymbol{C}_{\mathrm{m1}}$ 为模型协方差矩阵；$\boldsymbol{W}_{\mathrm{m}}$ 为模型平滑算子；交叉梯度项可表示为

$$\phi_{\mathrm{g1}}(\boldsymbol{m}_1^k, \boldsymbol{m}_2) = \boldsymbol{W}_{\mathrm{g1}} \boldsymbol{\Psi}(\boldsymbol{m}_1^k, \boldsymbol{m}_2) \qquad (7.15c)$$

式中：$\boldsymbol{\Psi}(\boldsymbol{m}_1, \boldsymbol{m}_2)$ 为两个参数的交叉梯度，约束反演中 $\boldsymbol{m}_2$ 的梯度是先验信息，每次迭代更新 $\boldsymbol{m}_1$ 后交叉梯度也要改变；$\boldsymbol{W}_{\mathrm{g1}}$ 为交叉梯度项的加权矩阵；β、η 和 λ 分别为模型误差和交叉梯度的正则化因子或加权系数，用于平衡各部分误差在目标函数中的权重。

在实际应用中，特别是 3D 反演时，获得整个模型空间精细的地震构造信息也是一项繁难的工作，所以通常是选择一条或数条已知的地震剖面得到二维的梯度信息，而假定垂直于剖面的构造无限延伸，这时交叉梯度也只有垂直于剖面的分量。基于式（7.14）的约束反演具有如下特点：①反演计算量少许增加，易于实现；②可以发挥地震构造分辨率高的优势，弥补电阻率反演分辨率的不足；③通过调整加权系数可以改变约束程度，避免因两种物理场反映的构造不完全对应可能导致的反演结果误导。在地震剖面能给出确定性的构造信息时，这种约束反演是有效提高电磁勘探成像分辨率的优选方法。

在不构建电磁响应与地震数据显式耦合关系的情况下，也可以考虑分别进行电磁资料的反演和地震资料的反演，由各自的误差函数计算各自参数的修正量，再通过交叉梯度项建立两种不同参数空间分布结构的耦合，实现联合反演。设电磁资料反演的目标函数如式（7.14）所示，但这时参数 $\boldsymbol{m}_2$ 是地震资料前一次反演的结果。对于地震资料的反演，目标函数可以表示为

$$\phi_2(\boldsymbol{m}_1^k, \boldsymbol{m}_2^k) = \phi_{\mathrm{d2}}(\boldsymbol{m}_2^k) + \beta_2 \phi_{\mathrm{m2}}(\boldsymbol{m}_2^k) + \lambda_2 \phi_{\mathrm{g2}}(\boldsymbol{m}_1^k, \boldsymbol{m}_2^k) \qquad (7.16)$$

式中：各参数的意义如式（7.15）中所描述。联合反演时基于电磁资料的反演和基于地震资料的反演交替进行，在前一次参数更新的基础上得到新的交叉梯度。这种联合反演具有如下特点：①实现难度大，所需计算时间大于电磁和地震分别反演所需的时间之和；②由于电磁和地震具有不同的分辨能力，可能需要分别设置参数模型，这样每次计算交叉梯度时都需要进行参数模型的映射。

考虑由式（7.14）和式（7.16）建立联合的目标函数，对同一模型的不同参数同时进行迭代更新也是一种可供选择的联合反演方案。联合目标函数可表示为

$$\phi(\boldsymbol{m}_1^k, \boldsymbol{m}_2^k) = \alpha_1 \phi_{\mathrm{d1}}(\boldsymbol{m}_1^k) + \alpha_2 \phi_{\mathrm{d2}}(\boldsymbol{m}_2^k) + \beta_1 \phi_{\mathrm{m1}}(\boldsymbol{m}_1^k) + \beta_2 \phi_{\mathrm{m2}}(\boldsymbol{m}_2^k) + \lambda \phi_{\mathrm{g}}(\boldsymbol{m}_1^k, \boldsymbol{m}_2^k) \qquad (7.17)$$

式中：α_1 和 α_2 为新引入的加权因子，主要是平衡两种不同类型观测响应对总目标函数的贡献。在实际应用中，这种方案比交替反演的联合方案更难实现：首先反演参数增加一倍会大大增加反演中的梯度或 Hessian 矩阵计算的困难；其次采用同一结构的模型不能充分发挥地震资料的分辨率优势；最后电磁响应和电阻率参数与地震响应和地震波速度参数上的量级差异也会使数据、模型和梯度项的加权因子的优化选择更加困难。

无论是联合反演还是约束反演，基于交叉梯度函数的结构相似性约束的效果主要取决于加权系数矩阵 $\boldsymbol{W}_{\mathrm{g}}$ 的选取，如果选取的值过大将会降低反演的分辨能力，如果过小又会减弱交叉梯度的约束作用，且很难预先给定一个有效的经验值。根据数值试验，Hu 等提出了一种自适应确定 $\boldsymbol{W}_{\mathrm{g}}$ 值的建议方案[5]：

$$W_{g1} = \frac{\phi_{m_1}(\boldsymbol{m}_1^k)}{\boldsymbol{\varPsi}(\boldsymbol{m}_1^k, \boldsymbol{m}_2) + \delta} \tag{7.18a}$$

$$W_{g2} = \frac{\phi_{m_2}(\boldsymbol{m}_2^k)}{\boldsymbol{\varPsi}(\boldsymbol{m}_1, \boldsymbol{m}_2^k) + \delta} \tag{7.18b}$$

式中：δ 为一个小常数，以保证分母不为零。

7.3.2 模糊 C 均值聚类约束反演模型

将物理或抽象对象的集合分组成为由类似对象组成的多个类的过程称为聚类。聚类分析是多元统计分析的一种，它把一个没有类别标记的样本集按某种准则划分成若干个子集（类），使相似的样本尽可能归为一类，而不相似的样本尽量划分到不同的类中。传统的聚类分析是一种硬划分，它把每个待辨识的对象严格地划分到某类中，具有非此即彼的性质，因此这种类别划分的界限是分明的。而实际上很多对象并没有严格的属性，它们的性态和类属方面存在着中介性，具有亦此亦彼的性质，因此适合进行软划分。用模糊数学的方法来处理聚类问题，称为模糊聚类分析。模糊聚类得到了样本属于各个类别的不确定性程度，表达了样本类属的中介性，能更客观地表征现实世界，从而成为聚类分析的主流方法。

1. 模糊 C 均值聚类算法

模糊 C 均值聚类是基于目标函数优化确定每个样本点属于某个聚类的隶属度的一种聚类分析方法。设有一个 M 个元素的待分类样本集为 $\boldsymbol{m} = \{m_1, m_2, \cdots, m_M\}$，如果要将样本集 $\boldsymbol{m}$ 划分为 N 个类别，那么 M 个样本分别隶属于 N 个类别的隶属度矩阵记为 $\boldsymbol{u} = [u_{ik}]_{N \times M}$，$\boldsymbol{u}$ 亦称为模糊划分矩阵，其中 $u_{ik}(1 \leqslant i \leqslant N, 1 \leqslant k \leqslant M)$ 表示第 k 个样本 m_k 隶属于第 i 个类别的隶属度。u_{ik} 应满足以下两个约束条件：

$$0 \leqslant u_{ik} \leqslant 1, \quad 1 \leqslant i \leqslant N, 1 \leqslant k \leqslant M \tag{7.19a}$$

$$\sum_{i=1}^{N} u_{ik} = 1, \quad 1 \leqslant k \leqslant M \tag{7.19b}$$

式（7.19a）给出了隶属度的取值范围，即每个样本点隶属于各个类的隶属度是[0, 1]中的值。

Bezdek 给出的模糊 C 均值聚类分析的目标函数为[6]

$$\phi_C = \sum_{k=1}^{M} \sum_{i=1}^{N} u_{ik}^q d_{ik}^2 \tag{7.20}$$

式中：q 为模糊加权（或平滑）系数，满足 $q \geqslant 1.0$，用来控制分类矩阵 $\boldsymbol{u}$ 的模糊程度；d_{ik} 为第 k 个数据点 m_k 与第 i 个聚类中心 v_i 的欧几里得距离，定义为 $d_{ik} = \| m_k - v_i \|$。

模糊 C 均值聚类算法就是通过极小化目标函数 ϕ_C 获得分类中心点向量 $\boldsymbol{v} = \{v_1, v_2, \cdots, v_N\}$ 及表征各样本隶属度的模糊分类矩阵 $\boldsymbol{u}$。聚类中心表示的是每个类的平均特征，可以认为是每个类的代表点，可以按照最大隶属原则通过 $\boldsymbol{u}$ 的元素值确定各样本归属的类别。

2. 反演实现

由于矩阵 u 的各列是相互独立的,可以在式(7.20)所示的目标函数中引入式(7.19b)的约束条件,构造新的目标函数为

$$\phi_C = \sum_{k=1}^{M}\sum_{i=1}^{N} u_{ik}^q d_{ik}^2 + \sum_{k=1}^{M} \gamma_k \left(\sum_{i=1}^{N} u_{ik} - 1 \right) \tag{7.21}$$

式中:$\gamma_k = (\gamma_1, \gamma_2, \cdots, \gamma_N)$ 是各约束式的拉格朗日乘子。

欲极小化 ϕ_C,令其对各参数的导数为零,可以推得

$$u_{ik} = \frac{1}{\displaystyle\sum_{j=1}^{N} \left(\frac{d_{ik}}{d_{jk}} \right)^{2/(q-1)}} \tag{7.22a}$$

$$v_i = \frac{\displaystyle\sum_{k=1}^{M} u_{ik}^q m_k}{\displaystyle\sum_{k=1}^{M} u_{ik}^q} \tag{7.22b}$$

反演中通过式(7.22)迭代更新聚类中心和隶属度值,直到满足收敛条件。反演步骤如下。

(1)用[0, 1]随机数初始化模糊划分矩阵 u,并使其满足式(7.19b)的约束条件。

(2)根据式(7.22b)计算聚类中心向量 $v = \{v_1, v_2, \cdots, v_N\}$。

(3)根据式(7.20)计算目标函数。如果其值小于设定的收敛阈值,或与前一次计算的目标函数值相比变化量小于某个阈值,则迭代中止。

(4)否则根据式(7.22a)计算新的 u 矩阵,返回步骤(2);重复迭代,直到满足收敛条件为止。

计算目标函数的值时仍采用了式(7.20),这是因为在推导式(7.22a)和式(7.22b)时用的是式(7.21),得到的结果已满足式(7.19b)的约束条件。上述步骤中,也可以先初始化聚类中心 v,然后再执行迭代过程。控制模糊 C 均值聚类算法效果的一个重要参数是模糊系数 $q(q \geq 1.0)$。如果 $q = 1.0$,得到的是边界清晰的硬分类,即每个参数只能归属于一个类别。相反,模糊聚类允许每个参数可以归属于不同隶属度的多个类。如果 $q \to \infty$,将得到一个非常模糊的分类,分类效果很差。在实际应用中,一般认为 $q = 2.0$ 是两种极端情况之间的一个不错的平衡点。

从前面的讨论知,在电磁资料的反演过程中,利用地震勘探资料获取地层结构的先验信息,并通过基于结构相似性的交叉梯度约束可以大大提高电磁资料反演的电性成像分辨能力。为了进一步提升电磁资料反演的效果,或直接应用电磁资料反演储层的物性参数,在反演中综合利用多种类型的各种反应储层参数和流体特性的先验信息进行约束至关重要。这些先验信息可以是地层时代、构造及沉积相特征等地质统计信息,或是油藏工程中获得的储层岩性、物性参数和流体信息,或是实验室岩石物理参数测量结果及各类测井信息等。这类信息的主要特点是:①基于统计分析,取值范围分散;②一孔或数孔之见,空间分布局限;③参数值与类别界限模糊,甚至有交叉;④不同类型参数的类别界限不对应。基于模糊 C 均值聚类算法为这类信息的引入和应用提供了有效的解决

方案。

以应用岩石物理参数的约束反演为例，在式（7.14）的基础上，引入模糊 C 均值聚类约束，目标函数可表示为

$$\phi(\boldsymbol{m}_1^k, \boldsymbol{m}_2) = \phi_d(\boldsymbol{m}_1^k) + \beta\phi_m(\boldsymbol{m}_1^k) + \lambda_g\phi_g(\boldsymbol{m}_1^k, \boldsymbol{m}_2) + \lambda_C\phi_C(\boldsymbol{m}_1^k, \boldsymbol{v}) \qquad （7.23）$$

式中：λ_C 是模糊 C 均值聚类聚类项的加权因子，ϕ_C 项是由式（7.20）定义的目标函数。

在这类约束反演中，有两种方案可供选择。第一种方案是只给定分类个数 N 和模糊系数 q，在模型参数的迭代优化过程中也获得各聚类中心点和各参数隶属度的最佳估计。这种反演实质上只对模型参数进行了模糊分类，而没有真正应用到先验信息的约束。第二种方案是根据可用的岩石物理信息分析与待求模型参数的相关性、敏感性等，确定岩石物理信息的分类个数 N；应用常用的统计分析方法由测井和岩石物理测试等资料获得聚类中心点的特征值 $\boldsymbol{v}$。N 和 $\boldsymbol{v}$ 作为先验信息，在反演过程中不更新，但模型参数 $\boldsymbol{m}_k$ 改变后，与聚类中心的距离改变，隶属度改变。反演优化的过程会使得模型参数朝 ϕ_C 减小的方向改变，以达到岩石物理信息约束模型参数变化的目的。这种约束反演中，聚类个数和聚类中心的确定对反演结果具有重要的影响。

7.4 合成数据的反演测试

为了检验约束反演的效果，设计一个井间存在有高速和低速简单异常体的模型如图 7.6（a）所示，两口井分别位于模型的两侧。图 7.6（b）和图 7.6（c）分别给出了模拟井间地震的无约束反演、平滑约束反演和两口井的测井曲线约束反演的结果。从图 7.6（b）可以看出，对于无约束反演，尽管对两个异常体的位置和基本轮廓有较好的分辨，但背景介质和异常体的速度值与真实模型存在较大差异。图 7.6（c）所示的平滑约束反演结果显示，背景和异常体的速度值都有少许改进，但异常体的边界开始变得有些模糊。图 7.6（d）是由两口井的测井资料约束反演的结果，可见背景的速度值及异常体位置/速度值均得到了较好的重建，尽管井孔没有穿过两个异常体，测井信息约束的有效性得到了很好体现。

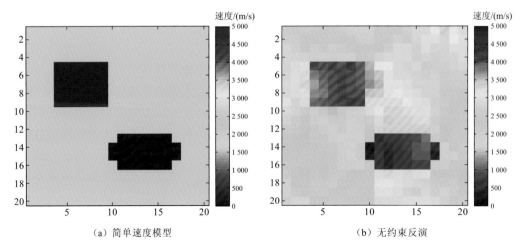

（a）简单速度模型   （b）无约束反演

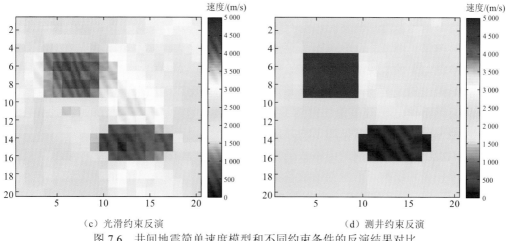

（c）光滑约束反演　　　　　　　　　　　　（d）测井约束反演

图 7.6　井间地震简单速度模型和不同约束条件的反演结果对比

　　图 7.7（a）给出了井间存在高速和低速复杂异常体的模型，包括具有复杂几何形状的低速异常体、不同宽度的两条（低速）倾斜裂缝及两个小尺度的高速异常体。图 7.7（b）展示的是无约束的反演结果。由图中可以看出，对于无约束反演，尽管对复杂形态的低

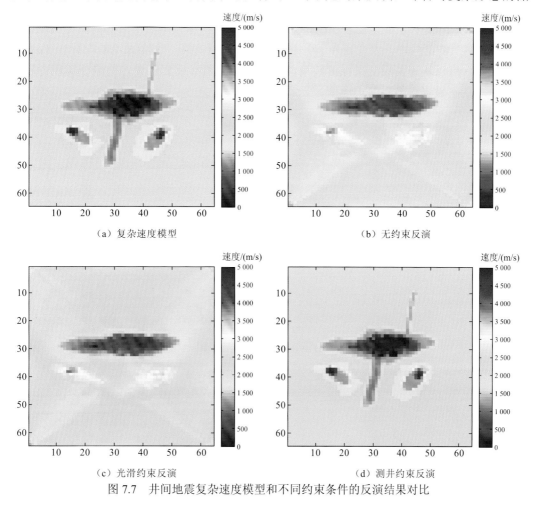

（a）复杂速度模型　　　　　　　　　　　　（b）无约束反演

（c）光滑约束反演　　　　　　　　　　　　（d）测井约束反演

图 7.7　井间地震复杂速度模型和不同约束条件的反演结果对比

· 183 ·

速异常体和两个高速小异常体的位置和基本轮廓有一定程度的分辨，但低速异常体的速度值和背景介质的速度值与实际模型有较大差异，且低速异常体上下的两个倾斜小断层基本不能被辨识。图 7.7（c）所示为平滑约束反演的结果，从中可以看出模型参数和结构的分辨特征与无约束反演的结果基本一致，但背景介质和异常体的速度值有少许改善。图 7.7（d）给出的是利用两口井的测井资料进行约束反演的结果，由图可见，背景的速度值和所有异常体位置/速度值均得到了较好的重建，尤其是两个小尺度的倾斜断层此时也能很好地分辨出来，再次证明了测井信息约束可以提高反演的分辨能力。

图 7.8 给出了一组模拟的电磁数据与地震数据联合约束反演的例子，电阻率模型和地震波速度模型共结构，但参数的值各不同，注意图中电阻率剖面的标度值是电阻率的对数值。图 7.8（a）～图 7.8（c）分别为独立反演得到的地震 P 波速度 V_p、S 波速度 V_s 和电阻率参数成像剖面。由图中可以看出，地震波速度剖面具有很高的构造分辨率，而电磁资料单独反演得到的电阻率剖面异常体的形态模糊，参数的分辨能力很差，这也是电磁方法本征特性的反映。图 7.8（d）给出的是由电磁数据和地震数据在联合目标函数的基础上进行的联合反演的结果。由图中可以看出，电阻率剖面的构造分辨率看起来似乎有所提高，但对构造的形态和参数的重建精度仍然较差。图 7.8（e）给出的是在电磁数据的反演中利用由地震波速度剖面得到的构造梯度实现与电阻率参数的交叉梯度约束的反演结果，由图可知，通过交叉梯度的结构相似性约束使地震剖面的构造分辨能力体现在电阻率反演剖面中，大大提升了电阻率反演的应用效果。比较图 7.8（c）～（e）的反演结果，可以认为利用交叉梯度约束能有效弥补电阻率反演结果对构造分辨能力的不足，推荐在电磁资料的反演中应用。

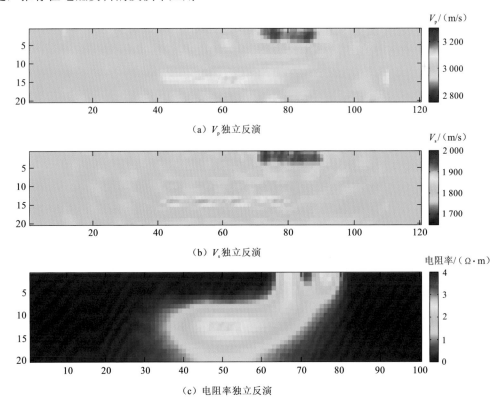

（a）V_p独立反演

（b）V_s独立反演

（c）电阻率独立反演

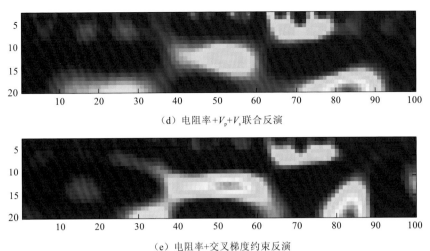

（d）电阻率$+V_p+V_s$联合反演

（e）电阻率+交叉梯度约束反演

图 7.8　地震波速度与电阻率联合约束反演结果

7.5　本 章 小 结

　　为了提升电磁资料的应用效果，可以通过多种途径综合应用多种地质与地球物理信息进行以电磁资料为主导的联合约束反演，获得高分辨率的储层电阻率剖面，用于储层评价和流体识别。

　　（1）通过岩石电性参数和弹性参数的本构关系可以建立基于相同物性参数的岩石电磁响应与地震响应的融合模型，实现不同类型物理场的联合反演或联合约束反演。

　　（2）以结构相似性度量为基础，应用地震资料对地层构造的高分辨率特性，通过交叉梯度约束，将地震响应反映的地层空间分布结构信息融合到电磁资料的反演中，可以获得具有高构造分辨能力的电阻率剖面。

　　（3）先验地质、测井和岩石物理信息可以通过模糊聚类的方法融合到电磁资料的反演中，以获得更接近真值的地层参数估计。

　　（4）要正确认识反演只是一个工具。反演结果是否有效和可用，取决于诸多的因素：①可用的数据及对待求参数的敏感性；②所用模型及反演算法的有效性；③反演控制参数（如正则化因子、加权系数、模糊因子、收敛判据等）的合理性；④对反演结果的评价依据等。

参 考 文 献

[1] VOZOFF K, JUPP D L B. Joint inversion of geophysical data[J]. The Geophys. J. Roy. Astron. Soc., 1975, 42(3): 977-991.

[2] CRAMPIN S, CHESNOKOV E M, HIPKIN R G. Seismic anisotropy-the state of art: II[J]. Geophys. J. Roy. Astron. Soc., 1984, 76: 1-16.

[3] WAFF S. Theoretical considerations of electrical conductivity in a partially molten and implications for geothermometry[J]. J. Geophys. Res., 1974, 79: 4003-4010.

[4] GALLARDO L A, MEJU M A. Characterization of heterogeneous near surface materials by joint 2D inversion of DC resistivity and seismic data[J]. Geophysical Research Letters, 2003, 30(13): 1658-1661.

[5] HU W Y, ABUBAKAR A, HABASHY T M. Joint electromagnetic and seismic inversion using structural constrains[J]. Geophysics, 2009, 74(6): 99-109.

[6] BEZDEK J C. Pattern recognition with fuzzy objective function algorithms[M]. New York: Plenum Press, 1981.

第8章　四维可控源电磁法

8.1　注采油藏的电性变化特征

油气储层生产动态监测是油藏高效开发和优化管理的有效手段。目前油气工业界常用的油气储层动态监测方法有时移地震、四维重力、时延测井和井间示踪剂等。其中，时移地震监测是基于油气开发过程中储层的弹性和物性参数的综合变化引起的地震波场变化来监测油水界面等的变化[1-5]；四维重力监测是基于油水、气水或油气与水的密度差引起的重力异常实现油水界面等变化的监测[6-8]；时延测井监测，目前主要为时延电阻率测井，它主要依据被监测储层中含水饱和度变化引起的电阻率变化监测油水界面等变化[9-13]；井间示踪剂监测利用注入流体中的放射性物质随储层中开发流体的扩散和运移产生的放射性强度的变化监测储层中注入水或油气的推进变化，实现动态监测。事实上，油藏开发过程中，由于油气与水的密度差异，在储层中会产生重力分异，油气处于水面之上，特殊情况下也会形成一定高度的油水过渡带。随着开发的持续推进，油气与水的接触界面会向上抬升，高阻的油柱高度相对变小，导致油藏高阻区域变薄和/或变小，整体电阻降低。利用不同时间段实施的四维电磁测量可以探测储层电阻率变化引起的电磁响应异常，继而通过电阻率反演成像等方法估计储层电阻率变化，推断储层含水饱和度及油气水接触界面的变化，实现油藏的生产动态监测，实时了解油层的开发状况，指导油藏优化开发。

8.1.1　水驱

注水开发是大多数油气田在勘探开发中后期需要采取的提高采收率的有效措施之一，简称水驱。水驱油气过程中，由于注入水矿化度与原始地层水矿化度不同，以及不导电的油气被良导注入水替代，地层混合液的电阻率随含水饱和度变化，其变化规律对于油田水淹规律的掌握、水淹级别的评价和剩余油饱和度估计具有十分重要的意义。注水开发过程中，注入水与原状地层水的相互混溶导致地层水淹后混合液电阻率发生变化，其影响主要有两大因素，即注入水矿化度与原始地层水矿化度的不同及注入水引起含水饱和度上升[14]。目前，对于水驱油气储层的地层电阻率变化规律的认识主要有实验测试和数值模拟两类方法[15-16]。实验测试最为直观，它采用岩心驱替试验模拟地层水驱过程，分析地层电阻率、地层混合液电阻率、产水率等参数与含水饱和度之间的关系，配合适当的数值模拟方法，能较好地获取水驱油气储层的地层电阻率变化规律。

1. 水淹层电阻率变化的实验规律

为了研究不同矿化度的注入水对油层导电性的影响及注水驱替过程中储层相关岩

石物理参数的变化趋势，通常需要以岩心的注水实验为手段进行分析。下边给出的测试数据是以西北某油田的某密闭取心井岩心为实验对象，在模拟储层温度（109 ℃）和压力（27 MPa）条件下，进行不同矿化度的水驱油实验得到的电阻率变化规律，岩心样本岩心和物性参数见表 8.1。

表 8.1 岩心样本岩性、物性参数与实验条件[15]

实验项目/条件	样品编号	深度/m	孔隙度/%	渗透率/mD	岩性
不同矿化度的水驱油电阻率变化规律实验：岩心饱和水矿化度 15 638 mg/L；驱替水矿化度 75 000 mg/L、45 000 mg/L、15 638 mg/L、10 000 mg/L、5 000 mg/L	1	2 742.50	19.30	63.20	细砂岩
	2	2 746.20	17.80	12.20	细砂岩
	3	2 747.62	20.50	282.00	细砂岩
	4	2 751.39	18.10	84.30	细砂岩

水驱油电阻率变化规律实验的过程如下：第一，岩样洗油、洗盐后烘干并测量孔隙度和渗透率；第二，在地层温度压力条件下对岩心抽真空后饱和地层水持续 24 h 以上；第三，用预案油缓慢驱替岩心至含水饱和度不再降低的束缚水状态，并记录不同含水饱和度时岩样的电阻率；第四，以矿化度由高到低的顺序用不同矿化度的盐水缓慢驱替原油，直到岩样出口端不再出油为止，并记录不同含水饱和度对应的岩样电阻率，对同一样品重复以上四个步骤，直到完成表 8.1 设置的 5 种矿化度的水驱实验完成为止。

模拟油气藏开发过程中淡水注入模式，当注入水为淡水时地层电阻率变化形态相对较为复杂[图 8.1（a）]，当 R_{wj}/R_w（注入水电阻率/地层水电阻率）较低时，地层水矿化度是 15 638 mg/L，注入水矿化度为 10 000 mg/L，岩石电阻率-含水饱和度的关系呈"L"形曲线形态变化，如图 8.1（a）中绿色和黑色实线的数据，随着注入水矿化度变低，变成 5 000 mg/L 时，即 R_{wj}/R_w 较高时，岩石电阻率-含水饱和度的关系变成"U"形曲线形态，即在注入过程中地层电阻率出现拐点[16]。淡水水驱时，地层电阻率变化较为复杂，岩石电阻率的变化主要受到含水饱和度增加与不导电的油气饱和度受驱替减小两方面因素的影响，使得地层电阻率降低；另外，淡水注入将不断稀释地层水，混合液电阻率逐渐升高，使得地层电阻率升高[17-18]。

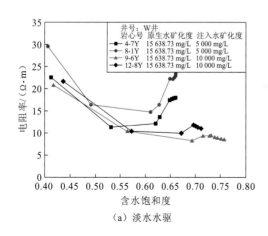

（a）淡水水驱

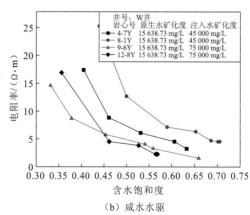

（b）咸水水驱

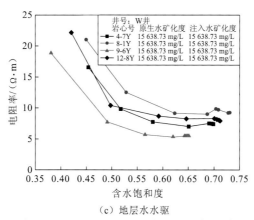

（c）地层水水驱

图8.1 不同矿化度水水驱时岩石电阻率与含水饱和度关系曲线（据文献[15]）

当注入水矿化度大于等于地层水矿化度时，即咸水水驱模式[图8.1（b）]，模拟海上油气藏开发过程中采用海水注入的开发模式，岩石电阻率随含水饱和度增大单调递减，最终混合液矿化度接近于注入水矿化度。当注入水矿化度完全等于地层水矿化度时，即地层水水驱模式[图8.1（c）]，模拟油气藏开发过程中采用天然水驱开发模式，岩石电阻率随含水饱和度增大单调递减，直到驱替至残余油状态，岩石电阻率不再变化，此时，岩石中的混合液矿化度一直等于注入水矿化度。

2. 水驱储层动态导电模型与水淹层电阻率数值模拟

对储层实施水驱后，注入水和地层水由于矿化度差异会发生离子交换，但储层孔隙结构复杂性致使注入水与油层地层水并不能充分均匀混合，而是随着水淹程度的提高逐步发生混合，如图8.2所示[14-15]。当储层未水淹时[图8.2（a）]，孔隙中所有水均为束缚状态，其矿化度为原始地层水矿化度，储层电阻率可以描述为毛管束缚水和泥质并联导电。当处于储层水淹初期时[图8.2（b）]，注入水驱替部分可动油并与部分毛管束缚水发生离子交换。储层处于水淹当前时刻时[图8.2（c）]，与水淹初期相比，由于水淹程度增加，孔隙中剩余油体积变少，剩余毛管束缚水体积变少，且混合液体积变大，矿化度更加接近于注入水矿化度。

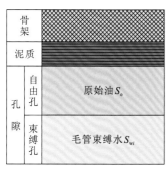
（a）未水淹

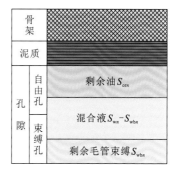
（b）水淹初期　　（c）水淹当前时刻

图8.2 水淹过程中岩石等效体积模型[据文献[15]修改]

综上所述，在水淹过程中毛管束缚水体积是一种动态的变化量，随着水淹程度逐步提高，未被混合的毛管束缚水体积逐步减小，因此水淹某时刻的泥质砂岩导电模型为

$$\frac{S_{\mathrm{w}}}{R_{\mathrm{ew}}} = \frac{S_{\mathrm{wb}}}{R_{\mathrm{w}}} + \frac{S_{\mathrm{w}} - S_{\mathrm{wb}} - cV_{\mathrm{sh}}}{R_{\mathrm{m}}} + \frac{cV_{\mathrm{sh}}}{R_{\mathrm{sh}}} \tag{8.1}$$

式中：S_{w} 为储层水淹某时刻的总含水饱和度；S_{wb} 为剩余毛管束缚水饱和度；S_{w1} 和 $S_{\mathrm{w}n}$ 分别为水淹初始时刻 t_1 和水淹当前时刻 t_n 的混合液饱和度；V_{sh} 为储层泥质含量；c 为湿黏土比例，无因次，一般取 0.15～0.2；R_{w} 为地层水电阻率；R_{m} 为混合液电阻率；R_{sh} 为黏土水电阻率；R_{ew} 为储层水淹某时刻的等效水电阻率。

这种动态混合导电模型是依据水驱过程中地层水矿化度与饱和度随时间变化简化得到的，具有实验和理论依据，但是在实际中应用有很大难度，因为式（8.1）中尽管 R_{w}、V_{sh}、R_{sh} 及 c 可通过测井数据或化验测试求取，但 R_{m}、S_{wb} 和 R_{ew} 在水淹过程中均是动态变化量，且相互关联，这时必须引入其他的反映水驱过程混合液电阻率或者矿化度变化的方程。

根据上述需求，需要建立反映水驱过程混合液电阻率或者矿化度变化的动态混合变倍数物质平衡方程。实际上，对于单位体积储层，在某个水淹时刻（含水饱和度为 S_{w} 时），产出油量可以用 $\phi(S_{\mathrm{w}} - S_{\mathrm{wb}})$ 表示，当油层见水之后，由于油水同出，所以注入水量会大于产出油量，假设注入水量是产出油量的 k 倍，则注入水量为 $k\phi(S_{\mathrm{w}} - S_{\mathrm{wb}})$，$k=1$ 代表储层只产纯油，$k>1$ 时表示储层油水同出。此时储层产水量为注入水量 $k\phi(S_{\mathrm{w}} - S_{\mathrm{wb}})$ 减去产油量 $\phi(S_{\mathrm{w}} - S_{\mathrm{wb}})$，即为 $(k-1)\phi(S_{\mathrm{w}} - S_{\mathrm{wb}})$，具体模型示意图见图 8.3，根据含水率的定义，可得到含水率的定义式为

$$F_{\mathrm{w}} = \frac{Q_{\mathrm{w}}}{Q_{\mathrm{o}} + Q_{\mathrm{w}}} = \frac{(k-1)\phi(S_{\mathrm{w}} - S_{\mathrm{wb}})}{k\phi(S_{\mathrm{w}} - S_{\mathrm{wb}})} = \frac{k-1}{k} \tag{8.2}$$

式中：F_{w} 为含水率（%）；Q_{w} 为产水总液量；Q_{o} 为产油总液量；S_{wb} 为油层原始毛管束缚水饱和度，S_{w} 为某时刻当前含水饱和度。

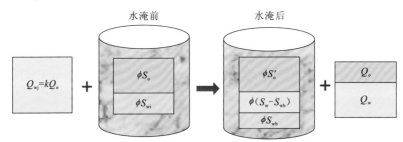

图 8.3　水淹前后流体体积模型［据文献 15 修改］

设注入水矿化度为 P_{j}，地层水矿化度为 P_{w}，则混合液矿化度 P_{m} 为

$$\begin{aligned} k\phi(S_{\mathrm{w}} - S_{\mathrm{wi}})P_{\mathrm{j}} + \phi(S_{\mathrm{wi}} - S_{\mathrm{wb}})P_{\mathrm{w}} + \phi S_{\mathrm{wb}}P_{\mathrm{w}} \\ = [k\phi(S_{\mathrm{w}} - S_{\mathrm{wi}}) + \phi(S_{\mathrm{wi}} - S_{\mathrm{wb}})]P_{\mathrm{m}} + \phi S_{\mathrm{wb}}P_{\mathrm{w}} \end{aligned} \tag{8.3}$$

将含水率定义式（8.2）代入式（8.3）得到混合液矿化度为

$$P_{\mathrm{m}} = \left[\frac{(S_{\mathrm{w}} - S_{\mathrm{wi}})P_{\mathrm{j}}}{1 - F_{\mathrm{w}}} + (S_{\mathrm{wi}} - S_{\mathrm{wb}})P_{\mathrm{w}} \right] \bigg/ \left[\frac{(S_{\mathrm{w}} - S_{\mathrm{wi}})}{1 - F_{\mathrm{w}}} + (S_{\mathrm{wi}} - S_{\mathrm{wb}}) \right] \tag{8.4}$$

根据混合液矿化度 P_{m} 可计算特定温度下的混合液电阻率 R_{m}。动态混合变倍数物质

平衡方程中建立起了混合液电阻率 R_m 与 S_w、S_{wb} 和 S_{wi} 的关系，但是式（8.1）和式（8.4）计算三个未知数 R_m、S_{wb} 和 R_{ew} 依旧很困难。但是，大量实践表明，阿奇公式（或泥质校正的印度尼西亚公式）依旧适用于水淹后的饱和度计算，只需要得到储层等效水电阻率 R_{ew} 即可。对于淡水水驱研究区饱和度计算公式可采用如下印度尼西亚公式计算：

$$\sqrt{S_w^n} = \frac{1}{\sqrt{R_t}} \left/ \left[\frac{V_{sh}^{1-0.5V_{sh}}}{\sqrt{R_{sh}}} + \sqrt{\frac{\phi^m}{aR_{ew}}} \right] \right. \tag{8.5}$$

式中：R_t 为测井电阻率，$\Omega \cdot m$；a 为阿奇岩性参数；m 为阿奇胶结指数；n 为阿奇饱和度指数。将式（8.1）、式（8.4）和式（8.5）联立得到方程组，再加上三个边界条件：①混合液电阻率 R_m 介于注入水电阻率 R_{wj} 和地层水电阻率 R_w 之间；②动态变量 S_{wb} 介于 0 和原生束缚水饱和度 S_{wi} 之间；③含水饱和度 S_w 介于原生束缚水饱和度 S_{wi} 和 $1-S_{or}$ 之间。通过不断迭代循环直到最后两次的混合液电阻率差值控制在给定误差内，得到测井条件时刻下的最优解。

3. 数值模拟结果与实验结果对比

岩心 A 试验参数如下：地层水矿化度 6.0 g/L，注入水矿化度 0.5 g/L，地层水电阻率 1.276 $\Omega \cdot m$，注入水电阻率 13.526 $\Omega \cdot m$，孔隙度为 0.147 2，a、b、m 和 n 由试验结果分别取 1.0、1.0、1.5 和 1.5。根据上述理论模型，采用数值迭代逼近方法进行数值模拟，其数值模拟与水驱试验得到的地层电阻率及地层水电阻率变化规律如图 8.4 所示。地层电阻率呈 U 形曲线变化，理论模拟与试验得到的拐点含水饱和度都约为 0.52。

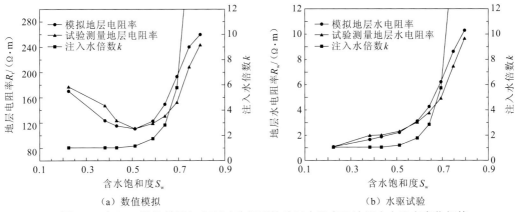

图 8.4 岩心 A 数值模拟与水驱试验得到的地层电阻率及地层水电阻率变化规律

岩心 B 试验参数如下：地层水矿化度 15.0 g/L，注入水矿化度 5.0 g/L，地层水电阻率为 0.387 1 $\Omega \cdot m$，注入水电阻率为 1.082 5 $\Omega \cdot m$，孔隙度为 0.175 5，a、b、m 和 n 由试验结果分别取 1.0、1.0、1.7 和 1.5。理论模拟与水驱试验得到的地层电阻率及地层水电阻率变化规律如图 8.5 所示。图中看到地层电阻率呈 S 形曲线变化，理论模拟与试验得到的拐点含水饱和度都约为 0.55。

由此可见，地层电阻率随含水饱和度变化出现拐点，在拐点饱和度 S_{wg} 之前（即 $S_w < S_{wg}$ 时），地层产水率较低，地层处于弱水淹至中水淹时期，而在拐点饱和度 S_{wg} 之后（即 $S_w > S_{wg}$ 时），地层产水率逐渐快速上升，地层处于强水淹至特强水淹时期。水驱

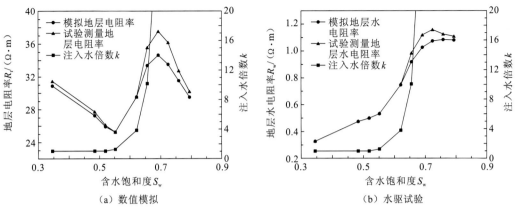

图 8.5　岩心 B 数值模拟与水驱试验得到的地层电阻率及地层水电阻率变化规律

过程中，注入水倍数 k 是一个由小逐渐变大的变数，注入水倍数 k 的大小恰好反映了水驱油全过程及地层水淹状况。

经大量统计岩心水驱试验及数值模拟结果发现，拐点之前（即 $S_w < S_{wg}$ 时），注入水倍数 k 通常小于等于 1.4，且其变化率很小，地层处于弱水淹至中水淹时期；拐点之后（即 $S_w > S_{wg}$ 时），注入水倍数 k 通常大于 1.4，且其变化率开始迅速变大，地层开始进入强水淹至特强水淹时期。经统计大部分拐点出现的注入水倍数 k 通常在 1.4～2.0，拐点的注入水倍数最大值接近 3.0。

4. 地层拐点电阻率的影响因素

水驱过程中地层拐点电阻率变化对于认识水淹特征及水淹级别划分具有重要意义。为此，假设模拟岩心注入水矿化度为 1.0 g/L，原始地层水矿化度为 10.0 g/L，孔隙度为 0.25，a、b、m 和 n 分别选取 1.0、1.0、2.0 和 2.0，分析各种因素对拐点电阻率的影响。

束缚水饱和度和残余油饱和度对 $R_t\text{-}S_w$ 曲线的影响见图 8.6[16-17]。由数值模拟结果分析得到：束缚水饱和度 S_{wi} 越大，水淹过程中拐点电阻率 R_{tg} 就越小，而拐点含水饱和度 S_{wg} 就越大，地层水淹越慢，如图 8.6（a）所示；而残余油饱和度 S_{or} 不同，水淹初始阶段的电阻率变化基本相同，但拐点过后，S_{or} 越小，拐点地层电阻率 R_{tg} 就越小，拐点含水饱和度值 S_{wi} 就越大，地层水淹也就越慢，地层强水淹后地层电阻率增大现象更加显著，甚至可能超过水淹初期油层的电阻率值，如图 8.6（b）所示。

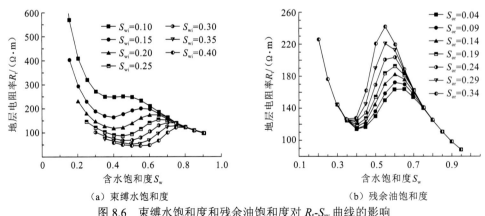

图 8.6　束缚水饱和度和残余油饱和度对 $R_t\text{-}S_w$ 曲线的影响

地层水和注入水矿化度比值越大，拐点含水饱和度 S_{wg} 就越小，拐点地层电阻率 R_{tg} 值就越大，地层强水淹后地层电阻率增大现象更加显著，甚至可能超过水淹初期油层的电阻率值，如图 8.7 所示。

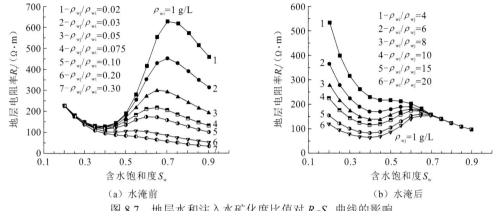

（a）水淹前　　　　　　　　　　　（b）水淹后

图 8.7　地层水和注入水矿化度比值对 R_t-S_w 曲线的影响

从图 8.8 可以看出，其他因素不变时，孔隙度越小，拐点地层电阻率值就越大，地层强水淹后地层电阻率增大现象更加显著，甚至可能超过水淹初期油层的电阻率值。但是，孔隙度的变化对拐点含水饱和度几乎无影响。仔细分析可以发现，理论模拟时假定束缚水饱和度和残余油饱和度为常数，只有孔隙度在变化，但是实际地层中束缚水饱和度和残余油饱和度是孔隙度和渗透率的函数，高孔高渗地层的束缚水饱和度必然较小，束缚水饱和度越小则拐点含水饱和度就越小，即物性越好，拐点含水饱和度就越小，地层就越容易被水淹。

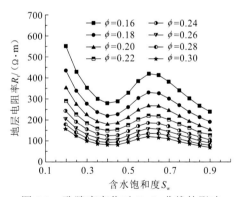

图 8.8　孔隙度变化对 R_t-S_w 曲线的影响

从图 8.9 可以看出，其他因素不变时，a、b 和 m 值对拐点含水饱和度的影响甚微，n 值越大拐点含水饱和度就越大，地层水淹越慢。a、b、m 和 n 值越大，拐点地层电阻率值就越大，地层强水淹后地层电阻率增大现象更加显著，甚至可能超过水淹初期油层的电阻率值。

从上述模拟结果与实验测试结果的对比可知：变倍数多倍注入水物质平衡方法对岩心水驱过程的模拟结果与岩心试验电阻率变化规律十分相似，数值模拟与试验测量拐点基本吻合，模拟结果具有较高的精度；地层束缚水饱和度越高，拐点含水饱和度就越大，

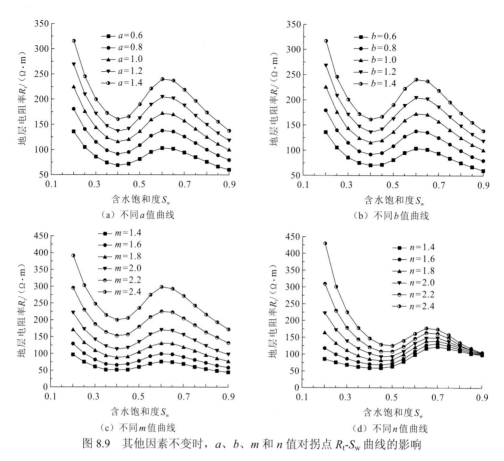

图 8.9　其他因素不变时，*a*、*b*、*m* 和 *n* 值对拐点 R_t-S_w 曲线的影响

残余油饱和度越高，拐点含水饱和度就越小；地层物性越好，注入水电阻率与原始地层水电阻率比值越高，拐点含水饱和度就越小；拐点含水饱和度越小，地层水淹进程就越快，反之亦然；注入水倍数 *k* 较好地反映了水驱油全过程及地层水淹状况，绝大多数拐点出现的注入水倍数 *k* 范围在 1.4～2.0；其他地质参数不变的情况下，*a*、*b* 和 *m* 值对拐点含水饱和度几乎无影响，但随 *a*、*b*、*m* 和 *n* 值越大，拐点地层电阻率值就会变得越大，*n* 越大，拐点含水饱和度就越大；地层孔隙度越小，残余油饱和度越大，地层水和注入水矿化度比值越大，地层水淹后地层电阻率增大现象越加明显，地层强水淹后电阻率就可能越大于水淹初期油层的电阻率值[19]。

8.1.2　蒸汽驱

　　蒸汽驱是目前公认的较为有效的稠油油藏开发方法之一。它是一种以井组为单元由注蒸气井连续注气驱动式开采的采油方式。早在 1931 年，Texas Woodson 附近的 Welson、Swon 几个油矿进行了蒸汽驱试验，取得了较好效果。我国于 1965 年在新疆、吉林等地开辟了注蒸汽的小规模试验区，但由于当时注汽设备、井筒隔热设备及工艺等不完善使试验失败[20-21]。1980 年以后，我国的注蒸汽热力采油取得较大进步，但是由于蒸汽本身存在着重力超覆和蒸汽窜槽的弊端，加上国内稠油油藏的深、厚、稠的特点，蒸汽驱开采稠油效果仍然不甚理想。鉴于蒸汽驱采油的物理机制及工艺技术较为复杂，这里仅对储层注蒸汽物性变化规律进行介绍，进而分析蒸汽驱涉及的与储层电性特征变化相关的因素。

1. 蒸汽驱储层采油机制与温度变化特征

综合国内外的室内实验及现场生产实践总结，稠油油藏蒸汽驱主要有以下 7 种采油机理：加热降黏作用、热膨胀作用、蒸汽的蒸馏作用、相对渗透率变化、润湿性的转变、动力驱油作用、乳化驱油作用[22]。其中：①加热降黏作用在于油藏温度升高时，碳氢化合物分子的活性增强，原油黏度降低，原油的流动能力增加，驱替介质的驱油效率及体积扫油系数都得以改善。②油藏中的流体和岩石骨架产生热膨胀作用，孔隙体积缩小，流体体积增加，油藏的弹性能量增强。原油的体积热膨胀系数相当于水的 3 倍多，是岩石的 100 倍，若油藏温度升高 200 ℃，则原油体积将增加 20%，因此油层加热过程中的原油体积膨胀是一种重要的驱油作用。③蒸汽的蒸馏作用使油和水的汽化压力等于油层当前压力，原油中的轻质组分汽化为气相，产生蒸汽蒸馏作用，蒸馏出的原油轻质组分和蒸汽的混合物向生产井推进过程中遇到温度较低的油层岩石、原油和水，蒸汽凝结成冷凝液体，形成轻质油带，产生溶剂抽提驱油作用。④相对渗透率变化是指稠油油藏注蒸汽过程中，随着油藏温度的升高，束缚水饱和度增加，残余油饱和度降低，油水相渗曲线向右移动，即向有利于改善油相渗透率的方向移动，其原因是随着温度升高储层的润湿性逐渐由亲油转向亲水，由弱亲水转向强亲水。⑤润湿性的转变是指胶质、沥青质等极性物质在稠油中吸附于岩石表面使岩石表面呈现亲油状态，在油藏注蒸汽过程中，附在岩石界面的极性物质在高温环境下逐步被解除吸附，岩石的亲水性逐渐增强，从而使岩石的润湿性发生反转。⑥动力驱油作用是指高温蒸汽以一定的注入速度注入油层后，能有效补充油层热量和能量，在注采井间形成驱替压力梯度，对油层有一定的冲刷驱替作用。高温、高干度的蒸汽能够进入热水驱不到的微孔隙中，有效驱动微孔隙或狭小喉道内的残余油。⑦乳化驱油作用是指蒸汽腔前缘由于蒸汽冷凝而释放出大量热量，使原油发生乳化，形成水包油或油包水的乳化液[20-21]。乳化液能够增加汽驱过程中的油层压力，在一定程度上堵塞疏松砂岩的高渗透层或蒸汽窜流通道，使蒸汽进入低渗透层，从而降低热水带的蒸汽指进强度，提高汽驱采收率。

总之，稠油蒸汽驱采油机理中占主导地位的因素仍是高温蒸汽使原油受热产生降黏作用和驱替作用。通过普通稠油、特稠油和超稠油注热水的驱油效果实验分析可知：普通稠油采用热水驱驱油效果较好；而特稠油、超稠油热水驱效果不理想，在较高温度下两种稠油的驱油效率提高幅度不大，不宜进行热水驱；相同温度条件下，蒸汽驱驱油效率随着原油黏度的增加而逐渐降低，而同类稠油的汽驱驱油效率随温度的增加而增加，说明增加油藏温度和降低原油黏度是汽驱提高稠油采收率的关键所在；热水驱油过程中，束缚水饱和度随温度升高而增加，而残余油饱和度则随温度升高而降低；在同一含水饱和度下，随温度升高，油相相对渗透率增加，水相相对渗透率下降，究其原因主要是温度升高使岩心亲水性增强，可流动水减少，原油黏度大幅降低，使可流动油饱和度增加；蒸汽驱油过程中，随温度升高，原油黏度降低，在汽驱剩余油饱和度接近残余油饱和度时，汽相对渗透率急剧增加，易产生汽窜及滑脱现象，使蒸汽的驱油效率降低，因此，由蒸汽吞吐转蒸汽驱方式开采时，应尽可能防止汽窜现象发生，确保汽驱开发效果。

在稠油油藏注蒸汽开采过程中，注入油藏的高温蒸汽使原油受热降黏并将原油驱向生产井中，在重力分离作用下以气相形式存在的蒸汽向油层顶部超覆，而密度较大的热水将进入油层下部流动[14-15]。在稠油油藏注蒸汽过程中，在注入井向生产井的井间剖面上会形成几个不同的温度区及含油饱和度区（图8.10），这几个区分别为蒸汽带、热水冷凝带、油/冷水带、原始油层带及吞吐加热带。事实上，这几个区带之间并没有明显的界限，这样划分只是便于描述蒸汽驱过程中稠油油藏中的各种变化，有助于分析稠油油藏蒸汽驱时前面的7类驱油机理。

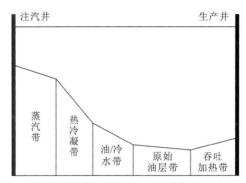

图 8.10　稠油油藏注蒸汽储层温度分布示意图（据文献[21]修改）

2. 蒸汽驱相渗变化关系

由图8.11可知，随温度升高普通稠油的束缚水饱和度逐渐增加，而残余油饱和度逐渐降低，油水相渗曲线随温度升高逐渐向右移动，即油水相渗向有利于增加油相流动能力的方向移动。图8.12为普通稠油的气液相渗曲线，由图可知：随注入蒸汽温度的升高，不可动液饱和度降低，即汽驱残余油饱和度逐渐降低，说明温度的升高有利于启动地层内的剩余油；同时随温度升高气液相渗曲线升高幅度有所增加，说明高温环境下蒸汽与原油的流动能力增加。

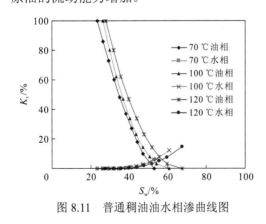

图 8.11　普通稠油油水相渗曲线图

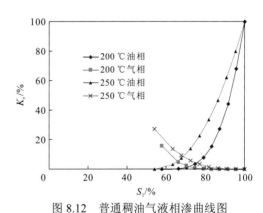

图 8.12　普通稠油气液相渗曲线图

图8.13为特稠油的油水相渗曲线，由图可知，随温度升高特稠油的束缚水饱和度也逐渐增加，而残余油饱和度降低幅度更大，油水相渗曲线随温度升高向右移动程度增大，即油水相渗向有利于增加油相流动能力的方向移动。图8.14为特稠油的气液相渗曲线，由图可知：随注入蒸汽温度的升高，不可动液饱和度降低，即汽驱残余油饱和度逐渐降

低，但降低幅度不大；同时随温度升高气液相渗曲线升高幅度较大，说明高温环境下蒸汽与原油的流动能力进一步增强。

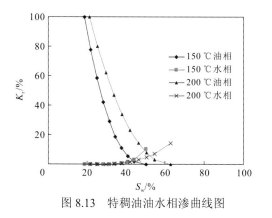

图 8.13　特稠油油水相渗曲线图

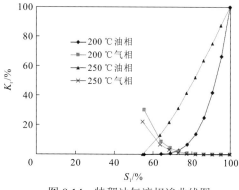

图 8.14　特稠油气液相渗曲线图

图 8.15 和图 8.16 分别为超稠油不同温度时的油水相渗气液相渗曲线，两图所呈现的结果和特稠油相类似。将束缚水及残余油饱和度的实验结果列入表 8.2，从表中可以看出，束缚水饱和度随温度的升高而逐渐增加，而残余油饱和度则随温度升高而降低，这说明随温度的升高岩心的润湿性逐渐由亲油特性向亲水特性转变，岩心内的剩余油得到有效的驱动。

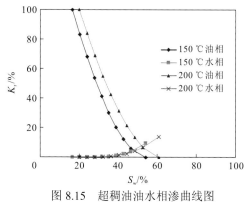

图 8.15　超稠油油水相渗曲线图

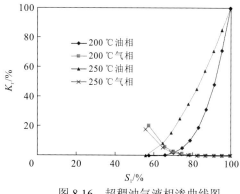

图 8.16　超稠油气液相渗曲线图

从油水相对渗透率实验数据及曲线图版可明显看出：三类稠油随温度升高，整个 X 形曲线均向右偏移；在同一含水饱和度下，随温度升高，油相相对渗透率增加，水相相对渗透率下降，究其原因主要是温度升高使岩心亲水性增强，束缚水增加，可流动水减少，同时油的黏度急剧降低，油膜变薄，使可流动油增加。

从油-汽相对渗透率实验参数及曲线图版可以看出：随温度升高，原油黏度降低，其各项参数的变化趋势，基本上与油水相对渗透率的变化规律相类似；不同之处主要表现在汽驱到接近残余油饱和度时，汽相对渗透率急剧增加，即产生了汽窜及滑脱现象，使汽驱效率降低。因此，由蒸汽吞吐转蒸汽驱方式开采时，应尽可能防止汽窜现象发生，确保汽驱开发效果。

表 8.2 三个岩心测试束缚水及残余油饱和度与温度关系

参数	G4305			J503		LJ-1		规律
温度/℃	70	100	120	150	200	150	200	升高
束缚水 S_{wi}/%	23.5	26.4	27.8	18.8	21.4	16.41	19.8	增加
残余油 S_{or}/%	47.17	39.07	32.35	49.61	36.99	46.02	39.30	减少

3. 蒸汽驱储层水岩和水液变化特征

（1）石英在碱性介质中的溶解量随 pH 的增加而加大；当 pH 在 8～10 时，石英溶解量相对较低；当 pH 达到 13 时，石英的溶解量大幅增加，其值可达 480～17 200 mg/L。相同温度条件下，注汽 pH 对石英颗粒溶解起着重要的作用，所以热采现场蒸汽注入液的 pH 不宜过高，以 pH=9 为宜。

（2）骨架颗粒的溶解会对储层物性及孔隙结构造成很大的影响，主要表现在两个方面：一是溶解主要发生在注汽井筒附近，在近井地带因高温、高 pH 的溶解作用使储层岩石更加松散，导致油井大量出砂或地层坍塌；二是被溶质带走的化学物质，在远离井筒地带因温度降低过饱和而析出晶体，或与其他矿物化合而产生新生矿堵塞孔隙。

（3）形成蒸汽所用的炉前水呈中偏碱性，经锅炉加热处理后变为强碱性水，注入地层后 pH 随吞吐周期增加而降低，并最终趋向于中偏弱碱性。这一变化过程表明，含有高 pH 的碱性水注入储层后，发生了强烈的水-岩及水-液反应。水-岩反应可使石英、长石等矿物发生溶解，而水-液反应经离子化合后又可产生沉淀。

（4）注蒸汽过程中对储层危害最大的是 $CaCO_3$ 结垢沉淀。因为注入介质中含有大量的 CO_2 及 CO_3^{2-}，地层中含钙矿物的溶解又提供了足够的 Ca^{2+} 来源，二者反应后可形成 $CaCO_3$ 沉淀，并在孔隙内形成的结垢，使储层孔隙结构变差导致孔渗降低。

4. 稠油油藏注蒸汽储层物性变化规律[21]

当高温、高压、高 pH 蒸汽介质注入稠油储层后，强碱性蒸汽冷凝液与储层内的矿物发生化学反应，同时蒸汽的机械携带作用容易在储层内产生蒸汽的窜流通道——热蚯孔，使注入蒸汽在短时间内窜流到生产井。三种主要因素的综合作用下易形成热蚯孔：①高温高压蒸汽的强烈驱动作用；②高 pH 碱性介质对储层骨架颗粒的扩溶作用；③吞吐时稠油黏液对松散微粒的携带掏空作用。热蚯孔在吞吐井间一旦连通，就会发生严重汽窜。

为了解注汽前后储层物性的变化情况，对邻井相同层位，注汽水淹前后的岩心孔隙度分布、渗透分布资料进行了变化趋势分析，总结分析稠油油藏储层注蒸汽储层物性的变化趋势，从而分析稠油油藏注蒸汽储层伤害机理和储层物性变化规律[22]。

图 8.17 和图 8.18 分别是注汽前后的孔隙度变化趋势分析对比图。从图中可以看出：注汽前孔隙度分布的主峰频率达到 15% 左右，此时孔隙度分布在 36%～38%；而注汽后的峰域在 40%～42%，较注汽前的主峰位置向右（增大方向）明显偏移了约 4%，同时分布频率达到约 18% 左右，比注汽前的主峰频率分布高出 3%。这种变化趋势表明，蒸汽

吞吐后储层孔隙度是增加的，而且注汽而形成的大尺寸孔隙数量较多，主要集中于注汽井的井筒附近地带，容易造成严重的汽窜现象。

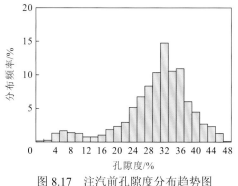
图 8.17 注汽前孔隙度分布趋势图

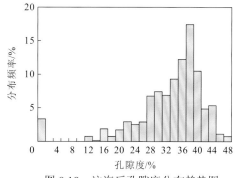
图 8.18 注汽后孔隙度分布趋势图

图 8.19 是注汽前渗透率分布趋势分析图，其特征呈现为双峰型：主峰分布在低渗透率区，峰域在 0.4~0.8 μm^2；次峰位于高渗透率区，峰域在 1.6~2.0 μm^2。图 8.20 是注汽水淹后的渗透率变化趋势分析图，其特征呈现为多峰型：第一主峰的位置基本未变，但频率幅度明显降低，由注汽前的 51% 降到 22%，说明低渗透率数值减少了 29%；第二主峰位置明显向右偏移，由注汽前的峰域 1.6~2.0 μm^2 移至 2.8~3.0 μm^2；其他许多次峰也都明显呈现在渗透率大于 2.0 μm^2 的高渗透率分布区，表明储层水淹后渗透率较水淹前是普遍增大的。分析认为，蒸汽吞吐后储层物性普遍增加的趋势与上述水淹层粒度变粗及孔隙结构变化等因素密切相关。

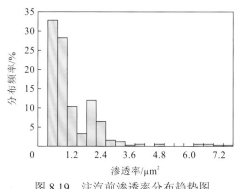
图 8.19 注汽前渗透率分布趋势图

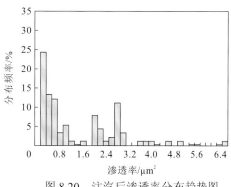
图 8.20 注汽后渗透率分布趋势图

8.1.3　开发层段中的电各向异性

1. 开发过程中电各向异性的形成

注水或注蒸汽开发过程中，油藏中存在比较严重的动用不均衡现象，影响动用程度的因素主要有 6 个[22-23]，按其影响程度的大小依次为渗透率、油层位置、地层系数、油层厚度、射孔井段长度及孔隙度，其中渗透率是决定油层受注入介质作用强弱的首要因素。相对于中低渗储层而言，高渗储层的渗流阻力小、排驱压力低，注入介质更容易进入，因此高渗储层所遭受的冲刷、水洗作用更强烈，储层性质及含流体饱和度均发生较大变化。

不同物性层段中动用程度的差异使开发层段内产生严重的电各向异性。储层内部渗透率的差异是依其所处的相带决定的，不同微相带的砂体渗透率不同，每一微相中各韵律段内储层的物性同样存在差异[24]。受沉积作用控制，不同物性的储层在纵向上相互叠加，平面上在一定范围内具有相对连续的延展性。开发过程中不同微相带及韵律段受外来介质的作用程度不同，电流在其中的传导能力不同，相互叠合在一起时各层段的电阻率不同，结果是在油藏内部产生严重的电阻率宏观各向异性。电阻率宏观各向异性的存在，使普通分辨率测井仪器所测得的电阻率不能反映储层真实的含油水状态。

2. 开发层段中的电各向异性特征

对于注水或注蒸汽开发的油藏而言，渗透率的差异表现为储层受注入介质波及作用程度的差异，油层纵向动用程度不同，反映在电性上就是各层段电阻率的不同。并且开发阶段物性差异所造成的电阻率差异与勘探阶段及开发初期的规律截然相反，物性越好的层段电阻率越低。

1）高渗透条带电阻率显著降低

检查井的实际岩心资料表明，注蒸汽热采使高渗透条带中发生强烈的水（汽）-岩反应，颗粒和填隙物在高温、高压注入介质的作用下被溶蚀成破碎的蛛网状，只有稳定性较强的晶格骨架残存下来。随着溶解物、破碎物不断被采出液带出地层，高渗储层的性质发生较大变化，形成超大管状孔。在高温、高压蒸汽或水的作用下，颗粒表面的黏土矿物膨胀、脱落，孔壁表面变得干净，岩石的润湿性发生反转，亲水性增强。显微图像显示超大的管状孔中充满水，而油呈大小形态不等的孤滴状散布于水中，岩石润湿性表现为强亲水。高温蒸汽或压力较高的注入水在高渗透条带中线性突破所形成的超大管状孔对岩石的电学性质产生极大的影响，优先突破的水线在储层中形成高导电通道，使电流的传导路径大为改善。

首先，沿高渗条带发育的水线具有与高渗条带展布方向一致，使电流通道相对取直且取向相同；其次，润湿性的反转（由油湿变为水湿）也极大地缩短了电流的传导路径。在上述两种因素的共同作用下，岩石导电能力的迂曲度大幅下降，导致受注入介质强烈作用的高渗透条带电阻率显著降低。

2）中低渗储层电阻率基本不变

高渗储层的存在使中低渗层受注入介质的影响很小，当渗透率级差达到一定程度后，高渗储层会对中低渗储层产生"屏蔽"作用，形成开发过程中常见的单层突进或汽窜现象，即注入介质绕过中低渗储层而沿着物性好的优势通道流动，中低渗储层基本不受水的影响或影响较弱，储层及含流体性质基本不变。因此中低渗储层实际的电学性质不会发生明显变化，基本上保持原始的高阻状态。

3）与层电阻率和厚度的关系

在沉积作用控制下，注入介质作用后测井仪器探测范围内的井周储层可以被简化为多个垂直井轴方向的、不同电阻率的均质砂层并联的结果，测量对象的电阻率是各个并联部分的加权平均，其大小取决于各段的电阻率、相互之间的差异程度及各自所占的厚度：

$$R_{ac} = \left(\sum_{i=1}^{N} \frac{V_i}{R_i} \right)^{-1} \tag{8.6}$$

式中：R_{ac} 为测量对象的视电阻率；V_i 为测量对象中各部分所占的厚度比例，$\sum\limits_{i=1}^{N} V_i = 1$；$R_i$ 为各层段的电阻率。

这样，就存在不同物性段对视电阻率贡献不同的问题。在厚度相差不大的情况下，如果各段的电阻率值相差较大，视电阻率对高电阻层的反应就不明显，而更接近于低值区。假设有两个厚度相同的薄层 F1 和 F2，F1 的电阻率为 1 个电阻率单位（注：下面所涉及的电阻率及厚度，都是相对值，即单位电阻率及单位厚度），令 F2 与 F1 的电阻率比值 R_2/R_1 不同，随着二者的比值变化，图 8.21 中视电阻率表现为趋向低阻值并保持恒定的趋势，即当高阻层与低阻层的电阻率比值达到一定程度后，高阻层的电阻率值对视电阻率基本上不产生影响。

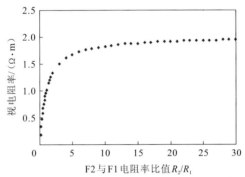

图 8.21　不同电阻率组合情况下的视电阻率变化

图 8.22 是不同电阻率组合的两个层所表现出的视电阻率随二者厚度变化而变化的规律图。整体而言，随着厚度的增加，高阻层对视电阻率的贡献增大，但是在二者厚度差距相对较低的情况下（≤20 倍，这一差距从地质角度而言已经足够大），视电阻率受低阻层的影响较大，对高阻部分反应不灵敏，如图 8.23 所示。图 8.23 是图 8.22 左下角低厚度组合情况的局部放大，假设高阻层电阻率为 100，低阻层电阻率为 1，当二者的厚度相差 20 倍时，视电阻率仅为 17.5。

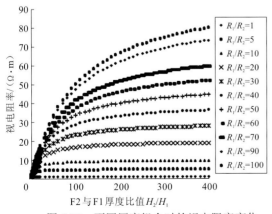

图 8.22　不同厚度组合时的视电阻率变化

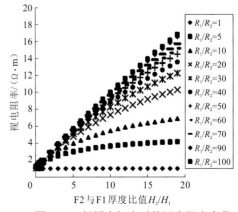

图 8.23　低厚度组合时的视电阻率变化

3. 电各向异性使老区新钻井电阻率显著降低

高渗透条带受注入介质作用强烈，决定岩石导电能力的迂曲度发生显著变化，电阻率急剧降低。电阻率宏观各向异性地层中视电阻率值主要受低阻层段影响，因此即使只有极少部分的高渗透条带存在水线突破现象，储层的视电阻率也会受到较大影响。而事实上，开发中后期油层的纵向动用程度一般在 50%以上，即高电阻层与低阻层的厚度基本相当，因此老区新钻井的电阻率表现出低值是必然的。

老区新钻井电阻率显著降低现象在热采稠油区块中表现尤为突出。受原油中高含量的非烃沥青质影响，稠油储层原始润湿特征一般为强亲油，原始状态下油层的电阻率较高，热蒸汽突破后储层的润湿性由强亲油变为亲水；同时由于稠油储层一般较疏松，高温高压蒸汽在储层中的线性突破作用更强烈，热采开发储层中的电各向异性也更突出，在储层仍具有相当产能的情况下，电阻率曲线就开始显著降低。

8.2　海洋电磁法油气储层监测方法

油气储层监测是估计采收效率和定量评价剩余油气分布的关键环节，它主要监测生产过程中油气藏发生的几何形态和孔隙流体性质的变化，目的是确定油气采收和提高采收率过程的效率。海洋电磁法油气储层监测方法目前大多处于先导试验和可行性研究阶段[25-26]。这里只介绍采用数值模拟方法，通过有代表性的 2D 模型分析，考察 MCSEM 实现油藏监测的适用性。

8.2.1　二维油藏水驱衰竭类型及对应的电阻率模型

本小节给出一个简化的 2D 模型用于模拟油藏的水驱衰竭类型。Constable 和 Weiss 的研究[27]给出了 MCSEM 对 1D 高阻薄层的灵敏度，且显示了纵测线海洋可控源电磁（marine controlled source eletromagnetic，MCSE）响应的变化几乎与储层厚度呈线性关系。尽管对 1D 模型的 MCSE 响应分析得到了对储层几何与电性参数的基本认识，但它们并不适用于储层监测问题的研究，因为储层的有限宽度在定量评价采出状态时是一个关键参数，在 1D 模型分析中无法给出。

图 8.24 中给出了用于模拟海洋电磁响应的二维典型模型。图 8.25 给出了图 8.24 模型的 2D 模拟结果，由图中可以看到储层的外侧边缘在 MCSE 响应中表现出较强的异常，随着储层枯竭程度不同该信号变化极大。图 8.25 中的 2D 模型响应与文献[27]中的 3D 圆盘异常响应的形状上非常相似，2D 和 3D 电磁响应与 1D 响应在通过高阻体边缘时异常响应明显不同。实际勘查数据可能需要 3D 工具处理解释，但 2D 模拟结果对于时移电磁监测问题的认识和分析的起点也已足够。

由响应模拟的结果可知，低百分比的衰竭程度只会产生较小的 MCSE 响应变化，要精确量化这些响应的变化，需要提高数值模拟方法的精度。这里使用 MARE2DCSEM 程序作为 2D MCSE 响应模拟的工具，该程序采用自适应加密网格单元[28]计算任意精度的

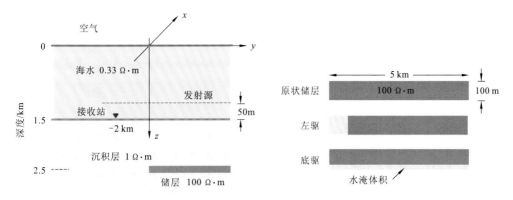

（a）模型示意图 （b）原状储层、左驱替、底驱油藏模型

单接收器位于 $y=-2$ km，发射机位于海底上方50 m，从4 km 拖曳至15 km，发射点间距为250 m，发射频率0.1 Hz。

图 8.24 用于模拟海洋电磁响应的二维典型模型

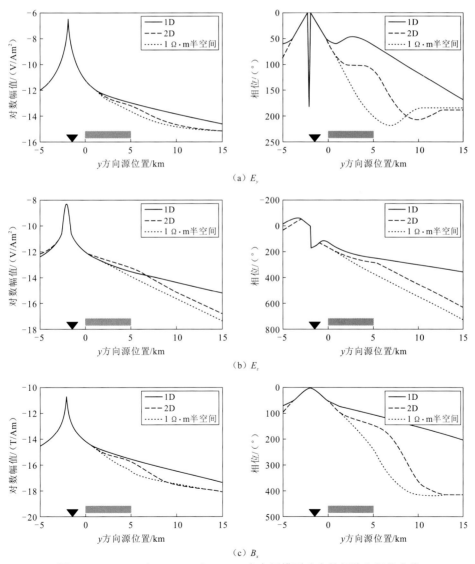

（a）E_y

（b）E_z

（c）B_x

图 8.25 MCSE 对 1D、2D 和 1 Ω·m 半空间模型响应的幅值和相位曲线

2.5D 电磁响应。尽管准确的响应计算也可以通过手动创建一个非常密集的网格实现，但 MARE2DCSEM 通过自适应网格加密算法也可以构造一个有效的网格，直到 MCSE 响应达到指定的精度。该程序是通过超级收敛的梯度恢复算子估计每个网格中解的误差，进而实现 MCSE 响应模拟。该误差用一个 2.5D 微分方程的伴随解进行加权，伴随方程的源函数是每个离散电磁接收器响应的估计误差，伴随解为全局网格剖分的误差提供了一个灵敏度函数。因此，只有那些对离散电磁接收器上的解误差有贡献的单元才会得到进一步加密。自适应网格加密方法及与该方法在 MCSE 响应模拟中精度的验证相关细节可参考文献[28]。这里给出当设置了允许误差为使有限元素网格加密到响应的估计相对误差低于 0.1% 时的模拟结果。

1. 基准模型

模拟所用的基准模型是如图 8.24 所示的二维原状储层模型，该模型是文献[27]中的 1D 储层模型的 2D 模拟版本：有一个厚 100 m、宽 5 km，在 x 方向上无限延伸的薄板状储层埋置于海底以下 1 000 m 处（海水深度为 1 500 m），原状储层的电阻率设置为 100 Ω·m，如图 8.24（b）所示。为分析油藏监测问题，对模型扰动模拟驱替过程，用抬高底界面模拟底部水驱，如图 8.24（b）所示的底驱模型；向内储层移动左边界模拟侧向水驱，如图 8.24（b）所示的左驱模型，驱替范围覆盖 0～80% 的衰竭范围。用距海底 50 m 的一系列纵向排列间隔为 250 m 的电偶极子且覆盖范围在 −5 km～15 km 的发射源对距储层左边界 2 km 处的一个接收器计算 MCSE 响应。发射源和接收器均采用点偶极子近似，所有模型均采用 0.1 Hz 发射频率。图 8.25 显示了模拟得到的 1D、2D 标准模型和均匀半空间海底模型的 MCSE 振幅和相位响应。很显然，2D 响应与 1D 响应有很大的不同，所有场分量曲线在通过储层右侧边界时有一个弯曲的变化。图 8.25 也显示出利用目前的发射-接收器系统计算得到的电磁响应比噪声更大（电场为 10^{-15} V/Am^2 左右，磁场为 10^{-18} T/Am）。例如，电场曲线显示在发射器位置小于 12 km 的范围内，纵测线电场大于这一噪声背景（最多可达 14 km 的收发偏移距）。在其余的模型研究中，给出的 MCSE 响应为相应储层模型响应（原状的模型或水驱扰动模型）与一维半空间响应也没有储层情况下的响应的比值，因此，这是由 1 Ω·m 均匀半空间中存在储层而形成的相对异常。从图 8.25 中可看到 MCSE 响应的相位明显含有有用的二维结构信息，然而，为了简洁起见，下文大部分分析限于研究振幅异常。

2. 侧向水驱和底部水驱

图 8.26 给出了左侧水驱模型与底部水驱模型的异常对比，图中振幅异常给出的是二维响应与半空间响应的比值；曲线参数为水驱的百分数，是指油气被与背景电阻率（1 Ω·m）相同的介质所替代的百分数，即所示曲线对应于无水驱（0%）的二维原状模型、和储层 10%、20%、40%、60%、80% 水驱的情况。目前，最常用的海洋电磁数据是水平电场分量，对于 2D 模拟，为径向模式，记为 E_y，如图 8.26（a）的曲线所示。同时也展示了垂直电场 E_z 的结果[图 8.26（b）]和方位磁场 B_x 的结果[图 8.26（c）]。每个分量每一次侧向水驱和底部水驱结果的比较均用相同的比例绘制。

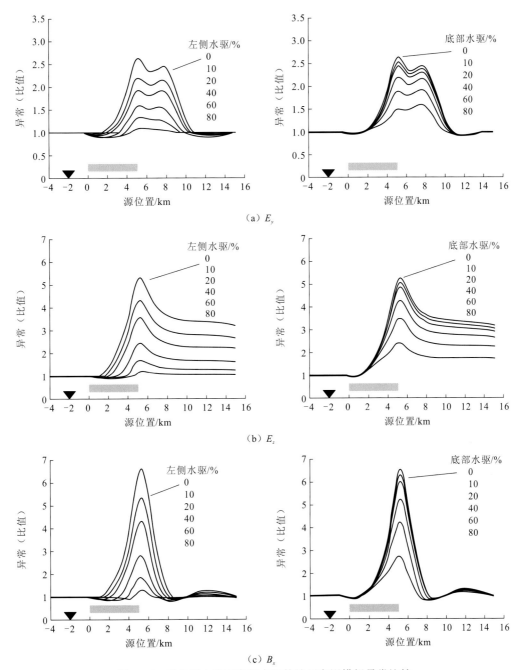

（a）E_y

（b）E_z

（c）B_x

图 8.26 对左侧水驱和底部水驱的储层衰竭模拟异常比较

从图 8.26 可以看到，当发射源在储层远端上方（近 5 km）时，发生了严重的水驱，储层引起的异常最为强烈，该峰值异常也存在于这个位置。因此，储层的远端边缘似乎是一个理想的激发测量位置（或者由洛伦兹互换原理，也是理想接收位置），它们成为 MCSE 勘探和监测野外勘查的理想位置。当发射源在储层的近边缘（0 km）时，由于发射源与接收器之间没有高阻结构且在短偏移时灵敏度相对较低，MCSE 响应几乎没有异常。所以，在侧向和底部的水驱时，最强的异常出现于方位磁场分量上，最弱的异常（仍然有相当大的幅度）出现于纵向电场分量上。对于侧向水驱，异常的左边缘与储层水淹边缘直接对应，预示着 MCSE 油藏监测可以在生产过程中区分储层的哪一端在退缩。

图 8.27 显示了 5 km 处的异常强度随枯竭百分比的变化。随着水淹体积的增加，异常幅度减小，但这两种水驱类型的 MCSE 响应异常的下降特征不同。对于所有给出的三个分量，左侧水驱导致在储层枯竭的早期异常振幅大幅下降，然后在随后的阶段异常幅度衰减变慢，给出一个上凹的枯竭-异常曲线。底部水驱与之相反，水驱的早期阶段只产生微小的异常变化，而水驱的后期会产生显著的异常减少，从而导致下凹的枯竭-异常曲线。这种系统的变化特征可能是区分水驱类型的一个简单而有用的工具，尽管这是否适用于更复杂的水驱类型仍有待研究。

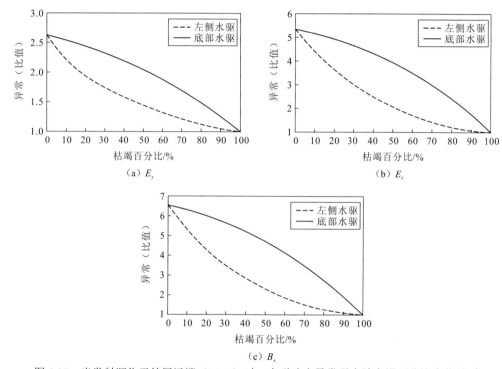

图 8.27　当发射源位于储层远端（5 km）时，电磁响应异常强度随衰竭百分比变化关系

使用 MCSE 响应评估油藏衰竭特征还有许多其他细微的特征有待分析。考虑图 8.26（a）中的径向电场 E_y 的两组曲线，40% 的底部水驱响应与 10% 的左侧水驱的响应非常相似。同样，80% 的底部水驱具有与 40% 的左侧水驱有相似的电磁响应异常。如果已知原始油藏体积，则在这些例子中，总采出量可用来区分左侧水驱和底部水驱类型。这些储层的几何形态对应的曲线形状各不相同，为确定水驱发生的位置提供了部分判断依据，对于其他场分量也可以进行类似的分析。

8.2.2　MCSEM 油藏监测的影响因素

1. 水深的影响

考虑 MCSEM 中空气波对电磁响应有较大影响，本小节计算不同水深的水驱储层模型的电磁响应，以研究空气波的影响。空气波用来描述沿海水-空气界面传播的电磁能量的变化特征。在小偏移距情况下，电磁接收器测量的场主要是通过海水和海底扩散的电磁场；在较大偏移距情况下，海底接收器记录的场有空气波，以及通过储层和海底扩散的电磁场[25]。在海底电磁接收器记录的电磁场是空气波和储层电磁导波的干涉结果，具体是相干加强或相干相消，由其各自的振幅、相位和矢量方向所决定。

空气波从发射源散射到海面，然后又回到海底时经历了复杂的衰减，在海底观察到的长偏移距的电磁场随海水深度有很大的变化，可参考文献[29]和文献[30]对电磁波在高阻空气层和储层中传导的理论分析。下面的例子将展示空气波与海水深度的相关性，以及它如何显著地影响 CSEM 异常的大小。图 8.28 显示了 1 500 m 和 3 000 m 水深时侧向水驱的异常响应，对应的水驱分别为 0%、10% 和 20%，所有其他参数与图 8.26 相同。图 8.28 中对每个分量的曲线均使用相同的垂直比例，目的是突出储层水驱引起的电磁响应异常随海水深度的明显变化。这三个场分量之间的异常差异是不一致的。对于 E_y 分量[图 8.28（a）]，3 000 m 水深的电磁异常是 1 500 m 水深时的电磁异常的两倍左右；而 B_x[图 8.28（c）]的情况正好与 E_y 情况相反。在 3 000 m 的水深时，其他的变化出现在大于 8 km 的位置，E_y 在约 14 km 处有第二个异常峰，B_x 的第二个峰值出现在 11 km 左右。很明显，第二个峰值的出现与海水深度有关。这表明，空气波与海水强烈耦合（因为响应异常随海水深度变化），并且也与电磁波从储层向上传播耦合（因为储层存在电阻率异常）。

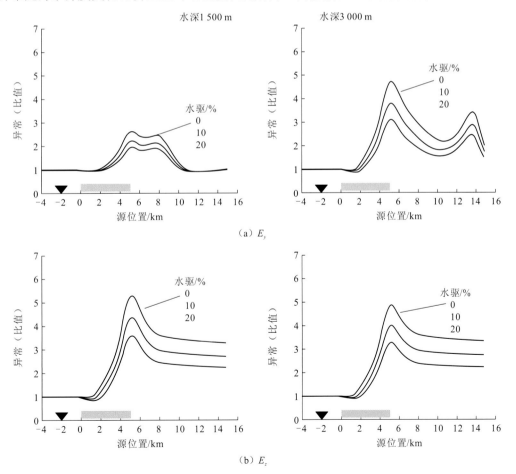

（a）E_y

（b）E_z

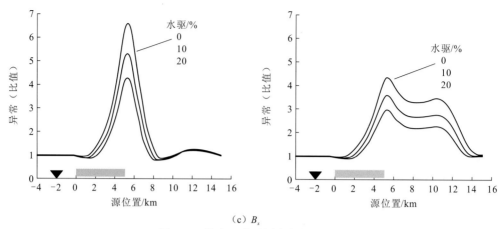

(c) B_x

图 8.28　海水深度对异常振幅的影响

图 8.28 虽然没有展示海水深度 1 500～3 000 m 的系列变化，但可以看出随着水深的增加，第二个异常峰的移动距离向远离异常体方向越来越远。由此可以得出结论：在 1 500 m 的水深时，空气波对响应的影响开始于储层中部附近；而在 3 000 m 水深时，空气波一直到储层的边缘数千米后才会影响异常响应。在这两种情况下，用水平电场分量探测水驱的能力似乎都不受空气波影响，因为水驱引起异常之间的相对变化在储层附近几乎是恒定的。正如所期望的那样，垂直电场 E_z[图 8.28（b）]受水深变化影响最小。

2. 叠置储层的影响

典型的油藏模型[图 8.24（a）]对大多数实际油藏显然是过于简化。图 8.29（a）给出了一个稍许复杂的模型[31-32]：三层储层序列，其中三层的总层厚度乘以电阻率等于单层典型模型的厚度与电阻率的积。三层厚度均为 20 m 且电阻率为 166.6 Ω·m，三层中间有 20 m 厚电阻率为 1 Ω·m 的层作为隔层，总厚度与标准模型相同为 100 m。虽然这里没有显示，但是对于这个模型的电磁响应异常与图 8.24（a）中所示的 2D 原状模型的响应，其磁场三个分量的异常仅相差小于 0.5%。也就是说，这个层状储层几乎与 2D 原状储层的响应相同。这一结果表明 MCSEM 对于分辨紧密相邻的储层单元的响应能力是有限的，要想区分叠置储层还需要一些明显的先验结构约束。

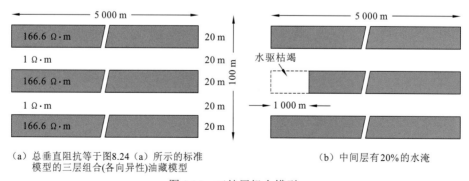

（a）总垂直阻抗等于图8.24（a）所示的标准　　　　　　（b）中间层有20%的水淹
模型的三层组合(各向异性)油藏模型

图 8.29　三储层组合模型

对这个三层模型的中间层进行了 20% 的水驱枯竭[图 8.29（b）]来评估一个更微小的驱替所产生的异常，这相当于整个三层储层的 7%。图 8.30 显示了三层未水淹模型响应与模型中心层 20%水淹时响应的比值，最大异常约为 2%～4%，其中 B_x 分量出现最大异常。对于每个分量，异常的出现均在储层的左边缘或附近，与来自左侧的水淹同时发生。

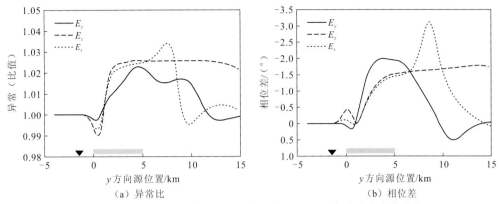

图 8.30　三层未水淹模型响应与模型中心层 20%水淹时响应的比值

3. 部分水淹衰竭的影响

给定当前的采收率，很可能在水淹区仍剩余有大量的油气，因此有必要考虑这一情况可能对时移可控源电磁响应产生的影响。假设已知采收了 20%的油气储量，图 8.31 显示了这种情况下左侧水驱的 5 种变化，以及水淹部分的宽度与剩余油气的比例相关。模型 A 是完全采收模型（100%枯竭），模型 B～E 显示了水淹部分不同比例的水驱枯竭（80%～20%）。部分水淹储层的电阻率用阿奇公式 $\rho = \rho_{\mathrm{w}}(\phi d)^2$ 计算，其中水电阻率 $\rho_{\mathrm{w}} = 0.16\ \Omega \cdot \mathrm{m}$，孔隙度 $\phi = 40\%$，d 为储层枯竭因子[31]。

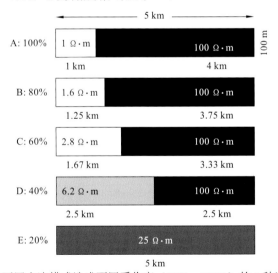

图 8.31　左侧驱替不同水淹模式造成不同采收率（20%～100%）的 5 种油藏模型（A～E）

图 8.32 显示了不同枯竭程度时的 MCSE 响应的异常情况。模型 A（100%枯竭）显示最大的异常；模型 D（40%耗竭）显示最弱的异常。这两个极端的情形对应的电磁异常，对于 E_y 分量约有 10%的差异，对于 E_z 和 B_x 分量则有 30%的差异。模型 A～D 在水淹段的电阻率相对较低，因此，这些异常在很大程度上与未被水淹的储层段体积大小相

关。模型 E 逆转了下降的异常趋势，并显示出比模型 D 更大的异常响应，然而，这很容易解释，因为模型 E 在水淹部分有更多的剩余油，整体储层的电阻率比模型 D 高。

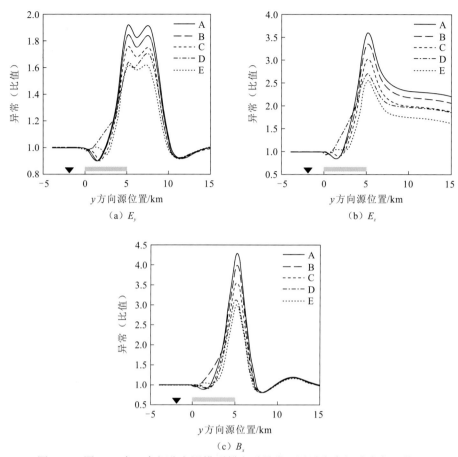

图 8.32　图 8.31 中 5 个部分衰竭模型的电磁异常（通过半空间响应归一化）

这些模型中任何一个模型的响应异常值至少有几个百分点的差异，这表明可以使用勘探或时移 MCSE 来区分不同大小的储层饱和度。此外，在这些模型中，与如图 8.26 左列所示的 0%采收（0%水淹模型）时的响应相比至少有 25%的异常大小差异，表明所有这些情形都会产生可测量的时移电磁信号。

研究表明，MCSE 表现出与油藏枯竭几何形态相关的微小且可探测的异常响应，模拟结果显示侧向水驱产生一个向上凹形的枯竭-异常曲线，而底部水驱产生一个下凹的枯竭-异常曲线。侧向水驱还表现出随时空变化的 MCSEM 异常，响应异常的边缘紧紧随着水驱油气的退缩边界推进。模拟结果显示，当 10%的高阻储层流体被良导流体替代时，可以测量到 MCSE 响应的变化。然而，为了避免污染与储层枯竭相关的相对小的信号变化，采集系统必须保持百分之几的精度。若在重复采集过程中不考虑额外的因素，如未知的近海底非均匀体和可变的海水电导率，可能掩盖储层枯竭造成异常。采用目前的勘探 MCSEM 解决这些因素可能具有挑战性，简单直接的解决方案，比如永久性海底接收器和发射器的埋放是一种可行的方案，且这一方案可以利用现今的采集技术。

8.2.3 MCSEM 测量响应可靠性的影响因素

当油藏衰竭时，油藏几何形状的细微变化需要能在 MCSE 响应中测量到。本小节给出一些影响 MCSE 响应可靠性的因素分析，尤其是对时移 MCSEM 解释所需的重复性和准确性影响的因素。这些因素也会影响 MCSEM 的勘探应用，其中，预期的异常值只比测量系统噪声和导航不确定性略大。

1. 近海底不均匀电性体的影响

实际测量环境下，不能期望在任何情况下电性体都是均匀的，例如 Weitemeyer 等用 MCSE 野外数据来展示了与天然气水合物和自由气体相关的明显浅层电阻率变化[33-37]，Darnet 等也详细分析了浅层结构是如何产生显著异常的[38]。在这里给出一个例子，证明一个小的近地表高阻体可以产生与枯竭油藏尺度类似的异常。该模型如图 8.33（a）所示，包括标准的二维原状油藏，但在离油藏左边缘 2 km 处放置一个 10 m 厚、100 m 宽、电阻率为 5 Ω·m 的近海底高阻体。在异常体上和附近设置一系列测点 A～E，A 点在局部异常体的中心；B 点在 A 右侧的异常体上，距离右边缘 25 m；C 点、D 点和 E 点分别距离异常体的右边缘 25 m、50 m 和 100 m。计算 MCSE 三个分量（E_y，E_z 和 B_x）的异常如图 8.33（b）～图 8.33（d）所示，曲线显示的是用无近海底高阻异常体时的响应归一化的结果。

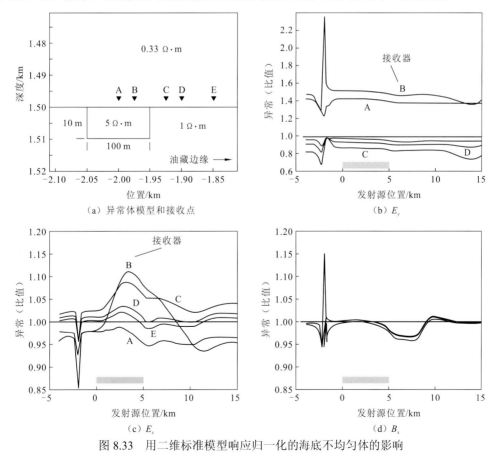

图 8.33　用二维标准模型响应归一化的海底不均匀体的影响

计算结果表明，近海底异常体的影响是显著的，并且在不同分量上影响不同。在所有分量上产生的影响最大者是当激发源位于高阻体的正上方时，这与 Constable 和 Weiss 关于三维 Frechet 导数的研究认识是一致的，该研究显示了电磁响应对发射源周围海水及海底地层电导率的强敏感性[27]。当发射源远离高阻体时，垂直电场 E_z[图 8.33（c）]接收器位于高阻体上方，两个点 A 和 B 会出现 40%～50% 的异常，第一个偏离高阻体的点位 C 显示约 7% 的异常。对径向电 E_y 场的影响[图 8.33（b）]比较小，对应于跨高阻体边界的两个点其最大异常响应为 8%～12%。对方位磁场 B_x[图 8.33（d）]的影响最小，约为 5%。请注意，图 8.33（b）和图 8.33（c）中观察到的影响，扩展到广泛的发射-接收偏移距范围时可能会干扰解释，特别是在勘查区域内这种浅海底高阻很常见时。这就是进行油藏监测重复测量时需要精确放置接收器的主要原因，因为在近海底非均匀特征体附近放置的接收器不精确，可能会导致油藏枯竭异常信息是错误的。这也是在怀疑存在近海底非均匀高低阻异常体（如水合物）的地区进行勘探时需要考虑的重要因素。尽管在这里没有展示，但已经模拟了一个类似的情景，在发射器下面存在一个孤立的近海底高阻异常体，并且该异常体位于距离接收器几千米远的地方。正如预料的那样，该近海底非均匀高低阻异常体产生的异常仅局限于在发射源位于异常体上方时采集的数据。

2. 海水电导率的影响

图 8.34 给出了海水电阻率变化与洋流和河流的流出相关的海水盐度和温度随着时间推移的变化[39]。考查当海水电阻率从上一个模型中使用的 0.33 Ω·m 变化到一个新值 0.315 Ω·m（4.5% 的差异）电磁响应的变化。图 8.34 中的结果给出了幅值高达 10% 的响应变化和几度的相位变化，且当发射-接收器偏移距 10 km 和更大情况下空气波的影响最强时，在 E_y 和 B_x 分量中出现最强烈的变化。之所以这样解释，是因为空气波必须穿过整个水柱，而海水中的信号是电导率的强衰减函数。如果时移测量数据进行比较时不考虑海水电阻率变化，可能会产生错误的衰竭异常。因此，精确地分析 MCSE 结果需要精确地了解海水电导率的特性。常用的电导-温度-深度（conductivity-temperature-depth，CTD）探头可以精确地测量海水的性质。但是，对时移 MCSE 解释和建模所需的精确度水平，需要在记录 MCSE 数据同时获取这些数据。由于海水在几百米以内存在最为强烈的温度变化，这一问题对于浅水勘探应用时最为重要。

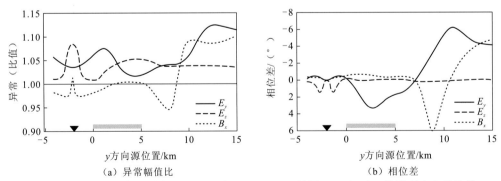

图 8.34　海水电阻率分别为 0.33 Ω·m 和 0.315 Ω·m（差异 4.5%）时二维模型响应的比较

3. 发射器空间姿态和接收器位置误差的影响

由于恶劣的天气条件和强烈的洋流，发射器天线矢量经常可能从理想的勘探指标状态发生旋转。图 8.35 研究发射器偶极子极距存在上下 10° 变化时响应的影响，图中给出了倾斜偶极子的响应与纯水平偶极子响应的比值。由发射器-接收器姿态变化产生的假异常，当发射器靠近接收器时，在空间上变化最大。当发射器与接收器偏移距超过几千米时，发射器向下倾斜 10°[图 8.35（a）]和向上倾斜 10°[图 8.35（b）]将导致较小的响应变化，为 15%～20%。对于偶极子偏航和这里考虑的对称模型，微小偏航扰动用余弦（偏航角）进行刻度描述。资料处理解释时，必须考虑这些影响，因为这些影响等于或大于储层水淹产生的响应影响。在实际勘探中使用的有限长度偶极子的倾斜结果是一个电极靠近海底一个电极偏离海底，所以倾斜的影响可能比模拟显示的影响要大[40-41]。

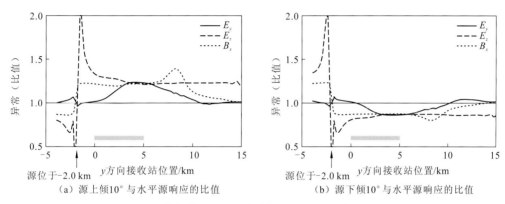

（a）源上倾10°与水平源响应的比值　　　（b）源下倾10°与水平源响应的比值

图 8.35　发射源电偶极子倾斜的影响

最后，研究接收器或发射器横向位置误差的影响。图 8.36 显示了将接收器从正确位置移动 25 m 和 50 m 时的响应变化。同样，当发射器在接收器上方时产生的假异常最大。当发射器至少在几千米外时，50 m 横向位置误差[图 8.36（b）]造成约 5% 的假异常；图 8.36（a）中的位置误差为 25 m，会产生较小（约 2%）的异常。这些假异常会一直延伸到储层边界的右边。

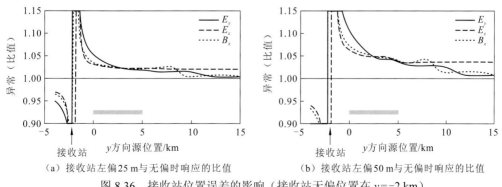

（a）接收站左偏25 m与无偏时响应的比值　　　（b）接收站左偏50 m与无偏时响应的比值

图 8.36　接收站位置误差的影响（接收站无偏位置在 $y=-2$ km）

8.3 时移瞬变电磁法剩余油监测

随着对电磁勘探方法研究的深入，电磁法仪器与信号采集技术及计算机技术的飞速发展，使电磁勘探的分辨率不断提高，其应用于油藏开发阶段的油藏动态监测也成为可能。近年来，我国也启动了电磁勘探方法在油藏开发和动态监测方面的应用，并开展了多项先导试验。但采用何种观测方式进行动态监测，如何在强干扰区获取高品质的电磁勘探数据并从中提取与剩余油气相关的参数，如何进行四维电磁资料的处理、反演与解释等仍是尚未完全解决的问题。

油藏经过长期注水与注汽开采后，储层电导率和极化特征表现出极强的非均匀性，尤其在孔性、渗性较好的"优势通道"中，回注的污水饱和度较大，电阻率相对较低，而岩性致密层段及剩余油饱和度大的层段，电阻率相对较高。在地下地层中加注高矿化度的导电流体，可进一步扩大高、低阻分布区电阻率的差异，给电磁勘探方法用于剩余油探测及其油藏动态监测提供了地球物理基础。因此，研究开发高分辨率电磁勘探方法与技术，实现对剩余油的有效勘探和动态监测，对提高油田开发采收率具有重要的现实意义。

可控源瞬变电磁勘探技术经过近几十年的发展，无论是在对勘探环境的适应性，还是解决地质问题的灵活性，以及对分辨地质目标的能力方面都有了全面提高，在油气勘探中的成功应用已得到广泛认同。Black 和 Zhdanov[26]对储层的时移可控源数据进行三维反演研究，表明储层电阻率的差异可通过三维反演来显示；国内外多位学者对时移大地电磁监测气藏的可行性问题也进行了探讨，但主要以频率域的 MT 方法或 CSAMT 方法为主[43-46]。如第 4 章所述，基于电性源的 LOTEM 具有勘探深度大、对地层电性异常（特别是高阻异常）分辨能力强、观测资料信噪比高、易于实现三维和四维观测和资料处理与解释等优点，是油藏动态监测和流体识别的首选勘探方法。为此，本节重点聚焦于该方法的理论与应用研究[47-50]。

8.3.1 LOTEM 的探测能力

1. 层状地层 LOTEM 响应特征

均匀层状模型的 LOTEM 响应计算公式[式（4.26）]已在第 4 章中给出。本节计算层状介质模型的 LOTEM 响应，考察 LOTEM 对深埋油藏（高阻薄层）的探测能力。模型为三层介质，第 1 层的厚度为 h_1，电阻率设定为 $\rho_1=30\ \Omega\cdot\mathrm{m}$；第 2 层的厚度为 h_2，电阻率为 ρ_2；第 3 层的厚度→∞，电阻率设定为 $\rho_3=30\ \Omega\cdot\mathrm{m}$。$x$ 方向的电偶极源位于坐标原点，沿 y 轴布设 6 个测点，偏移距从 1 000～6 000 m。所有计算的响应都用相同收发条件下电阻率为 30 $\Omega\cdot\mathrm{m}$ 的均匀大地（即不含中间层）的响应归一化，以突出中间层的异常。考虑实测资料的情况，所有归一化电场 e_x 采用正阶跃响应，归一化磁场 h_z 采用瞬断响应。

图 8.37 给出了一维模拟的结果。图 8.37（a）所示为高阻（$\rho_2=300\ \Omega\cdot\mathrm{m}$）和低阻（$\rho_2=5\ \Omega\cdot\mathrm{m}$）目标层的归一化 e_x 和 h_z 响应的最大值随测点偏移距变化的关系曲线。目标层

埋深 $h_1=2\,000$ m、厚度 $h_2=100$ m，横坐标参数为偏移距与埋深之比。由图中可以看出，高阻层的存在使得电场增强，而低阻层使得电场减弱；反之高阻层使得磁场减弱，而低阻层使得磁场增强。这与电磁场的物理特性相符合，也进一步证明电场对高阻体敏感，而磁场对低阻体敏感。这组关系曲线反映出的另一个特征是，对于同一个高阻层，偏移距较小时电场异常很小，随着偏移距增大异常幅值增大，而当偏移距/埋深大于 2 以后，电场的异常趋于不变。这说明当偏移距大于 2 倍的目标体埋深后，异常趋于最大。对于低阻目标层，电场异常的幅值变化具有相似的特征。这也再次给出了 LOTEM 关于要求偏移距≥2 倍勘探深度的理论依据。对于磁场响应，异常幅度随偏移距的变化不突出。

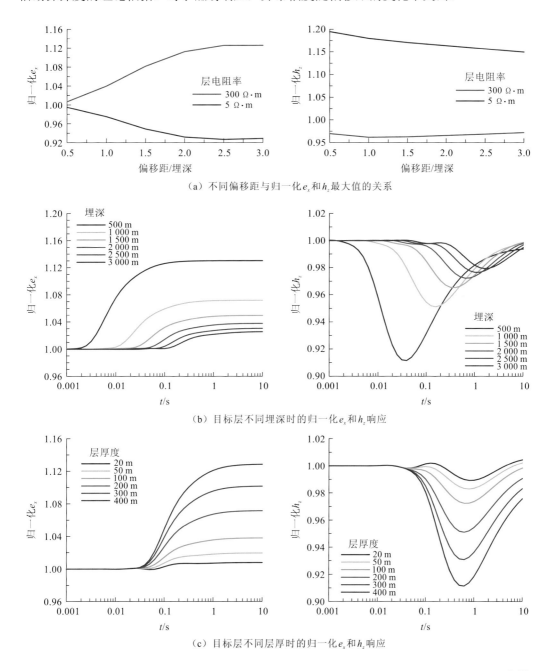

（a）不同偏移距与归一化 e_x 和 h_z 最大值的关系

（b）目标层不同埋深时的归一化 e_x 和 h_z 响应

（c）目标层不同层厚时的归一化 e_x 和 h_z 响应

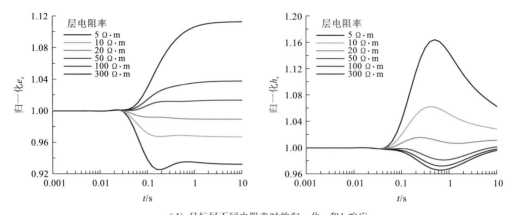

（d）目标层不同电阻率时的归一化 e_x 和 h_z 响应

图 8.37　三层介质模型时域电磁响应的模拟结果

图 8.37（b）给出的是目标层埋深分别为 $h_1 = 500$ m、$1\,000$ m、$1\,500$ m、$2\,000$ m、$2\,500$ m 和 $3\,000$ m 时在偏移距/埋深 $=2$ 的测点处的归一化 e_x 和 h_z 响应,目标层的厚度 $h_2 = 100$ m,电阻率 $\rho_2 = 100$ Ω·m。表 8.3 给出了归一化响应的一些特征参数,包括归一化 e_x 和 h_z 响应的幅值极值、目标层响应时间和磁场响应极值对应的时间。由表 8.3 可以总结出 LOTEM 探测高阻层的以下特点:①深埋高阻层的可探测性。尽管如所期望的,目标层埋深浅时电场和磁场的异常强,但随着深度增加,异常幅值按指数规律减小。对于给定的模型参数,埋深 500 m 时的电场最大异常可达 13%,埋深 3 000 m 时的最小异常为 2.6%;由于是高阻层,磁场异常的幅值相对较小,范围为 2.1%~8.6%。在实际资料采集中,通过加大发射源极矩可以大大提高观测资料的信噪比,一般电场分量可以达到 1%的噪声水平,所以对深埋油藏的探测是可行的。②目标层响应时间。由图中可以看出,电场和磁场出现异常的起始(响应)时间随着埋深的增加而后延,经核算,异常的起始时间满足式（4.36）所给出的关系。③异常最大值对应的时间。由磁场 h_z 分量的异常曲线可以看出,磁场异常幅值呈现一个极值,该极值的大小随埋深的增加而减小并向晚时推移,不同埋深时极值对应的时间满足式（4.47a）给出的关系。

表 8.3　不同埋深高阻层（层厚 100 m，电阻率 100 Ω·m）的归一化响应特征

埋深/m	目标层响应时间/s	e_x 极值	h_z 极值	h_z 极值时间/s
500	0.002	1.130	0.914	0.05
1 000	0.010	1.072	0.951	0.159
1 500	0.025	1.050	0.965	0.398
2 000	0.050	1.038	0.972	0.630
2 500	0.100	1.031	0.976	1.000
3 000	0.159	1.026	0.979	1.585

图 8.37（c）所示为不同目标层厚度时的归一化 e_x 和 h_z 响应。目标层顶面埋深固定为 $h_1 = 2\,000$ m,电阻率为 $\rho_2 = 100$ Ω·m;目标层厚度分别为 20 m、50 m、100 m、200 m、300 m 和 400 m。由图中可以看出,电场和磁场的异常幅值均随层厚的增加而增大,为了便于定量评价,将不同层厚的异常最大值列于表 8.4 中。当层厚为 20 m 时,层厚/埋深 $=1$%,此时 e_x 的异常最大值为增大 0.8%,磁场减弱 1.1%。而当层厚为 50 m 时,此

时层厚/埋深=2.5%，e_x 的异常最大值为增大 2%，磁场减弱 1.8%。当层厚达到 100 m 时，层厚/埋深=5%，此时 e_x 的异常最大值为增大 3.7%，磁场减弱 2.8%。由此可以得出结论，对 20 m 层厚的高阻薄层在现时的测量条件下很难探测，对于 50 m 层厚的高阻层，当观测条件足够好是可以探测的，而对于层厚 100 m 的高阻层探测完全可以保证。所以，在讨论 LOTEM 的探测能力时，能分辨层厚/埋深≥5% 的高阻层是完全有把握的。

表 8.4   不同厚度高阻层（埋深 2 000 m，电阻率 100 Ω·m）归一化响应的异常幅值

埋深/m	厚度/埋深比	e_x 极值	h_z 极值
20	0.010	1.008	0.989
50	0.025	1.020	0.982
100	0.050	1.037	0.972
200	0.100	1.071	0.951
300	0.150	1.102	0.931
400	0.200	1.129	0.912

图 8.37（d）所示为不同目标层电阻率时的归一化 e_x 和 h_z 响应曲线。目标层顶面埋深固定为 $h_1=2\,000$ m，目标层厚度为 $h_2=100$ m，电阻率分别为 $\rho_2=5$ Ω·m、10 Ω·m、20 Ω·m、50 Ω·m、100 Ω·m 和 300 Ω·m。从图中可以看出，地层为高阻电性时电场异常增强，为低阻时异常减弱；而磁场异常的极性与电阻率的关系相反。无论是正向（地层大于围岩）还是负向（地层小于围岩）电阻率差异，电场异常的幅值基本上正比于电阻率对比度。而对于磁场，低阻层的异常幅值随电阻率对比度的增加速率远大于高阻层时的增加速率。所以，在流体识别的应用中，如果同时测量电场和磁场，则电场对高阻异常敏感，磁场对低阻层敏感，这样可以获得油水界面附近的最大异常。

2. 三维异常体 LOTEM 响应特征

为了考查 LOTEM 对注采油藏中含油区域的动态变化进行监测的可行性，利用电性源瞬变响应的三维正演算法进行不同位置处深埋小异常体瞬变响应的正演模拟。设计均匀大地中一个小的高阻异常体的三维模型如图 8.38 所示，x 方向的接地电偶极源位于 $y=-500$ m 处，在 $y=500\sim3\,000$ m 处布设多个接收站。均匀大地的电阻率 $\rho_1=20$ Ω·m，深埋地中 1 000 m 处的三维异常体的尺寸为 200 m×200 m×25 m，电阻率 $\rho_2=100$ Ω·m。

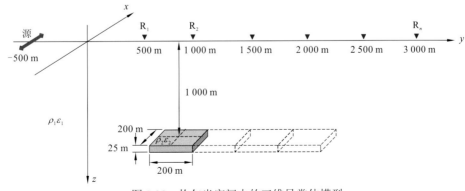

图 8.38   均匀半空间中的三维异常体模型

图 8.39 给出了三维异常体中心分别位于 $y=800\ \text{m}$、$1\,000\ \text{m}$、$1\,200\ \text{m}$ 和 $1\,400\ \text{m}$ 处时正演得到的电场分量 e_x 的二次场响应的拟剖面图,注意图的纵坐标为时间对数的负值。从图中可以看出,尽管随着偏移距的增大异常幅值减小,但电场增强异常最大值的等值线基本圈定了异常体的位置,如图中白色框线所示意。正异常的极值随着异常体中心的位置移动,在时间上固定在大约 26.25 ms(负对数值为 1.58),这个时间与根据式(4.47a)当最大响应深度 $z_{\text{max}}=1\,000\ \text{m}$ 时计算得到的时间一致。

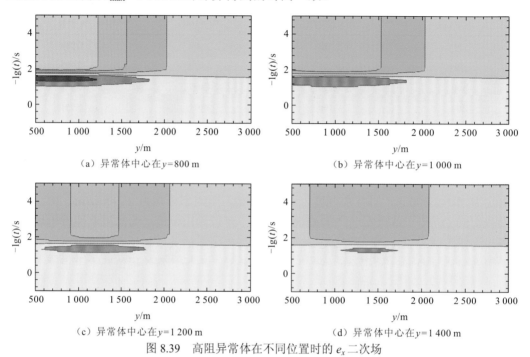

(a)异常体中心在 $y=800\ \text{m}$ (b)异常体中心在 $y=1\,000\ \text{m}$

(c)异常体中心在 $y=1\,200\ \text{m}$ (d)异常体中心在 $y=1\,400\ \text{m}$

图 8.39　高阻异常体在不同位置时的 e_x 二次场

图 8.40 所示为不同三维异常体位置时的感应电动势垂直分量 ε_z 的拟剖面图。从图中可以看出,感应电动势异常响应的等值线形态与电场的异常响应不同,在异常体左侧呈现为正向而在右侧为负向的异常,异常的过零点准确地定位了异常体的中心位置。感应电动势的这种异常模式与环形感应涡流的磁场变化特征对应。

通过将异常体的电阻率设为 $\rho_2=5\ \Omega\cdot\text{m}$,计算模拟含水的低阻薄层的响应,其响应特征及定义异常体的能力基本相同,只是异常响应的极性有所改变,这里就不再展示和赘述了。

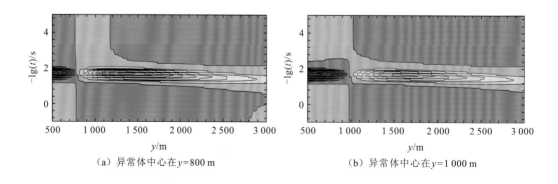

(a)异常体中心在 $y=800\ \text{m}$ (b)异常体中心在 $y=1\,000\ \text{m}$

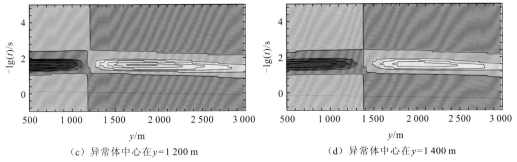

（c）异常体中心在$y=1\,200$ m （d）异常体中心在$y=1\,400$ m

图 8.40 高阻异常体在不同位置时的 ε_z 二次场

本小节设计的模型是真正意义上的三维小异常体模型，实际油藏的平面展布一般都要远大于该模型的尺寸，且层厚/埋深比为 2.5%。由以上模拟结果可知，应用 LOTEM 圈定深埋油藏的位置并动态刻画注采油藏中剩余油的变化理论上是完全可行的。

8.3.2 时移 LOTEM 资料的采集与处理

应用 LOTEM 进行注采油藏动态监测需要在不同的时间段对同一工区进行至少两次及以上的资料采集，然后对多次观测的资料进行处理。由于资料来自同一地点不同的时间，所以这种方式称为时移（或四维）观测和处理，资料采集和处理方法也有其特殊性。

1. 四维采集

除图 4.13 所示的基本阵列（三维）观测布设方式外，进行动态监测需要在不同的时间段进行多次重复观测。重复观测的间隔时间视观测目标的特性而定，其基本考虑是在间隔时段因注采（注水或注汽）前沿的推进使目标层的电阻率发生明显变化，需要根据油藏参数进行设计。对于不同的目标及地层特性，间隔时间可能由数天至数月不等，如对于页岩层的压裂注水，时间间隔为数天；对于蒸汽驱油藏，时间间隔可为 3～6 个月；而对于水驱低渗透油层，间隔时间可能大于 6 个月。

在同一测点重复进行资料采集，最重要的一点就是要尽可能保证观测资料的一致性和可重复性。影响观测一致性的主要因素包括发射源和测点的布设条件及测量环境，如天气、人文噪声环境及源电极和测量电极的接地电阻等。对于不同的观测条件，有以下几种布设方案：①对于短时移间隔的观测，应尽量保证整个观测系统固定不变，且每天都要检查接地电阻，并进行适当处理以保证接地电阻的一致性；②对于长时间间隔的时移观测，有条件的情况下可采用固定传感器（如埋于地中）的方式，每次测量时接入固定的传感器即可；③若不能采用固定传感器方式，则需要每次观测时重新布设传感器，这样更需要精心布设和标定以保证一致性。

一般进行动态监测的环境为工业干扰严重的地区环境，如地表电网复杂、泵站变电站持续工作、金属管道纵横、电磁干扰严重，需要在质量采集与处理的过程中专门针对固定频率的干扰采取措施，压制噪声，提高野外采集数据的质量。主要措施包括：①通过适当增加叠加次数（80～200 次）压制随机噪声；②在装备条件允许的条件下，通过增加导线长度或降低接地电阻以尽可能增大发射电流；③在资料处理中，以人工方式剔除噪声大的记录后再进行叠加；④先对时间序列进行频谱分析，然后对固定频率的干扰进行有效的滤波处理。

2. 四维资料处理

时移 LOTEM 数据处理的实质是通过前后两次或多次观测数据处理研究地下电性结构的变化，其前提是观测方法与条件应尽量保证前后严格一致，处理方法也一致，这样才能突出地下电性变化产生的影响。实际数据采集时很难完全保证前后一致，如供电电流的大小、极距的长度、源天线的长度及观测时间等[49]。

为了实现重复观测资料的一致处理，首先对观测数据进行源极矩和偏移距的标准化。根据式（4.24c）和式（4.24d）可得

$$e_x^N = \frac{2\pi r^3 e_x}{I \, dl} \tag{8.7a}$$

$$\varepsilon_z^N = \frac{2\pi r^4 \varepsilon_z}{I \, dl \sin\theta} \tag{8.7b}$$

式中：e_x 为野外实际观测的电场值，e_x^N 为标准化的 e_x；$\varepsilon_z = -\mu_0 \dfrac{\partial h_z}{\partial t}$ 为野外实际观测的电动势垂直分量，ε_z^N 为标准化的 ε_z。

利用经过规格化的多次观测资料可以计算出两次不同时间段观测资料的"归一化变差"。例如，电场 e_x 分量的计算式为

$$V_{e_x}^N = \frac{e_{x1}^N}{e_{x0}^N} \tag{8.8a}$$

式中：$V_{e_x}^N$ 为电场 e_x 分量的归一化变差；e_{x0}^N 为用于归一化的基准观测数据，需要根据资料处理方案选择，如注采开始之前或前一次观测的结果；e_{x1}^N 是时间推移（或后一次）的观测结果。归一化变差定量表征了因地层电性参数发生变化后在地面观测响应的差异，是四维资料解释中的重要参数之一。

理论上，由式（8.8a）可以得到由参考资料归一化的时移变化曲线，变差偏离的大小反映了深部地层电阻率的变化引起的观测电磁响应的变化程度。另一种表征电磁响应变化的方式是用场量的对数值去定义变差，可表示为

$$V_{e_x}^N = \lg(e_{x1}^N) - \lg(e_{x0}^N) \tag{8.8b}$$

注意由式（8.8b）计算的变差是以 0 为基准的变化曲线。三维情况下各电磁响应分量不一定全为正值，计算时需要取绝对值。

为了突出电磁响应的变化，可对变差取时间的微分，称为变差梯度。以 e_x 分量为例的变差梯度定义为

$$g_{e_x} = \frac{dV_{e_x}^N}{dt} \tag{8.9}$$

变差梯度可以突出变差的异常，但由于是对时间求导，对观测误差也会很敏感，实际资料获得的变差梯度曲线可能需要进行平滑处理。

图 8.41 所示是一维层状介质模型的模拟数据进行四维处理以后的结果。一个 5 层层状模型参数依据一个实测工区的电性结构设计。各层底界面深度分别为 $h_1 = 2\,000\ \mathrm{m}$、

$h_2 = 2\,860$ m、$h_3 = 2\,900$ m、$h_4 = 2\,980$ m；各层电阻率分别为 $\rho_1 = 2\,500\ \Omega\cdot\text{m}$、$\rho_2 = 35\ \Omega\cdot\text{m}$、$\rho_3 = 245\ \Omega\cdot\text{m}$、$\rho_4 = 30\ \Omega\cdot\text{m}$、$\rho_5 = 1\,500\ \Omega\cdot\text{m}$。发射源为 x 方向的电偶极源，测点位于过源中心的垂线上，偏移距为 8 000 m。

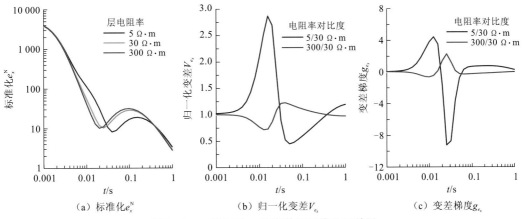

（a）标准化e_x^N （b）归一化变差V_{e_x} （c）变差梯度g_{e_x}

图 8.41　一维层状 e_x 响应数据四维处理结果

埋深 2 900 m 的第 4 层是目标层，层厚 80 m，背景电阻率设为 30 Ω·m，计算得到的电场分量 e_x 响应按照式（8.7a）标准化后的结果如图 8.41（a）中的绿色曲线所示。为了模拟目标层电性变化时的响应，分别计算 $\rho_4 = 5\ \Omega\cdot\text{m}$ 和 $\rho_4 = 300\ \Omega\cdot\text{m}$ 时的响应，标准化的 e_x 响应曲线分别如图 8.41（a）中的蓝色和红色曲线所示。对比图 8.41（a）中三条曲线可以看出，尽管总体上曲线形态相近，但在 0.005~0.3 s 的时间段内，因第 4 层电阻率不同其 e_x 响应曲线显示出非常明显的差异。若以 $\rho_4 = 30\ \Omega\cdot\text{m}$ 的响应为背景，可以看出 $\rho_4 = 5\ \Omega\cdot\text{m}$ 的响应早期时高于背景值而晚期时低于背景值，且差异幅度较大，交叉点大约在 0.03 s；而 $\rho_4 = 300\ \Omega\cdot\text{m}$ 的响应早期时低于背景值而晚期时高于背景值，差异幅度相对较小，交叉点大约在 0.025 s。

图 8.41（b）给出了根据式（8.8a）计算得到的归一化变差（V_{e_x}）曲线，蓝色曲线是 $\rho_4 = 5\ \Omega\cdot\text{m}$ 时的响应用 $\rho_4 = 30\ \Omega\cdot\text{m}$ 的响应归一化的结果，红色曲线是 $\rho_4 = 300\ \Omega\cdot\text{m}$ 时的响应用 $\rho_4 = 30\ \Omega\cdot\text{m}$ 的响应归一化的结果。可以看出：当地层电阻率变低时，电场分量 e_x 的归一化变差在约 0.016 s 时具有极大值 2.85，在约 0.05 s 时有极小值 0.44，异常幅度达 2.41；当地层电阻率变高时，电场分量 e_x 的归一化变差在约 0.012 5 s 时具有极小值 0.7，在约 0.04 s 时有极大值 1.21，异常幅度为 0.51。由此可以得出结论，在所模拟的参数范围内，目的层电阻率变化产生的响应差异足够大，能为 LOTEM 探测和识别。

图 8.41（c）给出了根据式（8.9）计算得到的变差梯度（g_{e_x}）曲线，蓝色曲线是对 $\rho_4 = 5\ \Omega\cdot\text{m}$ 的归一化变差曲线对时间求导的结果，红色曲线是 $\rho_4 = 300\ \Omega\cdot\text{m}$ 的归一化变差曲线对时间求导的结果。由于是仿真结果，曲线较平滑。变差曲线平直段的梯度为零，梯度峰值对应变差曲线变化最快的点。可以看出：当地层电阻率变低时，变差梯度在约 0.012 5 s 时具有正极值 4.37，在约 0.025 s 时有负极值 -9.26，异常幅度达 13.63；当地层电阻率变高时，变差梯度在约 0.01 s 时具有负极值 -0.67，在约 0.025 s 时有正极值 2.22，异常幅度为 2.89。可见，与归一化变差异常幅值相比，变差梯度的异常幅度大大提高，提升了对弱异常辨识的能力。

3. 基于电性标志层的约束反演

对于具有较高勘探程度的工区，测区的基本构造特征和地层电性剖面已有较详尽的信息。这样，在资料的处理与反演解释中可以充分利用已知的信息进行综合分析或约束反演，以减小反演成像的非唯一性。

本小节重点讨论基于电性标志层的约束反演方法。所谓电性标志层，是指在工业区内广泛分布，与上下邻层的电性差异明显，层内电性特征稳定且可连续追踪的较厚电性层。电性标志层可以是盖层，也可以是目的层，从敏感性角度考虑最好为相对低阻层。可以根据地质、地震和测井的有关信息确定电性标志层的分布和参数。在反演算法中引入如第 7 章中所述的结构相似性和电性参数模糊聚类的约束策略，可以有效地约束层结构和参数的变化。

基于电性标志层的约束反演可用于电磁资料的二维、三维和四维反演中。对于四维资料的应用，如果测区已有多次反演能够准确地确定二维或三维电性构造模型，可将该模型作为先验模型或背景模型用于四维电磁资料的反演，反演中约束电性参数的改变仅限于目的层中，这样得到的结果能更好地反映背景模型下目的层内的电性变化。

8.3.3 时移 LOTEM 应用实例

1. 试验区地质与地球物理特征

试验区目的层位于冲积扇的扇中部位，岩性剖面反映为砂岩、砾岩地层，岩性为灰白色厚层块状砾质砂岩、含砾砂岩、砂砾岩、砂泥质砾岩、泥质砾岩互层，局部地区夹薄层灰绿色砂质泥岩，底部砾岩富含燧石颗粒，岩石疏松至半固结，电阻率呈块状高阻。根据测井解释剖面得知：①试验区背景地电构造基本为层状一维结构，且存在电性差异，主要表现为背景电阻率约 $10\ \Omega\cdot m$，砾质砂岩和砾岩的电阻率约 $70\ \Omega\cdot m$，含泥质砂岩电阻率为 $7\sim10\ \Omega\cdot m$，含油层电阻率大于 $100\ \Omega\cdot m$，含水层电阻率小于 $7\ \Omega\cdot m$；②试验区油藏埋深浅且厚度较大，即油藏埋深约为 600 m，厚度为 $50\sim150\ m$。以上这些特征为 LOTEM 在该试验区进行剩余油监测提供了地球物理基础。

为了给时移处理提供良好的观测数据，在间隔一年的时间内，对该试验区分两次进行 LOTEM 观测，对两次观测数据采用归一化变差方法进行处理。处理时为了消除其他因素的影响，首先对反演后的电阻率值进行归一化处理，然后再进行归一化偏导数计算，从而突出电阻率的变化。

2. 注汽腔预测

图 8.42 所示分别是深度为 600 m 和 700 m 时的时移 LOTEM 电阻率变差图。根据变差的定义可知，变差越大，电阻率变化越明显。从图中可以看出，电阻率发生变化的区域主要位于右侧，即试验区的东南部。这表明经过一年不断注采，储层的电阻率发生了变化。按变化率大于 15% 进行异常划分，发现异常体 4 个，分别为 D1、D2、D3 和 D4。

但这4个异常体是否由采油引起，还需要结合第二次观测时是否表现为更高的异常来确定，因为注汽对电阻率的影响更大。经结合有偿信息对变差图上的4个异常体进行综合分析认为D2、D3和D4为注汽腔异常。

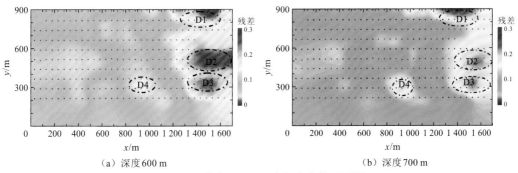

（a）深度600 m　　　　　　　　　　（b）深度700 m

图 8.42　时移 LOTEM 电阻率变差平面图

3. 剩余油预测

根据反演的地层电阻率，结合油层的孔隙度和地层矿化水的电阻率，可转换出油层的剩余油饱和度。剩余油饱和度的转换采用基于阿奇公式［式（2.44）］的近似式：

$$S_o = \left(1 - 10^{\frac{\lg \rho_t - \lg \rho_w - \lg a + m\lg \phi}{n}}\right) \times 100\% \tag{8.10}$$

式中：$\rho_t = \rho(x, y, z)$ 为反演的地层电阻率；ρ_w 为地层中当前状态下矿化水（混合液）电阻率；$m = 2.15$ 为地层胶结指数（对砂岩）；$n = 2$ 为饱和指数；$a = 0.62$ 为岩性系数（对砂岩）；ϕ 为储层孔隙度。

根据式（8.10）计算，得出试验区第一次和第二次剩余油饱和度平面分布，如图 8.43 所示。从图中看出，在深度为 600 m 处第二次剩余油分布面积［图 8.43（b）］比第一次剩余油分布面积［图 8.43（a）］小，说明经过一年的开采，剩余油分布范围发生了较大变化。根据剩余油的分布情况可以可靠地指导下一步的生产部署，对剩余油富集区域加强注汽开发，使整个区块均匀驱动，以提高采收率。

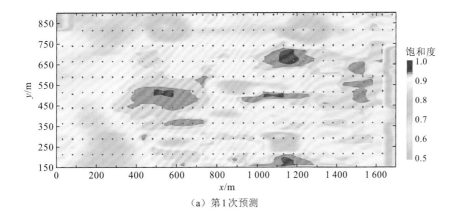

（a）第1次预测

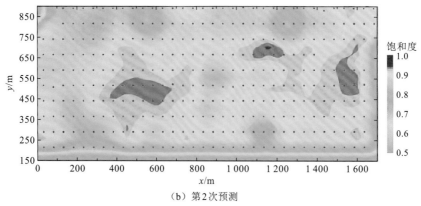

（b）第2次预测

图 8.43 时移 LOTEM 剩余油预测平面图（深度=600 m）

8.4 页岩储层水力压裂造缝动态监测

监测和描述页岩气储层压裂造缝的空间分布是页岩气生产的关键环节，目前已有多种监测方法，如时移地震、井间地震和微地震等方法用于压裂监测。这一类方法主要有两个局限性：一方面施工成本较高，有时还会对环境造成一定的影响；另一方面很多情况下压裂造缝对介质的弹性性质没有较大改变，而且地震监测难以描述压裂液返排后的张开缝分布[51-52]。然而，实验室和现场实验测试表明，压裂液的电阻率和储层岩石的电阻率存在较大差异[53-54]，通常压裂液电阻率远低于储层电阻率。因此，储层压裂并注入大量压裂液后，表现出非常低的电阻率和较高的极化率。这为可控源电磁方法页岩储层水力压裂造缝动态监测提供了物理基础。本节基于测井和地震资料建立地电模型，根据某测试区域压裂前后实测瞬变电磁响应的处理解释，给出测试区域压裂前后电阻率和极化率变化，以解释页岩储层水利压力造缝的动态变化。

8.4.1 页岩层和压裂液的电性特征

1. 页岩层电阻率

测试区域是焦石坝页岩气田，其地质构造和地层电性特征已有较好的基础资料，根据多口井的统计得到该区域各层的电阻率分布，见表 8.5。从表中可以看到，岩性和地层电阻率存在较好的对应关系。二叠系的长兴组-黄龙组灰岩电阻率较高，大于 2 000 Ω·m；奥陶系灰岩电阻率大于 1 000 Ω·m；志留系龙马溪组顶-底砂岩由于经过长期的压实和胶结，表现出次高电阻率，达 245 Ω·m；志留系龙马溪组顶韩家店组泥岩厚度巨大且电阻率低，约 35 Ω·m，志留系龙马溪组底五峰组的含气泥页岩厚度大，电阻率也偏低约 40 Ω·m，两组泥岩之间电阻率的差异主要受含气性影响，通常含气会使电阻率偏高。

表 8.5　不同层位岩性和对应的电阻率分布范围

地层	岩性	埋深/m	厚度/m	电阻率/（Ω·m）
长兴组—黄龙组（二叠系）	灰岩	1 930	1 930	>2 000
韩家店组—龙马溪组顶（志留	泥岩	2 790	860	35
龙马溪组顶—底（志留系）	砂岩	2 830	40	245
龙马溪组底—五峰组（志留系）	含气页岩	2 910	80	40
奥陶系	灰岩	—	—	>1 000

2. 压裂液的电性特征

在三口井中采集压裂液样本，压裂液中含有不同浓度的 KCl。在实验室测量压裂液样品的复电阻率，图 8.44 给出了三个样品的复电阻率幅值和相位曲线。由图 8.44（a）看到，不同井的压裂液样本的电阻率存在较大差异，最小为 0.8 Ω·m，最大为 6.4 Ω·m，反映出不同井的压裂液具有不同的化学成分和配比。由电阻率曲线可以看出，采自井 1 和井 2 的压裂液矿化度高，电阻率值小，且几乎不随频率变化，也就是说极化效应也小；而采自井 3 的压裂液矿化度低，电阻率高，且随频率变化幅度较大，说明电极化效应强，这与极化率与液体矿化度的关系是一致的。

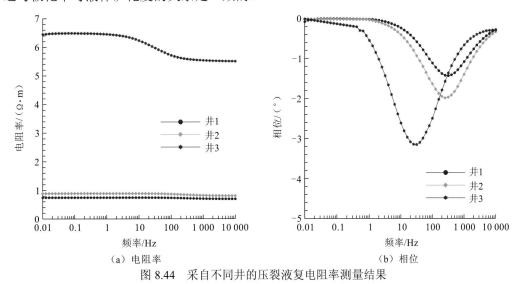

（a）电阻率　　　　　　　　　　　（b）相位

图 8.44　采自不同井的压裂液复电阻率测量结果

事实上，图 8.44（b）所示的相位曲线可以更好地展示极化效应引起的异常。由图中可见，来自三口井的压裂液样品均呈现典型的科尔-科尔模型的曲线形态，相位出现负异常。异常幅值反映了极化效应的大小：井 1 样品的异常极值在 316 Hz 处为-1.43；井 2 样品的异常幅值略大于井 1 的样品，在 250 Hz 处达到-1.98；井 3 样品的异常幅值最大且向低频方向大幅偏移，在 31.6 Hz 处极值为-3.15。相位曲线反映出的频散特性与电阻率值具有对应关系，说明采自不同井的压裂液样品的电性特征具有较大差异，但总体可以说具有低电阻率、强极化效应的特征。很显然，压裂液注入页岩地层后，也将使页岩地层的电阻率降低，极化率增大，这可作为压裂注水地层的识别依据。

8.4.2 时移 CSEM 压裂监测数据采集

页岩储层水力压裂动态监测时移 CSEM 观测布设如图 8.45 所示。页岩气、页岩油和致密油等非常规油气藏的钻采都需要首先在储层中水平钻井，然后对储层中的水平井段进行分段压裂造缝。一般水平井段的长度为 300～3 000 m，压裂段间距为 30～100 m。压裂过程中向压裂产生的裂缝中注入压裂液（滑溜水）和支撑剂（石英砂或陶粒）；压裂液注入量约为 16～26 m³/m，支撑剂注入量约为 1.5～3 t/m。水平井压裂造缝沿轴向起裂后，延伸过程中逐渐与最小主应力方向垂直。若水平井眼沿着最小主应力方向，则压裂后可形成多条横向裂缝；若沿着最大主应力方向，则沿轴向可形成多条裂缝。一般说来横向裂缝对增加泄液面积、提高产能的效果更好。可控源电磁法压裂动态监测的任务，就是通过在地面观测压裂段在施工前、施工过程中和施工后深部储层电性变化引起的地面观测电磁响应的异常来分析和评价压裂造缝的效果。

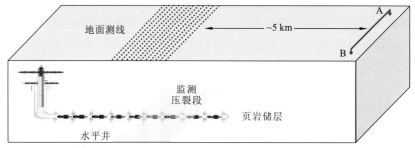

图 8.45　CSEM 页岩层压裂动态监测观测布设示意图

由于勘探深度深，用于压裂动态监测的可控源电磁方法可以采用电性源的 CSAMT 法、LOTEM 或 TFEM，从分辨率角度考虑，推荐使用 LOTEM。地面观测阵列的布设如图 8.45 所示。为了保证空间分辨率，观测阵列设计的点、线距均为 50 m。预计压裂裂缝径向延伸可达 300～400 m，实际布设每条测线 28 个测点，覆盖 700 m 的径向距离；为了监测 6、7 和 8 压裂段的电性变化，布设 8 条测线，所以接收阵列共设 224 个接收站。目标层深度约为 2 900 m，设计源与接收阵列的最小偏移距为 5 km。地面发射和接收系统在整个监测过程中固定不动，每天对源和接收系统的电极接地条件进行检查和处理。

在每个压裂段施工前都有一段准备的时间，在这段时间里可进行压裂前的电磁响应观测，作为背景响应记录。压裂过程一般持续 2～4 h，可进行持续观测，分时段记录；压裂结束后也可在不同延迟时间段进行观测，用于分析压裂液渗透和返流的情况。通过对不同时段观测的资料进行时移处理和分析，可以获得地下目标层电性特性变化的高分辨率图像，进而解释压裂造缝的展布范围和变化情况。

由于测区一般位于油田开发区，加上距离施工井近，地表电网复杂，施工装备多，电磁干扰严重，可能磁场分量很难采集到有效的资料，主要以电场 e_x 分量的采集为主。为了提高野外采集数据的质量，可采取以下措施：①通过增加叠加次数压制随机噪声，通常叠加次数达 80～200 次；②对于重复而非随机噪声，如 50 Hz 干扰，仅依靠简单的叠加无法消除，可采用数字滤波技术对固定频率的干扰进行陷波处理；③线圈及信号线必须布设稳固，并尽量远离工业用电源和震动源；④加大发射功率。

8.4.3　时移 CSEM 压裂监测的可行性

图 8.41 所示的一维层状介质模型的模拟结果表明,对于埋深为 2 900 m,层厚为 80 m 的目标层,不同的层电阻率引起的地面观测响应异常非常明显,低阻层的响应变化尤为突出。若源偶极矩 Idl = 2.2×10^5 Am, 测量电偶极矩为 50 m, 则在 t = 1 s 时测得的低阻层相对于背景场的最小异常值为 0.85 μV,高阻层的最小异常值为 0.25 μV。常用的电磁信号采集站的标称分辨率为 0.1 μV,所以选择合适的观测装置和布设参数,实现压裂造缝效果的动态监测是完全可行的。

图 8.41 给出的是层状地层模型模拟的结果,得到的响应异常比较突出。而实际的动态监测对象都是体积和展布范围有限的三维体,电性变化产生的响应异常可能要小很多。为此,设计三维模型进行响应的模拟。设计的背景模型为与图 8.41 所描述的一维层状模型参数一致,但第 4 层中电阻率的改变仅限于测点正下方 1 200 m×1 000 m×80 m 的矩形体,模拟计算的结果示于图 8.46 中。从图可以看出,标准化 e_x 响应、归一化变差和变差梯度曲线形态和特征与图 8.41 所示的层状模型模拟的结果几乎完全一致,主要的差别是异常的幅值大大减小。三维异常体不同电阻率时的标准化 e_x 响应曲线用肉眼几乎识别不出差异,但通过处理后的变差和变差梯度还是显现出明显的异常。当异常体电阻率变低时,电场 e_x 的归一化变差的极大值为 1.058,极小值为 0.988,异常幅度约为 0.07;当异常体电阻率变高时,电场分量 e_x 的归一化变差极小值为 0.99,极大值为 1.002 7,异常幅度为 0.012 7。由此可见,若按 3% 的观测信噪比门限,则低阻异常体可探测而高阻异常体识别有困难。当异常体电阻率变低时,电场 e_x 的变差梯度的极大值为 0.141,极小值为-0.227,异常幅度 0.368;当异常体电阻率变高时,电场分量 e_x 的变差梯度极小值为-0.02,极大值为 0.04,异常幅度为 0.06。据此,高阻异常体也达到了可识别的响应异常。由此可以得出结论,压裂造缝后注入压裂液,使得页岩储层的电阻率大大降低,即使是压裂造缝的范围有限,所产生的电磁响应异常也完全可以由地面合理布设的电磁观测系统所记录和识别。

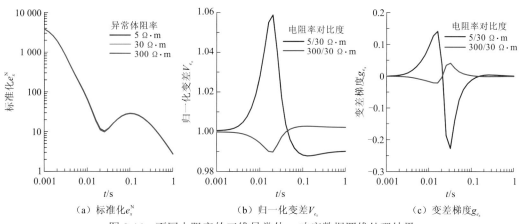

图 8.46　不同电阻率的三维异常体 e_x 响应数据四维处理结果

8.5 本 章 小 结

时移可控源电磁法可成为储层流体分布动态监测的有效技术手段之一。本章通过对不同应用条件下注采过程中储层流体动态变化特征的分析和建模，利用数值模拟方法模拟不同流体和驱替条件下的电磁响应，得到以下结论。

（1）由储层的压裂改造或油气藏注采开发会引起储层电阻率的变化。在外源的激发下，这种压裂或注采过程中的电阻率变化可产生微小且随时间推移的电磁响应变化，在井中或地面观测这些变化，可以用于表征注采油藏的衰竭类型、压裂储层的造缝效果及储层中流体分布的几何特征。

（2）模拟结果表明，电场分量对高阻薄层（储层）的埋深变化反映较不灵敏，而对薄层的电阻率变化，特别是由高阻变为低阻时反映最敏感。因此，推荐使用电型源激励同时观测电场和磁场响应的人工源方法，如 LOTEM、CSAMT 法和 MCSEM 等。

（3）由于储层埋深较深，且因储层电阻率变化产生的电磁响应非常微弱，在实际应用中要求所采用的探测方法具有高分辨能力，能有效辨识 3%（或更小）的电磁场异常，这对于强干扰区的地面探测极具挑战。建议采用大电流发射，长时间观测叠加，或采用永久安装的接收探头和发射天线的方式，以提高信噪比和重复性。

（4）另一个增强储层电阻率变化的可行方案是配制注入液或压裂液，使其有极低的电阻率和高极化率。这样，注入液进入储层后使储层电阻率大幅降低、极化增强，大大增加电磁响应异常的可探测性。甚或可以在压裂液中加入金属微颗粒，不仅可以增大电磁异常的幅度，还可以在微裂缝中起到支撑剂的作用。

（5）四维电磁法在储层动态监测中应用的最大优点是可以进行时移测量。合理地设计观测方案，可以获得测区的背景响应（或电阻率）。在时移资料处理中应用本章提出的归一化变差和变差梯度的处理方法，不仅可以有效地突出深部储层的电阻率变化，还可以消除或减小环境的干扰影响。这种处理方法也可用于其他时移地球物理资料的处理。

（6）应用时移电磁法进行蒸汽驱稠油热采的动态监测时，需要考虑地中温度的变化及蒸汽在地中的相变过程。高温不仅使储层中的稠油易流动，也可能改变储层的孔性、渗性能；蒸汽刚注入地中时是气相，具高阻特性；随着时间推移，温度逐渐降低，蒸汽冷凝成液体，并与地层水混合，具有低阻特性。蒸汽的相态变化及对储层电阻率的影响过程较复杂，在资料解释中要予以特别关注。

参 考 文 献

[1] 赵改善. 油藏动态监测技术的发展现状与展望: 时延地震[J]. 勘探地球物理进展, 2005, 28(3): 157-168.

[2] LUMLEY D E, The next wave in reservoir monitoring: The instrumented oil field[J]. The Leading Edge, 2001, 20(6), 640-648.

[3] 赵伟, 夏庆龙, 张金森, 等. 海上时移地震油藏监测技术[M]. 北京: 地质出版社, 2013.

[4] 李军, 张军华, 谭明友, 等. CO₂驱油及其地震监测技术的国内外研究现状[J]. 岩性油气藏, 2016,

28(1): 128-133.

[5] 李景叶, 陈小宏. 时移地震油藏监测可行性分析评价技术[J]. 石油物探, 2012, 51(2): 125-132.

[6] 王天祥, 朱忠谦, 李汝勇, 等. 大型整装异常高压气田开发初期开采技术研究: 以克拉 2 气田为例[J]. 天然气地球科学, 2006, 17(4): 439-444.

[7] 李玉君, 任芳祥, 杨立强等. 稠油注蒸汽开采蒸汽腔扩展形态 4D 微重力测量技术[J]. 石油勘探与开发, 2013, 40(3): 381-384.

[8] ALNES H, EIKEN O, STEVOID T. Monitoring gas production and CO_2 injection at the Slepiner field using time-lapse gravimetry[J]. Geophysics, 2008, 73(3), 155-161.

[9] WILSON C. Formation evaluation using repeated MWD logging measurements[C]//SPWLA 27th Annual Well Logging Symposium, 1986.

[10] YAO C Y, HOLDITCH S A. Reservoir permeability estimation from time-lapse log data[J]. SPE Formation Evaluation, 1996(6): 69-74.

[11] 谭廷栋. 电阻率时间推移测井[J]. 测井技术, 1979, 3(6): 1-8.

[12]孙建孟, 张海涛, 马建海, 等. 用时间推移测井计算原始含水饱和度新方法研究[J]. 测井技术, 2003, 27(3): 217-220.

[13] 伍文明, 张伟, 李伟, 等. 时移测井饱和度拟合方法及其在珠江口盆地油田开发调整中的应用[J]. 中国海上油气, 2014, 26(3): 81-85.

[14] 范宜仁, 邓少贵, 刘兵开. 淡水驱替过程中的岩石电阻率实验研究[J]. 测井技术, 1998, 22(3): 153-155.

[15] 张恒荣, 谭伟, 何胜林, 等. 水驱油实验电阻率分析及混合液电阻率计算新方法[J]. 地球物理学进展, 2018, 33(2): 880-885.

[16] 申辉林, 方鹏. 水驱油地层电阻率变化规律数值模拟及拐点影响因素分析[J]. 中国石油大学学报(自然科学版), 2011, 35(3): 58-62.

[17] 曲斌, 戴跃进, 王占国. 水淹层电阻率变化规律研究[J]. 大庆石油地质与开发, 2001, 20(3): 28-30.

[18] 王谦, 苏波, 宋帆, 等. 东河砂岩水淹后岩石物理特性变化规律研究[J]. 石油大学学报(自然科学版), 2015, 37(6): 47-54.

[19] 田晓冬, 曾玉生, 李颖. 南堡凹陷水驱油岩石电阻率变化特征研究[J]. 长江大学学报(自然科学版), 2015, 12(26): 33-36.

[20] 王红涛. 稠油油藏注蒸汽储层物性参数变化规律及治理技术研究[D]. 北京: 中国地质大学(北京), 2009.

[21] 唐洪明, 赵敬松, 陈忠, 等. 蒸汽驱对储层孔隙结构和矿物组成的影响[J]. 西南石油学院学报, 2000, 22(2): 11-14.

[22] 杨春梅. 油田开发中后期测井响应变化机理及储层性质研究[D]. 东营: 中国石油大学(华东), 2005.

[23] 刘兵开, 穆津杰. 聚合物驱岩石电阻率变化特征的实验研究[J]. 测井技术, 2003(z): 44-46.

[24] 焦翠华, 王军, 刘兵开, 等. 聚合物溶液对岩石电阻率及岩电参数的影响[J]. 石油与天然气地质, 2011, 32(4): 631-636.

[25] ORANGE A, KEY K, CONSTABLE S, The feasibility of reservoir monitoring using time-lapse marine CSEM[J]. Geophysics, 2009, 74(2), doi: 10. 1190/1. 3059600.

[26] BLACK N, ZHDANOV M S. Monitoring of hydrocarbon reservoirs using marine CSEM method[C]//

Expanded Abstracts, 79th SEG Annual Meeting. Tulsa: SEG, 2009: 850-853.

[27] CONSTABLE S, WEISS C J. Mapping thin resistors and hydrocarbons with marine EM methods: Insights from 1D modeling[J]. Geophysics, 2006, 71(2): 43-51.

[28] LI Y, KEY K. 2D marine controlled-source electromagnetic modeling: Part 1 An adaptive finite -element algorithm[J]. Geophysics, 2007, 72(2): 51.

[29] WEIDELT P. Guided waves in marine CSEM[J]. Geophysical Journal International, 2007, 171: 153-176.

[30] WEISS C J. The fallacy of the shallow-water problem in marine CSEM exploration[J]. Geophysics, 2007, 72(6): 93-97.

[31] CHUPRIN A, ANDREIS D, MACGREGOR L M, Quantifying factors affecting repeatability in CSEM surveying for reservoir appraisal and monitoring[C]//Expanded Abstract, 78th SEG Annual Meeting. Tulsa: SEG, 2008: 648-652.

[32] LIEN M, MANNSETH T. Sensitivity study of marine CSEM data for reservoir production monitoring[J]. Geophysics, 2008, 73(4): 151-163.

[33] WEINBERGER J L, BROWN K M. Fracture networks and hydrate distribution at Hydrate Ridge, Oregon[J]. Earthplanet. Sci. Lett., 2006, 245: 123-136.

[34] WEITEMEYER K. Marine electromagnetic methods for gas hydrate characterization[D]. Berkeley: University of California, 2008.

[35] WEITEMEYER K, CONSTABLE S, KEY K. Marine EM techniques for gas-hydrate detection and hazard mitigation[J]. The Leading Edge, 2006, 25(5): 629-632.

[36] WEITEMEYER K, CONSTABLE S, KEY K, et al. First results from a marine controlled-source electromagnetic survey to detect gas hydrates offshore Oregon[J]. Geophys. Res. Lett., 2006, 33: L03304.

[37] WEITEMEYER K, GUOZHONG G, CONSTABLE S, et al. The practical application of 2D inversion to marine controlled source electromagnetic data[J]. Geophysics, 2010, 75: 199-211.

[38] DARNET M, CHOO M C K, PLESSIX R, et al. Detecting hydrocarbon reservoirs from CSEM data in complex settings: application to deepwater Sabah, Malaysia[J]. Geophysics, 2007, 72(2): 97-103.

[39] TEHRANI A M, SLOB E., Fast and accurate three-dimensional controlled source electro-magnetic modelling[J]. Geophysical Prospecting, 2010, 58: 1133-1146.

[40] WIRIANTO M, . MULDER W A, SLOB E C. A feasibility study of land CSEM reservoir monitoring in a complex 3-D model[J]. Geophysical Journal International, 2010, 181: 741- 755.

[41] WIRIANTO M, MULDER W A, SLOB E C. A feasibility study of land CSEM reservoir monitoring: the effect of the airwave[C]//Progress in Electromagnetic Research Symposium Online, 2010, 6: 440-444.

[42] WRIGHT D, ZIOLKOWSKI A, HOBBS B. Hydrocarbon detection and monitoring with a multicomponent transient electromagnetic (MTEM) survey[J]. The Leading Edge, 2002, 21: 852-864.

[43] 胡祖志, 何展翔, 李德春, 等. 涩北气藏时移大地电磁监测技术可行性研究[J]. 石油地球物理勘探, 2014, 49(5): 997-1005.

[44] PEACOCK J R, THIEL S, REID P, et al. Magnetotelluric monitoring of a fulid injection: example from an enhanced geothermal system[J]. Geophysical Research Letters, 2012, 39(18): 18-27.

[45] REES N, CARTER S, HEINSON G, et al. Monitoring shale gas resources in the Cooper Basin using

magnetotellurics[J]. Geophysics, 2016, 81(6): 13-16.

[46] STREICH R. Controlled source electromagnetic approaches for hydrocarbon exploration and monitoring on land[J]. Surveys in Geophysics, 2016, 37(1): 47-80.

[47] HE Z X, HU W B, DONG W B. Petroleum Electromagnetic Prospecting Advances and Case Studies in China [J]. Survey in Geophysics, 2010, 31: 207-224.

[48] 唐新功, 胡文宝, 严良俊, 等. 瞬变电磁法油藏动态监测模拟[J]. 石油物探, 2004, 43(2): 192-195.

[49] 谢兴兵, 周磊, 严良俊, 等. 时移长偏移距瞬变电磁法剩余油监测方法及应用[J]. 石油地球物理勘探, 2016, 51(3): 605-612.

[50] 陈浩, 苏朱刘, 严良俊, 等. 瞬变电磁法在曙一区超稠油 SAGD 动态监测中的应用[J]. 石油天然气学报(江汉石油学院学报), 2011, 33(7): 104-107.

[51] 陈海潮, 唐有彩, 钮凤林, 等. 利用微地震参数评估水力压裂改造效果研究进展[J]. 石油科学通报, 2016, 1(2): 198-208.

[52] 李红梅. 微地震监测技术在非常规油气藏压裂效果综合评估中的应用[J]. 油气地质与采收率, 2015, 22(3): 129-134.

[53] 向葵, 严良俊, 胡华, 等. 多矿化度条件下页岩的复电阻率特性[J]. 长江大学学报(自然科学版), 2015, 12(35): 33-36.

[54] 向葵, 胡文宝, 严良俊, 等. 页岩气储层特征及地球物理预测技术[J]. 特种油气藏, 2016, 23(2): 5-8.

第9章 应用实例

9.1 井-地电位法剩余油检测与评价

目前油田勘探开发对地球物理的需求，已经从传统的构造油气藏识别向复杂构造中的薄交互、裂缝性等隐蔽油气储层的预测与流体识别转化。这些复杂油气储层的预测与流体识别对单一的地震探测技术也是严峻的挑战。综合地震、电磁等地球物理技术，利用电磁探测方法对油水灵敏度高的优势，开展油气储层的综合地球物理技术研究，是油气勘探开发不断向新的领域扩展的重要基础。

井-地电法经过理论研究和初步生产实践的检验，是注采油藏的油气水边界探测注液流动方向和运移规律、分析和评价储层渗透率的非均质性、圈定剩余油的空间展布行之有效且成本较低的一种方法，对于指导油田后期开发、提高油田采收率和勘探开发效益能够发挥积极的作用[1-2]。

9.1.1 应用实例1：苏丹 Barki 油藏

图 9.1 给出了 Barki 油藏井-地电位测量工区范围，从图中看到，测量井位南北向的覆盖较好，东侧中部存在一个空白区，对处理解释结果的精度将有一定的影响。

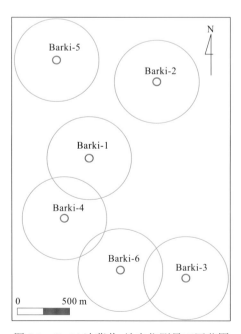

图 9.1 Barki 油藏井-地电位测量工区范围

1. 井周电位分布

图 9.2 给出了 Barki-6 井电位分布的环剖图，图中绕井轴等方位分为 20 条放射状测线，径向上每间隔 25 m 绘制一条曲线，电位参考点为井旁电极，注意不同图中电位幅值的比例尺不同。从图中可以看到，Barki-6 井的电位差分布非均匀性较强。总体看西北电位差异常分布较高，其他方位相对较低。在 25～100 m 的径向距离上，图 9.2（a）中 15～19 号点方位上高电位差明显，表明该方位上目的层的电阻率相对较低，8～12 号点的方位上电位差较低，表现出相对高阻。在图 9.2（b）中的 125～200 m 的径向距离上，上述高低电位差异常分布更加明显，尤其 17 号点、5 号点和 7 号点的局部条带上高电位差异常明显。图 9.2（c）中 225～300 m 径向距离上，17～19 号点、4～5 号点及 7～8 号点的三个方位上表现出幅度不等的高电位差分布，其余方位电位差分布相对较为均匀。图 9.2（d）中的 325～400 m 径向距离上电位差分布趋势与近井地带相似，但在 17～18 号点、1 号点、5 号点和 8 号点 4 个方位上存在幅度不等的高电位差异常，表明这 4 个方位存在相对低阻的分布，对于水淹程度高的高含水层段厚度较大。

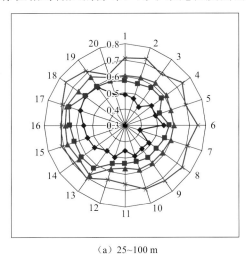

（a）25~100 m

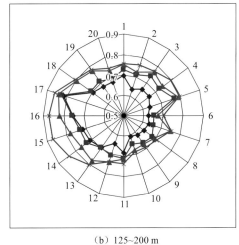

（b）125~200 m

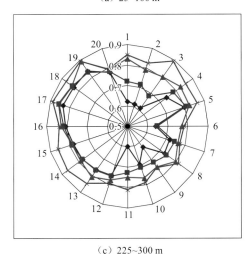

（c）225~300 m

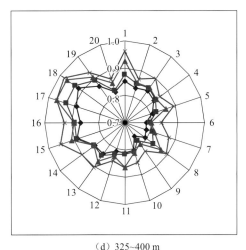

（d）325~400 m

图 9.2 Barki-6 井不同径向距离上电位分布

图 9.3 给出了 Barki-5 井电位分布的环剖图。从图中可以看到，与 Barki-6 井相比，Barki-5 井的电位差分布非均匀性相对较弱。总体看南东电位差异常分布较高，其他方位相对较低。图 9.3（a）中在 25～100 m 的径向距离上，8～9 号点方位上高电位差明显，表明该方位上，目的层的电阻率相对较低；16～20 号点的方位上电位差较低，表现出相对高阻。在图 9.3（b）中 125～200 m 的径向距离上，2～4 号点上的高低电位差异常分布更加明显；8～10 号点之间的高电位差异常仍然存在。在图 9.3（c）中 225～300 m 径向距离上，9～10 号点、6 号点及 15 号点的三个方位上表现出幅度不等的高电位差分布，其余方位电位差分布相对较为均匀。在图 9.3（d）中 325～400 m 径向距离上，电位差分布趋势与图 9.3（b）的近井地带相似，在 7～10 号点的方位上存在低幅度的高电位差异常，表明该方位存在相对低阻的分布，对应水淹程度高的高含水层段厚度较大。

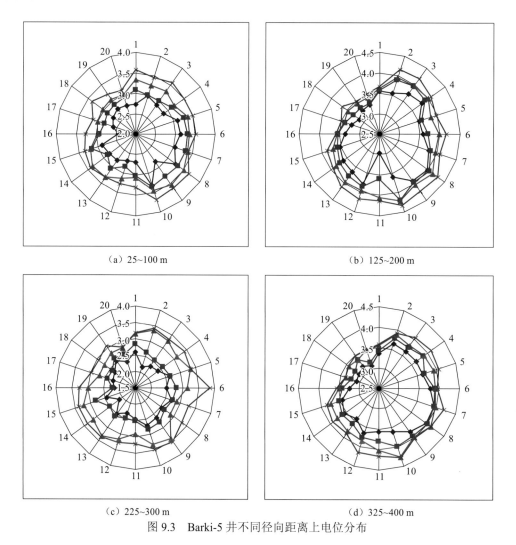

（a）25～100 m （b）125～200 m

（c）225～300 m （d）325～400 m

图 9.3　Barki-5 井不同径向距离上电位分布

其他几口井的电位分布具有相似性，在此不一一列举。

2. 目的层反演电阻率及剩余油饱和度分布

为了考察研究区剩余油分布状况，首先通过井-地电位观测资料进行三维反演，得到目的层段的井周电阻率分布，然后基于井-地电位反演电阻率数据，利用阿奇电阻率-饱和度方程，计算的目标层的含油饱和度分布。图 9.4 所示是井所对应的目的层段 Bentiu 1A-1 深度处的反演电阻率平面分布图和根据电阻率分布预测的剩余油饱和度分布图，各井所对应的 Bentiu 1A-1 层段的深度列于表 9.1 中。从图 9.4（a）可以看出，该层的电阻率变化范围为 $10\sim55\ \Omega\cdot m$，表明层内电阻率变化较大。在反演中井中的电阻率可以通过测井资料进行约束，但井眼以外的电阻率值主要根据井-地电位的观测资料控制，有多个井的资料相交控制的区域反演结果更可靠。从图中可以看出，井 Barki-1 周围较大范围内均呈现低阻，而 Barki-4 井周均呈现高阻，其他几口井在不同的方向上差别较大。

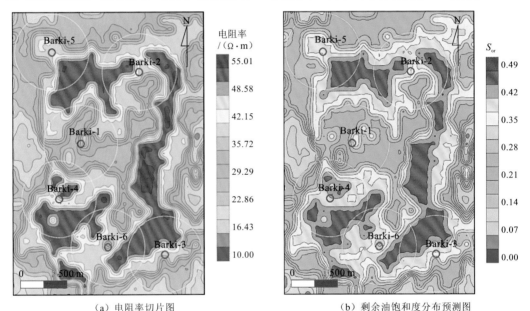

（a）电阻率切片图 　　　　　　　　　　　（b）剩余油饱和度分布预测图

图 9.4　Bentiu 1A-1 层电阻率切片及剩余油饱和度分布预测

表 9.1　Bentiu 1A-1 切片深度

井号	地层	层段深度/m	井号	地层	层段深度/m
Barki-1	Bentiu 1A	1 647～1 648	Barki-4	Bentiu 1A	1 640～1 642
Barki-2	Bentiu 1A	1 648～1 650	Barki-5	Bentiu 1A	1 718～1 720
Barki-3	Bentiu 1A	1 649～1 651	Barki-6	Bentiu 1A	1 644～1 646

图 9.4（b）所示为基于井-地电位反演电阻率数据计算的目标层的剩余油饱和度分布。需要指出的是，每个切片计算的饱和度是该切片深度段的厚度加权平均值，与测井的采样点深度的含油饱和度值存在差异。与反演电阻率切片图对比可知，含油饱和度的空间分布形态几乎与层内电阻率分布完全一致。事实上，单纯由电阻率阿奇公式转换得到含油饱和度，仅仅是由电阻率值非线性地变换一下比例尺。

9.1.2　应用实例 2：丘陵油田陵 4-10 区块

1. 研究区基本概况

丘陵构造为一近东西走向的被断层切割复杂化的短轴背斜，长轴 15.4 km，短轴 5.0 km，构造圈闭面积 53 km^2，闭合幅度 700～850 m。构造北高南低，西高东低，断层十分发育。含油面积为 23.53 km^2，地质储量 4 622×10^4 t，天然气储量 204.5×10^8 m^3。

丘陵油田油藏属中侏罗统（J$_{2s}$）组辫状河—扇三角洲沉积体系，油藏埋深 2 600～3 000 m，构造完整、断层及微裂缝发育。该油藏从上往下发育三个含油层段：七克台（J$_{2q}$）、三间房（J$_{2s}$）和西山窑（J$_{2x}$），三间房组分 2 个油层组（S$_I$、S$_{II}$），5 个砂层组（S$_1$～S$_5$），16 个小层，砂层平均厚度 65.3 m，油层平均有效厚度 42.3 m。三间房组为低孔低渗和低孔特低渗储层，平均孔隙度 13.8%，平均渗透率 14.1×10^{-3} μm^2。

实际生产情况表明，丘陵油田 80%的油井见水特征呈"凹"形，而且凹点前后生产时间短，产量递减幅度大，I 类层水淹后，II 类、III 类层接替不足，平面和剖面上的较强非均质性更加剧了水淹进程和复杂性。解决上述问题的关键则在于见水前对分层的合理配注和调控，即要了解分层的注水方向和前缘，以及剩余油分布的定性和定量描述。本次测试应用井-地电位技术，试图对丘陵油田以下问题给出定性或半定量的解释结果，具体包括：给出小层电阻率分布、描述小层砂体形态、指示小层主水流方向、描述小层含油饱和度分布。根据剩余油分布情况，通过新钻井、更新井、侧钻、加深、钻塞回采、解堵等措施挖掘剩余油富集的井组和层段，提高单井及区块产能。

为深入认识储层纵横向分布特征，了解注水开发水驱方向，为提高油藏水驱采收率措施提供依据，改善水驱开发效果，进一步挖掘剩余油潜力，在丘陵油田选择 L6-6 井、L8-91 井、L9-8 井、L127 井、L32 井、L271 井、LS1 井、L3-8 井、L4-10 井及 L5-6 井共 10 口井分别进行井-地电位测试，利用井-地电位成像技术对数据进行处理和连片解释，研究该技术对该区剩余油分布和注水效果评价的适应性，为完善注采井网和改善水驱动用状况等提高采收率措施的实施提供依据。图 9.5 给出了工区的范围和本次测量的井位分布。

2. 测量电位分布及特征分析

图 9.6 所示的 4 个电位图分别是 L3-8 井测得的不同径向距离的测点与井旁参考电极的电位差分布。图 9.6（a）中，在 25 m 的径向测量点上，234°测点的方位上出现高电位差异常，表明该方向上存在相对低阻异常，可能存在渗透性好的高含水通道；216°方位上存在微弱的低电位差异常，该方向上存在相对高阻异常；在 0°～72°范围内，总体呈现相对低电位，该方位上也可能呈相对高阻；在 50～100 m 的径向测量点上，上述高、低电位异常减弱，基本近似圆形，电阻率分布相对均匀。图 9.6（b）中，在 125～200 m 径向距离上，电位差分布特征与近井地带相比出现较大差异，在 2 号测点的 18°、7 号测点的 108°及 18 号点的 306°方位，相对高电位差分布明显，表明存在微弱的低阻区域，其他方位电位差异常不明显；南部电位差普遍偏高，表明随距井距离增大，正南方位上存在微弱低阻体分布。图 9.6（c）中，225～300 m 的径向距离上，电位差分布在南东

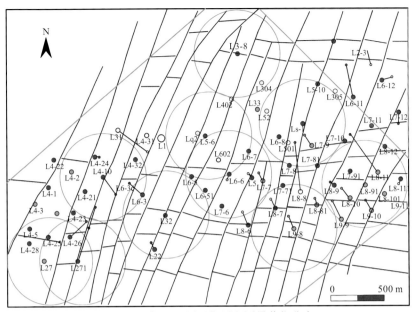

图 9.5　陵 4-10 测区位置和测量井位分布

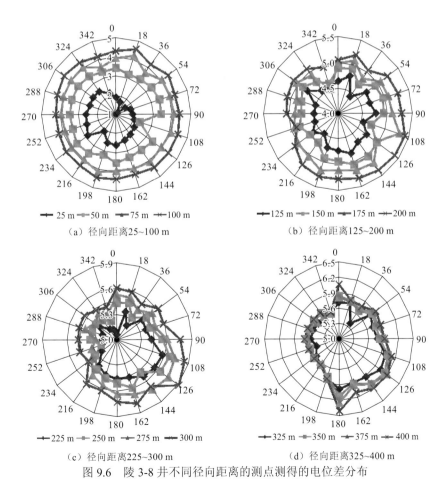

（a）径向距离25~100 m

（b）径向距离125~200 m

（c）径向距离225~300 m

（d）径向距离325~400 m

图 9.6　陵 3-8 井不同径向距离的测点测得的电位差分布

方位出现明显的高电位差异常，尤其 54°～216° 的范围内电位差异常高，该方位存在较大的低阻分布区。图 9.6（d）中，在 325～400 m 径向距离上，与图 9.6（c）的电位分布相似，在 54°～216° 的范围内，存在较大的低阻分布区。从距井口 225 m 开始，西北方位低电位差异常明显，表明该方位存在高电阻体分布。

图 9.7 所示分别是 L4-10 井测得的不同径向距离的测点与井旁参考电极的电位差分布。图 9.7（a）中，在 25 m 的径向测量点上，1 号点的正北方位存在 1 个高电位异常分布，南东方位的 108°～162° 方位上也存在相对较高的电位差分布，说明上述两个方位上存在局部的低阻分布。其余方位电位分布均匀，基本为圆状，电位幅度不高；50～100 m 径向距离上电位差分布东西两侧相对均匀，但东侧幅度较大，西侧幅度小，因此，东西两侧电阻率分布差异较大，东侧低阻，西侧相对高阻。图 9.7（b）所示的 125～200 m 径向距离上，与 50～100 m 径向距离上电位差分布相似，西侧电阻率高，东侧电阻率低，东西两侧的电阻率差异需要结合砂体分布进行地质解释。图 9.7（c）所示的 225～300 m 径向距离上，测得的电位分布与图 9.7（b）所示的分布模式基本一致，只是西侧的电位更低，表明地层电阻率更高。图 9.7（d）所示的 325～400 m 径向距离上，东侧高电位差和西侧低电位差的分布仍然存在，而且正北方位上存在有局部最大的高电位差分布，对应于正北方向的相对低阻分布。

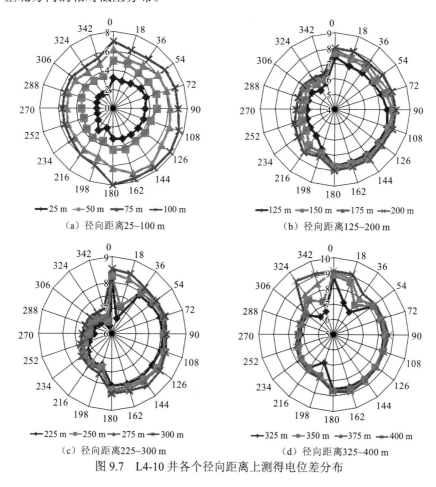

图 9.7　L4-10 井各个径向距离上测得电位差分布

3. 剩余油饱和度分布

图 9.8 给出了测区内目的层之一的三间房组 S_1 小层的反演电阻率的含油饱和度分布。从图中可以看到，该小层在测量区域内含油饱和度不高，大部分区域含油饱和度在32%以下。饱和度大于40%的相对高含油区集中于L3-8井以北局部区域，测区西侧L4-5井、L4-25井及L4-28井所在的局部条带，测区中部偏西的L6-5井、L4-32井、L4-24井及L4-21井所处的条带，测区中部偏东的L8-6井、L8-7井、L7-7井、L6-7井、L5-2井与LS1井所处的近南北向分布的不规则条带。这些区域的最高含油饱和度达到47%。该小层上L9-8井、L7-9井的注入水扩散较好，但扩散范围不太大。L27井和L4-3井的注入水，在本小层也有一定的扩散，推进范围不大。

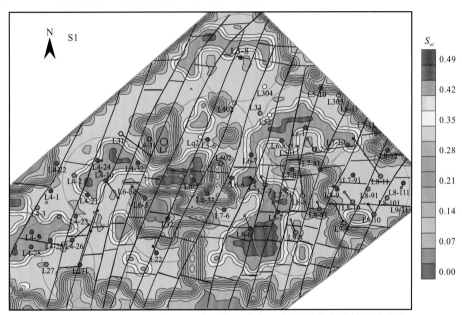

图9.8 测区内三间房组S1小层的反演电阻率计算的含油饱和度分布

图9.9给出的是测区内目的层之一的西山窑组 X_{11-1} 小层的反演电阻率计算的含油饱和度分布。从图中可以看出，该小层在测量区域内高含油饱和度分布范围较大，大部分区域的含油饱和度为33.3%以下。高含油饱和度区域主要分布于测区西南角的L4-5井、L4-28井、L4-26井和L2-71井所处的不规则条带，测区南侧的L22井以南的局部区域，测区中部偏西的L4-24井和L4-32井所在的局部区域，测区中部偏东的L6-5井和L33井之间的南西北东向条带，测区中部偏南的L7-7井及L8-10井所处的两个局部区域。这些区域最大含油饱和度为45.3%。该小层测区西南角的L27井存在注水扩散，其他注水井本小层吸水不明显。

图9.10是测区内西山窑组 X_{32-1} 小层的反演电阻率计算的含油饱和度分布。从图中可以看到，该小层在测量区域内高含油分布连续，分布范围与上一小层相当，大部分区域含油饱和度为31.4%以下。高含油饱和度区域主要集中于4个局部小区域，包括测区中部偏南的L4-28井、L27井和L271井所在的近东西向东延伸分布的条带，测区中部L5-6井、L6-7井和L6-8井所处的东西展布的不规则条带，测区北部的L3-8井所在的局部区域，

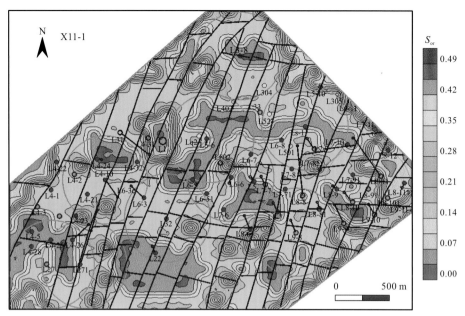

图 9.9 测区内西山窑组 X11-1 小层的反演电阻率计算的含油饱和度分布

测区东南角的 L9-9 井和 L8-10 井所处的局部区域。这些区域最高含油饱和度为 45.8%。本小层 L9-8 井、L33 井和 L4-3 井吸水扩散好，其他的井整体吸水差。

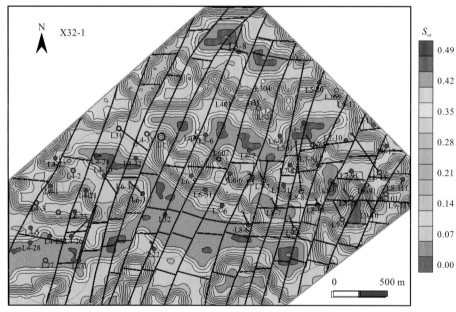

图 9.10 测区内西山窑组 X32-1 小层的反演电阻率计算的含油饱和度分布

以上应用表明：井-地电法地面异常可较好地刻画地下异常体的分布和边界范围，并且对横向组合体具有较高的分辨能力；通过建立电阻率和储层流体间的对应关系和储层含油饱和度模型，结合地震、测井的构造和层位约束，可以较好地刻画砂体分布和大水窜通道；由高分辨率电阻率剖面反演储层的剩余油饱和度，应用已知的油藏开发信息，排除岩性影响因素后，可以定量描述储层空间的剩余油分布。

9.2 四维电磁法稠油热采动态监测

稠油是我国重要的非常规石油资源，储量大、分布广，具有很高的开发价值。稠油具有重质组分和胶质组分含量高、黏度大、密度大的特点，但其黏度具有温度敏感性，即随着温度升高黏度降低，进而增加了稠油的流动性，所以热力采油成为稠油开采的主要方式。

稠油热采主要包括蒸汽吞吐、蒸汽驱、热水驱、火烧油层等方法。其中蒸汽吞吐是一种单井注采过程，单井注蒸汽，并在同一口井中生产，因此加热见效快，前期具有较为可观的产量。吞吐多轮次后地层压力下降，井底附近含水饱和度增加，导致产量大幅下降。蒸汽吞吐极限采收率一般为 15%～20%。蒸汽驱可以作为接替蒸汽吞吐的一种开发方式，利用特定的注采井网，由注气井注入蒸汽，将原油驱替到生产井产出。蒸汽驱的开发具有阶段性，可分为蒸汽驱初期升压阶段、中期稳压阶段、后期突破窜进阶段及蒸汽腔调整增产阶段[3]。由于地层的非均质性及蒸汽超覆现象，蒸汽驱后期会发生蒸汽突破现象。蒸汽突破后，需要进行合理的注采参数选择与优化及注采方式的转换，以提高采收率。本节应用四维可控源电磁方法进行热采过程的动态监测，探测蒸汽腔并追踪蒸汽前沿和汽窜通道，解释推断目的层段有关油藏动态参数，评价注汽效果，为调整注采方案提供依据[4]。

9.2.1 电磁法用于蒸汽驱动态监测的物理基础

1. 储层电性参数与动态参数的关系

对蒸汽驱的动态监测是以注汽后地下目的层的电阻率发生变化为基础的。蒸汽注入后，通常注汽层位介质的物理性质发生如下变化。

（1）井口周围蒸汽带：包括高温水蒸气、汽化的烃类轻成分、水和液烃。汽饱和度较高，含油饱和度低。由于此带中蒸汽为高阻，所以注汽后电阻率升高。

（2）凝析带：包括液烃、凝析热水和油层内原生水。注蒸汽后导致电阻率升高的可能的因素包括由高阻蒸汽形成的凝析热水；高阻液烃；由蒸汽带被驱入此带的油。相对于蒸汽带，凝析带的含油饱和度升高。

（3）热水带：包括液烃和不饱和热水。随着开采的进行，热水带的含油饱和度比井口周围相对要高。注汽后，当热水运移到此带后，电阻率升高。蒸汽变成热水后与矿物质混合，电阻率相对于蒸汽是变低了，但同时替驱了一部分高矿化度的原生地层水，导致地层水矿化度降低，故整体而言，在注汽后热水带的电阻率仍可能高于原生水地层。

热水带的电阻率实际上是一个很复杂的动态变化过程。由蒸汽冷却变成的热水，相当于淡水。热水驱替油层中的可动油和可动水占据了孔隙的一部分，从而使油层的孔隙水变成热水和束缚水的混合物。地层孔隙中分别为剩余油饱和度 S_{or}，热水饱和度 S_{wj} 和束缚水饱和度 S_{wi}（汽注前状态下）。若假定地层原生水（汽注前状态下）的电阻率为 ρ_{wi}；热水（或蒸汽）的电阻率为 ρ_{wj}；地层中混合液的电阻率为 ρ_m；地层总的含水饱和度为

S_{wt}；则地层的电阻率 ρ_t 为

$$\rho_t = \frac{a\rho_m}{\phi^m S_{wt}^n} = \frac{a}{\phi^m S_{wt}^n} \frac{\rho_{wj}\rho_{wi}S_{wt}}{\rho_{wj}S_{wi} + (S_{wt} - S_{wi})\rho_{wi}} \tag{9.1}$$

式中：m 为地层胶结因数；n 为饱和指数；$a \approx 0.62$ 为岩性指数；ϕ 为储层孔隙度。

对于蒸汽驱一般有热水的电阻率 ρ_{wj} 大于地层原生水（汽注前状态下）的电阻率 ρ_{wi}。一开始，随着热水进入油层，热水驱出孔隙中的油，油层的电阻率 ρ_t 是下降的。随着 S_{wt} 的增加，ρ_t 缓慢下降，直至 S_{wt} 与 ρ_t 无关。随后 S_{wt} 增加，对 ρ_t 影响很小。随着 S_{wt} 的进一步增加，ρ_t 不仅不下降反而上升，这时表现为淡化热水的电阻率起主要作用，形成 U 形曲线。

另外，热水运移至热水带后，油层温度升高，导致电阻率下降，将与电阻率升高的效果部分的相抵消，甚至整体而言表现为电阻率下降，抵消程度取决于热量传递的多少。由于没有蒸汽潜热，热水带在向下游井运移过程中温度下降很快，所以温度升高导致电阻率下降的程度随靠近下游井的距离越近而越小。此外，由于热水会冲洗掉一部分孔隙中的分散泥质，使储层的孔隙度变大，相应地渗透度也有所增大，而地层电阻率则减小。

（4）冷水带：生产井的周边区域。随着开采的进行，此带的含油饱和度相对而言较低。除非汽窜，此带的温度接近油层初始或吞吐阶段末油层温度，驱油机理接近常规水驱（流体为蒸汽经长距离运移冷却后抵达，含水饱和度变大），电阻率下降的可能性较大。而引起电阻率上升的原因有两个方面，即被蒸汽驱替到达的油和地层水矿化度降低。

（5）汽窜通道：注汽井与生产井之间存在可能的汽窜通道。注汽后，汽窜通道电阻率升高。通常，发生汽窜的上下游井之间存在一相连接的电阻率升高的异常条带。不过，若存在汽窜通道的"瓶颈"，则这种异常条带将被割离。若有汽窜发生，生产井的周边区域电阻率通常是上升的。

总的来看，注汽后，目的层位大部分区域电阻率升高，主要与蒸汽的分布及运移有关。通过测量注汽前后的电阻率差异，达到定性和定量研究目的层的蒸汽驱效果、蒸汽推进方向和可能的汽窜的目的，其物理基础是存在的。图 9.11 所示为蒸汽驱注采井间温度、含油饱和度和电阻率变化径向分带示意图。

2. 孔隙流体性质及温度的变化与地层电阻率变化的关系

在注汽情况下，孔隙流体性质及温度的变化引起的地层电阻率的变化可表示为

$$\frac{\rho_{t2}}{\rho_{t1}} = \frac{\rho_{w2}}{\rho_{w1}}\left(\frac{T_1 + 21.5}{T_2 + 21.5}\right)\left(\frac{S_{w1}}{S_{w2}}\right)^n \tag{9.2}$$

式中：ρ_{t1} 和 ρ_{t2} 分别为注蒸汽前后的地层电阻率；ρ_{w1} 和 ρ_{w2} 分别为注蒸汽前后孔隙流体电阻率（与矿化度有关）；T_1 和 T_2 分别为注蒸汽前后的地层温度；S_{w1} 和 S_{w2} 分别为注蒸汽前后地层的含水饱和度；n 为饱和度指数。

在注汽情况下，含水饱和度变大，地层电阻率变小。纯净蒸汽的驱入使油被驱替后区域的地层含水饱和度变大，这是可能使地层电阻率变小的原因。但油被驱替后的地层孔隙流体矿化度也降低了，又使得孔隙流体电阻率变大。

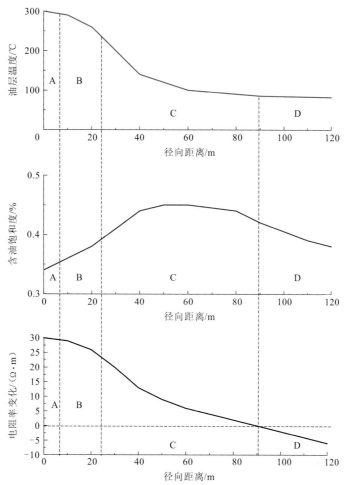

图9.11　蒸汽驱注采井间温度、含油饱和度和电阻率变化径向分带示意图

A.蒸汽带；B.凝析带；C.热水带；D.冷水带

孔隙流体电阻率变大则地层电阻率变大，反之亦然。纯净蒸汽的驱入总是使孔隙流体的电阻率变大，因而地层电阻率在蒸汽驱后变大。

导电溶液 NaCl 电阻率的大小与其内在温度 T 和溶液矿化度相关，如图9.12所示。在溶液矿化度不变的情况下，在双对数坐标系内呈反比直线关系。如果改变了该溶液的矿化度，则该溶液电阻率与其内在温度关系在双对数坐标系内仍然呈反比直线关系，只是整体沿温度 T 轴左右平移。这说明，不管地层内的矿化度如何，地层内的温度上升，必然导致地层电阻率的下降，反之亦然。

设注汽前地层原生水的电阻率为 ρ_{w1}，注汽后的地层水（混合液）的电阻率为 ρ_{w2}，则结合式（9.1）和式（9.2）可以得到在蒸汽驱后地层电阻率 ρ_{t2} 与蒸汽电阻率 ρ_{wj}、温度 T 及孔隙度 ϕ 的关系式：

$$\rho_{t2} = \frac{a}{\phi^m S_{wt}^n} \frac{\rho_{wj}\rho_{w2}S_{wt}}{\rho_{wj}S_{wi} + (S_{wt} - S_{wi})\rho_{wi}} \left(\frac{T_1 + 21.5}{T_2 + 21.5} \right) \tag{9.3}$$

式（9.3）可作为对四维电磁资料进行定性解释的依据。粗略地、定性地看，注汽后地层电阻率 ρ_{t2} 与蒸汽电阻率 ρ_{wj} 和注汽后地层水电阻率 ρ_{w2} 成正比，与温度 T 和孔隙度 ϕ 成反比。

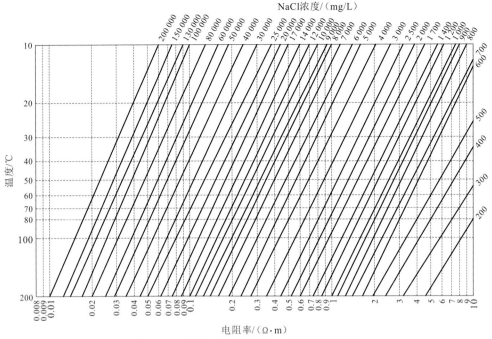

图 9.12　溶液电阻率与温度、矿化度的关系

3. 剩余油饱和度的转换

根据反演的地层的电阻率，结合油层的孔隙度和地层水的电阻率，按式（8.10）可转换出油层的剩余油饱和度。在获得准确的地层真电阻率的基础上，确定剩余油饱和度的关键是确定当前状态下地层中矿化水（混合液）电阻率。

在注汽导致油层电阻率升高的情况下，用阿奇公式采用注汽前地层矿化水电阻率计算的剩余油饱和度偏高；在注汽导致油层电阻率下降的情况下，用阿奇公式采用注汽前地层矿化水电阻率计算的剩余油饱和度偏低；只当用当前状态下的地层中矿化水（混合液）电阻率 ρ_m 时，用阿奇公式计算的剩余油饱和度才是符合实际的。不过，矿化水（混合液）电阻率不准，对剩余油饱和度平面总的格局特征和形态影响不大，除非在横向上有很强的非均匀性。

严格说来，孔隙度要用测井得到的各井孔隙度作平面插值。在没有单口井的孔隙度资料的情况下，只能用平均孔隙度近似计算剩余油饱和度。

9.2.2　应用实例 1：克拉玛依油田九区南稠油热采动态监测

克拉玛依油田九区南位于克拉玛依市东北 45 km 处，九区重油开发区南部和东部，面积约 50 km²。区域上位于准噶尔盆地西北缘（克拉玛依—乌尔禾）克—乌逆掩大断裂带上盘中生界超覆尖灭带上，为九区南齐古组油藏九 5 区向东南延伸的一部分。区内地势平坦，平均地面海拔约 265 m，交通、通信、电力条件便利，油田基础建设条件较为成熟[5]。

1. 油藏地质特征

克拉玛依油田九区南主要发育了齐古组、八道湾组、克拉玛依组和石炭系四套稠油层系，本小节仅对齐古组稠油油藏进行重点描述。

1) 区域地质概况

克拉玛依油田九区南在区域构造上位于准噶尔盆地西北缘克—乌断阶带白碱滩段上盘超覆尖灭带上。准噶尔盆地西北缘南起红山嘴，北至乌尔禾，长约 250 km，宽约 20 km，是一东南倾的平缓大单斜，在石炭系（C）基底之上，接受了中晚石炭世以来二叠系、三叠系、侏罗系和白垩系的地层沉积，各层之间均以不整合接触。在大单斜背景上，平行于褶皱山系的克—乌断裂是一个推覆型的大逆掩断裂带，其走向为北东—南西向，倾向西北，倾角上陡下缓，海西期、印支期克—乌断裂均有活动，因此它控制了西北缘地区二叠系、三叠系、侏罗系的地层沉积及上下盘中油气的分布。

九区南自下而上沉积的地层有三叠系克拉玛依组（T_2k）、白碱滩组（T_3b）、侏罗系八道湾组（J_1b）、三工河组（J_1s）、西山窑组（J_2x）、齐古组（J_3q），白垩系吐谷鲁组（K_1tg）。其中石炭系与克拉玛依组、白碱滩组与八道湾组、西山窑组与齐古组、齐古组与吐谷鲁组之间均为不整合接触。齐古组超覆沉积在八道湾组或三工河组之上，与白垩系吐谷鲁组之间呈不整合接触。含油层系主要为齐古组、八道湾组和克拉玛依组。

2) 地层分布特征

根据岩性及电性特征，该区可以将齐古组地层自下而上划分为 J_3q^3 层、J_3q^2 层两个砂层组，该区 J_3q^1 层被剥蚀缺失。J_3q^3 层可进一步细分为 J_3q^{3-1}、J_3q^{3-2} 两个砂层。J_3q^2 层底部为指状高电阻率，自然电位负异常较大，为齐古组 J_3q^2 层在区域上分布的底砾岩，全区稳定分布，为标志层。J_3q^3 层顶部为明显的低电阻率，平直的自然电位，高伽马。J_3q^3 层底（齐古组底）与下伏地层之间为不整合接触关系，J_3q^3 层底部为块状高电阻率，自然电位负异常，与下伏低电阻率、高密度夹指状高阻的电性特征明显不同。

3) 油藏构造特征

九区南的区域构造特征表现为在克—乌断裂与西白碱滩—百口泉断裂之间发育有数条规模相对较小、走向大致与主断裂带平行或斜交的逆掩断层，将西北缘推覆体断开形成大小不等的断块，这是准噶尔盆地西北缘推覆构造带的推覆构造主体部分所具有的共同特征。这些断块在剖面上构成叠瓦式组合形态，在推覆体的顶部或浅部，断层和岩体的倾角较陡，向下逐渐变缓，形成凹面向上的"铲"状构造形态，最后所有断层都归并到同一断层面上。

4) 储层特征

齐古组地层在整个六区、九区都有分布，油藏埋深 30～340 m，沉积厚度 100～200 m，为辫状河流相沉积，自上而下分为 J_3q^1、J_3q^2、J_3q^3 三个砂层组，油层主要集中在 J_3q^2 砂层组的 J_3q^{2-2} 砂层。九区南部齐古组发育有 J_3q^2、J_3q^{3-1}、J_3q^{3-2} 砂层，其中 J_3q^{3-1} 为主产油层。

齐古组（J_3q）稠油油藏为一套辫状河三角洲相沉积，沉积厚度 30～60 m，由东向西沉积厚度逐渐减薄。储层主要含油岩性为中细砂岩、含砾砂岩、粗砂岩、粉砂岩。岩石颗粒为细—中粒，分选中—好，中等磨圆，平均胶结物含量 10%，泥质胶结为主，钙质胶结次之，胶结程度为疏松—中等。胶结类型大多属孔隙-接触式。孔隙类型主要为原生粒间孔，其次为粒间溶孔、粒内孔、胶结物内溶孔等。孔径在 37～600 μm，根据毛管压力曲线及其特征值将储层分为四类，前三类多分布于中、细砂岩中，为较好储层，第四类多分布于泥岩和砂质泥岩中，为较差储层。根据 37 口取芯井 1 230 块孔隙度和 797 块渗透率岩芯分析样品统计分析，油层孔隙度一般为 20%～36%，平均 30%。分析渗透率 $10 \times 10^{-3} \sim 10\ 000 \times 10^{-3}\ \mu m^2$，平均 $1\ 780 \times 10^{-3}\ \mu m^2$，属高孔、高渗透储集层。

2. 生产动态特征

九区南检 230 井区齐古组油藏 2000 年 8 月份以 100 m×140 m 反九点井网大规模投入开发，目前全区总井数 207 口，共有采油井 117 口，完钻未投井 85 口。至 2002 年底，吞吐开采平均进行了 2.9 轮，累积注汽 48.143 1×10^4 t，产油 27.606 7×10^4 t，产水 52.133 0×10^4 t，综合含水 65.4%，油汽比 0.57。

根据试油测压资料分析，九区齐古组原始地层压力为 2.49 MPa，压力系数 1.04。原始地层温度为 19 ℃，油藏类型为断裂遮挡的岩性圈闭浅层稠油油藏。齐古组原油黏度由西南向东北增大，按黏度大小分为普通稠油、特稠油、超稠油。平均地面原油密度为 0.939 g/cm³，20 ℃时地面脱气原油黏度 15 100 mPa·s。地层水为 $NaHCO_3$ 型，氯离子含量 1 127～7 349 m g/L，矿化度平均 5 582 mg/l。

3. 地质任务

九区南部储层预测与油藏综合评价中的主要问题有：①测井资料解释难度大、精度低。由于岩石的胶结程度和矿化度在纵横向上变化快，四性关系复杂，利用阿奇公式计算的含油饱和度误差大。②油水分布关系不明朗，平面上没有统一的油水界面。由于非均质差异，在油置换地层水过程中非均匀置换或置换不充分，造成大量的封存水仍保留在地层中，再加上稠油与水的密度接近，使得油水分异不充分，油水关系复杂。

针对以上问题，在九区南稠油热采区进行四维 CSEM 试验，完成以下工作。

（1）九区南齐古组含油性和油水分布（剩余油平面分布状况）。

（2）辫状河道砂体横向变化和沉积相特征。

（3）蒸汽驱动态效果分析，对汽窜情况和主力运移通道进行评价，为调剖、控关和调堵措施提供依据。

4. 资料采集

试验的观测方案采用 LOTEM。由于受仪器及采集技术的限制，常规的 LOTEM 在电道采集方面存在困难，同时在解决 DC 漂移方面也无良策。随着电磁勘探仪器和信息处理技术的发展，电参考处理方法的提出与实现，阵列电道采集与处理成为现实。为此，长江大学与加拿大凤凰地球物理公司联合研发了阵列式 LOTEM 的硬件系统 YUTEM，包括大功率发射机和阵列三分量（e_x、e_y 和 ε_z）采集站和自主研发的资料处理软件系统 YUTEM^{TM}。多分量阵列采集提高了信息密度，为提高 LOTEM 的分辨能力和降低反演解释的非唯一性奠定了基础。电场分量的观测与处理是 YUTEM 系统的特色。

观测系统的野外布设如图 9.13 所示，图中红色点位为规则井网，井间距约为 100 m。电磁测点布设于矩形井网格的中心（蓝点），构成点距约 140 m、线距约 50 m 的测网，共布设有 201 个测点，测线 x 方向为北偏东 45°。发射源布设于测区的东南方向（图中源的位置仅为示意），源偶极长度 1 600 m，距测点最小偏移距约 5 700 m。发射半占空双极性方波，周期 32 s，电流强度 25 A。

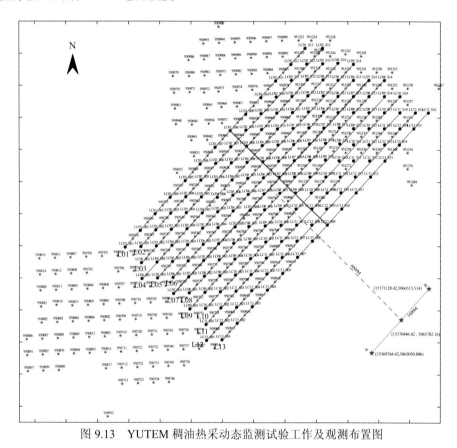

图 9.13　YUTEM 稠油热采动态监测试验工作及观测布置图

为了进行动态监测，在同一测区进行了两次数据采集，时间间隔为 3 个月。为了保证不同时间采集时观测装置和采集参数保持不变，对每个测点的极罐进行了编号，极罐埋设位置都做了明显标记，特别是发射接地极还做了永久性标记。每次测量过程尽可能在较短时间内完成，且在观测时间段内天气条件没有明显的异常。

由于是油田开发区，测量时区内泵机运行照常运行，而测点为井所包围且距离很近，所以工业用电干扰严重，磁场分量难以获得有效的观测数据。测区内浅地表管网纵横交错，对电场分量也会引起静态偏移的局部电性异常体。通过四维资料的变差处理，只要在两次测量间隔内管网的分布没有发生变化，就可以消除地面观测电场静位移影响。

5. 资料质量分析

图 9.14 是由试验区前后两次观测的电场 e_x 分量数据转换得到的早期视电阻率的对比，其中图 9.14（a）是 L01_02 的早期视电阻率曲线对比，图 9.14（b）是 L05 测线的

早期视电阻率拟剖面。由于采用 32 s 的方波周期，可以处理得到 8 s 的衰变信号。由于晚时有用信号很弱，且测区干扰很大，尽管采用多次叠加，但晚时的信噪仍较低。目的层埋深较浅，只需要用 1 s 以内的信号即可。

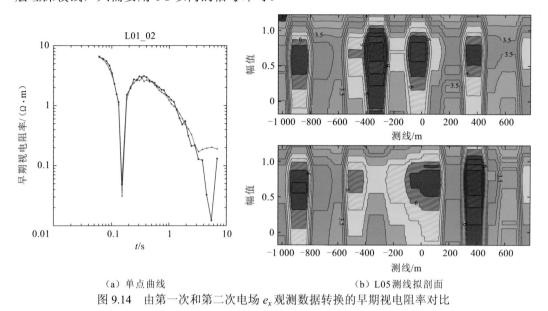

（a）单点曲线 　　　　　　　　　　　　（b）L05 测线拟剖面

图 9.14　由第一次和第二次电场 e_x 观测数据转换的早期视电阻率对比

从图 9.14（a）所示的测点 L01_02 的两条早期视电阻率曲线可以看出，该测点前后两次观测的结果在 2 s 以前资料的信噪比较高，两次观测曲线的一致性也令人满意。除形态一致性外，也可以看出幅值并不完全重合，可能是地下电性变化的反映，此电性变化与蒸汽驱实施前后地下储层的电性变化相关。由于该测区目的层埋深较浅（约 600 m），而早期视电阻率曲线可以较好反映浅层的电性变化，所以在解释中要重点关注早时（<0.1 s）视电阻率的差异。

图 9.14（b）所示是 L05 测线两次观测资料转换得早期视电阻率拟剖面的对比图，为了对比，绘图是没有对数据进行任何平滑，所以测线上各点数据的差异得到突出显示。总体上看，该测线两次观测结果反映的电性特征基本一致，但整体上有细小的差异，个别测点或测线段也呈现有突出的变化。−1 000～−400 m 测线段上测点两次观测结果幅值及变化关系基本相同；−300～100 m 测线段上测点两次观测结果的幅值差异较大，部分测点呈现出相反的变化关系；100～600 m 测线段上测点两次观测结果幅值及变化关系也基本一致，只 400 m 处的测点幅值有增大。从整条测线的结果进行评价，可以认为前后两次观测的资料主体上体现了较好的一致性，但也有部分测点或测线段呈现出不同程度的差异。图中的一致性表明观测资料的可靠性和可用性，而差异性在排除干扰因素外可认定是地下电性变化的反映。

此次试验是在井网密集的油田开发区进行的可控源电磁资料采集，对观测资料质量及一致性的评价，可认为通过精心设计观测方案、精心布设与施工、精心处理资料，在强工业干扰区进行可控源电磁勘探是完全可行的。同时也证明，LOTEM 及自主研发的 YUTEM 系统适用于油藏的动态监测。

6. 反演结果及解释

1）反演电阻率及解释

把 $J_3q^{2\text{-}2}$、$J_3q^{3\text{-}1}$、$J_3q^{3\text{-}2}$ 和 $J_3q^{3\text{-}2}$ 下当作 4 个电性目的层，对地面四维电磁数据进行反演（采用共轭梯度法），可得 4 个层位的电阻率平面分布。第一次和第二次观测得到的各层位电阻率平面图如图 9.15 所示。

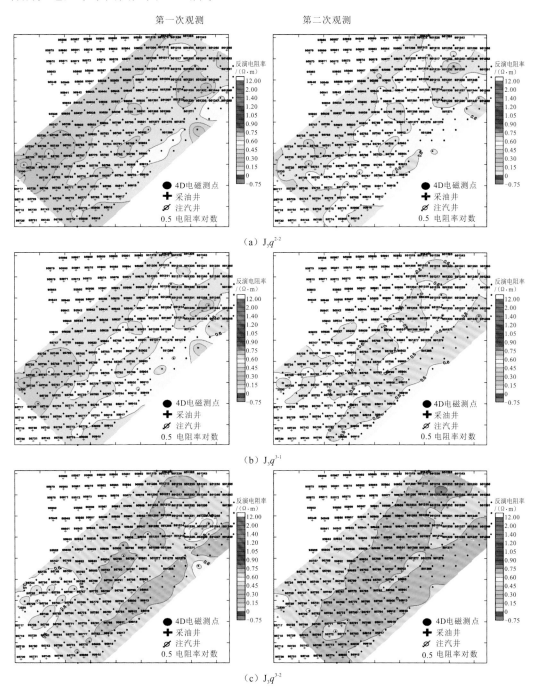

（a）$J_3q^{2\text{-}2}$

（b）$J_3q^{3\text{-}1}$

（c）$J_3q^{3\text{-}2}$

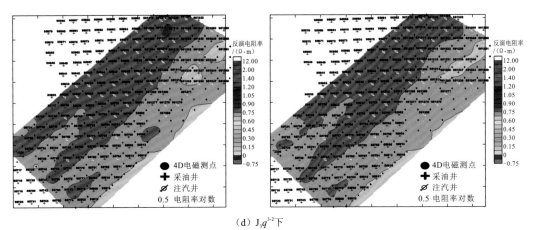

(d) J$_3$q$^{3\text{-}2}$下

图 9.15　由第一次和第二次观测资料反演得到的齐古组各层位电阻率平面图

从图中可以看出，对于 4 个层位，每一个层位前后两次监测的电阻率平面图总体分布形态相似，电阻率变化相对幅度并不大。注汽后，各层位电阻率在整个注汽区域相对于注汽前均有所上升，这是对高阻蒸汽的客观和直接反映。射孔段主要在 J$_3$q$^{2\text{-}2}$、J$_3$q$^{3\text{-}1}$ 和 J$_3$q$^{3\text{-}2}$ 三个层位，尤其是层位 J$_3$q$^{3\text{-}1}$ 为主力油层，这三个层位的电阻率变化是明显的（虽然幅度不大），而 J$_3$q$^{3\text{-}2}$ 下的电阻率几乎没有变化。

根据反演电阻率分布可以对剩余油分布状况进行预测。因为当地层中当前状态下矿化水（混合液）电阻率不变时，地层电阻率与剩余油饱和度有正相关关系，所以，第一次监测的各层位电阻率基本上反映剩余油分布的情况。而第二次监测的结果受蒸汽的影响，地层中矿化水（混合液）电阻率改变，故不是能很准确地反映剩余油分布，但分布形态同蒸汽驱前的分布非常相似。图 9.15（a）所示为 J$_3$q$^{2\text{-}2}$ 层位第一次监测电阻率分布，图中电阻率值较高的黄色区域可以圈定出剩余油饱和度较高的 3 个区域为：以 951218 和 951235 井为中心的区域、以 951247 和 951248 井为中心的区域及以 95904 和 95913 井为中心的区域。图 9.15（b）显示的是 J$_3$q$^{3\text{-}1}$ 层位第一次监测电阻率分布，图中电阻率值较高的黄色区域可以圈定出剩余油饱和度较高的 4 个区域为：以 951218 和 951235 井为中心的区域、以 95784 和 95790 井为中心的区域、以 951247 和 951248 井为中心的区域及以 95904 和 95913 井为中心的区域。此层位为本区的主力层位，相比较于 J$_3$q$^{2\text{-}2}$ 层位，此层位剩余油饱和度更高，有效面积也更大。从图 9.15（c）的 J$_3$q$^{3\text{-}2}$ 层位的电阻率平面图可以看出，该层位的剩余油饱和度分布形态同 J$_3$q$^{3\text{-}1}$ 层位较为类似，面积较上一层大，电阻率相对高的原因可能是此层位底部为块状高电阻率层。

2）电阻率变化平面图及综合解释

根据四维电磁观测的电阻率变化平面分布状态和蒸汽驱运移规律，可以分析注汽井组的蒸汽推进和突进方向、平面状态及推进速度，同时可提出相应的注汽参数调整及汽窜方向控制措施。

根据图 9.11，由于蒸汽为高阻，蒸汽波及处地层温度通常也会升高，故电阻率变大的区域主要对应蒸汽波及区域或汽窜通道，基本上是对温度场分布的反映。热水带电阻率可能变高也可能下降（视处于 U 形曲线的位置），生产井口电阻率下降的可能性大。

根据两次监测结果的电阻率平面图，可以绘制出两次监测时间段（约 3 个月）内电阻率变化的归一化变差平面图。由于 J_3q^{3-1} 是本测区的主力层位，图 9.16 仅给出该层的电阻率归一化变差平面分布。从图中可以看出，两次观测电阻率变化明显。由于两次观测是在注汽前后进行的，所以电阻率变化主要表现为变大（变差>1），是符合蒸汽为高阻的规律的。电阻率上升幅度相对较小的区域大部分落在注汽井井口周围，这是因为蒸汽注停后一段时间内，一方面蒸汽往四周扩散，另一方面蒸汽逐渐冷却，导致注汽井口周围电阻率有所降低。电阻率上升幅度相对较高的区域大部分在开发井井口周围，这是蒸汽和驱替的稠油往生产井快速运移、突进（推进）的结果。

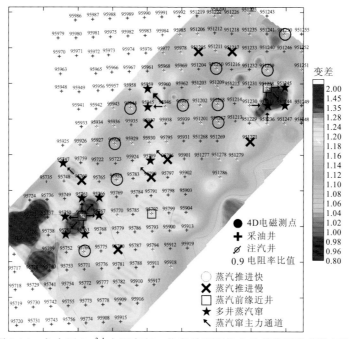

图 9.16　主力层 J_3q^{3-1} 电阻率归一化变差平面分布及蒸汽运移规律解释

有些注汽井周围电阻率变化正异常呈条带状，表明蒸汽的突进具有方向性。若注汽井与下游井相通，则表明有可能注汽井与下游井之间将要或已存在汽窜。由于对汽窜引起电阻率变化的大小目前还没有非常精确的定量化指标，推测的汽窜情况可能含有两种状态：蒸汽驱前缘已突破和蒸汽驱前缘将要突破的前期征兆。

有几口特别的井或几片区域电阻率有所降低。电阻率降低主要以总的含水饱和度增大为前提。电阻率变小的原因可能是原油被驱走，也可能是蒸汽降温所致。

由图 9.16 可以推断出蒸汽推进速度快的有 10 口井（符号〇标注）。这些注汽井由于蒸汽推进速度较快，井口周围相对于周边区域电阻率上升不大（增幅相对较小）。对这些注汽井宜采取下调注采参数的措施。

由图 9.16 也可以看推断蒸汽推进速度较慢的井。由于蒸汽推进速度较慢，注汽井井口周围相对于周边区域电阻率上升幅度差不多，在井口周围电阻率变化（增大）幅度中等。根据此特征由图中大致可识别蒸汽推进较慢的共有 8 口井（符号×标注）。对这些注汽井宜采取上调注采参数的措施。当然，若蒸汽推进速度不是太慢，即表明蒸汽驱正常，不必一定要采取调整措施。

由图 9.16 可以识别出蒸汽前缘仅在近井的 3 口井，如图中标有符号□者。由于蒸汽推进速度特慢，这些注汽井井口周围相对于周边区域电阻率上升最大。对这些注汽井宜采取吞吐引效的措施。

由图中还可使推断有 13 口井发生了多井蒸汽窜，如图中标有符号★者。这些井在井口（含注汽井和生产井）周围电阻率变化（增大）很大，且有多口互相串通。对这些注汽井宜采取定期控关措施。对其中蒸汽窜严重的 5 口井宜采取封堵（化学堵剂或水泥）的措施。

对 J_3q^{2-2} 和 J_3q^{3-2} 两个层位也做了上述类似的解释，并提出了相应的开发调整措施的建议，这里不详细介绍。

7. 应用效果

依据上述解释结果提出了注汽参数调整及汽窜方向控制措施，现场采用后，初步见到了效果。

（1）对蒸汽推进快的 10 口油井采取下调采油参数后，日产液下降 20%，含水下降 11.8%，日产油上升 5.7%。

（2）对蒸汽推进慢的 8 口油井采取上调抽油参数后，日产液上升了 11%，日产油上升了 4.1%。

（3）对蒸汽前缘仅在近井的 3 口油井采取吞吐引效，注汽 2 000 t，采油 350 t，引效后 3 口油井井口温度出现上升。

（4）对多井蒸汽窜井影响的油井，采取定期控关措施，使蒸汽改向，有效配置了平面热力场分布。

（5）对蒸汽汽窜严重的井组，提出了高温封堵措施。

试验与实践表明，四维电磁法油藏动态监测的方法原理正确，资料质量和解释结果可靠，提出的措施针对性强，有效提升了薄层稠油汽驱开发的效率，野外方法试验达到了预期的效果。

9.2.3 应用实例 2：辽河曙一区 SAGD 热采区动态监测

蒸汽辅助重力驱油（steam assisted gravity drainage，SAGD）技术是热力开采稠油资源的最有效方式之一。SAGD 常用的方案是在油层中上部的水平井或直井中注入高温蒸汽，将井周的稠油加热使其黏度降低、流动性增强。在重力的作用下，加温降黏后的原油与蒸汽冷凝液一起流向油层底部的生产水平井。SAGD 技术在蒸汽吞吐和蒸汽驱效果不理想的情况下采用，具有驱替范围大、采收率高的特点。SAGD 技术的关键在于注入蒸汽的干度、能否形成有效的蒸汽腔和驱替系统。由于储层的非均质性，蒸汽在储层中推进不均衡，蒸汽腔发育状况不明。为此，利用四维电磁探测技术对 SAGD 工区进行动态监测，识别蒸汽前缘、监测蒸汽腔的大小及形状及动态变化、判断汽液界面及排液通道的动态变化等，可为 SAGD 生产部署和优化调整提供依据[6]。

1. 工区概况

工区位于辽河盆地西部凹陷斜坡中段曙光一区的 SAGD 热采先导试验区，其主要目的层为上古近系馆陶组油层，其沉积相为湖底扇和湿地扇，储层存在较强的非均质性，油藏埋深 550~1 150 m，含油面积 1.92 km^2，为一高丰度大型超稠油油藏。

工区开发初期主要采用直井蒸汽吞吐的开采方式，随着吞吐周期的增加生产效果变差，随后转换为 SAGD 方式开采。在 SAGD 蒸汽注采过程中明显存在蒸汽推进不均衡、腔囊形态不清和剩余油分布不明问题。储层流体分布不受构造高低控制，具有很强的非均质性；产油气水井与储层的连续分布和油气的充注条件密切相关。非均质问题的复杂性给剩余油高效开采带来较大的困难。针对以上问题，本次试验的主要地质任务为：①描述 SAGD 连续蒸汽注采的前缘和空间形态；②描述腔囊形态；③查明馆陶组剩余油分布；④进行馆陶组储层参数成像；⑤寻找有利油气区并提供钻井坐标。

对工区开展四维地震工作，其结果将对蒸汽注采的前缘推进规律、腔囊形态及剩余油分布等问题进行精细描述与预测。众所周知，所有地层物理参数中，电性参数（电阻率和电极化率）对地层孔隙中的流体性质（油、气、水）及其赋存状态最敏感，而地震方法不能直接探测储层中的流体变化。针对工区的特殊地质与地球物理要求，研究对流体性质敏感的电性参数；研究资料处理与解释新方法，提取强干扰背景下的电磁信号，定义能最佳反映非均质性的电性参数；进行以电磁资料为主，综合利用地震、测井和油藏工程所提供的多种储层信息进行约束反演和融合评价，完善用于稠油热采监测的可控源电磁探测方法技术系列。

工区夏季、秋季芦苇丛生，河流、沟壑纵横，无法开展试验工作。冬季是最佳的施工时机，但要克服冻土层和冰层影响，施工难度极大。工区丛式井及泵站、变电站、高压线、动力线与民用线纵横交错，电磁干扰强烈，如图 9.17 所示。在该工区进行可控源电磁勘探，能否获得有效的观测资料，对方法试验是一个挑战。

图 9.17　曙一 SAGD 试验区复杂地表条件与强烈的电磁干扰环境

2. 资料采集

本次动态监测试验的资料采集由长江大学的电磁团队实施，采用 YUTEM 系统。根据收集的测区电性资料建立模型，通过模拟实验设计了观测方案，设计的工区测点如图 9.18 所示。工区共设计 10 条测线，线距 75 m；每条测线布设 33 个测点，点距约 50 m，在开发油藏的井网中均匀分布，覆盖大约 1.2 km² 的范围。动态监测工区内当前在注汽的井 6 口，SAGD 开采试验区有 5 口水平泄流井（馆平 10～馆平 14），SAGD 区注汽井 16 口，SAGD 试验区外注汽（如蒸汽吞吐）井 12 口。发射源布设于测区的东北方向，与测线方向平行的接地导线长约 1 680 m，距测线最小偏移距约 1 500 m。在不采取任何停电措施的情况下，在强工业用电干扰的环境中，通过采取大功率电流发射、测量电场、多次叠加等措施，经过精心施工，成功在强电磁干扰环境下获得了有效的 328 个点的观测资料。

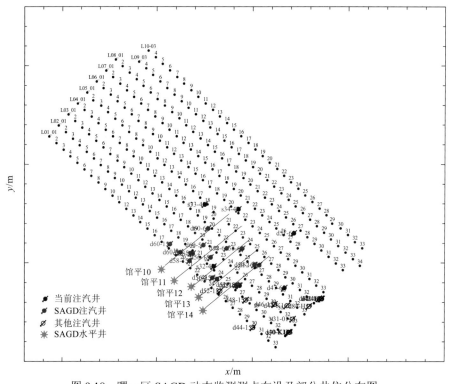

图 9.18　曙一区 SAGD 动态监测测点布设及部分井位分布图

3. 资料分析与处理

应用 YUTEM 系统对观测的时间序列进行逐点处理，在叠加时剔除噪声大的周期信号，对固定频率的工业干扰除叠加外再进行选频滤波。经过精心处理，获得了总体质量达到优级的观测数据。图 9.19 所示为经过处理获得的一个观测排列的瞬变电场数据 [图 9.19（a）] 和一个检查点（L01 测线 7 号点）的标准化电场数据的比较 [图 9.19（b）]。从图 9.19（a）中可以看出，一个排列的观测资料具有较好的一致性，即形态一致幅值各有小的差异，且整体上信噪比较高，由此能获得可靠的电阻率信息。由图 9.19（b）所示的检查点的数据曲线可以看出，同一测点在不同时间测得的响应曲线几乎完全重合，误差很小。实际上经过对工区内 10 个检查点的观测数据统计分析，所有检查点前后两次观测的数据均方差均小于 3%，达到了前述识别深埋薄层电磁响应异常的能力。

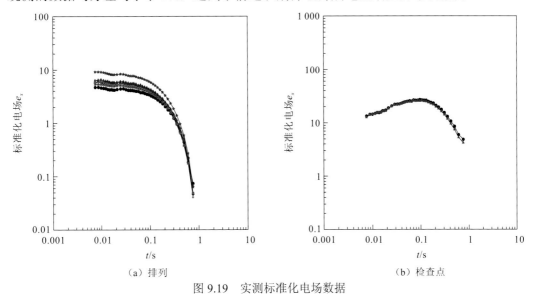

（a）排列 　　　　　　　　　　　　　　　　（b）检查点

图 9.19　实测标准化电场数据

4. 资料解释

经过对观测资料的处理后，应用时间域电磁资料的反演算法对测区的资料进行了反演，获得了具有较高分辨率的电阻率图像，并根据地震深度剖面和收集到的井位信息对各条电阻率剖面进行了初步解释。

图 9.20 所示为 L02 测线反演得到的电阻率剖面，从图中可以看出，反演电阻率剖面的连续性较好，分辨率高，在地下 700 m 左右的深度能够分辨出 10 m 左右的薄层。在没有任何约束的反演剖面中，电性分层及深度与测井资料吻合很好，与已知的地层分布基本一致。

电阻率为高阻的层可解释为油层，工区内的主力油层是馆陶组地层。根据测井资料馆陶组地层又可细分为 5 段 10 小层，即使是从地震剖面上也难以分得如此之细。所以根据地震资料将目标层分为两小层，第一层包含馆陶 1 段和馆陶 2 段（Ng1+2）；第二层将馆陶 3、4 和 5 段归并到一起（Ng3-5）。馆陶组上覆明化镇组（Nm）地层，下伏地层为沙河街组（Ns），与馆陶组不整合接触。从图 9.20 中可以看出，虽然馆陶组小层的顶底界面是根据地震资料绘出，但电阻率剖面本身也较好地定义了这些界面，而层内电阻率的差异恰恰反映了驱替的动态。

从图 9.20 中可以看出：馆陶组地层由北西至南东下倾；在北西端浅且薄，顶面埋深约 510 m，厚度约 130 m；在南东端顶面埋深约 560 m，厚度约 170 m。从电阻率剖面上看，馆陶组在北西端高阻均匀连续分布，到中段以后 Ng1+2 小层内的电阻率有高有低，变得不连续，这与图 9.18 中给出的井的分布对应。井的分布表明该试验区内稠油开发工

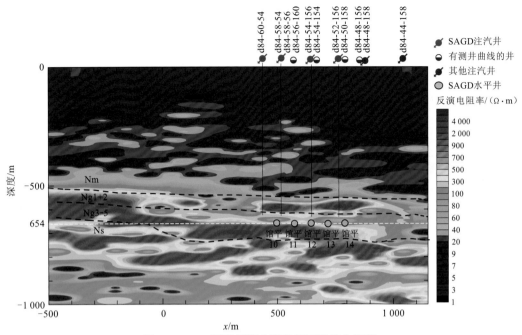

图 9.20 L02 测线反演电阻率剖面及综合解释

作主要集中在工区的南东部的部分地区，而北西部的资源还没有动用。在 Ng1+2 小层的中段，有大约 200 m 的低阻段，在测线的最东南端，也有大约 250 m 的整个馆陶组地层显示为低阻层，说明这两段的稠油已在前期开采出来。

图 9.20 也给出该测线附近的部分 SAGD 注汽井及 SAGD 水平泄流井的位置，水平井的垂直深度为 654 m。一般水平井在两排垂直注汽井之间布设，与注汽井的垂直距离约 20 m 左右。注汽井的底部均在高阻层位的底界面附近，与泄流水平井之间总体为低阻，但也显示出有小的电阻率扰动。精细的解释需要结合测井资料和开采动态信息进行分析，因为蒸汽腔和未采出的油层均显示出高阻异常，只有在蒸汽已凝结为水的层段，或油已采出而被地下水驱替的层段才会显示为低阻异常。所以注汽井底端显示为低阻，表明地层中的稠油已在有效地降黏后流入水平井中。注汽井穿过的 Ng1+2 小层仍显示为高阻，说明这一段的地层中有未采出的剩余油，而 Ng3-5 小层中仅采出了上部一小部分。

图 9.21 所示为 L03 测线的反演电阻率剖面及解释结果。剖面反映的电性特征及分层情况与 L02 测线的结果基本一致。总体看，反演电阻率剖面的连续性好，分辨率高。图中也给出了测线附近的 S1-034-45 井的电测井资料，可以看出，反演得到的高电阻率分层与测井资料显示的馆陶组的高阻层吻合很好。由该井往剖面的北西段，整个馆陶组地层高阻分布连续，说明这一段地层中的稠油资源还未动用；而由该井往剖面的南东段，Ng1+2 小层的电阻率显示为连续低阻层，表明该小层的这一段已无剩余油。

图 9.22 给出的是反演电阻率在地下深度为 570 m 处的切片图。虽然测区内的目的层位由北西向南东倾斜，但这个固定深度切出的剖面图均在馆陶组地层的 Ng1+2 小层内，北西端接近小层的底部，南东端接近小层的顶面。该深度还未达到 SAGD 注汽井的注汽段，图中的电阻率差异主要反映了经过前期开采后的剩余油分布情况。由图中可见：工区 s33-48 井以西的部分，电阻率呈连片高阻，说明该部分的稠油还未被采出；该井以

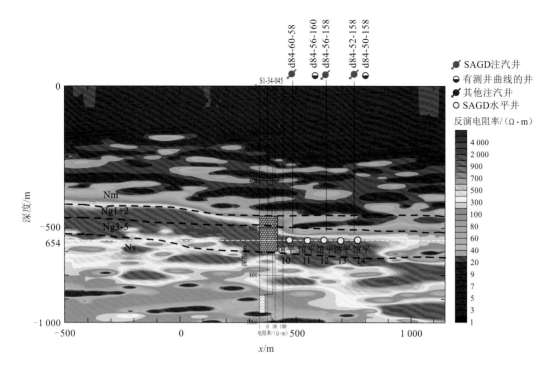

图 9.21 L03 测线反演电阻率剖面及综合解释

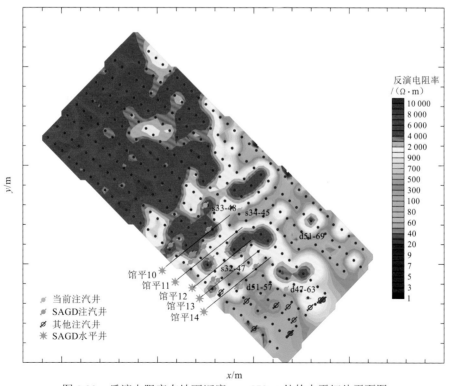

图 9.22 反演电阻率在地下深度 $z=-570\,\mathrm{m}$ 处的水平切片平面图

东地区的高阻分布主要反映了在 Ng1+2 小层内的剩余油分布；工区的东南角，其他注汽井密布，开采程度最高，电阻率呈连片低阻。在工区南东段由测线 8-10 控制的地区电阻率普遍较低，中间有个别高阻点残留，表明这一地区的开采程度也较高，但可能还有少量的剩余油分布；该段其他地区的电阻率以高阻为主，间夹有低阻带，表明油层被分割，但剩余油相对较多。

图 9.23 所示是地下深度为 640 m 的反演电阻率水平切片平面图。该深度在北西端位于馆陶组的底界，在南东段则位于 Ng3-5 小层的中上部，同时也位于注汽井底端和水平泄流井之间，所以该深度的电阻率分布除反映剩余油的分布外，还可能指示蒸汽腔的存在。从图中可以判断，6 口在注的注汽井中，s33-48 和 s32-47 这两口井周边电阻率明显增高，因此这两口井底端附近为油藏包围，蒸汽注入后在井周形成蒸汽腔并稳定向外扩展，位于其他井或地层水形成通道。而 d51-69、d54-57 和 s32-47 这三口井井周的电阻率明显低于井附近的电阻率，说明井周的稠油可能已采出，这样蒸汽注入后可能已通过优势通道窜进，未在油藏内形成蒸汽腔。井 d34-45 附近的电阻率西侧高而东侧低，与图 9.22 中所示的电阻率异常模式基本一致，可能是地层的非均质性或断层的隔挡，导致蒸汽注入后向东侧推进快，未对西侧的稠油起到作用。

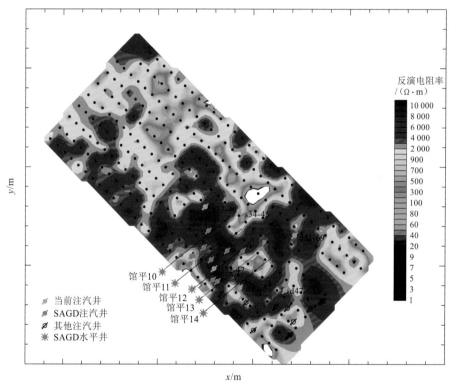

图 9.23 反演电阻率在地下深度 $z = -640$ m 处的水平切片平面图

5. 试验结论

通过本次方法试验，可以得出以下结论。

（1）在强工业干扰的区域，使用大功率（大于 50 kW）发射源发射，采用抗干扰能力强的 YUTEM 系统采集，并采用有效的抗干扰处理技术，可以在油田开发区强电磁干扰环境下获取高品质（误差<3%）观测资料。经过后续的资料处理与解释，可实现储层的高分辨率成像，进而能够实现储层描述和流体识别。

（2）资料处理与反演结果表明，在未加井和地震资料约束条件下反演得到的结果，层位位置和层内电阻率变化均与已知资料吻合，方法的分辨能力可达 3%（即 1 000 m 下的 30 m 的异常层位），对高阻油层及汽腔腔囊可以分辨和识别。相信通过与地震资料结合，同时利用测井资料约束，可获取更高分辨率的反演结果，更可靠地获得汽腔腔囊分布信息和圈定剩余油。

9.3 涪陵示范区页岩储层压裂动态监测

9.3.1 问题的提出

工程压裂技术对非常规油气藏开发是不可或缺的，其主要目的是对储层进行改造，形成人造裂缝。压裂过程中裂缝的发育程度和模式将直接控制页岩气的开采量，压裂效果的好坏直接影响页岩气井的稳产高产。显然，监测压裂裂缝的走向、长度不仅能验证压裂效果、了解裂缝形态、分析裂缝泻液状况，还可分析地层主应力分布方向，对页岩气开发有着重要的指导作用。常规的时移地震、井间地震成像、储集层物性动态变化空间分布规律研究技术和井间电磁波 CT 技术已应用于油藏动态监测。这些方法技术不但成本十分昂贵，而且目前在我国真正应用成功的例子也不多。此外，南方地区地表及表层地质情况复杂，地震资料品质较低，时移地震难以有效监测压裂效果。电磁方法对压裂过程中液体的走向、体积的大小变化而引起的电性变化是敏感的，因此将电磁勘探技术应用于非常规油气藏储层改造动态监测，有助于提高采收率，应用前景潜力巨大。

与无源的大地电磁勘探方法相比，有源电磁勘探方法，特别是瞬变电磁法对电性层的反映更灵敏。对井-地观测方式而言，电磁源置于井中，此时的具有宽频带的时间序列提供了比其他无源单频方法更多的信息；同时，有源电磁方法具有分辨率高、信噪比强和工作效率高等优势。因此，有源电磁勘探方法，如复合源电磁勘探方法、井中电磁剖面法（VEMP）、CSAMT 法和 TEM 法，可作为油藏动态监测与描述的首选方法。时移电磁勘探技术将实现对非常规油气藏储层改造的裂隙、走向、体积变化等参数进行数值描述，并从电性的角度实现三维和四维动态成像[7]。

9.3.2 试验区地质与地球物理特征

涪陵焦石坝北临长江，南跨乌江，属山地丘陵地貌，构造主体区页岩气层底埋深 2 250～3 500 m。焦页 51 井组计划在 2016 年初完钻并进行水压裂，选择在该井压裂期间进行可控源电磁法压裂动态监测的方法试验。

1. 涪陵焦石坝页岩气储层构造模型

通过钻井、地震资料构建初始构造模型的方法，利用该区已有的志留系和五峰组底界面地震反射深度图，以及 15 口井的钻井分层数据表，对志留系和五峰组底界面深度值采用地震反射深度图进行数字化获取。对于上部其他层位深度数据，采用钻井分层数据网格化获得。考虑相同的岩性和相同的电阻率层位合并，最终采用 6 套地层 5 个界面的构造模型，如图 9.24 所示。

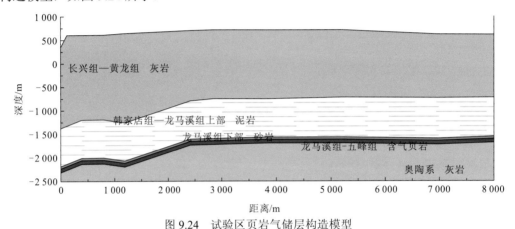

图 9.24　试验区页岩气储层构造模型

2. 涪陵焦石坝页岩气储层电阻率特征

测井资料用来评价页岩的理论依据是页岩含有大量的有机物质，使其具有不同于其他岩石的物性特征。一般情况下，有机碳含量越高的页岩层其物性特征差异越明显，在测井曲线上的异常反映就越大。通过页岩气实测曲线可以清晰地发现其测井响应特征：在双侧向电阻率上反映为低值，相对于泥岩层具有高值。一方面，页岩层的泥岩含量高，而泥岩的导电性较好，页岩层电阻率反映为低值；另一方面，富含有机质的页岩层含有导电性较弱的烃类，在电阻率曲线上相对泥岩表现为高异常。涪陵焦石坝页岩气地区测井电阻率值与岩性具有很好的对应关系，电阻率由大到小依次为灰岩、砂岩、含气页岩、泥岩。在第 8.4 节中给出的表 8.5 是焦页 1 井深测向测井电阻率统计结果。从表中可以看出：灰岩电阻率最高，一般大于 $1\,000\,\Omega\cdot m$；泥岩层的电阻率最低，约 $35\,\Omega\cdot m$；含气页岩层的电阻率略高于泥岩层，约为 $42\,\Omega\cdot m$；含气页岩层与围岩的电性差异明显。

3. 压裂液的电性特征

水平井技术和水力压裂技术是页岩气开采的核心技术，水力压裂中采用的滑溜水压裂液体系以其高效、低成本的特点在页岩气开发中广泛应用。滑溜水压裂液体系具有低黏度、降摩阻的特点，通过压裂可提高页岩气层渗透率、增加导流能力、减少地层伤害、优化生产条件、满足经济开发的目的。滑溜水压裂液中 98.0%～99.5% 是混砂水，添加剂一般占滑溜水总体积的 0.5%～2.0%，包括降阻剂、表面活性剂、阻垢剂、黏土稳定剂及杀菌剂等，其中约 0.05% 的 KCl 添加对压裂液的电性有明显的影响。

在试验区收集压裂液样品，在实验室进行复电阻率测试，结果如 8.4 节中的图 8.44 所示。基本特征是电阻率幅值很低，一般在 1 $\Omega\cdot m$ 左右，最大也只有 6.5 $\Omega\cdot m$，相位变化明显（1°～3°，或 35～105 mrad），说明压裂液具有低阻与高极化特征。页岩层被压裂并注入压裂液后，其电阻率会明显降低（大约至 10 $\Omega\cdot m$），这种变化有利于可控源电磁法实现动态监测。

9.3.3 野外资料采集

试验区位于涪陵国家页岩气示范区，测区位置如图 9.25（a）所示。压裂井位于黔江北面，其水平井段埋深约 3 000 m，由北向南延伸。压裂监测试验区选择在规划压裂井段的 6-9 压裂段的正上方，如图 9.25（b）所示。测区设计布设垂直于水平井方向的测线 8 条，点线距均为 50 m，每条测线长 1.4 km，总测点 224 个。发射参数为接地导线源长度 4 km；最小收发距 5 km；发射电流 65 A；发射波形为 TD50 半占空方波，方波周期 8 s。

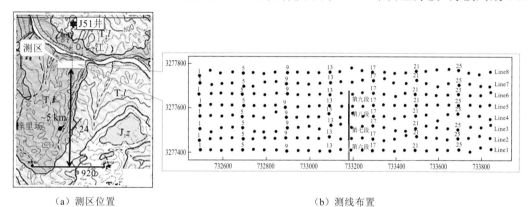

（a）测区位置　　　　　　　　　　　　　　（b）测线布置

图 9.25　YUTEM 压裂监测野外布置图

为了成功实现可控源电磁法压裂监测，压裂生产、采集布置与发射源多方的相互协调和协同配合是前提保证。通过精心组织，在礁页 51-5HF 的 6、7 和 8 三个压裂段成功进行了可控源电磁压裂动态监测的数据采集，获取了压前、压中及压后三个时段的时间序列数据，每次监测时间长达 3 h 以上，为时移数据处理提供了高质量的数据。

9.3.4 资料处理及结果分析

1. 观测资料分析

试验区虽然地处山区，但观测资料中还是有明显的工业干扰。经过 YUTEM 系统的滤波和叠加处理，得到信噪比较高的时间衰变曲线。图 9.26 给出了测线 L1 中的 4 个测点（s13、s14、s17 和 s18）由所观测的电场响应转换得到的视电阻率曲线，同一测点的三条曲线分别为第 7 段压裂前（十字线）、第 7 段压裂后（圆点线）和第 8 段压裂后（倒三角线）的观测处理结果。总体上看，曲线形态基本一致，早时信号强，信噪比高，晚时的信号弱，信噪比变差。衰变曲线在大约 30～50 ms 的时间段出现一小的异常变化，异常段的视电阻率约为 10～20 $\Omega\cdot m$，其变化发生的时段和变化模式均与图 8.41 所示的理想模型模拟的结果基本一致，可以确认该异常为深部页岩储层经压裂后地层电阻率发生变化的反映，也证实了此次试验观测资料的有效性。

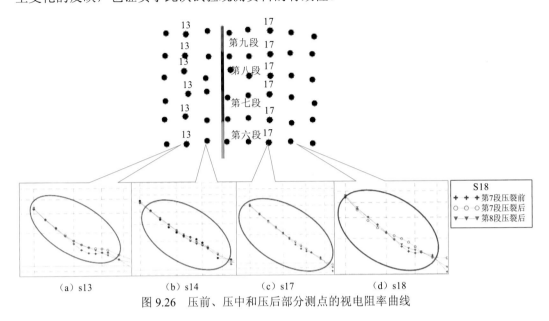

图 9.26　压前、压中和压后部分测点的视电阻率曲线

2. 时移残差处理结果

基于前述时移处理方法，根据分段观测的电磁资料计算时移归一化变差数据和变差梯度，并进行了成像处理。图 9.27（a）所示分别为第 6、第 7 段压裂后的归一化变差梯度和 6～8 段压裂后观测数据的归一化变差梯度分布图。深部水平井中压裂段在地面对应的位置由图中测区中央的颜色垂线显示出，由下往上的蓝-红-蓝线段分别对应第 6～8 压裂段的位置。第 6、第 7 段压裂时共注入压裂液大约为 3 800 m^3，第 6～8 段压裂共注入压裂液大约为 5 600 m^3，压裂液的注入使储层的电阻率发生显著变化。从图中可以看出，压裂造成的页岩储层电阻率变化产生了在地面可观测和识别的电磁场异常。由第 6、第 7 段压裂完成后观测资料的归一化变差梯度分布图可以看出，压裂电阻率变化沿井段展布的范围与压裂井段基本对应，但在径向展布上具有不对称性：左边（或井西侧）的变差异常较明显，分布范围较大，最大半径延伸至 300 m 左右；右边（井东侧）电阻率异常相对较小，半径延伸至大约 220 m。此外，由井西侧的异常最大值的径向展布可以看出，异常最大值大致呈西偏北 25° 方向延伸。这指示了压裂造缝方向上的差异，即在西偏北方向上有突进；同时也指示了该页岩储层的地应力方向可能为北东—北西方向。

第 8 段压裂完成距第 7 段压裂结束时间上仅相差 8 h，但该段压裂注入压裂液 1 850 m^3，造成的电阻率体积性异常更加突出。由第 8 段压裂结束后观测的电场响应获得的归一化变差梯度分布图可以看出：该段压裂结束后页岩储层的电阻率变化反映出的变化范围对应扩大；沿井段展布方向仍然与压裂段具有良好的对应性，在径向展布上，电阻率变化的半径也有所扩大，在井的西侧扩大至约 400 m，东侧扩到大约 260 m。该径向深度的变化可能部分是第 8 段压裂造缝的效果，也可能包含压裂液随时间推移对前段压裂产生的微裂隙深度侵入的结果。该段电场归一化变差梯度显示的异常最大值指示的方向各向异性与前段的结果一致，且更加突出。

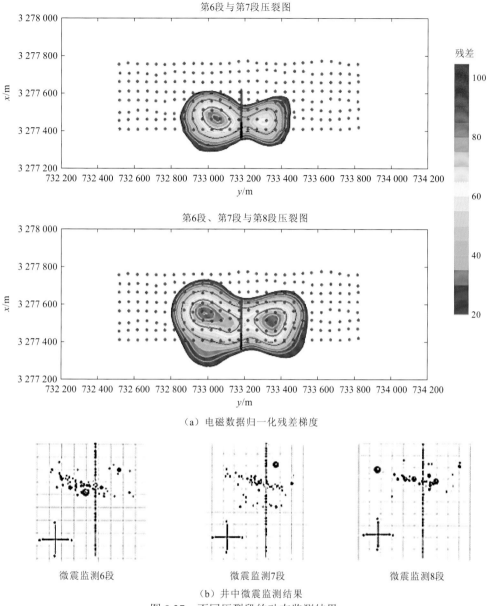

（a）电磁数据归一化残差梯度

微震监测6段　　　　　　　微震监测7段　　　　　　　微震监测8段

（b）井中微震监测结果

图9.27　不同压裂段的动态监测结果

　　图 9.27（b）所示为收集到的不同压裂阶段井中微震的监测结果。微震监测主要记录的是各压裂段产生裂缝的微震事件，而电磁监测结果给出的是各段压裂造缝后对地层电阻率改变的累积效果。由图中可以看出，三个压裂段的造缝特征与电磁法监测的结果基本一致。第一，裂缝的发展具有径向不对称性，井西侧裂缝延伸的范围较大，最大半径延伸至 400 m 左右，而井东侧裂缝延伸范围相对较小，主体裂缝在 200 m 左右，有个别裂缝的径向距离达到 300 m；第二，各压裂段的裂缝事件均显示为向西偏北方向延伸，突进方向约 25°。

　　由以上由观测的电场数据处理得到的归一化变差梯度成像结果显示，电磁法压裂监测结果直观地展示了页岩储层水力压裂的状态和效果，间接指示出地下应力场的方向。

解释结果符合该区域的地质规律，与井间微震所获得的认识基本一致，为下一步生产布井和调整压裂方案提供了依据。

3. 井-震建模与约束反演

多地球物理场融合最终体现在地质模型中，测井和地震勘探的资料已是地质建模中必不可少的信息，本小节探讨将电磁资料融合于地质建模的可行性和实现方法。首先应用 Petrel 软件，输入有关的测井分层信息，就可实现三维构造建模。然后在构造模型的基础上，输入有关地层属性的参数，对三维几何网格的属性参数赋值，实现属性建模。最后用高斯序贯模拟法建立相模型，相建模主要依赖于数据分析的结果，将电磁法资料输入模型，并根据建模算法进行插值和分析，即可获得电磁数据建模。初步应用的结果表明，将测井与电磁资料融合于地质建模中是可行的，建立的相模型基本上可用于显示实际储层的情况，这对于三维精细建模方法的多元化具有一定的意义。储层建模是油藏精细建模的核心，所以基于电磁资料的地质建模可以拓宽电磁资料地质应用的领域，为油藏地球物理提供新的方法。

收集和整理试验区的地震和测井资料，由地震解释结果构建深度界面模型、由电测井资料构建电阻率模型，如图 9.28 所示。

焦页1井

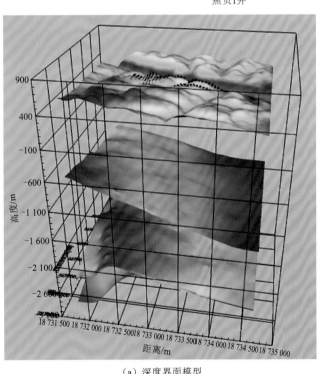

(a) 深度界面模型　　　　　　　　　　　(b) 电阻率模型

图 9.28　由地震资料建立的深度模型和由测井资料建立的电阻率模型

在反演过程中，保证界面深度和储层以外的所有层位的电阻率值几乎不变（10%），而目标储层的反演时的电阻率参数按 100% 变化，这样可实现用测井电阻率模型进行约束。图 9.29 是由第 8 段压裂后的观测数据反演的储层电阻率与第 6 段压裂前的观测数据反演电阻率之差的相对百分比。这个变差反映了压裂前后储层电阻率的相对变化，即 8 段压裂后压裂液的分布情况，其结果与归一化电场变差所得的结果[图 9.27（a）]基本一致。

图 9.29　约束反演电阻率的相对变化图像（6-8 压裂段）

　　将 Petrel 软件用于电磁等多源信息融合建模只是初步尝试，实际的应用还需要引入约束反演和多源数据分析算法。深入研究多物理场的融合模型和联合约束反演算法会进一步提高建模的精度和分辨率。

4. 试验结论

　　通过方法研究与野外试验，得到如下结论。

　　（1）岩石物理测试与研究表明，压裂液具有极低阻和高极化特征，页岩压裂过程中由于压裂液的作用，页岩储层改造后电阻率变低是可控源电磁法进行压裂动态监测的物理基础。

　　（2）在涪陵国家级页岩气勘探开发试验区进行了应用可控源电磁方法进行水压裂动态监测的方法试验。在压裂段上方布置 YUTEM 系统进行面积测量，在不同的压裂时间段进行观测，实现以 YUTEM 为主，多种方法联合观测的实时数据采集。通过加大功率和先进有效的信号处理技术，提高了信噪比，获得了高质量的时间序列数据，为高分辨率资料处理与解释打好了基础，保证了大于 3 000 m 的探测深度。

　　（3）研究应用了基于观测场量的时移归一化变差处理与成像方法和基于地震和测井资料约束的电阻率反演算法。时移变差成像方法无地形影响，且最大限度地消除了各种干扰，仅反映了地下因储层改造造成的电阻率变化，方法简单，分辨能力强。约束反演算法能充分利用地震的构造信息和测井的地层电阻率信息对电磁资料进行约束反演，大大提高了反演电阻率剖面的精度和分辨率。

　　（4）对焦页 51 井不同时间段压裂过程进行电磁数据采集和时移变差处理，获得了地下电性变化的动态图像，从中可以解释压裂液走向与空间展布，进而对压裂效果进行定量评价，可用于指导该地区的压裂施工和后期的高效开采。

　　（5）电磁法压裂监测技术既具有前沿性，又具有实用性。该方法具有物理基础明晰、施工成本低、监测效果好的优点。经过进一步成熟和完善，有望形成能推广应用的新技术。

9.4 大港油田勘探区储层流体预测

9.4.1 工区基本情况

本次方法试验的工区位于大港油田岐南斜坡带。工区地理位置如图 9.30（a）所示，位于黄骅南排河镇，距离天津市南 70 km 左右，工区横跨沿海高速。工区交通较为便利，但测区濒海，鱼塘分布广泛，部分充满水，工区地表条件如图 9.30（b）所示，野外数据观测站主要在鱼塘堤坝上布设。

（a）工区位置 （b）工区地表条件

图 9.30 工区位置及地表条件

岐口凹陷位于渤海湾盆地次级坳陷黄骅坳陷，由岐南和岐北两个次级凹陷构成。两个次凹均呈北翼陡、南翼缓，北深南浅的箕状不对称特征。岐口凹陷斜坡区具有宽展平缓、面积大的特点，占凹陷区面积的近二分之一。

岐南斜坡位于岐口凹陷西南部孔店—羊三木凸起和埕宁隆起过渡的斜坡区，北部受南大港断裂和张北断裂夹持，整体表现为二级坡折的大型缓坡带。在该斜坡区已钻遇的地层有第四系的平原组、新近系的明化镇组和馆陶组、古近系的东营组和沙河街组及中生界地层。其中在馆陶组、东营组、沙一段、沙三段有油气显示，尤其是沙一段和沙三段油气显示活跃。深层（埋深＞3 500 m）所揭示的地层主要为沙三段，沉积环境主要为辫状河三角洲，水下分流河道砂体为其主要的储集砂体类型，油气藏类型以岩性和构造-岩性油气藏为主。

勘探实践表明，岐口凹陷斜坡区具有良好的成藏背景：①古近系盆岭相间的古构造格局、多旋回的湖盆升降历史，与盆缘内物源的有机配合，形成了多种类型、分布广泛的地层岩性圈闭；②古近系湖盆演化的周期性造就了多套生、储、盖组合；③紧邻生油凹陷中心，油源条件优越；④勘探程度低，具有积极预探的潜力条件。

岐口凹陷是黄骅坳陷长期发育的继承性中央大凹陷，渐新世时期，黄骅盆地历经多次湖盆水体扩展，在古隆起的斜坡部位地层超覆沉积，形成了大量的地层尖灭线，多年的勘探实践表明，在凹陷斜坡区地层尖灭线附近赋存大量的隐蔽油气藏。已发现的隐蔽油气藏类型主要有不整合封堵油气藏、岩性上倾尖灭油气藏、地层超覆油气藏、砂岩透镜体油气藏和构造岩性油气藏等，这些油藏具有如下隐蔽性特点：①块小、层薄、连续性差；②构造破碎、幅度低、断裂复杂；③岩性组合复杂。因此采用多学科、多方法联合勘探，大胆应用新理论、新技术是突破歧口凹陷隐蔽油气藏勘探的优选方案。

9.4.2 野外资料采集

本次方法试验以阵列式 LOTEM 为主，采用前述的 YUTEM 系统进行野外资料采集[8]。

本测区可控源电磁勘探实施的难点为：①复杂地表条件：研究区鱼池遍布，沟壑纵横，水面覆盖面积广泛，且部分水塘堤坝被挖断，测线基本只能选在水塘堤坝上布设；②电磁干扰强烈：研究区内沿海高速穿过，且变电站、高压线、动力线与民用线纵横交错；工区南面还有大型火电厂和炼油厂，工业用电产生的电磁干扰强烈；③表层电阻率低：工区近滩涂，地表电阻率极低。不仅如此，工区地下地层也存在有巨厚的低阻地层，导致地表发射的电流很难穿透至深层。针对工区的强干扰和地表、地下地层电阻率低的特殊情况，为了获得高信噪比的晚时观测数据用于深部储层的评价，此次野外资料采集租用 200 kW 的大功率发射系统，包括发电机和大功率电流发射控制装置。在施工中，达到的最大发射电流接近 100 A，这样在发射与接收系统最大距离为 8 km 时，仍能保证在晚时有较强的信号。同时，延长观测时间，增加迭代次数，有效地压制干扰，提高信噪比，整体观测资料的质量达到 92.5%的优良率。

根据测区电性特征和地质任务要求，YUTEM 系统布设方式如图 4.14（b）所示。为了增加信号强度，电场测量用的电偶极布设从传统的首尾相接方式变为交错方式，这样极距增大一倍，可一定程度上提高信噪比。据测线的分布位置和 YUTEM 技术要求，发射源接地导线长约 2 700 m，偏移距约 4.5～7.6 km，方位角为近 83°。发射采用半占空双极性方波，这种波形可有效压制仪器和电极噪声影响。发射波形周期为 32 s，发射最大电流值为 90 A。接收端点距为 100 m，电极距约 60～100 m 不等。根据试验区地质构造情况，电磁方法试验测线已知构造走向大致垂直。根据现场难以施工的地表条件，布置长短 18 条测线，点距为 100 m，总设计测点约 411 个，测线总长约 41 km，测点位置如图 9.31 所示。

9.4.3 资料预处理

1. 处理流程

采集站记录的信息包括设置信息和全周期的瞬态波形，在室内进行资料后处理的主要任务是导入原始观测数据，然后对记录的测站信息和原始数据进行编辑、处理、参数提取和成图。编辑可以是对叠前的单个时间序列数据点，或对一个波形周期进行剪辑，以剔除噪声大的记录段等。时间序列的处理包括选择叠加、滤波、场值转换及各种校正等。解释参数的提取包括对时间序列进行加窗平均、全区视电阻率计算、复电阻率参数计算等。图形显示可以是单个测点的曲线表示，也可以是按测线绘制的等值线图和彩色剖面图，或是整个测区的三维成图。测线与测点位置图如图 9.31 所示。

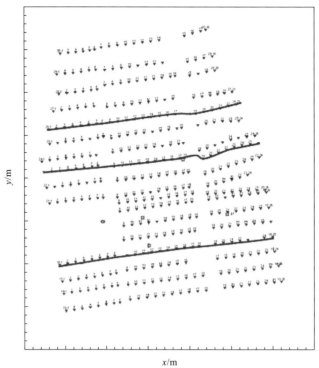

图 9.31　测线与测点位置图

2. 叠前处理

YUTEM 系统时间序列数据处理的窗口界面如图 9.32 所示。叠前数据的处理可有效压制干扰，修正错误信息，为后期的处理解释提供完备的实测资料。叠前处理主要内容包括：接收端 E/H 叠加周期数据的筛查（人机交互）；正弦波交替干扰的滤波；周期性干扰的滤波（50 Hz 及其谐波等）；每个周期数据消除偏移和静态校正等。

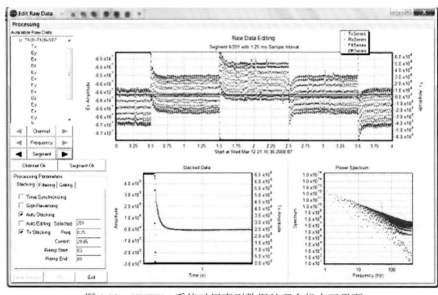

图 9.32　YUTEM 系统时间序列数据处理人机交互界面

每个排列采集约 1 h，此时叠加次数大约为 120 次，每个周期的数据因受到随机干扰不同，出现不同的干扰形态，单个周期的干扰信号对整个最终的叠加数据都有较为明显的影响，此时必须人工干预消除随机干扰的影响。工业干扰主要是频率为工频 50 Hz 的正弦波干扰，在所采集的时间序列中主要体现为交替干扰，几乎每个周期的时间序列都存在，但是幅值有一定的差异，这就导致数据的偏移范围较大。此时必须对固定工频的干扰进行数字滤波，对正弦波交替干扰进行消除交替的滤波处理，滤波处理的效果如图 9.33 所示。

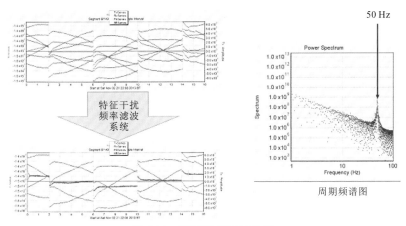

图 9.33　工频干扰滤波效果

因地表不均匀性，以及仪器自身的漂移和不极化电极的极化差异都会导致电场测量的偏移问题，频率极低的大地电磁场也会导致时间周期内的场产生基线漂移。因采用的是双极性方波发射，通过正方向方波激励的电磁响应的叠加可在一定程度上消除这种干扰，但是不完全，特别是静态偏移的存在导致接收端的偏移严重，需要利用处理软件进行偏移矫正处理。

3. 资料处理结果

图 9.34 所示为经处理后部分测线电场观测值随时间衰减的拟断面图，注意图中等值线的值为标准化电场值的对数值，图中的纵坐标为衰减时间的负对数值，与深度的方向对应。三条测线在测区的位置如图 9.31 中实线标示，由南往北依次为 L16、L23 和 L26，对应图 9.34 中的（a）、（b）、（c）三个剖面图。由图中可见，经过预处理后，总体上看资料的信噪比高，剖面连续性好，质量可靠，可用于反演处理与解释。

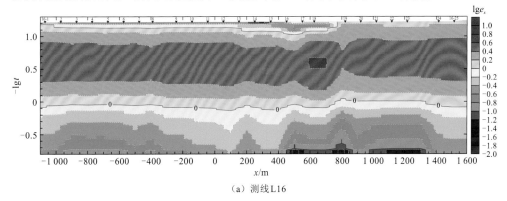

（a）测线 L16

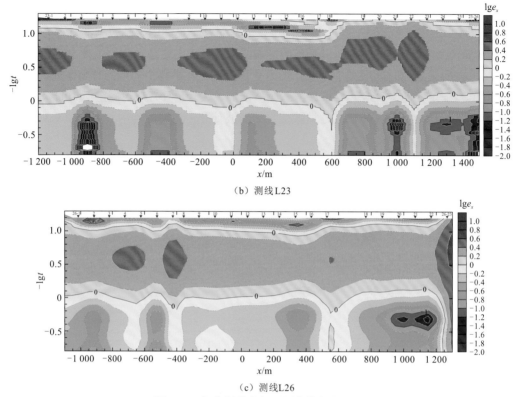

（b）测线L23

（c）测线L26

图9.34　部分测线电场观测值的拟断面图

　　图9.35为经处理后由电场值计算得到的早期视电阻率值的部分时间切片图，图9.35
（a）对应为0.94 s的时间切片，图9.35（b）对应为1.3 s的时间切片。对该测区的地电
断面，对应时间为1 s的电阻率反映的是深度大约为1 km处的地层电阻率。由图可以看
出，由于该测区位于滩海附近，地层电阻率普遍偏低，一般小于10 Ω·m。从空间分布上

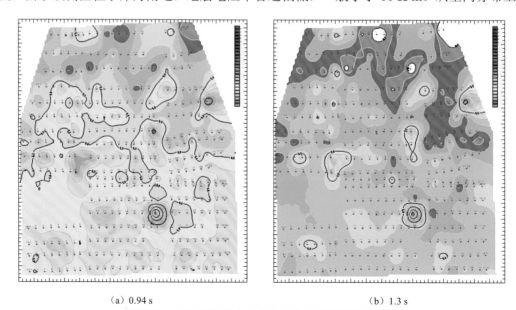

（a）0.94 s

（b）1.3 s

图9.35　测区早期视电阻率值部分时间切片平面图

看，测区南端的电阻率略高于测区北端。1.3 s 的时间切片图对应的是深度大约增加 150 m 处的地层电阻率分布。由图可以看出，该深度处的地层电阻率更低，测区南边大约为 1 Ω·m，而北面更是小于 1 Ω·m。注意图 9.35 给出的是早期视电阻率的时间切片，可以反映地层电阻率变化的空间形态，电阻率值仅作为参考，其真值还有待反演来确定。

9.4.4　资料反演结果及解释

1. 无约束反演结果

图 9.36 所示为部分测线（测线 L16、L23 和 L26）在无任何约束的条件下反演得到的电阻率剖面图。由图可以看出，反演的电阻率剖面显示出连续一致的层界面，主要电性层位分异明显，探测深度能达到 5 km 左右，3.5 km 以上的地层信息具有最佳的可靠性。反映出的主要电性层为地表低阻层，厚度为 100~400 m，电阻率约为 5 Ω·m 左右。其下为一相对高阻层，厚度为 600~800 m，电阻率约为 10~30 Ω·m，层位具有较好的连续性。第三层为极低阻层，层顶面位于大约 1 100 m 深度处，层厚为 1 200~1 500 m，电阻率一般小于 5 Ω·m，主体上低至 1 Ω·m。第四电性层为相对高阻层，层顶面位于大约 2 500 m 深度处，层厚为 400~600 m，电阻率主体上大于 10 Ω·m，该层的电性连续性相对较差，呈现有局部相对低阻（<10 Ω·m）和高阻（~100 Ω·m）异常体（或带），推断低阻带为断裂所致，而高阻异常体因是岩性异常或流体异常的反映。另一个值得关注的重要电性异常带是该层顶界面处的电阻率异常的分布形态。从反演的剖面可以看出该层顶界面处的电阻率等值线有明显的起伏，展示出该层界面处的电阻率由极低阻至相对高阻的变化有一个过渡带，该带的厚度由数十米至两百米不等，是否为潜山破碎带的反映还需要地质上的确认。第五电性层为一薄的低阻层，层顶面位于大约 3 000 m 以下，

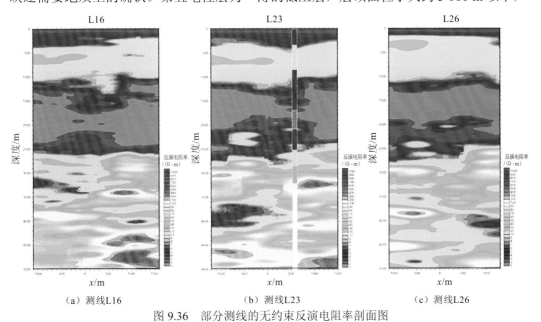

(a) 测线L16　　　　　　　(b) 测线L23　　　　　　　(c) 测线L26

图 9.36　部分测线的无约束反演电阻率剖面图

层面由西向东下倾约 400 m，层厚为 300～400 m，电阻率主体上小于 10 Ω·m，电性连续性相对较差。最后一层为高阻，顶界面位于 3 500 m 深度以下，界面东倾，电阻率为 50～100 Ω·m，可解释为测区内的高阻基底。

2. 约束反演结果

根据收集的该工区的地震和测井资料，首先利用靠近测线附近的电测井资料建立井旁电性分层剖面。表 9.2 所示为测线 L23 根据附近的 Z20 井确定的各电性分层底界面的埋深及各层的电阻率值。考虑地面电磁方法分辨能力的局限性，未对层厚小于 20 m 的电性层细分。另由电测井曲线得到的各层电阻率值普遍偏小，不代表地层的真电阻率，但作为表征各电性层的相互关系应该是可信的。

表 9.2　由 Z20 井资料确定分层界面、层电阻率及 VSP 确定的层界面双程走时

项目			底界深度/m	厚度/m	测井电阻率/（Ω·m）	双程走时/ms
第四系			421	421	2	431.8
明上段			1 107	686	6	1 056.2
明下段			1 894	787	2	1 615.5
馆陶组			2 295	401	3	1 892.0
			2 315	20	6	1 903.8
东营组	一段		2 573	258	4	2 055.0
			2 668	95	8	2 109.7
			2 705	37	2	2 130.3
	二段		2 765	60	10	2 163.9
			2 818	53	2	2 192.3
	三段		3 133	315	4	2 385.1
			3 160	27	40	2 409.4
沙河街组	沙一段	上部	3 403	243	6	2 547.6
			3 424	21	20	2 574.3
		中部　板 1	4 025	601	10	2 785.1
		下部　滨 1	4 048	23	20	2 846.4
	沙二段		—			
	沙三段　沙三 5		4 230	182	10	3 085.6

根据收集到的 VSP 的测量结果，将表中各电性层的深度转换成对应的地震剖面中的地震波双程旅行时，转换的结果也列于表 9.2 中对应的地层界面深度。图 9.37 所示为测线 L23 所对应的地震时间剖面及 Z20 井所对应的位置。根据表 9.2 中所列双程时确定井中各地层界面在地震时间剖面上的位置，然后根据地震剖面横向追踪地层界面的变化，得到测线上各地层界面深度的横向起伏剖面，即构造剖面。

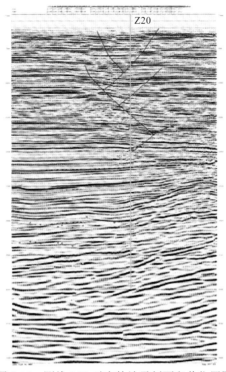

图 9.37 测线 L23 对应的地震剖面和井位置图

根据表 9.2 中所列由测井曲线得到的各地层电阻率值对构造剖面赋值，就可得到根据地震剖面和测井信息确定的用于反演的初始电阻率模型，如图 9.38（a）所示。为了利用地震剖面的结构信息对电阻率反演过程进行约束，采用 7.2 节中描述的用交叉梯度实现结构相似性约束。根据式（7.13），由图 9.38（a）所示的电阻率剖面计算得到先验电阻率模型在 x 方向的梯度和 z 方向的梯度，分别如图 9.38（b）和图 9.38（c）所示，注意图 9.38（a）～图 9.38（c）由于物理量上的差异，所用的色标各不相同。在反演过程

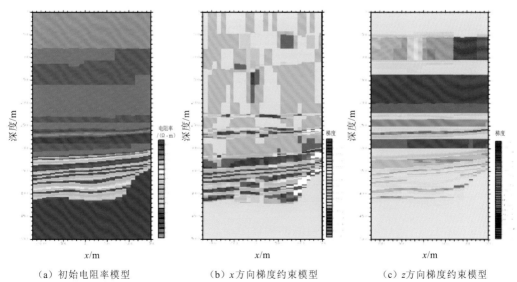

（a）初始电阻率模型　　　　　　　（b）x 方向梯度约束模型　　　　　　　（c）z 方向梯度约束模型

图 9.38 测线 L23 的初始电阻率模型、x 方向梯度和 z 方向梯度约束模型

中，图 9.38（a）既是初始电阻率模型，也作为先验模型，与光滑度系数一起，用于在反演修改模型的过程中控制模型变化的粗糙度。图 9.38（b）和图 9.38（c）则作为描述结构相似度的先验参数，与反演过程中电阻率修改后计算的两个方向的梯度进行叉乘，实现交叉梯度的结构相似性约束，用一个松弛因子控制约束的松紧程度。应用实例表明，这种结构相似性约束是有效的。

为了更好地实现储层的流体识别，对试验采集的时间域电磁数据进行复电阻率参数反演。根据式（4.54）所定义的复电阻率模型，电性参数除直流电阻率 ρ 外，还需要确定极化率 η，频率相关系数 c 和时间常数 τ。对于多组分介质，需要考虑多组参数。对于本次资料反演，考虑采用两组极化参数（η_1, c_1, τ_1）和（η_2, c_2, τ_2）。将 c_1 和 c_2 的取值固定为 1.0，将 τ_1 的取值固定为 0.02 s，对应的极化率参数 η_1 反映的是高频（工频）的频散效应，即观测资料中可能的电磁感应影响，将 τ_2 的取值固定为 10.0 s，反演得到的极化率参数 η_2 反映的是低频频散效应，即储层中流体产生的异常。所以，反演过程中需要修改的参数是三个，电阻率 ρ、极化率 η_1 和 η_2，而在反演结果的解释中，只需对 ρ 和低频极化率 η_2 这两个参数进行解释。两个极化率参数的初始模型均为一个数值很小（0.01）的均匀模型，反演中极化率参数的最大值限定为 1.0，没有先验模型约束，但仍受结构相似性约束。

图 9.39、图 9.40 和图 9.41 分别展示了测线 L16、L23 和 L26 的反演结果，其中图（a）为各测线的初始电阻率模型，图（b）为各测线约束反演得到的电阻率（ρ）剖面，图（c）为各测线约束反演得到的低频极化率（η_2）剖面。注意初始电阻率模型与反演电阻率剖面色标上有差异。

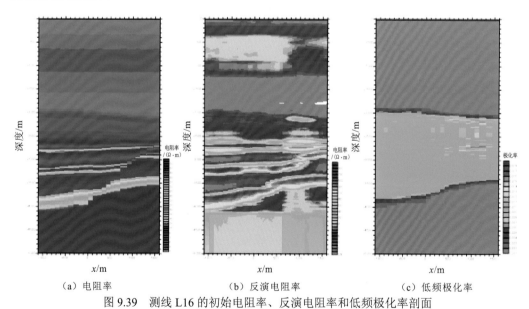

（a）电阻率　　　　　　　（b）反演电阻率　　　　　　　（c）低频极化率

图 9.39　测线 L16 的初始电阻率、反演电阻率和低频极化率剖面

测线 L16 位于工区南面，距发射源的偏移距相对较小，观测信号的强度大，信噪比高。该测线附近有钻井 Z13 井，完井井深 4 030 m，但未钻遇含油层。根据电测井资料和地震剖面确定的各电性层及界面起伏的初始模型如图 9.39（a）所示。由图中可以识别出三层相对高阻地层。在测线的西端约 2 840 m 深处，有一厚度约为 50 m 的次高阻地层，

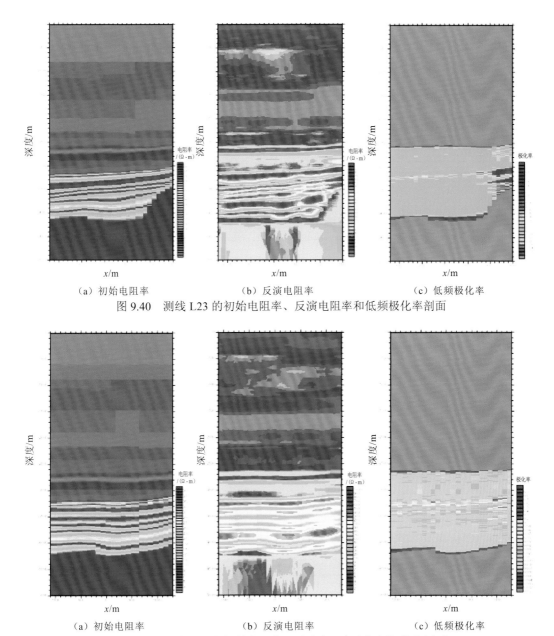

（a）初始电阻率　　　　　　　（b）反演电阻率　　　　　　　（c）低频极化率

图 9.40　测线 L23 的初始电阻率、反演电阻率和低频极化率剖面

（a）初始电阻率　　　　　　　（b）反演电阻率　　　　　　　（c）低频极化率

图 9.41　测线 L26 的初始电阻率、反演电阻率和低频极化率剖面

电阻率值约为 15 Ω·m，对应为东二段地层；该地层向东逐渐上倾并减薄，在测线东端厚度减为 20 m 左右，底界面埋深大约在 2 700 m 处。在测线的西端约 3 330 m 深处，有一厚度约为 120 m 的高阻地层，电阻率值约为 60 Ω·m，对应为东三段地层中部；该地层向东逐渐上倾并稍有减薄，在大约 $x = 750$ m 处被张北大断裂切割，在测线东端张北断裂的上盘，该地层底界面埋深为 2 980 m，厚度约为 100 m 左右。在测线的西端约 4 050 m 深处，有一较厚的中高阻层，层厚约为 250 m，电阻率值为 30 Ω·m，对应为沙三段下部地层；该地层在大约 $x = 0$ m 处被张北大断裂切割，在测线东端张北断裂的上盘，该地层底界面埋深约为 3 520 m，厚度约为 210 m 左右。图 9.39（b）所示的约束反演电阻率剖

面总体上看基本上维系了先验模型的分层特征，这也体现出利用地震剖面的结构相似性约束的有效性。从各电性层的电阻率值看，反演得到的剖面整体上拉大了电阻率值的对比度，也就是说，反演结果使有些低阻层更低，有些高阻层电阻率更高。如测线西端底界面位于约 2 000 m 处的明下段、3 100 m 处的东三段下部及 3 700 m 的沙一段中部的低阻地层，其电阻率值均低于初始模型给定的值；而测线西端底界面埋深位于约 1 100 m 处的明上段、2 480 m 处的馆陶组上部、2 700 m 处的东一段下部及埋深在 4 050 m 处的沙三段下部的地层，其电阻率值均比初始模型有较大幅度的提升。考虑测井电阻率的特点，这一结果应该是实际地层电阻率的反映。图 9.39（c）给出的是反演得到的低频极化率参数剖面。从图中可以看出，反演结果在初始模型参数（$\eta_2 = 0.01$）的基础上变化很小，整个剖面没有显示出明显的极化率异常，仅在测线东端覆于张—北断层上方的东二段地层的一小段（约 500 m）显示有微弱（η 最大值约 0.018）的低频极化率异常，该异常太弱，不能确定为储层含油的依据。由此推断反演电阻率剖面显示的高阻地层仅是岩性的反映，所有地层均不具有含油性，这也与钻井的结论一致。

测线 L23 位于工区的中部，测线附近有 Z20 井，完井井深 4 230 m。由电测井资料和地震剖面确定的各电性层及界面起伏的初始模型示于图 9.40（a）。从图中可以识别出 6 层相对高阻地层，由上往下依次为在测线西端约 3 350 m 深处的东三段底部，厚度约为 140 m，电阻率为 40 Ω·m；埋深约 3 580 m 深处的沙一段上部，厚度约为 40 m，电阻率为 20 Ω·m；埋深约 3 650 m 深处的沙一段中上部，厚度约为 15 m，电阻率为 15 Ω·m；埋深约 3 750 m 深处的沙一段中下部，厚度约为 50 m，电阻率为 20 Ω·m；埋深约 3 950 m 深处的沙三段上部，厚度约为 125 m，电阻率为 30 Ω·m；埋深约 4 100 m 深处的沙三段下部，厚度约为 55 m，电阻率为 2 Ω·m；所有地层均向东逐渐上倾并稍有减薄。在测线东端，沙一段中下部及以下地层开始受到张—北断层的切割，但在剖面上对地层的分层性影响不大。图 9.40（b）所示为测线 L23 的约束反演电阻率剖面，其特征与 L16 测线的反演结果相似，总体上基本上维系了先验模型的分层特征，但增强了各层电阻率值的对比度；另外反演剖面显示的电性层埋深和厚度也有不同程度的变化。图 9.40（c）给出的是反演得到的低频极化率参数剖面，由图中可以看出，反演结果在某些层段上显示明显出异常。首先，在测线西端埋深大约为 3 250 m 处对应于东三段底部地层显示有可连续追踪但幅值并不算强的低频极化率异常，可以解释为可能的较贫的含油储层；另一异常段是测线东端张—北断层上覆的所有高阻地层均显示有较强的低频极化异常，异常层段延伸有 600～800 m，该段地层均为上倾结构。从反演剖面上看有异常反应，是否能确定为含油层段，还需要结合其他信息综合解释。从 Z20 井录井信息显示，东三段及以下储层均有油斑和荧光显示，气测和测井资料将几个高阻地层多解释为含油层段，但试油结果显示，仅沙一段上部和沙三段底部地层为低产油层，分别为 0.1t/天和 1.7 t/天，其他层均为干层。

测线 L26 位于 L23 测线北面约 600 m 处，测线附近没有钻井，仍用 Z20 井的电性分层信息进行层位标定，由地震剖面确定的各电性层及界面起伏的初始模型如图 9.41（a）所示。从图中可以看出，该剖面上的地层分层和结构形态与测线 L23 基本相似。但该剖面上的地层没受到张北大断层的切割影响，所有地层近乎平行向东逐渐上倾。图 9.41（b）所示为测线 L26 的约束反演电阻率剖面，其特征与 L23 测线的反演结果相似，总体上基本上维系了先验模型的分层特征，但增强了各层电阻率值的对比度；另外反演剖面显示的电性层埋深和厚度也有不同程度的变化。图 9.41（c）给出的是反演得到的低频极化率参数剖面，从图中可以看出，反演结果在东三段底部、沙一段上部和沙一段中上部地层显示有明显的异常。其中，东三段底部地层的异常最突出，最大异常值接近 0.5，且异常具有较好的连续性；沙一段上部地层的异常值较东三段底部地层要弱一些，呈断续可追踪状态；沙一段中上部地层的异常值更弱，呈现为隐约可追踪状态；另外，还可看出测线东端的极化异常要强一些。由于该剖面没有钻井资料可供比较，具有低频极化异常的层段是否能确定为含油储层，还需要结合其他信息综合研究。

图 9.42 给出了上述三条测线在目标层段的反演电阻率、反演极化率结果及与该区域用三维地震资料进行的含油气性指示因子处理结果的比较。注意与反演的电阻率和极化率剖面不同，地震含油气性指示因子结果给出的是时间剖面，所以对比只能以层位的形态为主。从图 9.42（a）所示的测线 L16 的地震处理结果看，自大约 $x \approx 750\,\mathrm{m}$ 往东，在 $t \approx 2\,550\,\mathrm{ms}$ 对应的层位显示有一段异常。在反演的低频极化率剖面上测线相同的位置，在约 $2\,710\,\mathrm{m}$ 深处对应于东二段地层显示有微弱的异常。图 9.42（b）所示的是对应测线 L23 的地震处理结果，对应于 $t \approx 2\,680\,\mathrm{ms}$ 的层位显示有较强的异常，可断续追踪。另外，在测线东端张北断层上覆的多个地层也有突出的异常显示，这与反演低频极化率剖面显示的异常总体上比较相近，只是反演极化率剖面上对应东三段底部的地层显示的异常连续性较好，但异常幅度不强。测线东端断层上覆的地层显示出的异常更强，层位更多。从图 9.42（c）所示的测线 L26 的地震处理结果看，在 $t \approx 2\,680\,\mathrm{ms}$ 的层位显示有较强的异常，并基本可连续追踪；其下也依稀显示出一至两个有异常的层位，但异常幅度不大，连续性较差。反演的低频极化率剖面显示的异常与地震检测结果具有较好的相似性；对应于东三段底部地层的异常幅度大，连续性好，其下有两个地层可以识别出具有极化率异常，但异常幅值越来越小，连续性越来越差。

9.4.5　试验结论

（1）大港岐南斜坡带的可控源时间域电磁方法试验采用了大功率发射源、大偏移距采集，资料信噪比高，达到了预期的勘探深度，证明 YUTEM 是有效的，试验是成功的。

（2）应用时间域电磁资料的多参数联合和多信息约束反演进行实测资料的处理，反演效果超出预期，充分体现了可控源电磁方法和时间域处理与天然源频率域方法相比在分辨率方面的优越性，也展示了综合应用地震和测井等信息进行约束反演的效果，将可控源电磁方法的应用水平提到了新的高度。

（3）应用时间域电磁资料实现了多参数反演，除常规的电阻率参数外，获得了低频极化参数的高分辨图像，用于评价储层的含油性，与钻井信息和地震含油气性指示因子处理结果具有较好的相似性。说明所建立的含油储层复电阻率参数模型是可信的，应用低频极化率参数进行储层的流体识别可以进一步减少仅依靠电阻率造成的多解性，但对于不同类型储层应用的适用性还需要深入研究，并通过进一步试验完善。

（4）在本次试验的资料处理中，采用了工区附近的 VSP 资料进行层界面深度至地震剖面上双程时的转换，这样得到的先验模型和梯度约束的层界面深度与实际地层的埋深可能有差异，在进行反演剖面解释时需要引起注意。

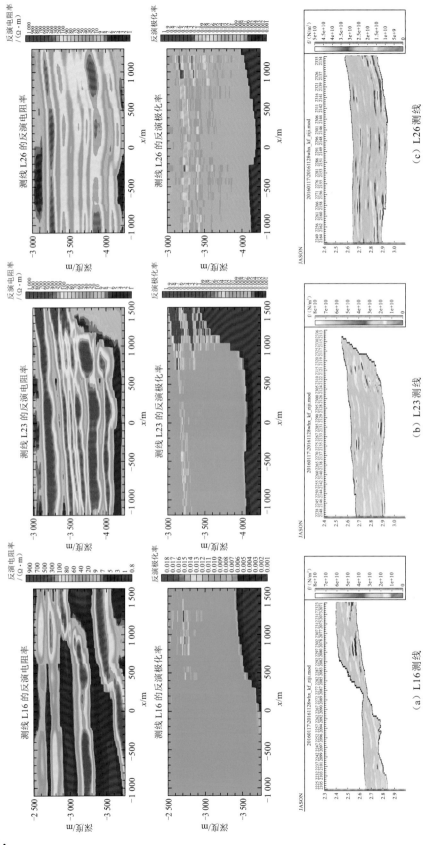

图 9.42 反演电阻率、低频极化率剖面与地震含油气性指示因子处理结果的比较

（5）用本节展示的几条测线的反演极化率剖面进行流体识别，可以大致推断：工区南边埋深相对较浅，含油性差；北面的地层埋深相对较深，含油性优于南面；张北断层上盘上覆地层埋深较浅，可能具有较好的含油性，值得关注。

参 考 文 献

[1] 谭河清, 沈金松, 周超, 等. 井-地电位成像技术及其在孤东八区剩余油分布研究中的应用[J]. 石油大学学报(自然科学版), 2004, 28(2): 31-37.

[2] 苏朱刘, 杨志东, 李宏, 等. 电位法在油储动态监测中的应用[J]. 石油天然气学报, 2006, 28(2): 56-59.

[3] 孙川生, 彭顺龙. 克拉玛依九区热采稠油油藏[M]. 北京: 石油工业出版社, 1998.

[4] HE Z X, HU W B, DONG W B. Petroleum electromagnetic prospecting advances and case studies in China[J]. Survey in Geophysics, 2010, 31: 207-224.

[5] HU W B, YAN L J, et al. Array TEM sounding and application for reservoir monitoring[C]//Expanded Abstracts, 78th SEG Annual Meeting. Tulsa: SEG, 2008.

[6] 陈浩, 苏朱刘, 严良俊, 等. 瞬变电磁法在曙一区超稠油 SAGD 动态监测中的应用[J]. 石油天然气学报, 2011, 33(7): 104-107.

[7] YAN L J, CHEN X X, TANG H, et al. Continuous TDEM for monitoring shale hydraulic fracturing[J]. Applied Geophysics, 2018, 15(1): 26-34.

[8] 谢兴兵, 周磊, 严良俊, 等. 时移长偏移距瞬变电磁法剩余油监测方法及应用[J]. 石油地球物理勘探, 2016, 51(3): 605-612.